第四辑
工业设计研究

INDUSTRIAL DESIGN RESEARCH

主编／屈立丰
　　　周　睿
　　　祁　娜
　　　陈文雯

四川大学出版社

责任编辑:唐　飞
责任校对:蒋　玢
封面设计:李泽鸣　朱思贤　陈菲菲
文集助理:彭　琼　戴丽霞　王　木　周　敏
责任印制:王　炜

图书在版编目(CIP)数据

工业设计研究. 第四辑 / 屈立丰等主编. —成都:
四川大学出版社，2016.11
ISBN 978-7-5690-0053-5

Ⅰ.①工…　Ⅱ.①屈…　Ⅲ.①工业设计－研究
Ⅳ.①TB47

中国版本图书馆 CIP 数据核字（2016）第 254665 号

书名	工业设计研究(第四辑)
主　　编	屈立丰　周　睿　祁　娜　陈文雯
出　　版	四川大学出版社
地　　址	成都市一环路南一段 24 号 (610065)
发　　行	四川大学出版社
书　　号	ISBN 978-7-5690-0053-5
印　　刷	郫县犀浦印刷厂
成品尺寸	210 mm×290 mm
印　　张	18.25
字　　数	673 千字
版　　次	2016 年 11 月第 1 版
印　　次	2016 年 11 月第 1 次印刷
定　　价	49.80 元

◆ 读者邮购本书,请与本社发行科联系。
　电话:(028)85408408/(028)85401670/
　(028)85408023　邮政编码:610065
◆ 本社图书如有印装质量问题,请
　寄回出版社调换。
◆ 网址:http://www.scupress.net

编委会

（按姓名字母排序）

工业设计产业研究中心简介

　　工业设计产业研究中心（以下简称"中心"）是四川省教育厅和西华大学为适应地方经济建设、社会发展，促进设计创新和产业提升，繁荣学术文化共建的人文社会科学研究基地。它集工业设计的学术研究、产业创新与实践研究于一体，是四川省教育厅人文社会科学重点研究基地。

　　中心以马克思列宁主义、毛泽东思想、邓小平理论和"三个代表"重要思想为指导，将学术研究与应用开发相结合，工业设计理论与产业创新相结合，科研人员的学术研究与文化管理部门的工作相结合，研究学术、转换成果，致力于工业设计产业化的战略创新与实践，努力建立"工业设计理论研究—产业升级—应用实践"三位一体的研究格局，为构建和谐四川和建设文化强省做贡献。

　　中心坚持校内外结合，整合省内的科研力量，积极与国内业界著名的公司和机构开展合作，已初步形成了一支具有学术理想和较强实力的科研队伍。中心现有教授 10 人，副教授 18 人，博士生导师 1 人，承担科研项目 50 多项，发表论文 200 多篇，出版学术专著 3 部，获省部级以上科研奖 8 项。

　　中心建立开放性的研究平台，将与《西华大学学报》（哲学社会科学版）联合开设"工业设计研究"专栏，以此扩大中心与学报的影响。中心立足于本土工业设计应用研究，以学理为支撑，在做好工业设计理论的基础上进行应用设计研究，以服务四川地方经济、社会和文化发展，促进四川产业结构优化和经济发展方式转型，为提升本土企业产品附加值提供良好服务，为"四川制造"转型到"四川创造"提供助推力。力争将中心建成工业设计产业的科学研究中心、学术交流中心、资料信息中心、人才培养中心和咨询服务中心。中心以重点课题为龙头，用项目聚合科研队伍，采取"申请课题和经费进中心，完成课题后出中心"的流动机制聘请研究人员，有效整合校内外科研力量；中心定期举办全省性（全国性或国际性）学术会议，派出和接受访问学者，加强学术交流，培养学术人才，认真办好网站和刊物，努力扩大学术影响；中心建立"走出去"的科研机制，主动为四川省工业设计产业研究创新策略、实践创新成果、发展创新产业提供咨询、策划和人才培训等方面的服务；中心通过科研管理制度的改革创新，完善自我发展、自我创新的运行机制，逐步建成省内一流水平、在国内具有一定学术影响的人文社会科学研究基地。

研究中心地址：成都市金牛区金周路 999 号西华大学艺术大楼 A 座 108 室工业设计产业研究中心
研究中心网址：http://idrc.xhu.edu.cn
研究中心电话：028－87726706（**联系人：**周睿、祁娜）

中心网址　　　　官方 App（安卓）

主编寄语

2016 年的秋天，四川省教育厅人文社会科学重点研究基地"工业设计产业研究中心"《工业设计研究》已经出版了三辑。四年来，我们所坚持搭建的工业设计大范畴的理论成果发表平台在川渝地区开始初具影响。本次《工业设计研究（第四辑）》的出版工作，"工业设计产业研究中心"继续与国内在用户体验领域领先的"UXPA 中国"协会及其文集项目展开深度合作，连同中心收到的诸多征稿来函，可谓内容丰硕。

交互设计、UI 设计、服务设计等已经成为当前工业设计研究的热门与前沿领域。因此，本次《工业设计研究（第四辑）》在工业设计传统领域基础上积极展现和关注这些研究方向的学术与实践成果，为工业设计研究的跨领域和交叉研究发展起到探索作用。本书分成两个版块：学术研究、行业前沿，其中"学术研究"版块 32 篇，"行业前沿"版块 30 篇，总计 62 篇。内容涉及设计理论探讨、先进制造技术、设计与艺术、用户体验及可用性、智能终端、设计思维、用户研究、服务设计、文化创意设计、设计人才培养、设计管理等，题材丰富多元。研究中心希望本书除了关注学院派的学术研究之外，还加强对工业设计行业前沿领域发展的关注，以此提高前瞻性、切近性和多元性。

UXPA 2016 文集的项目团队既有来自国内多家具有行业影响力的设计与研究团队，也有来自国内著名高校的设计系部；既能反映当前前沿的交互实践方向，也能呈现学术研究成果，具有相当的发展趋势代表性。特别感谢负责文集各研究主题的主编："UXPA 中国"李东原老师、上海交通大学戴力农老师、清华大学刘吉昆老师、浙江理工大学李宏汀老师、唐硕的李宏老师、阿里巴巴的茶山老师、台湾科技大学唐玄辉老师、北京师范大学刘伟老师、湖南大学谭浩老师、同济大学孙效华老师、中兴通讯姬晓红老师、联想刘亚军老师和 ThoughtWorks 熊子川老师，同时也要感谢其他众多的文集编务委员的支持，以及 UXPA 中国西南分会同仁，尤其是中兴通讯的李满海老师、成都东软学院的费凌峰老师等的协助。

《工业设计研究（第四辑）》作为"工业设计产业研究中心"2016 年年度论文集在出版过程中得到了四川省教育厅科技处、西华大学研究生部、西华大学科技处和西华大学艺术学院的大力支持，西华大学学术期刊部主任顾航宇教授在采编过程中对学术规范方面做了深入指导，在此一并致谢！

未来，"工业设计产业研究中心"愿继续与各位专家学者和资深设计师一道，以学术的方式推进工业设计领域"互联网＋"的创新和"先进制造"的智造，为促进中国真正迎来全面渗透性的"中国创造"而贡献力量。

工业设计产业研究中心

屈立丰

2016 年 9 月 1 日

目　录

学术研究

行业前沿

学术研究

基于人因工程的成都 BRT 司机可视区域研究*

毕 君[1] 代 娜[2]

（1. 西华大学应用技术学院，四川成都，610039；2. 西南交通大学建筑与设计学院，四川成都，610031）

摘 要：BRT 作为现代城市公共交通工具的首选，其司机可视区域愈来愈受关注。本文从人因工程学人体头部转动角度及视觉机能对司机在驾驶过程中的可视区域展开分析，以行为分析法、访谈法为研究方法，对比 BRT 与普通公交车司机的视觉可视区的异同，得出 BRT 的设计特色及改良建议，为车内改进提供参考。

关键词：BRT；人因工程；可视区域；关注点；场景特征

BRT 系统是一种介于城市轨道交通和地面公共汽车的快速公共交通系统，相对于地铁、轻轨，BRT 造价较低；与传统巴士公交系统相比，BRT 运能更大。在国外相继建成 BRT 系统项目的影响下，成都市近年来把发展大容量快速公交（BRT）系统推到了缓解城市交通拥堵的前列，其中第一条快速公交线路已于 2013 年中旬正式建成并通车，第二条快速公交线路有望于 2016 年在成都城北开通。

成都 BRT 的车辆配置为 18 米大型铰接车，由于其运量、速度、车道、开关门、停靠站等有别于普通公交车，这对于在公交车道路行驶中起把握全局、掌控整个车厢状况的司机提出了更高的要求。人因工程中，人主要靠视觉获取周边相关信息，而公共巴士司机主要靠视觉机能掌控车辆及观察车厢可视区域。"司机—公交车—可视区域"共同组成了人因工程学中的"人—机—环境"系统，通过深入研究可视区域对改进司机作业环境、保障 BRT 安全行驶具有重要意义。

1 公共巴士司机视觉人因特征

以人因工程学中的人体视觉机能及头部转动角度为理论依据，并将公共巴士行程分解为行驶过程和停站过程，以此来分段分析各行程中司机的视觉特征。

1.1 行驶过程

（1）静态视线。

静态视线是司机在正常平稳行驶中保持头部和眼球固定不动的情况下，眼睛观看正前方物体时所能看得见的空间范围。水平面内的视野：双眼视区大约在左右侧 60°以内区域，能同时进行文字、字母和颜色的辨别范围为左右侧 30°以内区域；垂直面内的视野：自然视线低于水平线 10°，最大视区为视平线以上 40°和视平线以下 80°；最佳眼睛转动为视平线以上 15°和视平线以下 40°。

（2）动态视线。

动态视线是司机在行驶中转动眼睛或头部，以扩大视野，从而获取相关驾乘信息。动态视线比静态视线的角度更大，范围更广。头部水平的自然转动范围为向左、向右 45°，头部水平的勉强转动范围为向左、向右 60°；头部垂直的自然转动范围为向上、向下 30°，头部垂直的勉强转动范围为向上、向下 50°。

通过头部自然转动与最佳眼睛转动角度叠加分析及现场测量得出（图 1），司机水平动态视线的最佳视区约为左右 120°，其中较舒适区间约为左右 75°；垂直动态视线的最佳视区约为上下 90°，其中舒适区间约为向上 50°、向下 70°。

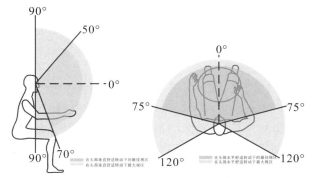

图 1 头部自然转动与最佳眼睛转动角度叠加图

1.2 停站过程

公共巴士司机在停站过程中，会转动头部以扩大视线，视觉区域向左至最左侧外后视镜、向右至最右侧前排座椅、向上至最顶部内后视镜。为靠站

* 基金项目：四川省教育厅工业设计产业研究中心 2015 年资助项目（项目编号 GY－15YB－07）。

作者简介：毕君（1986—），男，山东日照人，讲师，硕士，研究方向：人机工程、交互设计、交通工具设计等。

停车、避让车辆而注视左右侧后视镜，以此获取两侧交通信息；为确认乘客刷卡缴费、控制前门客流量而注视前右侧门及前排座椅区域；为保证乘客安全有序、防止意外事件发生而注视驾驶室中间顶部车厢内后视镜。现场测量司机停靠站视线角度，得出司机正前方角度为 0°，其中左侧最大角度大约为 70°，右侧最大角度大约为 90°，垂直最高角度为 52°。

2　BRT 司机视线区域分析

我们以访谈法在巴士调度室与公共巴士司机进行现场交流，以行为分析法全程跟踪公共巴士行程，并统计相关点位数据，分析 BRT 及普通公共巴士司机的异同，以此得出 BRT 司机可视区域的特殊场景特征及改良建议。

2.1　研究方法

（1）访谈法。

访谈法是指通过面对面的交谈，了解受访人的心理和行为的心理学基本研究方法。因司机是公共巴士的直接使用者，对其进行实际访谈能获得更加准确的信息。我们选取公交调度室——成都 BRT 金沙公交站和成都公交集团调度室，对部分巴士司机进行了现场访谈，针对前期调研的资料与司机进行交流、检测和调查。其中受访司机共计 35 名，收回有效调查问卷 79 份。

（2）行为分析法。

行为分析法是指观察和记录受访人的操作行为的心理学基本研究方法。我们在巴士司机实际驾驶过程中观察其视线及关注点的变化，以视频及照片的形式储存记录，并利用角度分析将可视区域划分为 6 个小区域，初步测量描绘司机的关注点。

2.2　与传统公交车的异同

2.2.1　行驶中视线

（1）BRT 与普通公交车司机的静态视线基本一致。在水平方向上，作业者眼球的轻松转动角度范围为 0°~15°，眼球的最大转动角度范围为 0°~35°；在垂直方向上，眼睛自然视线是在水平线以下 0°~15°。

（2）动态视线中，普通公交车司机水平视野中视线角度最左约为 25°，最右约为 80°；垂直视野中视线角度最上约为 45°。BRT 司机水平视野中视线角度最左约为 45°，最右约为 45°；垂直视野中视线角度最上约为 52°。

2.2.2　停靠站视线

普通公交车司机在停靠公交车站时，因要避让社会车辆及已经停靠站的公交车，所以左右视线跨

度较大，视区主要集中在右侧。BRT 因停靠在道路左侧，站台进出门为感应式自动门，要求司机在停靠时必须将 BRT 控制在感应区中，所以司机在操作时视线靠左侧偏移较多，视区主要集中在左侧。

2.2.3　可视区域范围

从正常平稳行驶至停靠站，普通公交车司机可视区域为左侧至左后视镜，右侧至右前排座椅，上至中间顶部后视镜；BRT 司机可视区域为左侧和垂直，基本与普通公交车司机视线一致，因其右侧前门对乘客封闭，该区域乘客较少，所以其右侧视线一般偏至右后视镜。

2.2.4　视线关注点

（1）为了更加直观的研究，我们通过对公交车司机可视区域进行行为分析，并对其进行角度划分研究。图 2 中为司机驾驶 1 站车程中所注视的区域，一个点为司机注视的次数，停留时间大约为 5 秒钟。

普通公交车和 BRT 司机的共同关注点主要集中于司机的正前方挡风玻璃处，因为驾驶的习惯性和安全性要求司机必须目视前方。

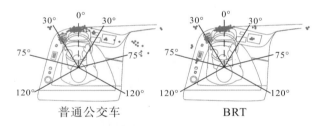

普通公交车　　　　　　BRT

图 2　普通公交车和 BRT 司机关注点

（2）水平视线 0°左侧区域分析。

普通公交车和 BRT 司机 0°左侧区域关注点数统计如表 1 所示。

表 1　普通公交车和 BRT 司机 0°左侧区域关注点数统计

	0°~30°	30°~75°	75°附近
普通公交车	7 次	4 次	0 次
BRT	6 次	7 次	4 次

注：统计的点数为 1 站车程内司机所关注的点。

30°区域附近排布有转弯灯、空调、车门等使用频率较高的开关按键，同时也是司机进行文字、字母和颜色的辨别舒适区，司机在行驶及停靠站均需要左转视线，以达到操作此区域按键的目的，所以在此角度两种车型的司机关注都较多。

在 30°~75°区域，BRT 司机关注点数较多，共同的注视点为 30°处，因为在此视线角度有观察左侧路况的左后视镜等设备。

75°区域附近 BRT 司机关注点较多，因为 BRT 司机在停靠站时需要头部左转，增大左视区域以对准站台的标志线，完成准确停靠；BRT 行车道为道路最左侧，因道路右侧还有两车道，而 BRT 车道的左侧为路边护栏，按照人因工程学视觉意境习惯，左侧停车较右侧驾驶及停靠难度会加大，所以对左侧注视次数会增多。

（3）水平视线 0°右侧区域分析。

普通公交车和 BRT 司机 0°右侧区域关注点统计如表 2 所示。

表 2　普通公交车和 BRT 司机 0°右侧区域关注点数统计

	30°～75°	75°～120°
普通公交车	17 次	4 次
BRT	10 次	1 次

注：统计的点数为 1 站车程内司机所关注的点。

BRT 右侧车门全部封闭，乘客不能从右侧车门上车，而普通公交车是通过右侧前门上车，所以 BRT 司机对右侧 30°～75°的观察及注视次数明显低于一般公交车司机。

BRT 车道为专设的最左侧公交车道，普通公交车行驶的公交车道为一般道路，而非 BRT 行驶的高架桥道路，其容易受外部车辆特别是非机动车辆的影响，所以普通公交车司机对右侧 75°视区附近会更加关注。

2.3　人因工程的特殊场景特征及设计注意点

（1）可视区域碎块化。

司机可视区域中视线转动角度较大，关注点位呈现非关联性，区域形状呈现碎块化。所以在设计 BRT 挡风玻璃区域时应进行整体无阻碍式视线设计；在设计驾驶室左右车架时，尽量将其与后视镜进行分离，以免产生视线阻碍区；在设计驾驶按键时，要考虑司机的转动角度及低频率区域的按键排布。

（2）可视区域虚拟化。

可视区域除了通过司机眼睛直接捕捉、处理信息外，主要通过车内监控台察看车厢及车门处情况。由于 BRT 车体长度为 18 米，仅通过后视镜获取信息较单一，更多的信息主要通过车内监控视频获知，所以在设计车载监控视频时，其倾斜角度及屏幕尺寸的设计要以司机驾驶过程中的动态实现为参考依据。

（3）可视区域极值化。

BRT 为左侧专车靠停，司机在到站时既要控制速度，更要找好对准点，因此司机停靠时需要较大幅度地转动头部注视对准条。在完成停靠后，正常行驶时需要注视中部后视镜及右侧后视镜，可视区域呈现极值化。为使 BRT 在停靠时更准确，减少司机的头部扭转角度，应在驾驶室设计与停靠站对接的感应器，以更快速、更精准地停靠站台。

（4）非习惯性人因工程学动作。

司机头部左转及抬头视线较频繁，均超过人体惯性动作角度。在整体设计驾驶室时，要充分考虑人体转动角度，减少司机的非习惯性转动频率。

3　成都 BRT 司机可视区域改良设计

改良后的 BRT 司机可视区域如图 3 所示。

图 3　改良后的 BRT 司机可视区域（团队协作）

4　结语

BRT 与普通公交司机可视区域既有相同点，又存在差异性。在进行 BRT 驾驶室可视区域设计时，不应该直接照搬普通公交车的标准，应该以人因工程学为核心，参照人因工程的特殊场景特征，充分预见线路的特殊性，创造符合"人—机—环境"系统的满足各种要素需求的视觉空间。

参考文献

[1] 邱庆庆，袁永生. 成都快速公交体系规划 [J]. 成都市"两快两射"快速路系统工程论文专辑，2014.

[2] 丁玉兰. 人机工程学 [M]. 北京：北京理工大学出版社，2005.

[3] 杨英，黄英，张国忠. 计及眼睛和头部转动的工程车辆视野性能研究 [J]. 东北大学学报（自然科学版），2000（6）：620−623.

[4] 毕君，苟锐. 成都 BRT 驾驶室空间的人机环境评价及改良优化 [J]. 工业设计研究，2014.

生态圈视角下的马拉松赛事移动服务研究

陈光花　　王建民　　覃明予

（同济大学艺术与传媒学院，上海，200992）

摘　要： 本文基于服务设计的理念，研究马拉松赛事参与的服务流程。围绕当前马拉松赛事的生态圈现状及其服务流程进行相关分析，以及通过观察、亲自体验等方法进行用户研究，然后绘制服务蓝图发现马拉松赛事服务流程中的服务痛点。在马拉松赛事生态圈里，信息资源庞大，缺乏有效的数据处理系统对信息进行统一规划和二次利用，而且用户在参与赛事过程中体验服务的接触点多而烦琐，方式传统，存在信息服务滞后等问题。通过在服务流程里引入移动应用这一新媒体手段作为主要的接触点，辅助和优化现有的服务接触，同时使信息在后台得以集中处理，从而进行更加个性化的服务推荐。利用移动媒体的优势对赛事服务进行统筹管理，从整体上提升马拉松赛事的服务体验。

关键词： 生态圈；马拉松；服务设计；移动应用

1　研究背景

马拉松作为近年来发展迅速的一项全民体育运动，吸引了越来越多的民众参与及媒体关注，逐渐呈现出参与人数多、覆盖范围广、商业因素丰富等特点。马拉松运动能够迎合不同参与方的不同需求，牵动着社会的方方面面，各地政府通过举办赛事提升知名度，引进投资；众多商家把握赛事商机，推广自身品牌；媒体则时刻关注赛事动向，聚焦赛事热点。经济效益、社会效益和综合效益随之诞生，可以说，马拉松作为一项重大的体育赛事，在我们生活中所占比重越来越大。然而，国内对马拉松赛事作为一个完整的服务体系进行的研究尚不多见。在经济转轨过程中，我国虽已初步形成了与重大体育赛事相匹配的组织体系，但是赛事服务的理念尚未完全建立。

服务设计主要研究将设计学的理论和方法系统性地运用到服务的创造、定义和规划中。服务营销学家 Christian Gronroos 认为，服务一般是以无形的形式，在顾客与服务职员、有形资源商品或服务系统之间发生的，可以解决顾客问题的一种或一系列行为。在服务经济时代，作为服务提供者的服务组织面临的主要挑战是不断地向市场提供新的或改进的服务，从而满足顾客的需求和期望。然而，没有任何评价标准可以明确地分开服务和一般产品。现阶段的服务设计同交互设计和传统的产品设计有着密切的关系，他们都有着比较成熟的理论、方法和工具。传统的产品设计关注的一般是具体的事物，"以用户为中心"的设计关注的则是用户，而产品服务设计则关注了更多的东西，利益参与者、环境、接触点、流程等都是产品服务设计需要分析和设计的对象。

至今，已有一些国外学者从服务设计的角度对体育运动作了相关研究。2008 年，Aino Ahtinen 从用户体验的角度对一款移动应用运动软件进行户外跟踪的情境测试，结果表明用户在利用移动手机软件进行户外运动跟踪方面具有浓厚的兴趣。2011 年，Masayuki Yoshida 和 Jeffrey D. James 等通过收集日本和美国的体育观众提供的大量数据进行研究，提出了基于美学、技术和功能三个维度的体育赛事服务质量七因素模型。而在对马拉松赛事服务的研究里，国内学者常通过建立模型，经过数量的计算去进行测量和改进。例如李栋、杨明进以北京马拉松赛事为背景，建立马拉松运动员群体的数学模型。他们在文中提到："服务在本文中的含义主要是指为参加马拉松赛的运动员提供帮助，为运动员能够顺利完成比赛创造条件。"贾明学和朱洪军则在研究中提到，竞技体育赛场观众服务质量主要表现为一种过程质量，即服务交互质量。他们把研究的关注点放到了观众身上，同时建立了赛场观众服务交互的质量体系。

总的来说，虽然目前已经有相关研究从服务管理的方向探讨体育运动或是对马拉松赛事进行服务研究，但是仍具有一定的局限性，它们并没有针对整个马拉松赛事的服务流程进行研究以提高用户参与赛事的体验。因此，从服务设计的角度研究马拉松赛事的服务流程，并设计相应的服务型移动应用来完善赛事的服务体系，具有非常重要的意义。

2 马拉松赛事生态圈与需求分析

2.1 生态圈视角下的赛事服务分析

马拉松赛事生态圈的概念与生态学有密切的联系。生态系统的原始概念就是指在一定的空间内，共同生存栖息着的所有生物与其生活的环境之间不断地进行物质和能量的交换，从而形成流动的统一体。基于此，相关的研究总结体育生态系统为在一定时间和空间内，人类开展的所有体育运动与其环境组成的一个整体，各要素间借助能量流动、物质流动、信息传递和价值流动相互联系与制约，并形成具有自我调节和恢复功能的人工复合体。本文提及的生态圈一词，实则与生态系统的概念相当，但更强调圈的含义，强调在生态系统内能的流动。

马拉松作为一项大型的体育赛事，必然也包含了体育生态系统的各种特征。马拉松赛事生态圈的定义为：在特定的时间和空间里，马拉松赛事的各参与者及其环境组成一个整体，各要素间借助不同的能量流动方式而形成相互联系、相互制约、相互发展的，并具有自我调节功能的动态人工复合体。这个生态圈是以马拉松参与者的行为为指导，以自然环境和社会环境为依托，以资金投入为命脉，以相关交互机制为经络的人工生态系统。

马拉松赛事生态圈因而也充斥着物质流、能量流和信息流的相互流动和交换。物质流包含了资金的注入、设施与装备的提供，资金可视为物流的一部分，它可以转为物质。由于资金的注入，马拉松赛事可以吸引并带动与体育产业相关的其他产业。能量流可以分为有形的和无形的。有形的能量流是指体育人才的活力程度、充沛度和凝聚度；而无形的能量流则指政府和社会对体育的认知和定位、体育本身的贡献等。信息流则包括一切体育技术理论和新闻消息，也包括意识形态和体育文化等层面的因素。由能量流、信息流和物质流连接起马拉松赛事用户、商家、主办方等多方参与者的马拉松赛事生态圈，如图1所示。

从图1可以看到，对于马拉松生态系统来说，大量用户的加入和流动，是推动生态圈动态发展和运转的最重要的因素，是促进种群协同进化、推动系统不断跃升的最主动、最具活力的部分，他们具有很强的能量属性。用户能量在流动的过程中会产生各种各样的需求，如何通过设计去满足用户的不同需求，是保证生态圈里能量流动的关键。而政府的支持和外部资金的注入则是马拉松生态圈不断壮大的动力，是物质流的核心。在进行马拉松赛事服务设计时，应考虑如何拉动更多的其他子产业进入生态圈，丰富生态圈里物质提供者的要素。同时，这些不同类型的产业也应该成为马拉松赛事流程里重要的服务提供者，不断融入马拉松生态圈的内部。马拉松赛事过程里，不同参与者会产生各种各样的信息，并汇集成流动的信息流。在本文的研究里，马拉松生态圈里流动的信息主要包括用户信息、主办方信息、商家信息及其他衍生信息。用户信息指的是马拉松用户跑步时产生的个人数据、个人的身份信息、个人进行社交分享的信息（经历、经验）等。主办方信息主要包括官方和非官方组织的赛事信息。官方信息包括赛事新闻、照片发布、成绩发放、日程安排、路程地图等；非官方组织发布的信息包括活动安排、知识普及等。商家信息包括实物商品的营销、非实物服务的信息展示和提供等，其产生的主体主要来自各行各业的商家。另外，用户在交流的过程里会衍生出不同的话题，同样地，不同信息的传播和交织会衍生出其他不同的信息。总而言之，优秀的赛事服务可以形成优秀的生态系统，吸引更多的用户加入系统的流转；相反，不合格的赛事服务会造成用户的流失，对生态系统造成冲击，并对其他各个相关环节造成不良影响。

结合生态圈的视角来看待马拉松赛事的服务体系，服务流程推进的同时也是生态能量的不断交换。马拉松服务活动涵盖了获取信息、报名参赛、成绩领取、日常参与等相关服务的提供和支持，其中主要的参与成员包括主办方、商家、媒体、参赛者和观众等。从日常训练到正式比赛，是一个不断循环的流程，使得马拉松的服务实现首尾相接的"环状"连接。马拉松赛事生态圈与服务流程关系图如图2所示。

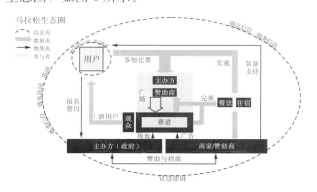

图1 马拉松赛事生态圈

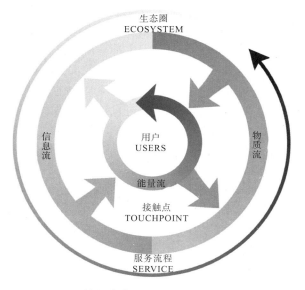

图 2 马拉松赛事生态圈与服务流程关系图

图 2 中的用户以及本文提到的用户都是指有跑步行为的直接参赛者，包括专业马拉松运动员、业余爱好者和其他参赛团体、个人等，作为整个马拉松赛事生态圈的核心。中间带箭头的环代表用户的能量流动，在流动过程中产生由弱到强的变化，主要代表用户从初期到后期对马拉松的依赖和忠诚度，忠诚度越高，能量就越强。在用户参与的初期，产生的个人数据、个人身份信息、个人进行社交分享的信息等会形成信息流向外汇聚；主办方和商家也会向用户传播信息流，包括赛事信息、产品内容等，从而构成信息流的双向流动。同样地，此生态圈亦存在物质流的双向流动，即由用户产生对外传递的马拉松赛事的资金投入，以及主办方和赞助商向用户反馈的物资，包括场地、装备等实物。在用户能量流外围的是接触点，用户通过接触点和外界形成交互，实际上也是用户与服务的交互过程。接触点既是影响用户接收服务的重要因素，同时也是影响不同能量顺利流动的重要媒介，过于分散、滞后的接触点会阻断能量的流动；反之，高效统一的接触点将大大增加整个生态圈的流动性。最外面环绕的带箭头的圆圈代表了马拉松的服务流程，用户的行为与体验亦是服务流程的核心。整个流程贯穿了生态圈各能量的流动过程，服务与生态相互交织，服务为生态流动提供媒介，生态流动推动服务的发展。

2.2 基于生态圈的需求分析

从上述研究中可以看到，在生态圈里流动着三个最重要的能量：能量流（有形的）、信息流和物质流，而不同的能量则对应着用户在参与赛事流程中的不同需求。

（1）能量流与基本需求层次理论。

马斯洛需求层次理论把人的基本需求依次分成生理需求、安全需求、爱和归属感（亦称社交需求）、尊重需求和自我实现需求五类。每一个个体参与马拉松运动，经过自身的提升发展到最后成功参加比赛的整个流程的实现正是个人基本需求得到满足的过程。

● 生理需求：人们加入马拉松生态系统参与马拉松运动，最基本的动机就是通过体育锻炼增强体质从而获得身体的健康。生理需求是人类维持自身生存的最基本要求，是推动人们行动的最首要的动力。

● 安全需求：在比赛过程中，人们需要安全舒适的环境和完善的赛道来保证自己的跑步质量，同时需要充足的医疗服务作保障。

● 社交需求：参与马拉松运动的群体普遍存在社交需求，他们通过各种途径去结识不同的跑友，同时形成不同群体聚集并相互交流、分享经验。

● 尊重需求：大多数用户非常看重官方发放的成绩证书，并通过社交媒体或其他移动媒体对个人成就、比赛成绩进行分享，以获得他人的赞扬和奖励。

● 自我实现需求：马拉松的冲刺赛道既是整个赛事的高潮部分，也是前面四项需求的最终叠加。需求在终点处得到最终的升华，完成自我价值的实现。

（2）信息流与信息服务需求。

目前，马拉松赛事生态圈最明显的特征是用户生产的碎片化信息没有得到充分利用，巨量的服务信息未能高效地在生态系统里运转。

尽管在信息爆炸的时代，信息资源的数量极其巨大，但是相对于其使用者来说，信息资源仍然是稀缺的。信息流里资源的稀缺主要有以下几个层次的表现：第一，在马拉松生态系统里，对于新手用户和部分爱好者来说，如何提高自身成绩、如何进行赛前训练等知识型信息虽然能够通过网络获取，但信息量巨大，没有针对性，用户无法有效地接收，导致用户的知识需求未能满足；第二，由于服务行业的应用并没有太多地归并到赛事的服务种类中去，用户在遇到衣、食、住、行的服务问题时，没有有效的途径获取相关信息；第三，由于多方面的原因，场地位置信息的发布等服务对于大多用户来说形同虚设。

（3）物质流需要整合不同行业。

国内线下马拉松市场规模巨大，涉及众多上下游行业，例如，赛事运营组织、交通运输、酒店住宿、餐饮娱乐、运动服装和器材、旅游和购物等，而外部资金的注入正是马拉松赛事生态圈不断壮大的动力之一。马拉松赛事生态的很大一部分资金来源于赞助。赞助是一种投资性的行为，通过提供金钱或物质的方式，向某一特定的活动进行投资，其回报则是活动中所产生的商业活动机会，其作用是提升品牌的知名度，加强企业的形象，直接或间接地刺激销售量。

在以物质流为主导的马拉松赛事生态圈里，更多行业的加入必然会增加用户的消费欲望，同时也将更加完善马拉松赛事的服务体系。因此，在进行马拉松赛事服务设计的过程中，如何利用更多的手段拉动其他产业进入生态圈，丰富生态圈中物质提供者的要素，使用户在不同行业和商家领域里的需求完美契合，是基于物质流的一个重要考虑。同时，这些不同类型的产业也应该成为马拉松赛事流程里重要的服务提供者，融入马拉松赛事服务的内部。

针对以上马拉松赛事生态圈的需求，将会设计相应的服务型移动应用功能来提升和完善用户体验。

3 马拉松赛事移动服务设计

3.1 用户参与马拉松赛事服务蓝图

与其他服务类型不同，马拉松赛事服务具有其自身的一些特征，为进一步研究马拉松赛事服务流程中的各环节并绘制服务蓝图，以观察法和亲自体验法对四场大型城市马拉松赛事进行实地观察和记录，以研究用户在赛事参与过程中的具体行为。

首先，选取 2013 年 11 月 23 日广州马拉松赛事、2013 年 12 月 15 日深圳马拉松赛事、2013 年 12 月 22 日珠海马拉松赛事和 2014 年 1 月 3 日厦门马拉松赛事作为观察对象。在这四个场次的比赛中，重点进行观察的内容有赛事的情况、比赛的流程、接触点的设置、用户的行为等。根据观察的结果，总结基本内容如下：

（1）群体性参与：由于参与人数的数量巨大，马拉松运动带有明显的群体性特征。服务上若有失误便会引发用户大规模的情绪反应，如深圳马拉松赛事由于在赛前节目时间安排不当，导致出发时间延后，引发了参赛用户的不满，导致场面失控。

（2）时间跨度大：马拉松比赛全程耗费 5～6 小时，具有明显的流程性。

（3）个体表达：对不同场次的马拉松比赛的观察发现，在群体参与的背景下是个体的自我表达诉

求，包括健康上的满足和精神上的需求。

（4）场地复杂：马拉松赛事多基于某个城市的交通要道，需要进行协调和组织管理的资源和设备非常多。

（5）可携带设备：相机、手机、手表是大量用户携带的设备，并且使用频率极高。

其次，以马拉松观众、训练营志愿者两个身份分别参与相关的活动，以亲自体验相关服务，同时结合参与式观察对相关活动流程、用户行为进行记录，结果简单总结如下：

（1）用户对于提升个人跑步技术、获取跑步训练知识有较高的需求。

（2）用户有通过参加训练营等线下活动结识志同道合者的社交行为。

（3）用户较依赖手机记录数据，同时对记录的要求较高。

综合调研结果，为了更细致地区分用户在参与马拉松赛事生态循环里的不同服务，按一次完整的服务流程可划分为比赛前、比赛中和比赛后三大部分。比赛前，用户行为包括获取信息、报名、领取装备和前往参赛点；比赛中，用户行为主要是跑步，从出发到冲过终点；比赛后的时间节点为休整到离开，用户行为包括领取成绩单、拍照留念和晒成绩等。在这个过程中，用户会产生不同的需求对应不同的服务流程。

马拉松赛事是一个服务的过程，而服务蓝图强调的也是一个过程。根据用户在服务流程三个阶段的不同行为进行分析，绘制出马拉松赛事服务蓝图，如图 3、图 4 所示。

图 3 服务蓝图图示

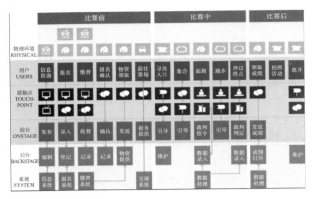

图 4　用户参与比赛服务蓝图

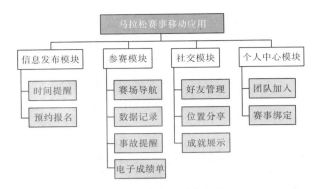

图 5　移动应用信息架构

由服务蓝图可以看到，现阶段的马拉松赛事服务流程里，信息服务散乱且缺乏二次利用，其方式亦较传统，导致信息传播可能滞后。大量接触点的供应虽然充足和多样化，但是目前的流程仍然存在以下不足：

（1）接触点过多且烦琐，没有进行统一的管理和规划，造成人力资源的过度消耗。

（2）作为重要接触点的物理标识如场地的道路指引，如果维护不周，则极易影响用户接受服务的质量。

（3）缺乏有效的数据处理系统，使得许多信息或服务不能统一处理或提供。

3.2　服务型马拉松赛事移动应用设计

在信息时代涌现的众多移动互联网产品中，可以看到以移动互联网为平台，以提供某种"服务"为核心，以手机应用程序为外在表现的手机应用产品新类型正在蓬勃发展，联系服务设计的相关理论，可以将其称为"手机服务型应用产品"，它既可以被视为一种产品设计，又可以视为一种服务设计，以产品的实现来完成对服务的表达。从用户研究的结果也可以看到，手机是马拉松用户用来记录数据的主要设备，而在国内马拉松赛事生态圈里，相关的体育类移动应用服务功能仍极其简陋，许多用户需求得不到满足。因此，如何充分利用移动媒体的便携性、互动性、参与感与科技时尚的特点，为用户提供更多、更好的新颖服务，成为完善马拉松赛事服务体验的重点。

结合对生态圈的需求和用户参与赛事的流程的分析，对服务型马拉松赛事移动应用进行信息架构的设计，如图 5 所示。

由信息架构图可以看到，该移动应用由四大部分构成，主要解决用户参与马拉松赛事时的信息服务、社交和数据收集管理等需求问题。各个部分之间具有关联性，实现数据和信息的共享，打通用户在各个需求模块以及在参与各个服务流程时的信息

接收和应用渠道。此服务型移动应用将作为主要的新接触点铺满整个服务流程，整合以前多余或累赘的接触点，与用户保持更高频率的接触，从而优化现有的服务接触。利用移动应用进行优化设计后的赛事服务蓝图如图 6 所示。

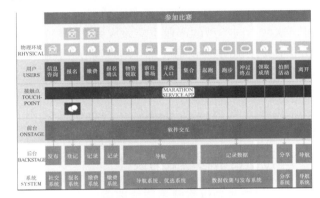

图 6　基于移动应用的赛事服务蓝图

用户在参与赛事过程中将会简单、高效地接收来自马拉松赛事生态圈各方参与人员提供的服务，最终保证了参与者在生态圈里的黏度和忠诚度。值得注意的是，马拉松赛事服务不是一个蓝图就足以囊括的。在服务过程里，包含许多线上、线下的具体活动，在具体的实施过程里，应考虑用户与其他参与者之间建立的联系，如何通过接触点让不同的参与者能够从中获益，从而保证马拉松赛事生态圈的持续运作。本文更多地考虑线上服务，但并不放弃线下的需求，主要有以下几个方面：

（1）主办方根据用户的参与程度，可以给部分高级用户提供报名优先的权限，以此鼓励用户，而应用亦可以为主办方提供相关的数据支持；主办方结合大数据的分析，了解参赛用户的身体状况，为服务资源提供的数量提供依据；根据用户的位置信息，在交通上提供更加高效和便利的服务，如拼车、公交调用等。

（2）商家通过获取用户数据，在相关地点设立商品提供点和广告点；用户通过地点签到行为获取商家的优惠服务；高级用户可以获得商家的装备支

持，从而提高用户的积极性。

（3）观众通过附加的应用，与正在参赛的运动员或亲友建立联系，获取专业运动员的信息，获取亲友的位置，提供直播，吸引更多的新用户加入。

最后，对用户正式参加比赛时的关键界面进行原型设计，并绘制界面流程图，如图7所示。

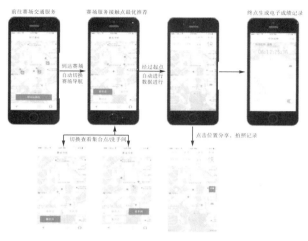

图7 用户正式参加比赛界面流程图

在比赛当天，用户可以通过应用入口进入参赛系统。软件会依照服务流程为用户提供交通信息服务，并通过位置定位为用户优选接触点，实现对洗手间、集合点等的寻找功能。用户在跑步过程中可以记录照片，生成信息流；如遇到突发事故，也可以一键求助。另外，该移动应用和赛事芯片实现账户绑定，通过芯片感应联动手机客户端来实现跑步数据的自动记录。用户参加比赛的最终成绩会被系统收集和处理，作为大数据分析的基础，为用户提供更多的贴心服务。

4 结语

本研究创新性地把马拉松赛事当作一个服务设计来看待，并基于生态圈的视角对马拉松赛事的服务流程进行重新设计。首先，定义了马拉松赛事生态圈、马拉松赛事服务流程等主要概念，并分别以能量流、信息流、物质流三个基本的生态能量流动对马拉松的生态圈进行了分析，并分析其与服务流程之间的关系，认为马拉松赛事服务流程的优化要围绕马拉松的生态需求来展开；其次，以马拉松参赛者为对象进行马拉松赛事的用户研究，对马拉松的服务流程进行体验和描述，总结出赛事服务中存在的问题，并利用服务蓝图进行更深层次的分析总结；最后，根据研究结果，针对马拉松赛事参与的用户服务体验，提出通过移动软件提供服务来实行优化，结合生态圈的需求和服务流程的痛点，为该

移动应用设计相关的服务功能和信息架构，包括信息服务、参赛服务和社交服务等模块，绘制加入服务型移动应用作为接触点的新服务蓝图，并依据不同的功能点设计用户正式参与马拉松赛事时移动服务的关键界面原型，以此完成对用户参与赛事服务体验的提升。

除了最主要的马拉松赛事的直接参与者之外，其他的参与成员如主办方、社会、商家等，对整个生态圈的流动也起到了重要的作用，未来的研究重点将是对这部分成员进行相关的服务设计。另外，马拉松赛事有其自身的特殊性，是否适用于其他体育运动仍有待进一步的分析。只有将生态圈内的各个成员通过更有效的服务手段组织起来，才能更好地推动马拉松赛事的发展。

参考文献

[1] 李乾文. 服务设计与质量功能展开 [J]. 价值工程，2004，23（4）：5—7.

[2] 克里斯蒂·格鲁诺斯. 服务市场营销管理 [M]. 上海：复旦大学出版社，1998.

[3] BULLINGER H J，FAHNRICH K P，MEIREN T. Service engineering-methodical development of new service products [J]. International Journal of Production Economics，2003，85（3）：275—287.

[4] 余乐，李彬彬. 可持续视角下的产品服务设计研究 [J]. 包装工程，2011，32（20）：73—76.

[5] EMILE A，JAMES L，CROWLEY，et al. Ambient Intelligence [M]. European Conference，AmI 2008，Nuremberg，Germany，November 19—22，2008.

[6] YOSHIDAM，JAMES J D. Service quality at sporting events：Is aesthetic quality a missing dimension? [J]. Sport Management Review，2011，14（1）：13—24.

[7] 李栋，杨明进. 马拉松服务方案优化研究 [J]. 体育科学，2008，28（4）：30—38.

[8] 贾明学，朱洪军. 基于服务交互模型的赛场观众服务质量管理研究 [J]. 西安体育学院报，2013，30（2）：129—136.

[9] 范国睿. 教育生态学 [M]. 北京：人民教育出版社，2000：21.

[10] 谢雪峰，曹秀玲. 体育生态的敏感因素与体育系统的良性循环 [J]. 体育科学，2005，25（12）：84—86.

[11] 吴淦峰，潘淑春. 信息资源的经济特性分析 [J]. 图书情报工作，2006，50（3）：46—48.

[12] TONYM. The role of sponsorship in the marketing communications mix [J]. International Journal of Advertising：The Review of Marketing Communications，1991，10（1）：35—47.

[13] 刘程程，张凌浩. 移动互联网时代手机服务型 APP 产品设计研究 [J]. 包装工程，2011，32（12）：68—71.

非物质设计趋势下的公共环境产品设计研究[*]

陈文雯[1]　李小军[2]　贾铁梅[3]

（1. 西华大学艺术学院，四川成都，610039；2. 周口城建设计有限公司，河南周口，466000；
3. 周口市川汇区广播电视大学，河南周口，466000）

摘　要：随着人们生活方式和消费观念的改变，当代设计也发生了变化。区别于以往的工业时代，消费社会的设计与消费者有着密不可分的联系，这使得产品设计的内涵、功能和形态发生了改变，逐渐从重视物质设计向非物质设计转变。本文以公共环境产品为例，分析了产品非物质设计的体现，提出了将非物质的设计因素应用于产品设计中。

关键词：非物质设计；公共环境产品；消费社会

随着时代发展，人们对公共环境产品的需求发生了改变，不仅仅要求产品具有功能，同时要求产品与人性、情感等非物质因素联系起来，物质和非物质结合的产品体现了当代产品设计的发展趋势，这些产品不仅满足了消费者最基本的需求，还满足了人们情感、自我实现等需求。

1　非物质设计概述

从工艺美术运动提出的艺术和工业结合到包豪斯提倡的功能主义，再到进入消费社会后物质和非物质设计的结合成为产品设计的主导趋势，体现了人们观念的转变，非物质设计的发展反映了人们追求更高层次的需求和更好的情感体验。非物质的英文是immaterial，它主要受西方当代历史学家汤因比的启示。汤因比在《历史研究》一书中写道："人类将无生命的和未加工的物质转化成工具，并给予他们以未加工的物质从未有过的功能和样式。而这种功能和样式是非物质性的。正是通过物质，才创造出这些非物质的东西。"由此可见，非物质设计虽然以物质设计为基础，但又区别于传统的物质设计，关注的是除去物质之外的人性、情感等因素，在设计中体现为软件、界面、服务等。

2　公共环境产品设计的概述

2.1　公共环境产品分类

公共环境产品是将工业设计产品与环境设计产品融为一体的环境产品。主要目的是完善城市的使用功能，满足人类需求的实用功能，同时还具有改善环境、美化环境的作用。根据功能和适用的环境，公共环境产品主要分为以下几类：

（1）交通系统：公共汽车站、小汽车立体活动停车场、高速公路收费站、加油站、自行车存放处、警亭、阻车栏、人行道护栏、交通信号灯、人行通道。

（2）信息系统：电话亭、邮筒、导视牌、广告牌、看板。

（3）购物系统：售货亭、书报亭。

（4）卫生环卫系统：公厕、垃圾回收站、果皮箱、饮水机。

（5）游乐系统：游乐设施、儿童玩具（户外）。

（6）休息系统：休息亭、休息桌椅。

（7）观赏系统：花坛、水体、观赏钟、景观雕像、绿色植物。

（8）照明系统：路灯、庭院灯、景观照明。

（9）自助系统（智能系统）：自动售货机、自动提款机、自动电脑网络查询机、自动找零机、自动公厕、自动售票机、自动售报机、自动测高机、测重机。

2.2　公共环境产品使用人群分析

（1）健康人。

健康人在绝大多数情况下使用公共环境产品不会产生行为困难或障碍。但是，健康人在疲劳的时候会出现注意力不集中的现象，对初次使用的产品不熟悉，往往会根据自己以往的经验来操作，对于操作复杂的步骤容易发生误判，这些都会造成一定的困难，给生活带来不便。

（2）老年人。

老年人由于年龄的增长，生理状况出现较大的改变，体力开始衰弱，身体的灵活性和操作的准确性降低。比如老年人出现身高变矮、弯腰、运动力

* 基金项目：四川省教育厅工业设计产业研究中心 2013 年资助项目（项目编号：GY—13QN—06）。
作者简介：陈文雯（1984—），女，重庆人，西华大学艺术学院工业设计系教师，讲师，硕士，研究方向：工业设计及其理论。

下降、活动范围变小、关节出力明显下降等现象，另外对事物的反应能力变慢，持久力降低。此外，老年人的视觉、听觉等感知方面也逐渐衰退，比如对较小的字体、较灰暗的色彩感觉不敏感。

（3）残疾人。

比如轮椅乘坐者，由于乘坐的轮椅体积较大，以及有车轮和踏板的阻碍，对轮椅乘坐者的视野形成一定的阻碍，加之轮椅乘坐者采用的是坐姿，伸手的范围有限，不能及时拿到物品；轮椅的转向需要一定的范围，在狭窄的空间不方便移动；轮椅乘坐者在和别人交流时，对方往往会采用蹲下或弯腰的姿势，这让轮椅乘坐者心理产生不适。

又如视觉残疾，包括盲和低视力两种，绝大多数的视觉残疾者是具有一定能力的，比如弱视或色觉障碍。日常生活中的很多公共环境产品对于视觉残疾者来说，获取信息非常困难，他们很难去操作和辨别，往往是利用除视觉之外的其他感觉器官来获取各种信息。

（4）孕妇及儿童。

儿童因为年龄小，没有成熟的判断力，往往发生一些危险的情况，如在马路上随便跑跳，容易发生车祸；儿童平衡感不好，容易摔倒，还容易被尖锐的角以及与他身高差不多的公共环境产品磕碰。

孕妇对周围事物反应强烈，情绪多变，除了有即将做母亲的喜悦外，还有对身体变化、胎儿是否健康的焦虑。她们考虑到空气污染、空间拥挤、交通拥堵等情况，不愿意在公共环境散步或乘坐交通工具，害怕使用公共环境产品。

根据对使用公共环境产品人群的分析，产品设计要考虑更多的受众。除了满足产品的功能外，还要关注消费者的情感诉求、个性等非物质因素，将其融入设计中去。

3 公共环境产品非物质设计的体现

3.1 多元化设计

人们步入消费时代，更加注重产品的体验以及自我的需求，也就要求对产品进行多元化设计。由一般到特殊地进行非物质设计就是考虑各个使用群体的需求，通过多元化的设计使公共环境产品能为更多的人服务，能满足绝大多数群体的需要，共享资源。

我国许多城市车站及地铁都配有自动售票机，设计样式各不相同，给旅客带来了极大方便，减轻了工作人员的压力，提高了工作效率。每个站台入口处设置的自动售票机必须满足大多数使用者的需求，其将直接影响卖票速度和旅客进站状况。

比如，三星集团委托洛可可设计集团设计完成的 AFC 票务系统，其自动售票机整体尺寸的设计充分考虑了不同人群的身体状况。研究表明，成年人身高基本集中在 1.15~1.8 m 之间。售票机操作范围为 0.74~1.40 m，最佳操作范围为 0.9~1.25 m，如图 1 所示。因此，将产品的最大高度设置为 1.8 m。将比较常用的功能模块定义在 0.8~1.35 m 之间，能够满足成人、残疾人以及身高在 1.3 m 以上儿童的使用需求。

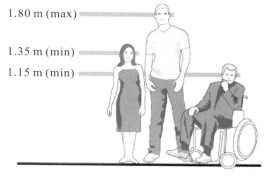

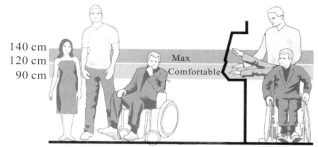

图 1　尺寸示意图

在界面设计上，设计正确的引导标识能给乘客带来便利。设计师将售票与充值的操作步骤以图文并茂的形式置于相应的功能模块。同时根据操纵与显示的相合性将操作步骤按从上到下的顺序排列在硬币功能区之下。另外，各功能模块均有相应的标识设计，以深蓝为底色，符合人们的习惯。另外，字体采用标准的黑体字，字号方便成人、老年人以及视觉障碍者看清，明确清晰，可以快速读取信息，方便操作。

又如，ATM 机的设计越来越人性化，但其中也有不足之处值得反思。以我国农业银行 ATM 机的界面设计为例，其说明文字较小，界面和步骤按钮均为统一色彩，无颜色区分。容易使老年用户心理紧张，给有视觉障碍的用户的识别带来困难。而美国富国银行 ATM 机的界面设计体现了多项非物质多元化设计，并符合消费者的行为习惯，引导消费者按照设计者的设置进行产品的使用。此外，消费者可以根据自己的需要选择界面的字体、字号、版式、色彩等模块。

图2 美国富国银行 ATM 机的界面设计

3.2 基于服务的设计

传统的工业设计对象往往是物质产品，但随着非物质设计的发展、信息技术的普及，消费者更加关注除物质以外的设计，这就使得工业设计的对象发生了改变，从实在的物质设计开始转变为服务、界面等非物质设计。

比如，公共自行车租赁系统是在各个城市建设、部署，由数据中心、驻车站点、驻车电子防盗锁、自行车及相应的通信、监控设备组成。公共自行车租赁系统往往布置在公交、地铁和居民区附近，用户通过公共自行车系统进行刷卡或从 App 上借车，到达目的地后将车归还到就近站点。公共自行车系统一般由数据中心、管理信息系统（MIS）、分区运营中心（发卡、充值、调度、维修等）、站点智能控制器、电子防盗锁、自行车及随车锁具、用户借车卡等基本部分构成。根据需要配备停车棚、站点视频监控系统、互动网站等。自行车租赁系统反映了非物质设计模式，尽可能使资源最大化，使人们在出行的时候能够首先选择公共交通。

3.3 关注人性和情感

根据美国心理学家马斯洛提出的"需要的层次

论"，将人的多种多样的需要按照重要性和出现的先后顺序分为三个大层次。此外，人类的情感系统与行为紧密相关，情感系统使身体做好准备，以对特定情境做出恰当的反应。对认知解释和理解周围的世界，情感可以做出迅速的判断。当进入消费时代，人们对产品的需求不仅仅停留在最低的层面，而是更加关注人性、自我实现、情感等，消费者有了多重需求，这些也成为设计者在设计公共环境产品时的重要依据。

现在的公共环境产品具有一定局限性，如自动售票机操作界面太高；公共场合中的公共厕所入口的台阶轮椅无法进入；公共厕所狭小，内部没有安全抓杆等，造成残疾人无法使用。这些障碍限制了残疾人的工作和生活，也在心理和精神上给他们带来了极大的压力和痛苦。公共环境产品都应当从人性化和关注情感出发，使产品能适应多个群体使用者的使用范围，开关、控制、指示等使用方法必须适应广泛人群的理解能力、生理条件，并且能够提供多种使用方式。例如，目前有的公共卫生间的烘手机或卷纸筒都设计了不同高度的位置，可以让更多的人使用。

3.4 高科技的运用

随着高科技的迅速发展，产品的智能化和人性化必不可少，人们在消费社会中往往是通过电子产品进行交流的，而这就需要产品非物质的服务、界面、软件、技术来支持。

比如在成都出现的新型智能垃圾桶，在材料方面，外桶选择了不锈钢板，内胆采用了防火、耐腐蚀、轻便的材料。垃圾桶装有雷达监控设备，当人们将垃圾放到垃圾桶口处，其就会自动识别垃圾类型，开启相应的垃圾存放口，自动完成垃圾分类的工作。垃圾桶的臭氧分子智能除臭功能和紫外线杀菌功能可以消除垃圾污染。在垃圾桶的顶端装有太阳能电池板，能将电能储存在蓄电池中，节约了公共资源，也做到了生态环保。此外，这款智能垃圾桶有 Wi-Fi 热点功能和卫星定位功能，能方便人们在公共环境上网，以及及时通知工作人员对垃圾进行回收清理。这样的垃圾桶能借助高科技最大限度地让城市更洁净，让更多的人使用公共资源。

4 结语

随着消费社会的出现和人们观念的改变，非物质设计已经成了必然趋势。虽然自动售票机、公共卫生间等较少的公共环境产品运用了非物质设计的思想，但仍存在一些问题和不足。另外，还有更多的公共环境产品没有考虑非物质设计。但非物质设计对物质设计的超越，改变了人们对传统产品的认知，提出的新观念也将会越来越受关注，并不断发展。

参考文献

[1] 徐小欢. 非物质设计理念在设计中的应用 [J]. 广东石油化工学院学报，2011，21 (4)：34−36.

[2] 孙同超，肖玲诺. 信息技术革命背景下的后现代社会消费文化 [J]. 学术交流，2010 (12)：140−156.

[3] 孙从丽. 非物质设计的发展趋势——强调为"情感"而进行的设计 [J]. 艺术与设计：理论版，2007 (2)：21−23.

[4] 鲁丽君，李世国. 论产品非物质设计中的内涵设计观 [J]. 包装工程：理论版，2008，29 (11)：157−159.

[5] 鲍德里亚. 消费社会 [M]. 南京：南京大学出版社，2001.

[6] 阿诺德·汤因比. 历史研究 [M]. 刘北成，郭小凌，译. 上海：上海人民出版社，2002.

用温暖诠释悲情

——成都医学院解剖楼纪念性环境设计的实践与思考*

冯振平

（西华大学艺术学院，四川成都，610039）

摘　要：成都医学院遗体捐献者纪念性环境工程位于解剖教学楼内。设计要求能够把纪念、瞻仰、教学、休闲多种功能融为一体，并能够体现文化与特色。设计方案采用寓意、象征的空间语汇表达方法，体现环境丰富的思想内涵；营造温馨、轻松的空间氛围，达到纪念环境与教学环境的合理兼容。方案的设计达到了恰当诠释纪念主题的要求，又兼顾了环境中多重功能的有机融合，并以其思想内涵给人感召和启示。纪念性环境的设计需要以独特的设计理念为先导，在诸多制约中找到恰当的平衡点，运用准确的空间语汇，达到主题、形式与功能的完整契合。

关键词：环境设计；纪念性景观；空间意象；解剖教学楼；遗体捐献

　　纪念性景观作为一种特殊的景观类型，在注重物质功能的同时，更多地体现为对精神功能的表达。相较于其他景观类型，有着更为丰富的精神文化价值。因为其具有的情感与艺术感染力，有人把纪念性景观比喻为建筑设计中的诗。当前，纪念性景观的设计呈现出越来越多元化的态势。在体现庄重这一情感表达的基础上，不断探索设计语义的多样化，并融入独特的思想内涵成为设计师努力的方向。

　　本项目是成都医学院为感激遗体捐献者对医学事业的无私贡献，表达对他们的敬重与缅怀而建设的纪念性环境项目。本文希望借助这个项目的完成，谈一下对纪念性景观的探索与体会。

1　项目状况

　　在我国医学院校，教学解剖用的人体主要来自逝者生前以遗嘱方式做的无偿捐献。而国内医学院校对遗体捐赠者纪念场所的建设一直是空白。2014年，成都医学院决定以解剖教学楼内场所为依托，建设遗体捐献者纪念工程。其目的是让人们铭记遗体捐献者对医学事业的无私奉献，表达对遗体捐献者的敬意、缅怀、感激之情。成都医学院解剖楼纪念性环境改造工程的建设，也成为国内医学院校内首例为纪念遗体捐献者而营建的场所环境。

　　本项目位于成都医学院新校区解剖教学楼内。解剖楼主体建筑共有四层，是师生进行人体解剖教学、研究的场所。项目建设区域分为庭院和室内两个部分，庭院面积为273平方米，是教学楼的中心公共空间，需要兼顾交通、交流、休闲、纪念等多种功能；室内面积为56平方米，是悼念和遗体捐献者档案存放场所。庭院命名为"馨香园"，意为逝者已逝依然留给人间缕缕馨香和温暖。室内为悼念的场所，命名为"感念堂"，表达人们对逝者的感激、感怀与思念之意。

　　本方案的设计要求综合考虑场所的多重复合功能，使之成为融纪念、凭吊、教育、教学、休闲于一体的场所环境，并希望能够对医学用遗体捐献活动起到一定的宣传、推介作用。同时，由于学院处于新校区建设之中，各方面资金较为紧张，也希望

* 　基金项目：成都医学院重点项目。本文作者为项目责任人、主要设计师。参与设计：冯戈、程辉。地面镶嵌铜腐蚀画设计：冯戈。
　　作者简介：冯振平（1966—），男，山东济宁人，学士，副教授，研究方向：艺术设计。发表论文13篇。

能够以较小的投入达到最佳的效果。

2　设计思想

本方案的设计需要在营造适宜的人文氛围的情况下，综合考虑纪念与教学功能的结合这一特殊性，并希望通过丰富合理的思想表达，营造准确、适宜的空间氛围。

2.1　体现高尚的人文情怀

遗体捐献者纪念性环境的营建是医学界人文情怀的体现，遗体捐献者无私奉献的行为也为后人留下了值得学习的精神财富。纪念性环境的设计在表达对捐献者的崇敬与缅怀的同时，应该能够给人以人生的启迪和感召，让人们明晰生命的价值就在于奉献社会、造福他人。

2.2　寓意象征的设计语汇，形成空间语义的丰富性

寓意象征的空间语汇表达，可以提升纪念性环境丰富的思想内涵，起到"以物喻人，寄情于景"的效果。恰当、适宜的意念融入，能够使景观思想深刻、蕴含独特，使人们在解读空间环境时引发诸多感悟和省思。

2.3　营造平和、温馨的空间氛围，兼顾使用功能的多元需求

具有纪念性意义的景观更应注意其景观空间的气氛营造，这样才能使人在潜移默化中感受到纪念性景观的场所精神。人是纪念性景观空间的主人，人们修筑纪念性场所是为了让活着的人和已逝去的人或事形成"对话"，为其提供空间思考历史，通过这样的思考，人们才会更加清楚生活的意义。

解剖教学楼首先是教学场所，纪念性环境处于它的中心区域，所以应该考虑场所的特殊性，协调好教学、休闲、纪念、凭吊等多方面的功能要求。以较为平和、温馨的设计形式处理空间，无疑会更好地协调各功能之间的关系，也能够恰当地体现遗体捐献者旷达、超然的人生情怀。

3　设计特色

特色是设计价值得以确立的基础。特色的体现需要依据环境的特点和要求，通过主题进行合理的阐释与生发。本方案的设计力求能够把严肃、悲情的基调转化为一份"温情"的表达，使环境给人平易与亲切之感，这也成为本方案思想表达、空间调动围绕的方向。

3.1　质朴温馨，哀而不伤

在纪念性环境的表现中，常常都充满着庄重、肃穆、伤感的气氛，这已成为有关题材的常规性表

达方式。本方案则尝试从更为平和的角度去表达生命存在的意义，以乐观、豁达、超然的人生态度诠释生命的存在价值。在场所中营造朴素、淡泊、宁静、温馨的氛围，从而体现遗体捐献者博大的人生情怀和达观的人生态度。

"馨香园"方案是把庭院设计成一个花园的样式。空间整体采用较为自由的布局，用草坪、绿植、树木、爬藤植物的灵活穿插打破墙、地间界面的独立性，直线和曲线相互穿插对比，使之大小呼应、高低错落，达到活泼而不失严整的效果。纪念碑作为庭院的主体，用原石材料安置于庭院尽端的一侧，既保证了其处于视觉的关注点，又使其不显得过于突兀。斜跨庭院的条带状地面镶嵌画"生命之光"贯穿庭院中心位置，成为通往纪念碑的视线引导，使纪念碑的主体性得以强化。纪念碑并不张扬的尺度，却能尽显其平易与温和。庭院整体空间做到了活泼又不失庄重，在花香四溢中凸显宁静、平和的空间氛围。如图1、图2所示。

图1　"馨香园"内景

图2　花坛与休息座椅

"感念堂"作为室内的悼念空间，采用了中心对称式布局。但贯穿空间的曲线造型又打破了造型的规整性，增加了些许活泼感。顶部曲线的造型起到了视线引导的作用，强化了空间的动态感与方向

性。空间色彩则简化为白色和木色两种，使之显得清新、明快、单纯、和谐。

庭院和室内的设计都力图使空间凸显温暖、朴素的感觉，一方面，能够更好地表现遗体捐献者宽广的人生情怀和达观的人生态度；另一方面，也能很好地结合环境的教学与休闲功能，收获相得益彰的效果。

3.2 以象征、寓意的表达方式，表现丰富的思想内涵

纪念性景观是人类纪念性情感在景观上的物化形式，它具有的精神文化价值的功能主要是为满足人类纪念的精神需要，其精神功能远远超越了物质功能。象征、寓意手法的运用能够形象地诠释设计的思想主旨，增强了设计作品解读的丰富性，并能够体现多样的空间表达意趣。

在"馨香园"的设计中，纪念碑选用一块被河床冲刷形成的自然原石，粗糙而不失温润，在自然形成的裂缝间隙绽放出几朵洁白、细腻的大理石花朵。其以顽强生命力与自然力的对抗，表达一种圣洁、凝固、永恒的生命意志，如图3、图4所示；沿墙的青石墙面花池，在坚硬的青石板中露出一个个孔洞，花草破洞而出，与地面上突破大理石生长出的花草相互搭接，浑然一体，以此来表达对生命的礼赞，如图5所示；坐区位置用律动的曲线组成花台，代表生命的活力与生生不息；庭院中两株大的桂花树恰恰提升了庭院花园的感觉，在每年特定的季节花香四溢，充满整个庭院，营造出一种温馨、浪漫的氛围，也契合了"馨香园"的主题。

图3 纪念碑

图4 铜腐蚀碑文

图5 石材花坛护墙

"感念堂"的设计则于静穆基调之中凸显明快之感。同样以象征的手法，寓意遗体捐献者情怀之博大。如顶棚的设计采用星空的形式，寓意人在宇宙中相比星空的浩渺只是沧海一粟；墙面大面积采用质朴的木质材料，寓意人来自自然又回归自然，体现一种宽广、仁厚的世界观，如图6、图7所示；遗体捐献者的档案存放采用了具有仪式性的摆放方式，同时采用带花形的标牌，使之具有一种温馨、圣洁的感觉，如图8所示。

图6 "感念堂"内景1

图 7　"感念堂"内景 2

图 8　档案存放柜

3.3　注重教育与启示性的表达

整体的设计注重高尚人生理念的弘扬，站在宏观的层面来阐释人生的积极意义。设计方案始终围绕生命主题展开，达到挖掘主题、拓展主题、升华主题的效果。并且通过设计理念的贯穿，给人以积极的引导，也使得遗体捐献者博爱、达观的人生态度得以传递，对后人起到了很好的垂范、教育和带动作用。同时，能够提升学生献身于医学事业的神圣感与责任感。

3.4　教学与纪念功能的恰当融合

本方案的设计综合考虑了纪念性环境的纪念、凭吊、教育、教学与休闲功能。兼顾接待遗体捐献者家属的瞻仰、凭吊，以及有遗体捐献意愿者和家属的参观；迎接兄弟单位的参观、学习、交流；同时，对医学院校学生进行职业、人生的教育与引导等。

由于此项纪念性环境处在教学楼内，如何实现教学环境与纪念环境的和谐统一是方案设计前需要考虑的重要问题。提起解剖教学楼，一般人在意识中就会产生阴森、恐怖感；提起纪念性环境，一般人就会想到庄重、肃穆，二者的叠加效应无疑会带来极其压抑的感觉。本方案的设计则充分考虑了环境的多元兼容作用，减轻纪念性环境带给人的压抑感，并使教学与纪念融为一体。例如，大面积绿植的运用；参差错落的环境体面处理；大面积曲线花台的运用；自由式结构布局；等等。这些无疑都营造了一种轻松的气氛。同时，在空间布局中同样很好地兼容了纪念碑这一纪念性环境的主体，达到整体的圆融与和谐。

4　设计思考

纪念性景观在呈现多元化的同时，总是有些共通化的原则和方法，这些也成为纪念性景观设计的重要指引。

4.1　设计师关照事物的角度，是设计对象得以升华的关键

设计的创新性，源于设计师能够以个人的独特视角理解对象，以具有个人化的语言方式诠释对象，从而在平常的题材中凸显不同的设计样貌，这是设计对象个性化得以确立的前提。设计面貌的拓展，无不体现为设计师的思想观念对设计对象叠加的结果。如美国的越战纪念碑，按照设计师林璎的解释，它就好像是地球被（战争）砍了一刀，留下了不能愈合的伤痕。其采用独特的倒 V 字形的下沉式空间结构，恰当地诠释了"伤痕"的设计理念，使之成为纪念性建筑的独特类型。

4.2　环境设计应具有丰富的思想内涵

设计在体现功能性的同时，还应注重思想性，思想性依然是优秀设计作品体现价值的重要方面。从中国建造发展的历史中我们不难看出，很多古代建筑与环境均承载了政治、伦理、民俗等方面的诸多内涵，传达了传统社会中的人生观和价值观，兼顾了审美与教化的双重作用。

在当代纪念性环境设计中，深刻的思想性依然是经典设计得以推崇的重要方面。如吕彦直设计的南京中山陵，平面为警世钟图案，有"警钟长鸣，唤起民众"之寓意；何镜堂院士设计的 5.12 汶川特大地震纪念馆，以时间、地殇、崛起、希望为主题组成建筑主体，在一个完整的叙事空间中表达了对这场灾难中逝去生命的缅怀以及昂扬的精神引导。这些具有深刻思想内涵和道德感化作用的设计，也成为纪念性环境设计的经典之作。

4.3　环境设计应该体现"人文情怀"

环境设计的使用对象是"人"，除却一般功能性的满足之外，设计作品人文情怀的拓展往往成为设计作品提升境界的关键，也是设计作品具有特殊感召力的根源所在。人文情怀是超越国界、民族、地域，以世界大同的人文理想关照世界。纪念性建筑所纪念之人和事，一般都具有超越个体的特殊意义，是为了表征某类特殊价值的物质和观念而有目的地进行的建造。本方案的设计是以逝者悲天悯人的大爱精神，演绎其宽仁、博爱之心，是整个设计空间精神内涵营造的切入点，是营建空间氛围的主旨。其使得空间精神不再寓于小我之悲情，而是体现豁达超然的大我情怀。

5　结语

本方案作为国内医学院校首例为遗体捐献者设立的纪念性环境，是国内医学界人文情怀的进一步拓展。在教学楼内建造有关死亡题材的纪念性景观，是这次设计的最大难点，本方案只能说是我们对此类设计做出的一点微小的尝试与探索。工程的最后结果对照原设计方案，还是有一些不足之处。

如庭院环境设计沿墙立面本来为青石板墙面，开洞的方式也更加错落、随意、自然，跟植物的融合性也会更好，而完成的结果则略显规整、平板；"感念堂"设计方案的墙面为哑光原木材料，更为沉着、质朴，较完成方案显得更为朴素、雅致。这些不能不说是结果中的一些遗憾。

参考文献

[1] 王玉石. 纪念性景观设计要素的研究 [D]. 哈尔滨：东北林业大学，2007.

[2] 张文松，王秀峰. 纪念性景观设计中的符号学研究 [J]. 艺术与设计（理论版），2010（5）：102-104.

[3] 齐康. 纪念的凝思 [M]. 北京：中国建筑工业出版社，1996.

[4] 李开然. 景观纪念性导论 [M]. 北京：中国建筑工业出版社，2005.

[5] 王冬青. 纪念性景观的象征表达手法探析 [J]. 装饰，2005（11）：117.

[6] 李珊珊. 美国国家二战纪念园景观设计 [J]. 规划师，2006，4（22）：94-96.

[7] 李晓江，张兵，束晨阳，张健. 回望生命的光辉—北川地震遗址博物馆及震灾纪念地规划的思考 [J]. 城市规划，2008，32（7）：33-35，40.

背景色对数字产品界面色彩识别效率的影响

冯　纾　王军锋　王文军

（西南科技大学，四川绵阳，621010）

摘　要： 本文为探究不同背景色对色彩识别效率的影响，让测试者完成了白色—灰色—黑色三种纯色背景下对有色形状的识别测验，同时记录测试者的识别正确率与识别时间。测试结果显示，不同背景色对颜色具有不同的色彩识别效率，黑色背景的识别正确率最高，其次是白色背景，而灰色背景的识别正确率最低，并且背景色白色—灰色—黑色的识别速度依次加快。根据测试结果初步推测：黑、白纯色类背景比灰色浊色类背景更有利于准确识别，而深色背景相较于浅色背景具有更快的识别速度。

关键字： 浅色背景；深色背景；色彩识别

1　引言

1.1　数字产品与交互界面的使用效率

随着越来越多数字产品融入人们的生活与工作中，人们也开始接触各种交互界面。然而并不是每一个交互界面都有高效的使用与阅读效率。界面的颜色和背景色就是影响界面使用效率的因素之一。在人们对界面的学习与使用过程中，界面中的背景色和区域颜色会影响人们对色彩的识别效率，从而影响人们对界面的学习与使用效率。

1.2　目前终端界面的颜色使用状况

现在许多界面会采用纯色背景结合有色模块的设计方式，用纯色背景配合单色设计来统一界面色彩，使其阅读性更好。

在对目前终端界面颜色使用的初步调查中发现，商务类终端产品界面的颜色主要以深蓝色、深灰色居多，餐饮类界面的颜色主要以红色、黄色、橙色居多，社交类界面的颜色主要以蓝色、绿色、青色居多，购物类界面的颜色主要以橙色、红色、紫色居多。综上所述，产品界面主要采用的颜色为红色、橙色、黄色、绿色、青色、蓝色、紫色、深灰色。那么在同一种颜色背景下，8种颜色中的哪一种颜色的识别效率会更好呢？如果使用识别效率高的颜色作为界面设计的主色调，势必会提高用户对界面的使用效率。所以希望针对这 8 种颜色，研究它们在不同背景下的识别效率，从而为界面设计选择颜色时提供一定的依据。

1.3 浅色背景色与深色背景色的运用

目前，终端产品界面中以浅色背景色运用最多，主要是因为浅色背景更符合人们的日常阅读习惯。然而随着市场的发展，不同类型的终端产品需要不同的颜色作为背景，深色背景的运用越来越多。背景选取对于界面的使用效率而言是至关重要的，使用合理的背景色会让界面的使用效率更高。不同背景颜色具有不同的识别效率，浅色背景中识别率高的颜色也不一定适合深色背景。所以希望针对浅色背景与深色背景，研究它们对色彩识别效率的影响。

1.4 背景色识别效率相关研究

目前关于背景色对识别效率的影响已有相关研究。但有些研究只根据识别时间来说明识别效率，而没有采用识别准确率的数据。识别效率应该是同时建立在识别时间与识别准确率两者基础之上的。然而对于不同的界面使用目的，识别时间与识别准确率的优先级也会不同，所以对于识别时间和识别准确率都需要作记录与分析。

在一些相关研究中采用了文字和如兰道尔环这样的符号作为测试靶材。而在终端界面的使用过程中，控制区使用最多的是简单的几何图形，所以有必要以简单的几何图形作为测试靶材进行测试。

2 研究目的

现在的界面设计都会涉及色彩的使用，界面的色彩识别效率与感知能力在很大程度上会对界面的阅读效率及使用效率造成一定的影响。为了更好地认识、理解背景色对数字产品界面色彩识别效率的影响，展开背景颜色对界面色彩识别效率影响的研究探索，为数字产品界面设计提供更多客观信息与依据。

本文通过将被测试者在数字产品使用中由颜色对比因素产生不同的色彩识别效率进行量性记录、分析，通过数据模拟被测试者的色彩识别效率变化的观察实验，对数字产品界面中的背景色对色彩识别的影响做了研究。

2.1 研究不同背景色中各个色彩识别效率的差异

目前，终端界面中采用的颜色主要为红、橙、黄、绿、青、蓝、紫、深灰 8 种颜色。针对 8 种颜色在不同背景中的识别效率展开研究，试探究不同背景中各种颜色识别效率的差别。

2.2 研究浅色背景与深色背景对数字产品界面色彩识别效率的影响

针对浅色背景与深色背景，研究它们是否会产生不同的色彩识别效率。依次比较以白色、灰色、黑色作为背景色，试探究背景色在由浅到深的过程中对界面颜色识别效率的影响及变化。

3 对象与方法

3.1 实验目的

（1）观察记录不同背景色下，各色彩之间的对比因素引起的被测试者对界面色彩识别效率的变化。探究在各种背景下，哪一种颜色的识别效率更高。

（2）观察记录背景色逐渐变暗的过程中各色彩与背景色之间的对比因素引起的被测试者对界面色彩识别效率的变化。把在浅色背景下的实验结果与在深色背景下的实验结果作对比，探究浅色背景与深色背景对颜色识别效率的影响。

3.2 实验对象

（1）观察实验的道具与采用的表色系统与道具：本研究采用 GRB 色彩体系的表色方法来记录、模拟、分析观察实验的结果。观察的实验道具：电脑屏幕。本次实验使用的电脑型号为 Lenovo E47A，屏幕大小为 14 寸，分辨率为 1366×768，刷新频率为 60 赫兹。

（2）测试者与电脑屏幕的视距为 40～50 厘米。实验内容共有 3 组，每完成 1 个小组实验，管理者给予被测试者 1 分钟的眼部休息时间；每完成 1 个大组实验，管理者给予被测试者 5 分钟的眼部休息时间。

（3）测试者为 10 人，分别为 5 男 5 女，年龄为 20～30 岁，身体健康，矫正视力正常，无色盲、色弱。

3.3 实验原理

3.3.1 研究数字产品界面中同一种背景色下，不同颜色的识别效率

在同一背景色下，通过观察测试者识别页面上的几何图形所需时间、正确率，并以此判断颜色识别效率。同时为了不让测试者在同一背景的测试过程中受记忆影响，使每个页面上几何图形的排序不同。测试结束之后，横向对比每个页面上几何图形的识别时间和识别正确率，以此判断在该页面背景色下，哪种颜色的识别效率最高。并按照此方法找出 3 种背景色对应的识别效率最高的颜色。

控制变量：背景色相同，几何图形颜色不同，几何图形个数相同，几何图形排列顺序不同。

3.3.2 研究不同深浅的背景色对数字产品界面色彩识别效率的影响

在不同背景色下，通过观察测试者识别页面上的几何图形所需时间、正确率、主观感受，并以此作为判断背景色对颜色识别效率和观看感受的依据。根据每一组实验数据，观察每一组平均识别时间以及平均识别正确率。纵向比较，观察不同背景色对应的平均识别时间以及识别正确率的不同。

控制变量：背景色不同，几何图形颜色相同，几何图形个数相同，几何图形排列顺序相同。

3.4 测试靶材

3.4.1 几何图形的选择

实验中的几何图形主要选取3种最简单的几何图形，分别为三角形（三边形）、正方形（四边形）、圆形，如图1所示。每一组里都有9个几何图形，但每一组中正方形、三角形、圆形的数量都不同。

图1 几何图形随机分布

3.4.2 背景色与靶材颜色的选择

几何图形的颜色选择红、橙、黄、绿、青、蓝、紫、深灰，并保证它们的对比度与明度一致。背景色选取白色、灰色、黑色，根据RGB中的最大值255，再平均分为3段，即白色（255，255，255）、灰色（127，127，127）、黑色（0，0，0）。

3.4.3 页面分组

预先在电脑屏幕上设计、制作出模拟数字产品的实验页面，实验页面分3组，每一组的背景色不同。而在同一组中有8个小组，8个小组上分别对应红、橙、黄、绿、青、蓝、紫、深灰的几何图形。

分组分别为：1组：背景色为白色，几何图形颜色为红、橙、黄、绿、青、蓝、紫、深灰；2组：背景色为灰色，几何图形颜色为红、橙、黄、绿、青、蓝、紫、深灰；3组：背景色为黑色，几何图形颜色为红、橙、黄、绿、青、蓝、紫、深灰。如图2、图3、图4所示。

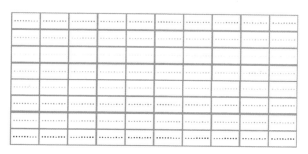

图2 白色界面实验组

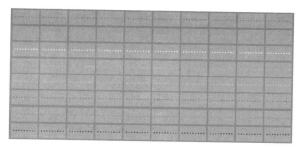

图3 灰色界面实验组

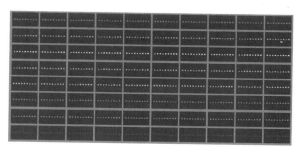

图4 黑色界面实验组

3.4.4 测试顺序

为了避免因测试顺序出现"顺序效应"，对3种颜色的实验顺序以及8种几何图形颜色进行拉丁方处理。

白、灰、黑3种背景色测试顺序的拉丁方处理：以3组测试为一次循环。在一次循环中，第一组测试的背景色顺序为白、灰、黑；第二组测试的背景色顺序为灰、黑、白；第三组测试的背景色顺序为黑、白、灰。如表1所示。

表1 背景色循环测试顺序

测试顺序	第一	第二	第三
一组	白	灰	黑
二组	灰	黑	白
三组	黑	白	灰

红、橙、黄、绿、青、蓝、紫、深灰8种几何图形颜色在同一种背景色下的测试顺序的拉丁方处理：在某种背景色下测试为一组，并以8组测试为一次循环。在一次循环中，第一组测试的几何图形颜色顺序为红、橙、黄、绿、青、蓝、紫、深灰；第二组测试的几何图形颜色顺序为深灰、红、橙、黄、绿、青、蓝、紫；第三组测试的几何图形颜色顺序为紫、深灰、红、橙、黄、绿、青、蓝；第四组测试的几何图形颜色顺序为蓝、紫、深灰、红、橙、黄、绿、青；第五组测试的几何图形颜色顺序为青、蓝、紫、深灰、红、橙、黄、绿；第六组测试的几何图形颜色顺序为绿、青、蓝、紫、深灰、红、橙、黄；第七组测试的几何图形颜色顺序为

21

黄、绿、青、蓝、紫、深灰、红、橙；第八组测试的几何图形颜色顺序为橙、黄、绿、青、蓝、紫、深灰、红。如表2所示。

表2 同一种背景色下集合颜色实测试序

测试顺序	一	二	三	四	五	六	七	八
一组	红	橙	黄	绿	青	蓝	紫	深灰
二组	深灰	红	橙	黄	绿	青	蓝	紫
三组	紫	深灰	红	橙	黄	绿	青	蓝
四组	蓝	紫	深灰	红	橙	黄	绿	青
五组	青	蓝	紫	深灰	红	橙	黄	绿
六组	绿	青	蓝	紫	深灰	红	橙	黄
七组	黄	绿	青	蓝	紫	深灰	红	橙
八组	橙	黄	绿	青	蓝	紫	深灰	红

3.4.5 测试过程

首先呈现指导语，要求测试者注视在屏幕中央出现的一个注视点"+"，集中注意力。然后在显示屏上随机呈现10组测试界面，使测试对象熟悉测试过程，进入测试状态。

在正式测试中，测试者识别页面上的图案种类与对应数量，然后自行记录在测试答卷上。在同一背景色下测试时，完成一个小组的测试后让测试者闭眼休息1分钟；完成8组页面测试，即完成一组测试后让测试者闭眼休息5分钟。测试前让测试者随机在任意页面上尝试测试，以适应该测试方式。

3.4.6 数据记录

每一个页面的测试过程中，在对测试者进行测试时，主要对2个测试结果进行记录，分别是：某测试者在进行一组测试中所花的时间，某测试者对页面上几何图形的识别个数。

3.4.7 数据统计

（1）统计测试者在进行一组测试中所花的时间即可看作对页面上几何图形的识别时间，并记录。

（2）将测试者测试答卷上的数据与正确答案进行对照，得出测试答卷的正确率，并记录每个页面的正确率。

4 实验结果

通过实验测得8种颜色在3种背景色下的识别时间与识别准确率，并得出在3种背景色下的平均识别时间与平均识别正确率。如表3、表4、表5所示。

表3 白色背景实验结果

排名	颜色	单组平均耗时	总平均耗时	差值	排名	颜色	单组平均正确率	总平均正确率	差值
		耗时（s）					正确率（%）		
1	红	97.20	112.40	−15.20	1	红	0.992	0.968	0.024
2	蓝	100.19	112.40	−12.21	2	蓝	0.983	0.968	0.015
3	深灰	107.97	112.40	−4.43	3	深灰	0.983	0.968	0.015
4	紫	108.14	112.40	−4.26	4	紫	0.982	0.968	0.014
5	青	112.32	112.40	−0.08	5	青	0.967	0.968	−0.010
6	橙	118.89	112.40	6.49	6	橙	0.965	0.968	−0.003
7	绿	125.60	112.40	13.20	7	绿	0.942	0.968	−0.026
8	黄	128.90	112.40	16.50	8	黄	0.933	0.968	−0.035

表4 灰色背景实验结果

排名	颜色	单组平均耗时	总平均耗时	差值	排名	颜色	单组平均正确率	总平均正确率	差值
		耗时（s）					正确率（%）		
1	黄	97.30	105.76	−8.46	1	黄	0.975	0.957	0.018
2	绿	99.32	105.76	−6.44	2	绿	0.971	0.957	0.014
3	青	99.56	105.76	−6.20	3	青	0.965	0.957	0.008
4	红	102.21	105.76	−3.55	4	深灰	0.962	0.957	0.005

续表4

耗时（s）					正确率（%）				
5	深灰	109.18	105.76	3.42	5	蓝	0.955	0.957	−0.002
6	橙	110.09	105.76	4.33	6	红	0.952	0.957	−0.005
7	蓝	112.58	105.76	6.82	7	橙	0.943	0.957	−0.014
8	紫	115.83	105.76	10.07	8	紫	0.933	0.957	−0.024

表5 黑色背景实验结果

耗时（s）					正确率（%）				
排名	颜色	单组平均耗时	总平均耗时	差值	排名	颜色	单组平均正确率	总平均正确率	差值
1	黄	92.13	102.65	−10.52	1	黄	0.995	0.973	0.022
2	绿	95.15	102.65	−7.50	2	绿	0.985	0.973	0.012
3	紫	96.83	102.65	−5.82	3	橙	0.976	0.973	0.003
4	橙	98.17	102.65	−4.48	4	紫	0.976	0.973	0.003
5	青	98.89	102.65	−3.76	5	红	0.972	0.973	−0.001
6	深灰	111.42	102.65	8.77	6	青	0.972	0.973	−0.001
7	红	112.31	102.65	9.66	7	深灰	0.962	0.973	−0.011
8	蓝	116.32	102.65	13.67	8	蓝	0.943	0.973	−0.030

4.1 纯色背景下不同颜色的识别效率

4.1.1 白色背景下不同颜色的识别效率

通过实验与数据统计发现：在白色背景下，红色的识别时间最短，单组平均耗时 97.20 s，比总平均耗时少 15.20 s；黄色的识别时间最长，单组平均耗时 128.90 s，比总平均耗时多 16.50 s。红色的识别正确率最高，单组平均正确率 0.992%，比总平均正确率高 0.024%；黄色的识别准确率最低，单组平均正确率 0.933%，比总平均正确率低 0.035%。

4.1.2 灰色背景下不同颜色的识别效率

通过实验与数据统计发现：在灰色背景下，黄色的识别时间最短，单组平均耗时 97.30 s，比总平均耗时少 8.46 s；紫色的识别时间最长，单组平均耗时 115.83 s，比总平均耗时多 10.07 s。黄色的识别正确率最高，单组平均正确率 0.975%，比总平均正确率高 0.018%；紫色的识别正确率最低，单组平均正确率 0.933%，比总平均正确率低 0.024%。

4.1.3 黑色背景下不同颜色的识别效率

通过实验与数据统计发现：在黑色背景下，黄色的识别时间最短，单组平均耗时 92.13 s，比总平均耗时少 10.52 s；蓝色的识别时间最长，单组平均耗时 116.32 s，比总平均识别耗时多 13.67 s。黄色的识别正确率最高，单组平均正确率

0.995%，比总平均正确率高 0.022%；蓝色的识别正确率最低，单组平均正确率 0.943%，比总平均正确率低 0.030%。

4.2 浅色背景与深色背景下识别效率的对比

通过实验与数据统计发现：在白色背景下，总平均耗时为 112.40 s，总平均正确率为 0.968%；在灰色背景下，总平均耗时为 105.76 s，总平均正确率为 0.957%；在黑色背景下，总平均耗时为 102.65 s，总平均正确率为 0.973%。由此可知：白色背景的识别耗时最长，灰色背景的识别耗时中等，黑色背景的识别耗时最短；灰色背景的识别正确率最低，白色背景的识别正确率中等，黑色背景的识别正确率最高。白色—灰色—黑色背景的识别耗时和识别正确率情况如图5、图6所示。

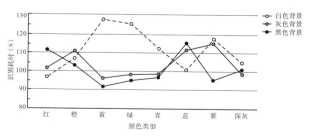

图5 不同背景色识别耗时

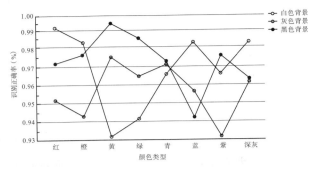

图6 不同背景色识别正确率

5 讨论

5.1 8种颜色在3种背景色下分别具有不同的识别效率

通过实验与数据统计，发现3种背景色下对8种颜色会产生不同的识别效率。在白色背景下，红色与蓝色的识别效率较好，而绿色与黄色的识别效率较差。在灰色背景下，黄色与绿色的识别效率较好，而蓝色、橙色、紫色的识别效率较差。在黑色背景下，黄色与绿色的识别效率较好，而红色、蓝色、深灰的识别效率较差。所以对背景色的搭配要尽量避免使用该背景色识别效率较差的颜色。

5.2 浅色背景与深色背景具有不同的色彩识别效率

在比较3种背景色下识别的平均耗时和平均正确率发现：白色背景下平均耗时112.40 s，平均正确率为0.968%；灰色背景下平均耗时105.76 s，平均正确率为0.957%；黑色背景下平均耗时102.65 s，平均正确率为0.973%。

识别时间方面，平均耗时最长的是白色背景，其次是灰色背景，最短的是黑色背景。从中可以看出，背景色从浅变深的过程中，识别时间逐渐变短，深色背景对颜色可能有更快的识别性，这可能是因为高明度、高反射率的背景更容易对人造成视觉疲劳。深色背景可能更加适合阅读，帮助用户减小视觉疲劳。

识别正确率方面，黑色背景的识别正确率最高，其次是白色背景，灰色背景的识别正确率最低。从中可以看出，在白色、灰色、黑色背景中，黑色、白色背景对颜色识别的正确率高于灰色背景，有观点认为人眼趋于聚焦在鲜色，而浊色看上去模糊不清，这或许是纯色类背景比浊色类背景具有更好的识别效率的原因。在做图表类界面的时候

或许可以用深色作为背景色，这样有可能更利于信息的识别与阅读，因为深色背景同时具有快速识别和准确识别的功能。

由于本研究只进行了白色—灰色—黑色三种背景色的对比实验，暂时推测出深色背景比浅色背景具有更快的识别效率，而黑、白纯色类背景比灰色浊色类背景更有利于准确识别。但对于深灰色背景的识别效率还不得而知。由于现在很少使用高纯度背景，所以猜想是否会存在某种深灰色背景的识别效率会高于纯黑色。目前看来，纯度高的深色背景具有较好的识别效率，但从中灰到深灰的变化过程中，识别效率呈线性上升，在中间还会出现一个峰值，此处识别效率高于黑色的深灰色区域，对此还需要做进一步的研究。

6 结语

本文研究探讨了背景色对界面色彩识别效率的影响，测试结果显示，不同背景色对颜色具有不同的色彩识别效率，并且背景色从白色—灰色—黑色的变化过程中，识别速度依次增快。从测试结果初步推测，深色背景比浅色背景具有更高的识别效率，而黑、白纯色类背景比灰色浊色类背景更有利于准确识别。

参考文献

[1] 郭孜政，李永建，钟永详，等. 动车组人机控制界面背景色对识别效率的影响 [J]. 中国铁道科学，2011，32 (5)：104－107.

[2] 郭孜政，李永建，钟永详，等. 动车组控制界面色彩匹配对识别效率的影响 [J]. 铁道学报，2012，34 (2)：27－31.

[3] 潘杰. 时间因素对数字产品页面色彩认知的影响 [J]. 美苑，2013 (3)：54－57.

[4] 侯艳红，张林，苗丹民. 色彩背景对视觉认知任务的生理学及绩效影响研究 [J]. 中国临床心理学杂志，2008，16 (5)：506－508.

[5] 刘养军. 色彩在网页界面设计制作中的应用 [J]. 艺术科技，2013，26 (6)：234.

[6] 赵国志. 色彩设计基础 [M]. 北京：高等教育出版社，2007.

[7] 毛静，王峰. 交互色彩的导向性功能探究 [J]. 包装工程，2012 (20)：86－89.

[8] 李亮之. 色彩工效学与人机界面色彩设计 [J]. 人类工效学，2004，10 (3)：54－57.

现代容器开启过程的用户体验研究

胡　珊

（湖北工业大学，湖北武汉，430068）

摘　要： 文章通过对容器开启前、开启中和开启后的用户体验研究，探讨什么是好的用户体验。容器开启前，开启装置易理解、开启装置明显以及开启装置上有提示。容器开启中，开启方式的易操作性应该在适用人群范围内都具备，不论使用者的经验、知识、集中力、语言能力等因素。好的用户体验应该是操作力量适中、便于掌控、更加省力以及具备容错功能。容器在被打开之后，用户应该方便地使用其内容物，可以控制其使用量，并且不受开启装置干扰，在有的情况下还应反映出容器是否被盗启过。本文所研究的开启方式不是具体的某种行为动作，如旋转、推拉、挤压等。不同的容器具有不同的功能和形式，也就有不同的开启方式。容器的设计利用多种感知和动作通道，以并行、非精确的方式与容器进行信息交互，使人机交流信息的方式更自然，用户理解信息更高效，用户体验更简易流畅。

关键词： 容器；开启；用户体验

ISO 9241—210 标准对于用户体验定义的补充是用户在使用一个产品或系统之前、使用期间和使用之后的全部感受，包括情感、信仰、喜好、认知印象、生理和心理反应、行为和成就等各个方面。开启容器并不单纯只是一个动作，而是一个行为过程，过程是事情进行或事物发展所经过的程序，有开始，有进程，有结束。使用者先通过眼观、手触、耳听来感知容器，感知的结果用于分析容器的开启方式，然后选择开启方式，操控容器，开启容器，如图1所示。容器的设计利用多种感知和动作通道，以并行、非精确的方式与容器进行信息交互，使人机交流信息的方式更自然，用户理解信息更高效，用户体验更简易流畅。

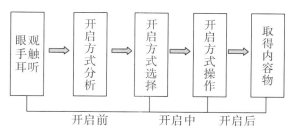

图1　开启过程

1　开启前的用户体验

1.1　开启装置易理解

易理解是用户在容器开启前，能较容易地感知容器的开启装置，比较清楚地理解容器的开启方式，了解采取什么样的开启动作：是推、拉还是扭，是否应该借助工具。

将人的反射行为运用于开启装置设计中是很有效的手法。比如，抓握反射伴随人们出生就出现

了，是人们有意识抓握的基础。大多数人看到圆棍，手会去把握；看到球体，手会去拿握；看到圆环，手指会去穿越；看到凹入的部分，手指会伸进去；看到突出的形态，手会直接去触碰突起的地方。《装饰》杂志曾刊登过一次测验——在什么情况下圆柱体会使人产生"按""拉""扭"的欲望：通过加在圆柱体上不同方向的线条，对人的行为起导向作用，使人自然产生"按""拉""扭"的欲望的动作反应，如图2所示。加在圆柱体柱头上的横线，让人觉得受力部位是一个点，受操作性强化的影响，认为点是用手指去按，所以使人产生"按"的动作反应；加在柱体的与柱头平行的横线，受操作性强化的影响，让人觉得动作的阻力在纵向方面——拉的反方向，所以使人产生"拉"的动作反应；加在柱体的与柱头垂直的纵线，让人觉得动作的阻力在横向方面，是为了方便旋转，所以使人产生"扭"的动作反应。因此，在开启容器的时候，人们通常看到容器圆形的瓶盖会用手去握住，然后旋转扭开；看到容器封口处的凹槽，会将手指伸进去挑或拨……这些早已习以为常的动作都是用户适时做出的反应，如图3所示。

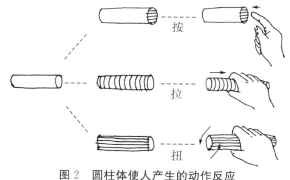

图2　圆柱体使人产生的动作反应

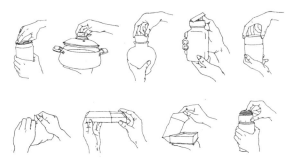

图 3　手在开启中的部分动作

1.2　容器开启装置明显

容器开启操作界面的设计不能违反可视性原则，即不能将关键部位隐藏起来。用户如果找不到容器的开启装置，开启也就无从谈起。

储物箱上的把手可能会影响整体性，设计人员就特意将它安装在不显眼的地方或干脆去掉，结果是用户只能看到储物箱的完整表面，却找不到门或把手。红外线感应式出水水龙头，手必须与红外线感应器对上水龙头才会出水，可是有的水龙头红外线感应器安装得很隐蔽，所以常常会看到有人在这样的水龙头面前找开关或拍打水龙头。

另外，人性化的开启设计在容器的开启装置上还应该具有"多通道"的知觉方式。如果容器内产品的用户人群包括盲人，那么还应该有凸起的触觉感知记号。所以开启装置必须明显，这与使用者的使用状况、视觉、听觉等感官能力无关。开启装置必须快速而有效地传达必要的信息，如图 4 所示。

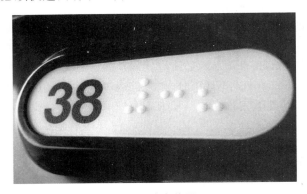

图 4　睛盲共用

1.3　开启装置上有提示

容器的开启装置上应有明显的提示信息，通过不同的形态、颜色或清晰的图文告诉用户操作方式。

形态的提示：形态代表一块平板、一个洞或一处凹陷部位，任何可以让人触摸、旋转，以及可以把手伸进去的东西。通过这些提示，使用者可知道在容器的什么部位进行操作。某些容器的盖子上会有一小段与接触面积大小相适的突出部分，这就是

在告诉用户："请从这里着手"，如图 5 所示。

图 5　形态的提示

颜色的提示：就像我们日常见到的各种电器的遥控器，"power"键的颜色一定有别于其他按键，这就是为了便于用户操作。在一些玻璃安瓿瓶上有蓝色的小点或红色的圆环，就是提示开启者找准位置；一些纸质容器的封口处也会有明显的颜色提示，如图 6 所示。

图 6　颜色的提示

图文的提示：用符号提示，如标明用力方向的小箭头、指出位置的交叉符号，直接在容器外包装上加印开启示意图，这样就更加直观；更为直接地写上诸如"拉""旋转"等字样，如图 7 所示。

图 7　图文的提示

2　开启中的用户体验

2.1　操作力量适中

开启装置设计的操作力量要适中，不仅不能超过适用人群的最大限度，还应控制开启装置不会被轻易打开甚至脱落，用户在开启过程中应不易感到疲劳。由于操纵时需要依靠操纵力的大小来控制操纵量，并由此调节其操纵活动。因此，操纵力过小则不易控制，操纵力过大则易引起疲劳。

如采取旋转开启方式的容器，必须设定与用户相适应的扭力水平。扭力是力作用在某一物体上的旋转效应，是在给容器加装螺纹盖时需要考虑的重要事项。盖子通常按照事先设定的扭力水平进行安装，应在包装线上进行控制和检查，避免使用中出现问题。塑料密封件通常在安装 24 小时之后会有松懈，需在设定扭力水平时考虑这一因素。如果使

用的扭力太小，盖子可能起不到对容器的有效密封作用。如果扭力太大，盖子则可能因扭得过紧损坏螺纹而导致泄漏；或者由于密封过紧无法用常规力量开启而导致用户的挫折感，甚至因开启而受伤。所以，开启装置的密封力水平必须与开启者的力量相适。

虽然在一定程度上给盖子设定扭力是生产安装时的问题，但设计师必须考虑产品的用户群体，在设计时应该注重更多细节，比如在盖子上设计一个小按钮，开启时可将空气放入；减小瓶身直径，可以增大握力，这样在开启的时候方便用力。

2.2 便于掌控

人们常用的用皮质手套握住瓶盖打开罐头的方法，其实就是减少滑动，增加瓶盖的摩擦系数，加大阻力，从而牢牢控制住瓶盖。在瓶盖的边缘压花纹和采用方形或六边形的瓶盖等，都是为了使手能更牢地握住瓶盖，以便捷快速地打开瓶盖，如图8所示。

图 8　各种瓶盖

开启装置不能太小，否则抓握不住。与手接触的位置可做手指、手掌的负形，便于手的抓握。例如把手，直径越大，扭力越大；着力抓握的把手，与手掌的接触面积越大，则压应力越小。

对于用手操作开启的容器，开启装置与手的生理特点相适应：就手掌而言，掌心部位肌肉最少，骨间肌和手指部分是神经末梢满布的区域，而指球肌、大鱼际肌、小鱼际肌是肌肉丰满的部位，是手的天然减振器。手把的长度必须接近或超过手幅的长度，手把的径向尺寸必须与正常的手握尺寸相符或小于手握尺寸；如果太粗，手就握不住手把；如果太细，手部肌肉就会因过度紧张而疲劳。另外，手把的结构必须能够使手保持自然握持状态，以使操作灵活自如。

容器的内容物对设计也有影响，如果存储高温物品的容器，其开启装置与人体接触的部位应选用塑料、木材等导热性不强的材料，便于用户从容掌控；如果存储有害药剂，其开启装置可以不与人体接触，比如水溶型薄膜袋就只需加入适量的水稀释溶解即可开启。

2.3 更加省力

省力的操作就是有效率、轻松又不易疲劳。比如螺旋型的开启装置，如果采用丁字形把手，可以使扭矩增大50%；再如开瓶器，运用了杠杆原理中动力臂大于阻力臂是省力杠杆的原理。

意大利品牌 LAGOSTINA 的锅盖，利用金属特有的韧性，将锅盖设计为波浪式，由里向外紧闭。开启时将锅盖上的把手拉开，杠杆作用轻易使圆形锅盖变成了波浪形，就可以把锅盖从锅内取出。

2.4 具备容错功能

开启装置的设计应考虑到用户有可能会操作失误，应该具有容错的设计考量，即不会因错误的使用或无意识的行动而造成危险，让危险及错误降至最低。使用频繁的部分是容易操作、具保护性且远离危险的设计，操作错误时提供危险或错误的警示说明，即使操作错误也具有安全性。

比如，有的高压锅事故是由于在锅内蒸气还未消退时错误开启锅盖造成的。膳魔师锅盖上的红色感应棒与中控锁功能一体设计，使锅盖绝对不会被误开。

3 开启后的用户体验

3.1 有助于产品使用

容器开启的目的是使用其内容物，并且理应获得最佳使用效果，体现在开启装置的剂量控制和测定功能，开口的大小适用功能。

开启装置的剂量控制和测定功能。剂量控制功能使用户可通过容器的开启装置对其内容物的使用程度进行控制。通过容器的剂量控制功能，可使产品的使用更加有效和安全。

同时，容器开启装置设计也要考虑产品的正常变化。如果产品因接触空气而结块，在设计时就要考虑抗凝结装置，以免开启装置被黏住，影响下次开启。在产品没用完之前，可关闭的容器喷嘴能够有效地密封产品，保证其品质不发生变异。

容器开口大小适用功能。容器的开口大小应便于使用者获取内容物，尤其是饮食类容器，以森永番茄瓶为例，其番茄瓶开口的设计就尽可能考虑了开启者的最大利益，使用户在容器开启后能充分享用其内容物。另外，适度的容器开口大小还有助于清洗容器内壁。

3.2 不造成干扰

容器被开启后不应该对用户造成干扰。有的户外便携式饮料瓶，为防止瓶盖丢失，将其由塑料环与瓶身连接，但当用户仰头喝水时，瓶盖可能会打到用户的脸。

易拉罐被开启后的拉环可能划伤用户。为避免这种事情发生，易拉罐可采用留守型拉环（图9）：运用双重卷边工艺，将拉环的一端固定在易拉罐上。开启时，拉开拉环露出一个小孔，内容物便可通过这个小孔直接流出。开启后的拉环仍保留在瓶体上。

图9 留守型拉环

3.3 开启警示

容器被开启后应该在形态或者声音上设置提示，以便让用户清楚地知道容器已被开启，防止内容物在不知情的情况下外漏、外溢，造成不必要的麻烦。

形态的提示：容器的外观形态在被开启前和被开启后应该有显著的不同，用户能够清楚地看到。

声音的提示：容器形态的不同，适用于视力健全的用户或可视状况良好的使用环境。但对于视力有障碍的用户或在可视状况不佳的环境下，开启装置的设计应该具有"多通道"知觉方式。某些容器的开启装置在被开启时有声音提示，如"砰""咔嗒"等。

例如，一种盛放去污预洗液的容器，通过两根吸取管输送泡沫乳液，旋转打开密封瓶的顶部，听到"咔"的声音，表示瓶盖旋转已到达正确的位置；挤压塑料瓶，通过角度喷嘴将泡沫乳液直接喷到衣物的油污上；使用完毕后，回旋密封瓶顶部，再次听到"咔"的声音，表明喷嘴已经关闭。

4 结语

通过对容器开启过程的研究，好的用户体验应该是：①开启方式确定前，开启装置需具备引导功能，帮助确定开启方式以及引导开启行为。②开启行为实施中，开启装置应便于掌控、操作力度设计适中，进而使开启方式更加省力，不易疲劳。此外还应该尽可能具备一定的容错功能，将开启者因错误的使用或无意识的行为而造成的损失减至最低。③容器被开启后，开启装置应帮助产品获得最佳的使用效果，不对产品的使用造成干扰，并可对使用者提供开启警示，避免不安全事件的发生。同时考虑容器的信息界面对交互方式的暗示与影响，容器开启应是兼顾交互方式、信息界面与用户的用户体验流程。

容器设计中，开启设计是其中的一部分；而容器设计是产品造型设计中的一部分；产品造型设计又是整个现代设计体系中的一部分。设计正是通过每个部分、细节，不断改良、完善用户体验，优化人们生活的。

参考文献

[1] 何晓佑，谢云峰. 现代十大设计理念：人性化设计 [M]. 南京：江苏美术出版社，2001.

[2] 唐纳德·A·诺曼. 设计心理学 [M]. 北京：中信出版社，2003.

[3] 安妮·恩布勒姆，亨利·恩布勒姆. 密封包装设计 [M]. 上海：上海人民美术出版社，2004.

对外汉语线上学习方案设计研究

黄 灿

（上海交通大学，上海，200240）

摘　要：随着中国和世界各国的交流增多，外国人学习汉语的需求越来越大，传统对外汉语事业在21世纪遭遇瓶颈。如何利用设计思维，利用互联网这个强大的工具突破瓶颈，降低外国人学习汉语的成本和学习门槛，值得深思。然而，片面追求新式互联网教学形式，不追溯语言学习本身也是无法达到目的的。本文从外国人学习汉语的认知心理、文化差异等角度着手，结合互联网等新工具，探究设计出一套新型对外汉语线上学习方案，真正达到让世界聆听中国声音、了解中国文化的目的。

关键词：互联网教育；对外汉语；用户体验

1 绪论

1.1 研究背景和意义

沟通过程中，语言是必不可少的。汉语作为世界上公认的使用人数最多的语言，更彰显其重要性。2005 年 7 月，北京举办首届世界汉语大会，标志着中国对外汉语向国际推广的转变。随着中国国际地位和国际影响力的提高，汉语也被越来越多的国家接受。2008 年，美国芝加哥孔子学院只有 200 多名中小学生就读，到 2010 年学生人数就超过了 12000 名。目前，全世界有 109 个国家 3000 多所高等院校开设了汉语课程，在很多国家，学汉语的人数以超过 50% 的速率增长。国际认证协会（IPA）数据显示："截至 2010 年全球已有 6000 万人在学习汉语，到 2014 年南京青奥会，全球有 1 亿多人学汉语。"

中国对外汉语事业有长久的过去，但只有短暂的历史。对外汉语始于汉代，大兴于唐代。在古代，外国留学生和僧侣主要是以经商、传教为目的学习汉语。真正把汉语作为外语在大学讲课是从 20 世纪 50 年代开始的，70—80 年代随着中日、中美建交，对外汉语才逐渐繁荣起来。

语言承载文化，中国文化底蕴丰厚，民族的也是世界的。要让世界真正了解中国，第一步就是让越来越多的人了解并掌握汉语。在 21 世纪，如何利用设计思维，利用互联网这个强大的工具发展对外汉语事业是一个值得探讨的话题。

1.2 对外汉语教与学面临的困境

当下对外汉语教与学所面临的困境主要表现在以下三个方面：

一是传统教学中教师水平参差不齐，传统教学环境不利于语言学习。对于教来说，对外汉语教师队伍评价标准不一；对于学来说，语言的提高并非是呈线性的，而是呈"点性"的，点性的特征是通过视觉、听觉和其他感觉的共同作用，在一定时间间隔中重复出现相同信息，从而达到记忆的目的。学习者在传统课堂里学习汉语主要是通过老师"线性"的教学，很多知识点听过一次就结束了，而对学习者而言，接收语言的"点性"刺激较弱。

二是强调单纯的语言教学，忽略语言与文化的关联。所谓文以载道，特别在学习汉语的过程中要考虑东方人的认知习惯，一般来说，相对于西方的逻辑体系，东方思维是在理解整体的基础上再深入局部的方法论。所以不能把语言和文化割裂开来。

三是片面追求新式教学形式，少有追溯语言学习本身的优良教学系统。21 世纪是一个信息化的时代，互联网对于教育行业的冲击相当大。但是单纯的形式上的新颖并不一定能提高语言学习本身。

笔者试图结合语言学习本身特点，设计研究一套新颖的对外汉语学习方案。

2 文化渗入汉语学习

语言是交流思想、承载文化的媒介。对于外国人而言，汉语除了有基本交流的作用外，还有一个很重要的作用是了解中国文化。文化合流理论提出，第二语言的获得是文化合流的一个方面，一个人将自身文化与第二文化合流的程度决定了第二语言习得的成败。

2.1 汉语文化

汉语具有文化承载功能。具体来说，汉语在语音语调、字形字意、语法语用等各个方面都蕴含丰富内容。在语音语调方面，例如，在中国，除夕年夜饭一般会有一道鱼的菜肴，常说"年年有余（鱼）"；若在正月打破了碗碟，常说"岁岁（碎碎）平安"。在字形字意方面，陈寅恪先生曾说："凡解释一字即是作一部文化史。"例如，"大"取人正立之形，"天"为人的头顶，"央"为人立门框中，"好"取女子抱子之状。在语法语用方面，西方语言大多以动词为中心，搭配句子框架，但是中国文化讲求整体观，例如，马致远的《天净沙·秋思》中"古藤老树昏鸦，小桥流水人家，古道西风瘦马"几乎都由名词构成，但又表现出意境深远的文化风格。

汉语文化还要放置在中国文化大环境中看。首先，东西方思维方式有差异。人有两种思维方式：第一种是概念化思维，注重逻辑推理，有条理性；第二种是形象化思维，是一种感知形象化的思维模式，有跳跃性的特点。汉语文化形象化思维强于概念化思维。其次，中国文化淡化自我价值，强调集体主义，从众心理相对比较严重。最后，中国文化强化等级尊卑，例如夫妻、龙凤都是男在前、女在后，谦虚谨慎，中国儒家经典内有详尽论述。

2.2 非汉语母语学习者的汉语学习习惯

目前学习汉语热情最高的国家主要是以英语为母语的国家以及韩国、日本，其中韩国的汉语水平是最高的。

英语母语学习者在西方文化氛围下，其思维方式中的概念化思维强于形象化思维，推崇逻辑推理，自我增强意识明显，具有个人主义倾向，并且在自我评价时显得夸张。在具体的汉语学习过程中，首先会有母语直译的问题，例如 black tea，若英语直译则为黑茶，但是汉语却是红茶。其次有文化差异的问题，例如对白色的看法，西方国家认为白色是神圣的，但在中国却往往表示不吉利。

韩国人学习汉语有先天的优势。韩国强调儒家伦理道德，十分注重孝道，为人处事方面趋于谨慎保守，群体观念强，韩国文化与中国文化接近程度高。文化差异越小，交流障碍就越小，语言就越容易被掌握。所以，韩国是世界上学习汉语成绩最好的国家。还有一个重要因素在于韩国的文字体系也有利于汉语学习。

日本也是受中国影响十分大的国家之一，早在3世纪中国的《论语》《千字文》等书籍就传入日本。日本受国土面积的局限，发展出自身的文化，具体表现在日本人遵纪守法，工作努力，男人在外工作，女人照顾家庭；小心谨慎，循规蹈矩，能够忍受较大的心理压力；群体观念强，注重他人评价。日本的文字体系同样有利于日本人学习汉语。但是值得注意的是，日本人口语发音不佳，汉语的语音语调有别于日本，日本人学习汉语需要在发音方面多下功夫。

3 汉语学习特点

笔者在具体研究工作过程中，发现成人与儿童学习汉语的习惯并不能一概而论，故分成普适性语言学习与儿童语言学习两方面具体来谈。

3.1 普适性语言学习特点

普适性语言学习特点可以由以下理论一探究竟：

一是"语言之母是记忆，记忆之母是重复"，这句名言出自美国语言学家诺姆·乔姆斯基。对外汉语的学习过程是一个长期记忆的过程（图1），并不是逻辑推理的结果。长期记忆的重要组成部分之一是语义记忆，即包括语言的记忆。语义记忆存储了词语和概念的基本含义，但一般不会存储何时何地学会这些概念的信息，所以语义记忆是一个数据库，而不是一本自传，巩固加强和完善这个数据库的核心就是不断重复。

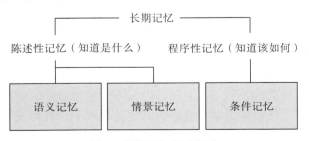

图1 长期记忆组成部分

二是艾宾浩斯遗忘曲线（图2）。艾宾浩斯遗忘曲线是一条关于遗忘的曲线，他测量了一个从短期到相对长的时期内，能够保留在记忆中的信息量。曲线表明，记忆留存百分比在最开始会迅速下降，但随后进入一个平稳期，在平稳期人几乎不再遗忘信息。学习后的第一天是遗忘信息最多的一天。

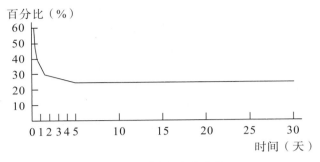

图2 艾宾浩斯遗忘曲线

三是输入—记忆—输出。这三个阶段代表了对外汉语学习者知识掌握的三个阶段。在传统教学中，老师注重信息输入阶段，在课堂上讲授大量汉语知识，但是对记忆和输出阶段却相对看轻，这样做的结果是学习者在短期内可以学习到相当量的汉语知识，但其本质还是强刺激下的短期记忆，对从短期记忆到长期记忆的过渡的重视程度不够。语言最终是为了交流和写作，交流、写作都是输出的结果，输入阶段和记忆阶段基础不牢，没有得到一定的重复，输出就会有问题。违背学习规律的汉语学习，其汉语水平不容易得到真正提高。多重感觉存储如图3所示。

图3 多重感觉存储

3.2 儿童语言学习特点

随着中国的国际化发展，非汉语母语的儿童学习汉语的需求越来越高，父母对孩子学习汉语的重视程度也越来越高。本文通过调研整理出影响国外儿童学习汉语因素，具体研究过程如下。

研究方法：决策实验室分析法（DEMATEL）。

初步调研得出影响国外儿童汉语学习的因素为：①性别；②性格；③天赋；④环境；⑤鼓励；⑥考试或比赛；⑦同伴交流互助；⑧电教娱乐应用；⑨重复学习；⑩汉语字形；⑪汉语字音；⑫汉语语义。

具体步骤：

步骤1：定义影响程度大小。即两两因素间的关系，须先设计影响程度的大小衡量表。在语意值及其语意操作定义表中分 1、2、3、4，分别代表不同的影响程度，影响程度分为［不重要 1］、［比较重要 2］、［非常重要 3］、［极其重要 4］。如图 4 所示。

	1	2	3	4	5	6	7	8	9	10	11	12
1	0	2.2353	1.7059	1.9412	1.9412	2	1.8824	1.8235	1.7647	1.7647	2	1.7059
2	2.2353	0	2.1176	2.5882	2.5882	2.7059	2.7647	2.2941	2.4118	1.8235	1.8824	1.8824
3	1.6471	2.1765	0	2.0588	2.3529	2.7059	2.3529	2.2353	1.8235	1.8235	2.1176	2
4	1.9412	3	2.1765	0	2.4118	2.7647	2.6471	2.4706	2.4118	1.7647	2.1765	1.9412
5	1.8824	2.8824	1.9412	2	0	2.4706	2.6471	2.1176	2.4706	2.1176	2.2353	1.9412
6	1.6471	2	1.8235	1.8824	2.3529	0	2.0588	1.9412	2.2941	1.8824	1.7059	1.7647
7	1.7647	2.5294	1.7059	2.4118	2.2353	2.4706	0	2.2353	2.4706	2	2.3529	2.2353
8	1.8235	2.1176	2	2.2941	2.2353	2.0588	2.1765	0	2.0588	1.9412	2.1176	2.0588
9	1.5294	2.0588	1.6471	1.8824	2	2.1765	2.1176	1.8824	0	2.1765	2.0588	2.1176
10	1.4118	1.5294	1.6471	1.4706	1.8235	1.7647	1.5294	1.6471	1.7059	0	2.2941	2.1765
11	1.4706	1.4706	1.7059	1.7647	1.8235	1.9412	2.0588	1.6471	1.6471	2	0	2.1176
12	1.7647	2.1765	1.8235	2.1176	2.1176	2.0588	2.1176	2	2	2	2.1765	0

图 4　矩阵数据

步骤 2：建立直接关系矩阵。当影响程度大小已知时，即可建立直接关系矩阵 $\boldsymbol{Z}$，而 12 项评估因素产生 12×12 的直接关系矩阵，矩阵内每一个值 Z_{ij}，表示因素 i 影响因素 j 的程度大小。如图 5 所示。

	1	2	3	4	5	6	7	8	9	10	11	12
1	0	0.0870	0.0664	0.0755	0.0755	0.0778	0.0732	0.0709	0.0686	0.0686	0.0778	0.0664
2	0.0870	0	0.0824	0.1007	0.1007	0.1053	0.1076	0.0892	0.0938	0.0709	0.0732	0.0732
3	0.0641	0.0847	0	0.0801	0.0915	0.1053	0.0915	0.0870	0.0709	0.0709	0.0824	0.0778
4	0.0755	0.1167	0.0847	0	0.0938	0.1076	0.1030	0.0961	0.0938	0.0686	0.0847	0.0755
5	0.0732	0.1121	0.0755	0.0778	0	0.0961	0.1030	0.0824	0.0961	0.0824	0.0870	0.0755
6	0.0641	0.0778	0.0709	0.0732	0.0915	0	0.0801	0.0755	0.0892	0.0732	0.0664	0.0686
7	0.0686	0.0984	0.0664	0.0938	0.0870	0.0961	0	0.0870	0.0961	0.0778	0.0915	0.0870
8	0.0709	0.0824	0.0778	0.0892	0.0870	0.0801	0.0847	0	0.0801	0.0755	0.0824	0.0801
9	0.0595	0.0801	0.0641	0.0732	0.0778	0.0847	0.0824	0.0732	0	0.0847	0.0801	0.0824
10	0.0549	0.0595	0.0641	0.0572	0.0709	0.0686	0.0595	0.0641	0.0664	0	0.0892	0.0847
11	0.0572	0.0572	0.0664	0.0686	0.0709	0.0755	0.0801	0.0641	0.0641	0.0778	0	0.0824
12	0.0686	0.0847	0.0709	0.0824	0.0824	0.0801	0.0824	0.0778	0.0778	0.0778	0.0847	0

图 5　直接关系矩阵 $\boldsymbol{Z}$

步骤 3：建立标准化矩阵 $\boldsymbol{X}$。将步骤 2 所得直接关系矩阵 $\boldsymbol{Z}$ 进行标准化。如图 6 所示。

	1	2	3	4	5	6	7	8	9	10	11	12
1	0.4323	0.6174	0.5190	0.5718	0.6020	0.6293	0.6105	0.5648	0.5812	0.5418	0.5860	0.5528
2	0.6013	0.6491	0.6267	0.6967	0.7331	0.7677	0.7515	0.6835	0.7098	0.6422	0.6880	0.6597
3	0.5419	0.6771	0.5089	0.6332	0.6768	0.7166	0.6883	0.6358	0.6427	0.5986	0.6487	0.6189
4	0.5997	0.7635	0.6373	0.6148	0.7375	0.7800	0.7580	0.6986	0.7194	0.6491	0.7070	0.6708
5	0.5764	0.7330	0.6070	0.6622	0.6254	0.7429	0.7311	0.6623	0.6959	0.6378	0.6842	0.6472
6	0.5044	0.6248	0.5355	0.5837	0.6305	0.5726	0.6314	0.5827	0.6135	0.5594	0.5907	0.5687
7	0.5666	0.7143	0.5931	0.6689	0.6982	0.7352	0.6303	0.6595	0.6888	0.6275	0.6812	0.6503
8	0.5397	0.6652	0.5725	0.6315	0.6627	0.6846	0.6722	0.5464	0.6405	0.5936	0.6394	0.6118
9	0.5040	0.6308	0.5335	0.5879	0.6232	0.6551	0.6377	0.5848	0.5357	0.5734	0.6070	0.5849
10	0.4466	0.5465	0.4772	0.5121	0.5516	0.5725	0.5512	0.5153	0.5339	0.4367	0.5519	0.5267
11	0.4629	0.5628	0.4941	0.5385	0.5692	0.5970	0.5866	0.5319	0.5492	0.5244	0.4867	0.5407
12	0.5268	0.6532	0.5550	0.6129	0.6452	0.6703	0.6564	0.6058	0.6254	0.5835	0.6283	0.5253

图 6　标准化矩阵 $\boldsymbol{X}$

步骤 4：建立总影响关系矩阵 $\boldsymbol{T}$。当得知强弱程度关系矩阵 $\boldsymbol{X}$ 后，经公式可得总影响关系矩阵。如图 7 所示。

总影响关系矩阵T

	1	2	3	4	5	6	7	8	9	10	11	12
1	0.4323	**0.6174**	0.5190	0.5718	0.6020	**0.6293**	0.6105	0.5648	0.5812	0.5418	0.5860	0.5528
2	0.6013	**0.6491**	**0.6267**	**0.6967**	**0.7331**	**0.7677**	**0.7515**	**0.6835**	**0.7098**	**0.6422**	**0.6880**	**0.6597**
3	0.5419	**0.6771**	0.5089	**0.6332**	**0.6768**	**0.7166**	**0.6883**	**0.6358**	**0.6427**	0.5986	**0.6487**	**0.6189**
4	0.5997	**0.7635**	**0.6373**	**0.6148**	**0.7375**	**0.7800**	**0.7580**	**0.6986**	**0.7194**	**0.6491**	**0.7070**	**0.6708**
5	0.5764	**0.7330**	0.6070	**0.6622**	**0.6254**	**0.7429**	**0.7311**	**0.6623**	**0.6959**	**0.6378**	**0.6842**	**0.6472**
6	0.5044	**0.6248**	0.5355	0.5837	**0.6305**	0.5726	**0.6314**	0.5827	**0.6135**	0.5594	0.5907	0.5687
7	0.5666	**0.7143**	0.5931	**0.6689**	**0.6982**	**0.7352**	**0.6303**	**0.6595**	**0.6888**	**0.6275**	**0.6812**	**0.6503**
8	0.5397	**0.6652**	0.5725	**0.6315**	**0.6627**	**0.6846**	**0.6722**	0.5464	**0.6405**	0.5936	**0.6394**	0.6118
9	0.5040	**0.6308**	0.5335	0.5879	**0.6232**	**0.6551**	**0.6377**	0.5848	0.5357	0.5734	0.6070	0.5849
10*												
11*												
12	0.5268	**0.6532**	0.5550	0.6129	**0.6452**	**0.6703**	**0.6564**	0.6058	**0.6254**	0.5835	**0.6283**	0.5253

注：*表示行与列未大于门槛值0.6135，粗体表示大于或等于门槛值0.6135

图 7　总影响关系矩阵 $\boldsymbol{T}$

步骤 5：各列及各行的值相加。即可得出每一列总和 D 与每一行总和 R。如图 8 所示。

```
Trial>> D'          Trial>> R=sum(T,2)

ans =               R =

    6.3027              6.8090
    7.8377              8.2091
    6.6597              7.5875
    7.3141              8.3356
    7.7555              8.0054
    8.1237              6.9977
    7.9052              7.9139
    7.2714              7.4601
    7.5360              7.0581
    6.9679              6.2222
    7.4991              6.4441
    7.1579              7.2881
```

图 8　列的总和 D，行的总和 R

步骤 6：结果分析。D 值表示总影响关系矩阵 $\boldsymbol{T}$ 每一列的总和，意即直接或间接影响其他准则的影响程度大小；R 值表示总关系矩阵 $\boldsymbol{T}$ 每一行的总和，意即被其他准则影响的影响程度大小。$D+R$ 代表因子间的关系强度（中心度），$D-R$ 代表因子影响或被影响的强度（原因度）。如图 9 所示。

```
Trial>> C=D'+R      Trial>> Rd=D'-R

C =                 Rd =

   13.1116             -0.5063
   16.0469             -0.3714
   14.2472             -0.9279
   15.6497             -1.0214
   15.7609             -0.2499
   15.1214              1.1260
   15.8190             -0.0087
   14.7314             -0.1887
   14.5941              0.4779
   13.1901              0.7457
   13.9432              1.0550
   14.4460             -0.1303
```

图 9　中心度 $D+R$，原因度 $D-R$

因此，依据各数据的计算结果，对各因素之间互相影响的关系进行分析。如图 10 所示。

总影响关系矩阵资料整理

列的和（D）		行的和（R）		行列的和（D+R）		行列的差（D−R）	
题项序号	值	题项序号	值	题项序号	值	题项序号	值
6	8.1237	4	8.3356	2	**16.0469**	6	1.1260
7	7.9052	2	8.2091	7	**15.8190**	11*	1.0550
2	7.8377	5	8.0054	5	**15.7609**	10*	0.7457
5	7.7555	7	7.9139	4	**15.6497**	9	0.4779
9	7.5360	3	7.5875	6	**15.1214**	7	-0.0087
11	7.4991	8	7.4601	8	**14.7314**	12	-0.1303
4	7.3141	12	7.2881	9	14.5941	8	-0.1887
8	7.2714	9	7.0581	12	14.4460	5	-0.2499
12	7.1579	6	6.9977	3	14.2472	2	-0.3714
10	6.9679	1	6.8090	11*	13.9432	1	-0.5063
3	6.6597	11	6.4441	10*	13.1901	3	-0.9279
1	6.3027	10	6.2222	1	13.1116	4	-1.0214

注：*表示行与列未大于门槛值0.6135，粗体表示大于或等于平均值14.7218

图 10　总影响关系矩阵资料整理

研究对象：家庭有 6~12 岁国外儿童的家长和教师。研究对象共 17 位，其中家长 14 位，教师 3 位。

以总影响关系矩阵的四分位第二、三分位平均值作为门槛值（0.6135），将影响强度未达到门槛值的项10、11删除。

中心度 $D+R$，原因度 $D-R$ 的意义：

当 $D+R$ 越大时，表示此项占整体评估因素的重要性越大。其中，各项 $D+R$ 值大于平均值（14.7218）的共 6 项。儿童汉语学习影响因素重要性依次为：［2 性格］、［7 同伴交流互助］、［5 鼓励］、［4 环境］、［6 考试或比赛］、［8 电教娱乐应用］。

当 $D-R$ 正值越大时，表示此项直接影响其他因素；当 $D-R$ 负值越大时，表示此项被其他因素所影响。由 $D-R$ 项的顺序表示，［6 考试或比赛］（$D-R$ 正值最大）为主要影响其他因素的重要项，［4 环境］（$D-R$ 负值最大）为被其他因素所影响的重要项。

结论：由以上分析可以得出，性格是最主要的影响因素，考试或比赛为主要影响其他因素的重要项。基于此，在性格方面采取吸引儿童注意力的策略，在考试或比赛方面采取游戏化策略，让儿童在玩中学习。

4 对外汉语线上学习方案设计

上述是对外汉语线上学习系统设计的基础，根据成人与儿童认知和学习汉语情况的不同，分别针对这两类人群细分设计，根据各个国家非汉语母语学习者不同的汉语学习习惯，教材编写团队在理解双方文化的基础上针对性地编写教材，从而真正达到促进汉语学习的目的。

4.1 情感化情境设计

语言学习是一项相对乏味的活动，如何尽可能做到重复学习不枯燥，如何在艾宾浩斯遗忘曲线中的平稳期记住更多的汉语知识，如何在输入—记忆—输出阶段巩固记忆和输出，需要在具体设计中考虑情感化的情境，这将有助于提高汉语水平。

针对成人学习，设计出两套人设及场景动画，中国人代表李沪生一家：爸爸、妈妈、儿子；外国人代表约翰一家：爸爸、妈妈、哥哥、妹妹。由这两家人在公园、咖啡厅等各类场所进行互动、汉语言交流，从而让学习者轻松学习汉语。

图 11　李沪生一家和约翰一家

针对儿童学习，设计西游记主角人物和场景，依据国外小朋友认知规律让国外小朋友学习汉语。

图 12　西游记主角人设

4.2 成人学习

成人学习者大致可分为两类人群：一类是为了通过汉语水平考试（HSK）的应试学生；另一类是外国白领。

针对 HSK 的应试学生，根据观察法、问卷法得出以下需求点：

（1）多语种多平台支持。
（2）汉语水平模拟测试。
（3）好的教材。
（4）与老师互动。
（5）严格再现考试流程。
（6）错题集与答案解析。
（7）分数预测体系。

在具体设计阶段提出 HSK 全终端训练平台的概念，包括新 HSK 1~6 级的听力、阅读、写作三个部分，每个等级都包括主题总结、答题思路、答题技巧和训练题库，这个系统支持电脑、iPad、iPhone 和安卓系统，在移动终端使用的数据可以同步到网站等其他终端上。如果没有网络，还可以采用线下书本教材、光盘安装等形式同步学习。如图 13 所示。

图 13　多终端学习系统支持

分数预测方面，考虑到做完预测至少需要 45 分钟，所以推出两个版本：一是针对相对繁忙的用户——大众版，15 分钟就可以得到相对准确的分数；二是针对时间较充足的用户——专业版，45 分钟可以得到更加准确的预测分数。

图 14　汉语水平考试分数预测系统

老师互动、答案解析、错题集采用的是标准答案加专业老师在线解答的模式。严格再现考试流程，在模拟考试过程中，去除花哨装饰，引导考生专注于考试本身。如图 15 所示。

图 15　专注考试本身的简约设计

针对外国白领，根据观察法得出以下需求点：

（1）有趣。

（2）无压力。

（3）简短。

（4）新潮。

具体设计阶段，考虑到外国白领需要认知学习成本低但又能体现语言学习成就感的产品，设计每天推送一句流行用语的应用。流行语的选择以新潮、接地气为优。如图 16 所示。

图 16　针对外国白领的流行汉语应用

4.3　儿童学习

为了吸引儿童注意力，进行游戏化学习。根据观察法、问卷法、头脑风暴法得出以下需求点：

（1）游戏化学习。

（2）与课堂教材同步。

（3）游戏要好玩。

（4）学生学习情况要及时反馈给老师和家长。

根据以上需求点，提出设计理念：从"要我学"到"我要学"——每天半小时，让孩子爱上汉语。游戏化学习能激发孩子学习兴趣，培养孩子自主学习能力和良好的学习习惯，加入科学的评测系统后，可检测学习进度，考察学习情况，制定学习计划。游戏化学习如图 17 所示。

图 17　游戏化学习

孩子的学习离不开家长和老师，孩子与其关系如图 18 所示。

图 18　老师、家长、孩子关系图

针对孩子：①要让孩子有兴趣学习；②根据各年龄段心理特点制作游戏，强调游戏的节奏感、紧迫感、画面感；③引导重复练习；④加入成就激励系统，鼓励孩子重复学习。

针对老师：①配套教材，同步课堂；②打破传统模式，把游戏变成有趣、有效的家庭作业；③学生玩的同时获得汉语知识，提高成绩；④减轻老师负担，通过直观报表显示成绩；⑤及时了解单个学生学习进度、易错点；⑥及时掌握班级的平均水平、难点、进度；⑦掌握学生学习时间。如图 19 所示。

针对家长：①减轻家长负担，了解孩子学习情况的机会增加；②减轻家长课后辅导的难度；③了解学校学习内容；④了解自己孩子的情况、班级情况，甚至所有在线用户的平均水平。

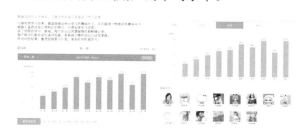

图 19　老师、家长实时掌握孩子学习情况

具体的九个小游戏（图 20）：

（1）描红游戏——学本领。训练目标：拼音汉字的书写。

（2）声调游戏——吃桃子。训练目标：掌握本课拼音字词的读音声调。

（3）拼读游戏——救猴王。训练目标：训练拼音、汉字、生词的拼读。

（4）字形游戏——吃包子。训练目标：训练对汉字字形的熟悉程度。

（5）词图游戏——抓妖怪。训练目标：训练生词词义对应图像的快速反应。

（6）中英游戏——五指山。训练目标：训练对生词词义和母语意义对应的快速反应。

（7）句型转换——词语搭配。训练目标：关键句型/语法点的反复操练。

（8）连词成句——通天塔。训练目标：句子的逻辑排列。

（9）综合训练——悟空蹦蹦蹦。训练目标：绘本、完型、连句成段。

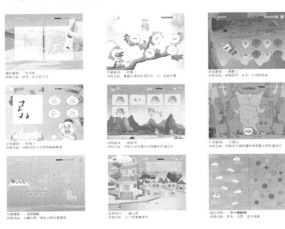

图 20 小游戏

5 结语

随着中国日益强盛，对外汉语学习的需求越来越大。语言是传播文化的媒介，为了让越来越多的外国人感受中国古老文化，为了让汉语在全世界范围普及，就必须打破各国之间文化的界限，以更加开放的态度接受新文化，借用设计思维和互联网等工具，尽可能降低学习汉语的成本和学习门槛，让世界感受到中国，将中国互联到世界。对外汉语就是桥梁，对外汉语线上学习系统的探讨如今仍处于探索阶段，如果想取得阶段性发展，就需要好的政策、跨学科人才、环境、传播等各方面共同努力，这是一项十分有意义的事业。

参考文献

［1］许琳. 汉语国际推广的形式和任务［J］. 世界汉语教学，2004（1）：6－7.

［2］珍珠. 对外汉语教育市场发展研究［D］. 辽宁：辽宁师范大学，2014.

［3］PHILIP G. 津巴多普通心理学［M］. 北京：中国人民大学出版社，2012.

［4］ZIMBARDO P G，GERRIG R J. PSYCHOLOGY AND LIVE 15th［M］. Boston：permission of Allyn& Boston，1999.

［5］沙坪. 第二语言获得研究的理论流派及模式［J］. 福州大学学报（社会科学版），1999（3）：58.

［6］唐智芳. 文化视阈下的对外汉语教学研究［D］. 湖南：湖南师范大学，2012.

［7］戴力农. 设计调研［M］. 北京：电子工业出版社，2014.

［8］吴平. 文化模式与对外汉语词语教学［D］. 北京：中央民族大学，2006.

Why Children are Interested in Playing with Sand: Investigation through Online Video Observation

Linxi Li

(Delft University of Technology，Delft，The Netherlands，2624HL)

ABSTRACT：Many children show a lot of interest in playing with sand. I will discuss about the features that sand play as a loose part in children's imaginative play. Through online video observation, six features were found. These factors can be implemented into real design projects for children. Then some relevant questions such as gender and age about sand play will be discussed.

KEYWORDS：Sand，Children play，Imaginative play，Loose part

1 INTRODUCTION

Children are always intrigued by sand play. They dig the sand, sift it, pour it, build with it and explore it. When children playing with sand, there is no right or wrong answer. It allows children to interact with it, stretch their imagination and offers them total freedom of exploration. By exploring the reason why children are interested in playing with sand, we can find out some characters of sand. And those characters can be translated into valuable insights for designing for children.

In order to understand the underling reason

for children interested in playing with sand, we have to understand some concepts first. The first concept is pretend play. Pretend play is the intersection of these two broader concepts: play and pretense. Play can be defined as a range of voluntary, intrinsically motivated activities that are normally associated with pleasure and enjoyment. The other concept, pretense includes two main domains. The first is that children use their own interpretation of the outside world in their play. Or they conceive of one external object as representing of another object.

Imaginative play can be seen as a form of pretend play. When children playing with imagination, they have to understand the real world and project their own meaning on it. Thus the definition of imaginative play can be, creating or projecting a different meaning to an actual one for pleasure and enjoyment.

So how does sand relate to these concepts? Sand can be seen as a kind of loose part in children's imaginative play. Loose part refers to the items that are not fixed in place and can be manipulated in open-ended ways. By using loose part, such as sticks, blocks etc. children can stretch their imagination during playing. For example, when children playing with sand as a loose part, they can imagine it to be flour, which can be used to make bread. Or they can imagine the sand dune as a mountain to be conquered.

In the following part of this article, I will try to explore the features of sand as loose part in children's imaginative play by observing videos on YouTube about children playing with sand.

2 METHODS

2.1 Video observation

The features of sand to interest children to play with were analyzed through the videos from YouTube. There are both advantages and disadvantages of choosing online videos as raw materials.

The advantages are obvious. Firstly, the videos are very easily accessed. When using the searching engine of the website, the relevant results can be found easily. Secondly, observing

through online videos can minimize the effects of observers. Since most chosen videos were shot in natural environment, either using GoPro or by someone that was familiar with those children. Thus, the behavior of children can be observed by the researcher with little disturbing. Thirdly, observing through online videos can cover a larger range of environment of children playing with sand compared with observations in the real context. The environments of children playing with sand were diverse in the video, from beach to sandbox, which makes the material more diverse.

On the other hand, there were also some disadvantages of using online videos. First, most of the videos have already been edited. So it can be hard to see the prelude and the results of their play. Second, some of the conversations took place in the video were not very clear. Third, we can not ask how exactly the children were thinking while they are playing in a certain mode. What we can do is to infer from their behaviors and some fragments of their conversations.

2.2 Video selection

Eight videos were chosen as raw materials to analyze the features of sand to interest children. The keyword used in the search engine was "children play with sand." There were over two hundred eighty thousand results. They were picked up by relevance. And all the videos selected in the research were children playing with sand in the natural mode. Some videos in which children play the sand under the guidance of adults were ruled out. The videos chosen in the research were as follows.

Table 1   Video observation list

	Number of children	Activities	Conversations	Sand Humidity
Video 1	5	sift, shovel, mold, trample	"Making butter!"	wet
Video 2	4	shovel, construct	"You can see it's moving!"	wet (beach)
Video 3	2	mold, hit	—	wet
Video 4	2	shovel, construct	—	wet (beach)

to be continue

35

	Number of children	Activities	Conversations	Sand Humidity
				continued
Video 5	3	shovel, sift	—	dry
Video 6	2	shovel, sift, dig, construct	"A volcano!"	wet
Video 7	1	shovel, mold	—	wet
Video 8	2	shovel, dig, construct	"This is a bedroom!"	wet (beach)

3 OBSERVATION

Most of the children were playing with sand when other children were also present. They played in a same field, but each of them could enjoy their own way of playing. Sometimes they play on their own, sometimes they play with others.

Seven videos were shot when the sand was wet or near the beach. The children had different ways to interact with sand according to the different humidity of sand. When it was dry, they often sifted it. And when it was wet, they had more possible ways to play with it. In Video 7, the boy poured some water in the sand before filling it into the mold.

All the children in those videos used tools or sand toys when playing with sand. This allowed children to have more ways to interact with the sand. In some videos the children used the shovel to dig (Video 8). In others, they used the plastic bucket to mold the sand (Video 3). Different sand toys can also help children to stretch their imagination about sand. As we can see in Video 1, the boy was using the shovel to fill the cup with sand to make butter. The cup can give form to the sand, which makes the boy have a clear imagination on what he was doing.

Figure 1 The boy was "making butter" with shovels and cups

What are you doing?
Making butter.

Digging is one of the most favored interactions with sand. Most children in these videos like to dig in the sand using their hands or shovels. In Video 8 the older brother dig in the sand for over seven minutes in order to make a cave-like space. Then he called it a bedroom (Figure 2).

Figure 2 The boy was digging a cave-like space, then he called it a bedroom

This is a bedroom!
Is that a bedroom?
Yeah!
It's beautiful. It's awesome!
It's a house too!

Construction is another favored interaction among children in these videos. Different from digging, construction is more like building a physical thing above the land using sand. Most children like to use sand to build something such as rooms (Video 8) or castles, etc. In Video 6 (Figure 3), the twins communicated about what they would make in the sandbox. After they decided to make a volcano, they started to use the shovels and toy truck to construct it. They projected their imagination on sand to have fun by building a volcano.

Figure 3 The twins were building a volcano with sand in the sandbox

What are we going to make today?
A volcano!
Okay!

4 FINDINGS

After observing eight videos about children playing with sand, some features of sand as loose part in children's imaginative play can be concluded as follows.

4.1 Inclusive for children

This features means that children can play with sand with little barrier and it is not exclusive to others. Children can play with sand very easily. The ways children interact with sand is non-verbal and does not require much effort. So every child can be part of the play, without worrying about the result. As we can see in the video, children join in others and leave them naturally.

What's more, when a child is playing with sand he or she is also opening and inviting to others. As found during the video observation, most children played with sand when other children were present. The child can choose to play alone or join others. As we can see in Video 1 the boy was "making butter" on his own. The boy next to him was watching and helping him, although he may not hold the same view of the sand as butter with the boy who made it.

A field of sand is open for everyone; it can involve children to interact with it automatically. By playing with the sand and interacting with others, children can learn to coordinate their sensations and reactions.

4.2 Flexible in forms

The second feature of sand to interest children is the flexibility of its forms. It can be largely different according to the humidity and the composition of the sand. As we can see in Video 1, one child was using the sand to build a cover on her feet.

You can see it's moving!

The sand is fluid and flexible, which allows children to explore the diverse ways to play with it. The possible kind of ways to play with sand is limitless. Children can interact with the sand in diverse ways as they want. They can bury themselves into the sand, build a castle or dig a deep hole. The situation will be various when the sand is wet or dry. The flexibility of sand makes the playing process smooth and interesting. Children can adjust the level of relax and challenge by themselves. This will provide dynamic balance between boredom and anxiety when children playing with sand.

4.3 Ambiguity in interpretation

When playing with sand, children use their imagination to give various meanings to the things they make. This kind of activity can stimulate the imagination of children during sand play. Different child can have different interpretations, and the interpretation can be changeable over time.

Children can project an imagined situation onto the sand. In Video 7, the child used the water and sand to make cupcakes. It is possible that he regarded the sand as flour or food material, but he would not actually eat it. The role of sand changed when it was moved from the ground into the mold through the boy's imagination.

4.4 Open to physical play

Sand play can also include physical activities, which make it open to physical play. Physical play, especially in boys, often involves activities that require eye-hand coordination. It is sensorimotor play with real objects, which in this case, is the sand.

In Video 2, the little girl tried to pour out the sand out of the cup but it was too heavy for her.

Drop it out! It's too heavy!

As we can see, the weight of the sand can be a challenge for little kids. However it can also stimulate the senses and the potential of children. They can explore their limits of strength during sand play.

4.5 Openness to constructive play

As mentioned before, construction is one of the most favored activities when children play with sand. The construction and digging activities can relate to constructive play, which plays an important role in children's early age development. Constructive play means that children create and construct something from objects, such as playing with clay, weaving looms, etc.

In Video 6, the twins tried to build a sand mountain, and in Video 8 the boy tried to dig a cave space. These play mode can be seen in many videos when the sand is wet. With the water, children can easily give form to sand and build objects. The situation is a little different when the sand is dry. Like in Video 5, children tended to sift the sand rather than constructing with the sand.

4.6　Reusable or rebuildable

Another important feature of sand as loose part to attract children is that it can be reused and easily rebuilt. This means that the sand can be played one time after another. Imagine this scenario:

Roy and Tim are building a small house using sand on the beach. After one hour's work, they almost finished it. But when Tim wanted to decorate the roof of the house, one of the walls collapsed. They were disappointed. However, they use the sand with some water to rebuild it again soon. They finally finished the beautiful house.

Sand can be used over and over again with little decrease in its function. And it is not fragile or easily broken like glass or pottery. This feature gives children more freedom to explore.

5　CONCLUSION

To sum up, there are six features of sand as loose part in making children interested in playing with. First, it is inclusive for children. It means that children can play with sand with very low barriers. When one child is playing with sand, it is also open for others to join in the activity. Second, sand is flexible in forms. The form of sand can be different largely because of the humidity or the composition, which provide endless possibilities for children to play with. Third, the ambiguity of sand allows children to have diverse ways to interpret. The interpretation of sand during playing can stimulate the children's imagination. During this, children with different interpretations can learn to cooperate and associate with others. Fourth, the weight of sand allows

children to have physical play. It gives children opportunities to hone their skills and challenge their limits. Fifth, the way children play with sand can relate to constructive play. Children construct or dig in sand field trying to create and build things. Last but not least, the sand itself is reusable and the objects constructed by sand are easily rebuilt. This allows children to attempt and explore the possible ways of playing with sand. Children can also learn to deal with failure during this.

6　IMPLICATION

These six factors can facilitate us in designing for children's imaginative play. For the first factor, we should make the barrier of children to play the toy as lower as possible. The color, material and the form of the toy should be inviting for children to play with. Secondly, we can add more flexible elements into the toy design. For example the toy consists of different segments, and each part can be separated and combined freely with others. Children can learn to work and cooperate with others when playing this kind of toys. Thirdly, the toys designed for children should have a level of ambiguity, which allows children to have the space of diverse interpretations. In addition, the design for children's imaginative play should be open to constructive play and physical play. Such as the construction toys consist of bricks. Children can build their own things then attribute their imaginations on it. Last but not least, the designing materials for children should be reusable and rebuildable. Thus the children can explore freely with the toys.

7　DISCUSSION

There are several limitations that need further discussion.

First limitation is the method of online video observing. The amount of videos chosen in the study is not very large, and the children's activities in the video were also limited. The influence of the video takers may be different in different videos. For example, some video takers will talk with the kids during the process. This may interfere the results of children's play.

Second, the gender differences are not considered. Boys and girls may have different preferences in playing with sand.

Third, the age can be an important factor in children playing with sand. With the age increases, the mode in which children play with sand may be changed. How and when will these changes happen?

Fourth, different kinds of sand playground may affect children's play. In the natural sand playground, children can use their finger, wire or sticks. And may have more freedom compared with the artificial sand playground. In the artificial context children can play with sand using sand toys or other construction materials, which may distract the child from the sand itself to the sand toys.

Thus the situation in different context of sand playground, the difference of gender and ages and the effects of culture and social impacts can be further discussed. More experiment and literature research can be carried out in these domains.

REFERENCES

[1] LILLARD A S. Pretend play skills and the child's theory of mind [J]. Child Development, 1993, 64 (2): 348-371.

[2] PARSONS A. Young children and nature: Outdoor play and development, experiences fostering environmental consciousness, and the implications on playground design [M]. 2011.

[3] NICHOLSONI S. How Not to Cheat Children: The Theory of Loose Parts [J]. Landscape Architecture, 1971 (62): 30-34.

[4] BJORKLUND D F, BROWN R D. Physical play and cognitive development: Integrating activity, cognition, and education [J]. Child Development, 1998, 69 (3): 604-606.

[5] BEKKER T, VALK L, EGGEN B. A toolkit for designing playful interactions: The four lenses of play [J]. Journal of ambient intelligence and smart environments, 2014, 6 (3): 263-276.

[6] Kids play in the sand box Silver Bear Preschool [EB/OL]. [2015-03-09]. https://www.youtube.com/watch?v=Gew1UXw2TGQ.

[7] beach kids playing in the sand [EB/OL]. [2014-02-09]. https://www.youtube.com/watch?v=DJpDkGI6Xws.

[8] Kids Playing With Sand Funny [EB/OL]. [2016-10-09]. https://www.youtube.com/watch?v=MZwR6HLgfa4.

[9] How children play sand sea and toys funny kids [EB/OL]. [2010-10-19]. https://www.youtube.com/watch?v=vFMpPPxKb8E.

[10] Kids play with sand toys [EB/OL]. [2013-08-27]. https://www.youtube.com/watch?v=IWTeQLYsZng.

[11] Kids playing in Sandbox with Tractors-16 minutes long! GoPro! [EB/OL]. [2012-04-18]. https://www.youtube.com/watch?v=fbBwtort9NI.

[12] Playing with Sand at Water Park-Sand Cupcakes Set for Kids-Ingrid Surprise [EB/OL]. [2012-11-24]. https://www.youtube.com/watch?v=LvOVCemLbBk.

[13] Kids children building sand castles and playing in the sand at the Beach [EB/OL]. [2013-08-20]. https://www.youtube.com/watch?v=GxaXPXhX4PA.

基于可用性测量的手机视频 App 设计研究*

李凌霄　牟　峰

（中国海洋大学，山东青岛，266100）

摘　要：本文开展了基于可用性测量的视频 App 设计研究，通过对样本视频 App 界面设计要素的多元分析和用户可用性标准化测试，对手机视频 App 设计要素与产品可用性进行定量分析，进行样本实验测量，对比产品设计要素标准化聚类分析结果与产品可用性测试结果之间的吻合度，探索样本界面设计与产品可用性之间的相关性，以及比选获得视频 App 界面设计要素优选数据的方法。

关键词：聚类分析；可用性；手机视频 App；交互设计

*　作者简介：牟峰，中国海洋大学工业设计专业教研室主任。

1 研究概述

1.1 研究背景

随着移动设备市场的迅速扩大，手机视频 App 作为最典型的手机应用之一，建立了庞大的用户群体。据市场数据显示，目前视频发展前景良好，用户观看视频的需求不断增长。自 2014 年 1 月起，移动端月度使用时长占比开始超过 PC 端，移动端视频内容已成为用户第二大需求，随时随地观看视频，碎片化地利用时间，带来移动视频流量的进一步爆发。各大专业视频网站也逐渐将重心由 PC 端转向手机端，新的交互模式的应用，使得手机视频 App 设计迅速成为设计研究的热点。

1.2 研究现状

通过对已有资料的查阅发现，目前关于可用性研究及研究成果主要是针对系统和网页。App 作为新兴产业，国内外关于 App 的可用性研究较少，以感性研究为主，缺乏系统的研究方法。此外，大部分对于视频 App 的调研报告多为单纯商业数据统计，例如安装渠道统计、用户量统计、视频内容偏好的男女比例统计、视频用户的年龄统计、收入统计等，对于用户体验及可用性测量分析方面的数据较少。笔者查阅了国内的文献数据库，对手机视频 App 的可用性及界面设计研究相对较少。陈锡晶以网页的相关成果作为研究基础，通过分析网页与 App 的异同，同时依据 App 的设计流程及用户体验要素，总结出针对 App 的可用性研究模型。金微研究用户生成内容视频的特性，即 UGC（User Generated Content）视频内容，提出了构建视频社区、个性化上传体验和互动性视频观看三个影响 UGC 视频内容设计的影响因素。杨冰瑶基于视频用户的多元化需求，通过分析视频 App 交互元素，研究如何将设计目标转化为界面设计元素，并提出视频 App 的内容感知唯一性、界面任务连续性、信息元素一致性和信息反馈有效性的交互设计原则，为视频 App 交互设计提供参考和依据。欧阳世芬、谢丽通过对视频 App 现状的简要分析，总结出视频 App 的特点，并得出 App 未来的发展趋势：有特色的原创内容、多网渠道的共存、用网络社区的方式管理用户。陈烨菲研究视频 App 在观看过程中与用户的关系，从用户易识别、易操作的快捷操作目标出发，提出如何通过播放器的交互手段和界面布局等解决用户在大屏播放器单手操作不便的问题。

1.3 研究内容

本研究分为三个阶段：第一阶段是对手机视频 App 交互设计要素的调查研究，并运用聚类分析法探求各类样本 App 之间的设计关联；第二阶段是对手机视频 App 用户可用性进行量化研究，从成功率、效率、用户主观体验评价三个方面评测样本手机视频可用性数据，形成手机视频 App 可用性研究结果；第三阶段是研究两类量化研究结果，分析设计与体验相关性，比选获得视频 App 界面设计要素优选数据，对 App 设计研究具有较好的借鉴意义。

2 研究准备

2.1 确定样本

GEO 发布的《视频 App 洞察分析报告》调查了华东和华北地区约 1 亿名用户三个月内在主流视频 App 的使用情况：在视频 App 使用 UV 方面，前五名依次为优酷视频、腾讯视频、搜狐视频、土豆视频、爱奇艺，其中优酷视频占比达 32.3%，腾讯视频次之，占比 29.8%。同时，百度视频等聚合类新闻客户端凭借视频推荐和全网搜索占有较多用户；芒果 TV 等类型视频 App 依附于强大的电视台，具有独家内容，受到用户青睐，占有了较大的用户群体。因此，综合考虑多方面因素，对用户量基础较好的优酷视频、爱奇艺、腾讯视频、搜狐视频、百度视频和芒果 TV 进行用户调研，如图 1 所示。

优酷视频　　爱奇艺　　腾讯视频　　搜狐视频　　百度视频　　芒果TV

图 1　样本视频 App

2.2 研究对象

据 CNNIC 统计，截至 2014 年 6 月底，中国移动互联网用户总数就已达到 8.38 亿，其中手机网民规模为 5.27 亿。在手机网民中，学生占据了比较大的比重，为 24.9%。App 在大学生中已经形成了较强的用户黏性。针对这一现状，本文主要针对大学生群体对手机视频 App 的使用现状及体验进行调查分析，进而对手机视频 App 交互操作可用性进行探讨。

2.3 研究方法

根据研究内容和受测样本，主要采用多元统计分析法中的聚类统计分析法和产品可用性量化分析法。针对视频 App 的设计要素与用户体验过程中的用户可用性两方面，分别使用不同的量化测试方法。

（1）视频 App 设计要素量化与聚类分析。

根据设计经验与用户调研，直接提取相关视频 App 设计要素并对不同样本视频 App 进行量化研究，提取相关设计要素进行标准化，然后应用聚类分析法形成样本视频 App 的聚类评价。

（2）用户可用性对应评测。

评测方法：对产品可用性的三个要素分别采用任务客观评价和主观评价结合的方法进行综合系统评价，对得到的量化结果进行标准化，获得可用性量化测试结果。

3 界面设计要素研究

3.1 界面分析

以 iPhone 6s 为测试设备，所用系统为 iOS 9.3.2，屏幕尺寸为 58.44 mm×103.94 mm（750×1334 像素），分辨率为 326 ppi。以竖版的 App 应用测量相关设计要素，通过样本视频 App 界面分析，共提取以下主要设计要素参数：界面导航个数、界面功能数量、功能键按键大小、导航字体高度、主功能区大小、功能模块间距共六个设计要素。

3.2 界面设计参数分析与结论

以六款视频 App 进行设计要素分类，首先对选取的六类视频 App 界面主要设计参数测量数据进行标准化，然后应用多元统计聚类分析，分别计算设计参数的类间欧氏距离，如果如表 2 所示。

表 1 样本 App 界面设计主要参数

设计要素	1 优酷		2 爱奇艺	
功能键按键大小	37.86 mm²		35.04 mm²	
界面功能数量	7		6	
功能模块间距	7.79 mm		4.67 mm	
主功能区大小	368.75 mm²		341.28 mm²	
主导航	1		2	
导航字体高度	2.34 mm		2.49 mm	
设计要素	3 腾讯视频		4 搜狐视频	
功能键按键大小	43.46 mm²		61.74 mm²	
界面功能数量	6		6	
功能模块间距	9.04 mm		9.74 mm	
主功能区大小	409.66 mm²		400.89 mm²	
主导航	2		2	
导航字体高度	2.57 mm		2.57 mm	
设计要素	5 百度视频		6 芒果 TV	
功能键按键大小	36 mm²		42.33 mm²	
界面功能数量	6		5	
功能模块间距	5.92 mm		8.26 mm	
主功能区大小	350.64 mm²		405.57 mm²	
主导航	2		3	
导航字体高度	2.03 mm		2.65 mm	

表 2 样本 App 界面设计参数的类间欧氏距离

	优酷视频	爱奇艺	腾讯视频	搜狐视频	百度视频	芒果 TV
优酷视频	0					
爱奇艺	2.8731	0				
腾讯视频	2.812	3.3537	0			
搜狐视频	4.3108	4.4815	2.3219	0		
百度视频	2.7332	2.1499	3.5698	4.5754	0	
芒果 TV	4.5499	3.663	2.1411	2.6612	4.1197	0

由表 2 数据可得聚类分析结果如图 2 所示。

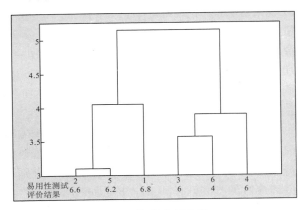

图 2　聚类分析结果

注：横轴 1～6 分别为优酷视频、爱奇艺、腾讯视频、搜狐视频、百度视频、芒果 TV。

由聚类分析结果可知，优酷视频、爱奇艺、百度视频归为一类，腾讯视频、搜狐视频、芒果 TV 归为另一类。根据易用性测试评价结果可知，优酷视频、爱奇艺、百度视频分别为 6.8、6.6、6.2；腾讯视频、搜狐视频、芒果 TV 分别为 6、6、4。其聚类分析结果正好与易用性测评结果相一致。由数值可知，优酷视频、爱奇艺、百度视频这一类视频 App 得分普遍高于腾讯视频、搜狐视频、芒果 TV，即前者易用性程度相对较好，其中优酷视频测评结果最好，即最接近最佳设计模式。

4　产品可用性测试研究

4.1　测试条件

（1）测试设备：iPhone 6s，版本 iOS 9.3.2，屏幕大小 58.44 mm×103.94 mm，750×1334 像素。

（2）测试人员：随机选定的 10 位样本人员。

（3）测试环境：特定的封闭的安静环境中，视频设备记录。

（4）测试任务：打开指定 App，找到电视剧—美剧，选中下方第一部剧，点开进入播放模式，点击第二集，退出播放。观察者通过监控设备进行观测，记录完成时间及过程中的出错率。

4.2　产品可用性测试分析与结论

良好的用户体验是评价产品好坏的重要标准，可用性是指产品在特定使用环境下为特定用户用于特定用途时所具有的有效性、效率和满意度。

（1）有效性：用户完成特定任务和达成特定目标所具有的正确和完整程度。

（2）效率：用户完成任务与其所用资源的比率。

（3）满意度：用户在使用产品过程中的主观满意度。

对产品可用性的三个要素（有效性、效率、满意度）分别采用任务客观评价和主观评价相结合的方法进行综合系统评价，对得到的结果进行标准化，获得可用性量化测试结果和用户可用性标准化评分结果，如表 3、图 3 所示。

表 3　产品可用性量化测试结果

	优酷视频	爱奇艺	腾讯视频	搜狐视频	百度视频	芒果 TV
任务完成时长（s）	12.4	15.03	20.54	22.06	13.37	25.99
出错均值（次）	0.1	0.3	0.2	0.5	0	1.1
用户使用体验主观评价	6.8	6.6	6	6	6.2	4
产品可用性标准化评分	2.60	1.42	0.06	−0.97	2.08	−5.19

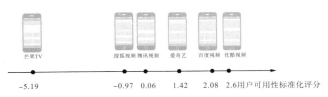

图 3　用户可用性标准化评分结果

结合两类量化研究结果，分析设计要素与产品可用性的相关性，可以看出产品可用性测试结果与设计要素标准化聚类分析结果具有非常好的吻合度，以此为基础可以进一步比选分析设计要素，获得视频 App 界面设计优选数据。在设计过程中，根据设计要数聚类分析可发现优酷视频、爱奇艺、百度视频为一类，且同为用户可用性测试结果明显较好的一类，因此，对这三款 App 进行进一步分析：基于测试设备 iPhone 6s 的视频 App 样本，优酷视频、爱奇艺、百度视频功能键按键大小均值为 36.3 mm²，主功能区大小均值为 353.56 mm²，功能模块间距均值为 6.13 mm。从本研究结论可知，在设计参数上靠近上述数据的三类样本 App 设计在用户体验得分和产品可用性测试中效果更优。

2017 年论文集《工业设计研究》（第五辑）征稿启事

《工业设计研究》是由四川省教育厅人文社会科学重点研究基地"工业设计产业研究中心"出版的论文集，每年出版 1 辑，从 2013 年至今已出版 4 辑，由正规出版社刊印出版（有正式出版号），且全部被知网 CNKI 收录。现针对 2017 年《工业设计研究》（第五辑）公开征集学术论文、行业论文以及设计作品。

一、征稿主题

工业设计、艺术设计、用户体验、服务设计、创意产业发展相关学术研究、实践研究、教学研究相关内容均可。

二、征稿时间

即日起至 2017 年 8 月 20 日截止。

审稿周期 2~4 周，我们将在审稿后给予稿件录用函、修改意见或拒稿通知。（常年征稿）

三、论文集出版日期

《工业设计研究》（第五辑）将在 2017 年 10 月底或 11 月初出版，并将由中国知网（CNKI）的期刊库进行收录。

四、稿件要求

1. 来稿应具有创新性、科学性、实用性。应表达准确、文字简练、重点突出、结论可信。内容应未发表过或未被其他公开出版物刊载过。请勿一稿多投。研究论文、技术应用类文章字数原则上不少于 4000 字。

2. 文章标题简明醒目，能确切反映全文主要内容，通常不超过 20 个字。尽量避免使用符号、简称、缩写及商品名等。各类文稿均须主题鲜明，观点明确，结构清晰，文字精练，论述严谨，技术路线与研究方法可行，结论正确，体现创新。

3. 作者姓名列于文题下。署名为第一的单位应是稿件报道研究的知识产权所属单位。作者如系多单位，应分别注明单位全称。作者请注明性别、出生年、工作单位（具体到院系）、职称、学位（注明正在攻读还是已经获得）、研究方向、成果获奖情况、出版专著数、发表论文数、E-mail；其余作者注明性别、出生年、籍贯、工作单位（具体到院系）、职务职称、研究方向。

4. 摘要和关键词

摘要：文章均须附中文摘要，200~300 字。

关键词：在中文摘要下面标引 3~8 个关键词，用";"分隔。

5. 参考文献

采用顺序编码制，按文内引用先后编序，其序号标注于右上角方括号内。文末按引文顺序列出，务必注意文献的准确性。一般要引用文献至少 5 篇。

6. 基金项目

若论文为基金资助课题，请在首页下角注明基金项目名称和编号。

7. 文中插图质量不低于 200dpi，JPG 格式；

8. 论文格式模板请至中心网站"下载中心"下载附件《论文书写格式示例及相关要求》。

五、编辑部指定投稿邮箱：**gysjcy001@126.com**

六、相关费用

最后收到录用通知的作者需提交 400 元论文出版费，超版不额外收费（含专家审稿费、论文出版费以及论文集的快递费）。本论文集将免费赠阅 2 本。

设计作品费用按版面计，1 页 1 版，每版 400 元，原则上每版不超过 4 副作品。

（额外需要的可向本中心购买或在京东、亚马逊等网站选购。）

汇款方式：

1. 邮局汇款请寄：四川省成都市金牛区金周路 999 号西华大学艺术大楼 A 座 108 室工业设计产业研

究中心 陈文雯

　2. 支付宝转账：详见用稿通知。

七、联系方式

工业设计产业研究中心：

地址：**四川省成都市金牛区金周路 999 号西华大学艺术大楼 A 区 108 室工业设计产业研究中心**

邮编：610039

电子信箱：gysjcy001@126.com

网址：http://idrc.xhu.edu.cn

电话：028-87726706，13658051091

联系人：陈老师

5　结语

本文应用统计分析和用户可用性分析的理论，量化分析手机视频 App 的不同设计要素对产品用户体验的影响，从而得出产品可用性和设计要素的相关性。根据本研究进行的视频 App 设计要素聚类分析和可用性测试评价结果，用户可用性测试结果与设计要素聚类分析结果具有一定的吻合度。其中，优酷最接近最优交互设计参数。本研究成果为进一步将系统设计学分析方法与产品可用性分析相结合，为开展可用性更高的 App 设计提供了一种新思路。

参考文献

[1] 金微. 用户生成内容的移动视频交互研究与设计 [D]. 长沙：湖南大学，2012.

[2] 杨冰瑶. 以多元化需求目标为导向的手机视频应用界面设计研究 [D]. 秦皇岛：燕山大学，2014.

[3] 周美玉，刘依晴. 基于消费者感性需求的豆浆机感性设计研究 [J]. 用户体验百家谈，2014.

[4] 李林芳. 基于目标导向的老年人智能手机界面设计研究 [D]. 无锡：江南大学，2013.

[5] 陈锡晶. 辰山植物园科普导览 App 可用性研究 [D]. 上海：东华大学，2014.

[6] 欧阳世芬，谢丽. 移动互联网时代移动在线视频 App 的现状与发展趋势 [J]. 新闻研究导刊，2015.

[7] 王超. 基于多感官体验的新媒体交互艺术 [J]. 工业设计，2015（10）：60−61.

[8] 高谷兰. "爱社团"手机 App 交互设计 [D]. 昆明：昆明理工大学，2014.

[9] 李亭. 基于用户体验的智能手机 App 界面设计研究 [D]. 太原：太原理工大学，2015.

[10] 陈烨菲. 基于单手操作的智能手机视频 App 播放器界面的设计研究——以 iOS 8 操作系统为例 [D]. 北京：北京交通大学，2015.

关于垂直社区服务设计的比较研究

李　通　王玥虹　周嘉伟　孟　阳　郝晓蒙　李　玥

（湖南大学设计艺术学院，湖南长沙，410000）

摘　要：垂直社区是移动互联网时代的新爆发点，本文就垂直社区进行了相关研究。通过对垂直社区类产品的研究分析，本文梳理了构建垂直社区的基本思路和需要注意的问题。同时结合本团队在 UXPA 中国用户体验设计大赛时的选题方向，对手工艺垂直社区进行了进一步的研究和探索，向大家提供一些参考。

关键词：垂直社区；基本思路；手工艺

1　垂直社区的概念

垂直社区用一句话来概括，就是将垂直领域的内容和社区结合起来，为某一特定人群服务。它可以说是 BAT 的缩小版，把百度公司、阿里巴巴集团、腾讯公司中关于某一领域的内容集合到一个平台上，构建一个完整的应用平台，体现了圈子文化。

2　垂直社区的价值

从时代背景来看，Web 1.0 是用户接受信息，Web 2.0 是用户创造信息，Web 3.0 是用户交流分享高质量信息。在这种大背景下，垂直社区成为一个新的爆发点。下一个经典产品可能不再是 Facebook 或者腾讯 QQ，而是细分领域里的垂直社区类产品。

从用户需求来看，用户需求越来越精细化，BAT 大而全，而现在用户的需求是精而美。

从数据角度来看，随着互联网、移动应用以及智能设备的普及，其产生的数据越来越多，在用户更加清楚地了解信息的同时，无效数据、垃圾数据甚至错误数据也层出不穷。垂直社区能够充分研究、分析及利用用户数据，通过设计引导数据的有效性、可控性、安全性，为用户创造更美好的生活体验。

3　垂直社区的深入研究

3.1　垂直社区相关产品分析

为了探索垂直社区的"游戏"规则，我们对四款不同的垂直社区产品进行了分析，并得出初步结论。这四款产品分别是：Keep——健身爱好者垂直社区，穷游网——出境游爱好者垂直社区，佳学——生活小技能爱好者的垂直社区，豆瓣——文青的垂直社区。

3.1.1　产品一：Keep

产品的版块界面和产品架构是观察产品、分析产品的两种不同的视角。在分析产品时，笔者先从产品的版块界面入手（如 Keep 在应用页面上分成了四个版块：训练、发现、关注和我），依次操作、使用其具有的功能以及查看浏览其包含内容，并在此基础上整理出产品架构。最后将它的功能和内容作分类梳理，分别是官方服务功能、用户创造内容、小编整理推送、奖励机制、线下运营。Keep 版块界面和产品架构如图1、图2所示。

图1　Keep 版块界面

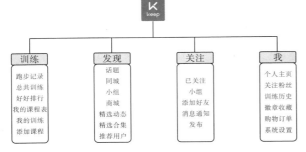

图2　Keep 产品架构

（1）官方服务功能。

Keep 的一个主要的官方服务功能是视频教学。团队聘请专业人员录制教学视频，用户根据自己的需求制定训练计划。除了教学视频演示外，还会给出视频教学所需时长、消耗的卡路里、动作组数和次数、难度系数、动作指导和注意事项等信息。这些内容树立了产品的权威性和专业性，赢得了用户的信赖，确保用户黏度。

（2）用户创造内容。

在 Keep 上，用户创造的内容大致可以分为以下两类：

①用户训练数据：训练时间和时长、消耗的卡路里、训练项目（打卡）、跑步轨迹图。这些内容会在训练历史中以"日周月总"等不同维度呈现。

②用户发布动态：大部分是通过照片记录训练效果，以及用户的健身心得和经验分享。通过"话题（基于主题）、同城（基于地理）、小组（基于圈子）"等方式引导用户围绕某一维度创造内容，实现一定程度的信息整合，同时也进一步增加了用户黏度和健身热情。

（3）小编整理推送。

小编整理推送主要有以下三个方面：

①精选动态：点赞数和评论数比较高的用户动态。

②精选合集：用户或官方提供的优秀心得与经验分享。

③推荐用户：健身达人。

这些内容归根结底还是由用户创造的，小编在此基础上进行整理编辑和推送的工作，这样能使用户找到更加优质的信息资源，同时塑造了社区领袖（达人推荐），营造良好的社区氛围。

（4）奖励机制。

为了进一步营造社区氛围、增加用户黏度，Keep 还创造了一些奖励机制，如"训练等级""跑步等级""我的徽章"以及首页的"好友训练排名"等。根据训练量、连续天数、训练次数、跑步周数、社区和活动纪念等给予奖励。

（5）线下运营。

Keep 经常举办线下活动，然后将线下活动的内容再返回线上平台进行展示。除了线下活动外，Keep 还提供电商服务，用户可以在平台上直接购买周边产品，虽然目前产品数量不多，但是这样有助于深化垂直社区发展、完善服务、构建品牌文化。线上、线下双管齐下也是垂直社区发展的一个必然趋势。

Keep 的视觉设计是比较优秀的，从一些细节上可以看出。比如，传统的"点赞喜欢"功能被设计成"加油和赞"，并以小喇叭的形状进行隐喻。这些小细节加强了社区的文化氛围。

3.1.2　产品二：穷游网

穷游网最主要的内容是出境游爱好者分享的各地区的旅行指南和攻略，由此发展了各种与旅行相关的服务功能，从而构建了一个成功的出境游爱好者垂直社区。笔者以分析 Keep 的思路继续分析穷游网这款产品，并根据穷游网的特点进行进一步的归纳总结。穷游网版块界面和产品架构如图3、图4所示。

图3　穷游网版块界面

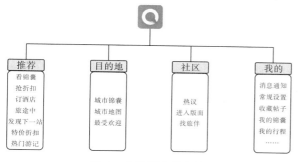

图4　穷游网产品架构

（1）用户创造内容。

Keep 的主要内容是官方提供的各类健身视频教程，而穷游网的主要内容是用户分享的各类旅行指南和攻略，所以笔者把用户创造内容放在了第一位。

用户创造的内容可以分为两类：①用户分享的各类旅行指南和攻略；②"社区"版块下的讨论组、问答、找旅伴等社交性质的互动内容。

（2）官方服务功能。

围绕方便出行，产品提供了各类服务功能，比如签证、保险、机票、酒店预订、租车等在线增值服务，以及智能的旅行规划解决方案等。同时穷游网和高德地图合作提供地图服务。

（3）小编整理推送。

主要根据用户发布帖子的受欢迎度和帖子的质量，选出精华帖子，再根据地点编辑成旅行锦囊。

（4）奖励机制。

签到和邀请用户赚得里程数，用户根据里程数可以得到一些奖品，其实是积分制度的个性化设计。

（5）线下运营。

穷游网十周年举办巡回演唱会、穷游沙龙、世界市集等一系列活动，让所有穷游网用户分享回顾了共同走过的十年。

3.1.3　产品三：佳学

佳学是一个学习、分享生活技能的在线教育平台，主要为用户提供精致、短小、有趣的教学课程。相对于我们选择的其他三款 App，佳学是一款相对比较小型的 App。佳学版块界面和产品架构如图5、图6所示。

图5　佳学版块界面

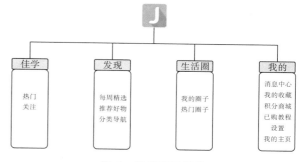

图6　佳学产品架构

（1）用户创造内容。

技能课程提供了涵盖家居生活、健身健康、服饰美容、音乐摄影等领域的生活技能教程。佳学的教程发布比较简单，特色是其辅助排版设计优良，只需一个步骤就直接默认上传图片或者视频，接着会出现下划线进行内容的分割。由于佳学的主要内容是用户上传的各类教程，所以其在优化发布教程时的用户体验等方面做得比较好。

生活圈是用户的直接交流区，其有各种各样的圈子，用户加入圈子后便可以发帖子、拉投票。

（2）官方服务功能。

佳学并没有像 Keep 那样提供视频教学，也没有像穷游网那样提供和旅行相关的便捷服务。佳学的主要内容是用户上传的各类技能教程，以及小编围绕教程进行的编辑整理。

（3）小编整理推送。

小编对教程内容进行进一步整理：每周精选、推荐好物（链接到天猫商城）、分类导航（最新、最热）等。

（4）奖励机制。

佳学的激励政策是积分制，可以通过每日任务、新手任务等形式来获取积分，积分达到一定数值可以进行抽奖。

3.1.4 产品四：豆瓣

豆瓣版块界面和产品架构如图7、图8所示。

图7 豆瓣版块界面

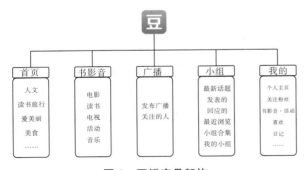

图8 豆瓣产品架构

（1）用户创造内容。

豆瓣是文青的聚集地，提供关于书籍、电影、音乐等作品的信息，无论是描述还是评论都由用户提供。笔者借用豆瓣App本身的版块分类进行归纳总结。

①书影音的短评、长评、打分、排行。

②广播——分享生活的点滴，类似于朋友圈和QQ空间，用以记录生活。

③日记——用户分享的各类文章，关于旅行、人生、情感、书影评等，类似于博客。

④相册。

⑤小组——针对某一话题的讨论，话题可能是兴趣交流，也可能是闲聊。

（2）官方服务功能。

豆瓣App上的官方服务功能较少，其主要工作是运营维护。但这并不意味着豆瓣不提服务功能，豆瓣阅读有电子书，豆瓣音乐有各类在线音乐，豆瓣已经发展成了一个产品群。

（3）小编整理推送。

首页有各类精选的文章和相册，同时也有豆瓣的推送，比如"每周荐书"。在"书影音"版块里，官方提供了关于书籍、影片、唱片的相关信息，比如电影会有预告片、简介、艺人、剧照等。在这个基础上，有热映、即将上映、近期、Top榜单、高分等分类方式。用户可以围绕这些分类进行讨论、短评、影评等。

（4）线下运营。

豆瓣有同城活动信息，有用户自己发起的，也有官方举办的。

3.2 垂直社区类产品的横向归纳总结

通过对以上样本产品的分析，笔者对垂直社区类产品进行了总结归纳。由于主要通过数字产品进行分析，无法深入了解产品背后的技术、运营等，因此，在总结归纳上主要基于产品的内容和功能服务。

在内容上，主要有以下几个部分：官方服务功能、用户创造内容、小编整理推送、奖励机制、线下运营。笔者对四款样本产品App进行了横向归纳，如表1所示。

表1 垂直社区类产品横向归纳

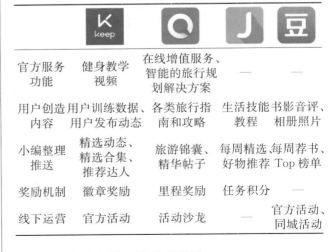

	K keep	Q	J	豆
官方服务功能	健身教学视频	在线增值服务、智能的旅行规划解决方案	—	—
用户创造内容	用户训练数据、用户发布动态	各类旅行指南和攻略	生活技能教程	书影音评相册照片
小编整理推送	精选动态、精选合集、推荐达人	旅游锦囊、精华帖子	每周精选好物推荐	每周荐书 Top榜单
奖励机制	徽章奖励	里程奖励	任务积分	
线下运营	官方活动	活动沙龙	—	官方活动同城活动

3.3 构建垂直社区的基本思路

通过以上分析我们可以梳理出构建垂直社区的基本思路：确定用户需求和核心功能—用户创造内

容的归纳整理一次级服务功能。

第一步：确定用户需求和核心功能。

以母婴产品为例。它涉及的需求有：学习、记录、倾诉、交友、购买等。在发现学习需求是主要需求之后，它针对不同阶段，专业、准确、系统地提供解决方案。体现深、细、精：①专业资源；②定位区分；③丰富的形式（文章、在线视频、上传视频、一对一问答、线下活动）。

用户的需求决定了我们要提供怎样的核心功能，暗示用户会产生哪些内容，进一步决定我们该如何进行对用户创造内容进行分类整理，以及提供相应的次级服务功能。而这一切会塑造这个圈子特有的文化，这种文化如果能够在产品上体现出来，就能够树立自己的品牌。这种文化也需要在视觉设计上体现出来（颜色、图标等），以进一步增强品牌文化的影响力度。

什么是社区的主要内容？是像 Keep 那样以官方教程为主，像穷游网那样以用户原创为主，还是两者兼而有之？只有通过前期的用户研究，确定了用户的核心需求后，才能够回答这个问题。Keep 的用户主要是想通过这款应用学习如何健身，因此学习是用户的核心需求，其次是交流需求。穷游网用户的主要需求是交流需求，一位想去某地旅行的游客，他希望得到有经验人的建议和指导。

第二步：用户创造内容的归纳整理。

如何引导用户产生内容？如何对内容进行归纳整理？这是相互促进、相互影响的，平台对用户的引导，也进一步影响了对用户产生内容的归纳整理，而"归纳整理""小编推送"也进一步引导平台创造更加优质和受欢迎的内容。在每个不同的垂直社区上，归纳整理都有自己的个性，也有一些基于地理位置、时间、热度等的共性（但这样的归纳整理角度创新力度不大，信息准确性不够强）。其目的都是让用户根据自己的意愿找到想要的优质信息。

第三步：次级功能服务。

要为社区提供哪些创新性的服务，以进一步提升用户黏度？通过以上产品的分析，笔者认为可以从以下几个角度进行设计：

（1）制定激励机制，比如勋章和积分。激励机制面临如何获得奖励以及如何运用奖励的游戏规则，这可以根据自己所创建的社区进行个性化设计，比如 Keep 的徽章和穷游网的里程。

（2）围绕用户行为提供相关服务，像穷游网那样提供行程规划功能服务以满足用户需求，让用户旅行更加方便。

（3）可以举办线上、线下主题活动，线下活动

的举办内容又可以在线上展示和推送，从而充实线上内容。

3.4 垂直社区的用户分析

用户可以大致分为三类：核心用户，提供优质内容，UGC 主要创造者；普通用户，喜欢、收藏、简单讨论；浏览用户，有需求时看一看。产品的主要服务对象是核心用户，服务核心用户，带动普通用户。

核心用户进行进一步细分（比如手工艺领域），可以分为大师级、中级和入门级。为什么需要细分？因为不同的用户群体的需求是不同的。入门级手工艺爱好者的主要需求是学习，他们想要找到优质且适合自己的教程。而大师级基本不需要再学习，那么他们需要的是别人的崇拜和赞赏以及高手之间的互相了解和交流。我们需要针对不同的用户群体提供不同的功能服务。比如，对于大师级用户，我们可以将其塑造成社区的意见领袖，由他们来带动其他用户的参与热情。

3.5 垂直社区的有利条件

构建一个垂直社区的有利条件主要是：①未曾有人涉及（没有巨头）；②存在社区氛围（人们确实需要交流）；③基于圈子文化，树立品牌效应（用户体验、交流方式、优质界面等）。

4 手工艺类垂直社区的调研分析

本团队在参赛时选择的方向是手工艺领域的垂直社区，因此，我们对这个领域进行了详细的产品分析，并针对这个领域的产品设计探索了一些经验。

手工艺类垂直社区产品大部分都是围绕用户学习需求和交流需求来做的，由用户上传教程、上传作品，但大部分产品都很相似，如表 2 所示。我们认为，现存的手工艺产品需要从以下几个方向进行创新和完善。

表 2　手工艺类垂直社区产品

Kiinii	定位：原创手工、独立设计以及生活美学的发现和分享平台 主要内容是用户发布的教程、作品、经验文章。在塑造社区领袖时，平台有设计师，有人物访谈和热门设计师等服务功能。同时，产品还有向电商发展的趋势，提供了市集版块，但是还没有提供配送服务
手工 Life	定位：为手工爱好者量身打造的社交平台 主要内容是手工艺教程和作品。平台定期举办活动，比如主题作品征集比赛
手工客	定位：手工学习平台 主要内容是教程和作品。在教程上有了直播功能服务。同时有相对完善的电商服务，用户可以在这里买材料和工具等

续表2

定位：手工资料库平台

主要内容是以话题为引导，让用户发帖创造内容。激励机制是每日任务、新手任务，完成任务获得积分，积分可以用于提现、Q币、充话费等

手工圈

定位：手工拼布制作教程平台

主要内容是基础知识（压线、缝纫机、选择铺棉、小技巧、拼布术语、工具介绍）、拼布教程、拼布包教程、图纸图案、拼布旧物改造等

手工拼布

定位：让天下没有难学的手艺

线上、线下均可拜师学艺。线下手工培训机构，与手工老师合作，提供咨询

手艺

4.1 教程如何有更高的质量和针对性

要让教程有更高的质量和针对性，就要使它能够满足中级用户和初级用户的不同学习需求。我们认为可以有以下两种形式：

（1）官方推出的高质量入门教程。可以方便初级用户快速高效地入门学习。这类教程可以包括：手艺基础知识＋进阶作品指导。以布艺为例，其基础知识包含如何压线、如何使用缝纫机、如何选择铺棉、拼布术语、拼布工具的介绍、难度不同的作品指导，这些都是新手入门时应当掌握的内容。

（2）当用户成为一个中级用户后，其学习需求会有所差别，首先他需要同等水平上的不同花样的横向扩充性学习，是量的提升；其次是更高水平上的纵向提升性学习，是质的改变。而这些内容太多，我们没办法也不需要原创提供，而应该鼓励用户发教程，然后由小编进行精选推送。

4.2 如何对用户作品交流提供创新性服务

不同的社区有不同的文化，Keep是用户"秀身材"，穷游网是用户写游记，手工艺爱好者是秀作品。用户会上传作品有几个方面的原因：一是想得到别人的赞同和肯定，尤其是高水平用户的赞同和肯定；二是希望别人能够对自己的作品提出指导性的意见；三是想记录；四是想看有哪些好的作品，那些好的作品到底有多好。在有些应用上，已经具备全角度图片处理技术，如果将这种呈现方式用在作品展示上，将比普通照片的浏览效果好很多。

4.3 除了用户上传教程和作品外，还有什么功能服务

另辟蹊径，从用户需求出发，除了学习和交流外，用户还有什么需求？手艺这款应用提供了一个方向——拜师学艺，但是该产品并没有足够强的开发力度。部分产品试图发展手工艺电商服务，但基本都只是提供淘宝或天猫的链接，并没有做到真正意义上的垂直社区该有的服务。

总之，手工艺领域目前还没有较卓越的产品，即便像手工客这样的领头羊也存在着分类混乱、UGC参差不齐等问题。优秀作品之间差异性不大，更有一些视觉设计都十分糟糕的产品。所以手工艺领域需要一款更加优质的产品。

5 结语

还有很多领域等待着优秀的垂直社区产品出现，垂直社区产品既是时代的趋势，也是广大用户的真实需求。人们希望自己所爱的领域能够有一款产品为其提供更加专业、准确、高效的信息服务，尤其在这样一个信息爆炸的时代背景下。

参考文献

[1] 牛文文：中国将进入一个垂直细分社区时代[EB/OL]. [2015－04－29]. http://news. zj. com/detail/2015/04/29/1575190. html.

[2] 用户黏性与垂直社区[EB/OL]. [2011－03－23]. http://kb. cnblogs. com/page/95079/.

[3] 穷游：新商业时代的社群价值[EB/OL]. [2014－07－02]. http://www. geekpark. net/topics/207661.

[4] UGC社区谈：让核心用户创造价值[EB/OL]. [2013－05－02]. http://www. geekpark. net/topics/178244.

[5] 母婴社区缘何玩家不断，却很难做大？[EB/OL]. [2016－03－30]. http://www. woshipm. com/it/309064. html.

[6] 从需求、用户和规则维度，如何建立一个垂直社区（以母婴社区为例）[EB/OL]. [2016－01－12]. http://www. woshipm. com/pd/265755. html.

多媒体上有色汉字字体的可读性研究

李向全　王军峰　王文军

（西南科技大学，四川绵阳，621000）

摘　要：本文的主要目的在于探讨不同颜色的汉字在多媒体上的可读性情况，使用字体类型、字体颜色双变量，平衡其他变量因素，在白色背景下研究颜色对于字体及字体类型可读性的影响。结果发现：同一字

体类型，不同颜色对其可读性产生影响；不同字体对同种色彩敏感度不一样，每种字体都有其最"亲和"的颜色，在此颜色下该种字体的可读性较好；有的字体在更换颜色时其可读性波动较小，即对颜色不"敏感"，此种字体类型适合做颜色变化，但有的字体类型却"敏感"，对此种字体类型建议不做颜色上的变化。

关键词：多媒体；汉字颜色；字体类型；可读性

1 引言

随着智能手机、平板电脑等小型终端显示设备和智能手表等可穿戴显示设备的兴起，人们将越来越多的时间花在了阅读其传达的信息上，因此，作为人与人之间进行沟通、了解自己、了解社会的基本符号——文字的可读性直接影响着信息传达的效率。对于文字可读性及影响可读性的主要因素的研究在现阶段主要为关注字符的高度、字符类型。关于汉字可读性研究方面，主要研究字体类型、有无衬线、字体大小、字间距、行间距、笔画、部件、字频等属性对汉字可读性的影响。目前对于汉字的可读性研究得出的基本规律主要有两个观点：一是认为汉字是以整字为单元进行加工识别的，对汉字的加工识别不受笔画和部件的影响；二是认为汉字可读性的基础是笔画和部件等字体属性，其识别是一个从局部到整体的过程，在这一过程存在笔画数和部件数效应。

综合上述对汉字可读性的研究，目前对汉字可读性的研究主要集中在字体本身结构，关于字体颜色变化对汉字字体可读性的影响的研究几乎没有，本文将研究同一汉字在白色背景下颜色的变化对于字体可读性的影响，并通过设计实验、实施实验、观察实验、分析实验数据、得出相应结论的方法，最终总结出颜色对几种相应字体可读性的影响结果，并对以后在数字多媒体显示上的汉字字体设计及应用提供相应参考。

2 有色汉字字体可读性

2.1 可读性

著名设计师阿历克斯·伍·怀特的《字体设计原理》中定义可读性是内容的可辨识和理解程度，这主要取决于文字大小、字间距、行间距、纸张和油墨对比等因素，主要关注点在微观；字体颜色对于可读性起着至关重要的作用，如果说字体的形态等因素的主要功能是传递信息，那么抛开字体含义和形态，颜色还将传递出文字的额外信息以及对字体本身含义的理解。颜色对文字可读性的影响虽然不能作为衡量文字好坏的标准，但它对我们能否正确理解文字传达和表达的信息有着重要的作用。洪

缨认为文字可读性影响因素主要有文字形态因素、正负空间因素、认知个体因素。

2.2 汉字字体研究

目前，拼音文字和表意文字是世界上最主要的两种文字类型。汉字是世界上唯一一种以形为主的表意文字，汉字与拼音文字都有多种不同的字体以及不同的字体颜色。

国内研究者对汉字字体的研究得出了一些统一的结论。最早开展汉字字体研究的是金文雄等，他们比较了三种照明条件下宋体、黑体、长仿宋和正仿宋四种汉字字体的阅读功效，发现宋体和黑体的判读效果较好，正仿宋，长仿宋字体的判读效果较差。蔡登川等研究发现早期印刷和电子媒体常用的三种字体明体、楷体、隶书的易读性阈限：明体的易读性最好，其次为楷体和隶书，笔画数对字体的易读性具有直接影响，易读性阈限（视角）＝0.25×笔画数＋10.81。周爱保等发现了宋体、正楷、行楷、隶书、魏碑、黑体、华文彩云等七种字体及字号对字词识别的影响，发现宋体、正楷和黑体的识别速度较快，行楷、隶书、魏碑和华文彩云的识别速度较慢，24号和48号汉字对认知有较大的影响。祝莲等研究了字体大小、笔画数、对比度对中文阅读速度的影响，发现低于临界字体大小的阅读速度随着字体增大呈明显上升趋势，对三种笔画数组的最大阅读速度进行比较，少笔画数组＞中笔画数组＞多笔画数组，多笔画数和低对比度明显影响小字体的阅读速度，结论是汉字的识别存在一定的笔画数效应，可通过增大字体来消除笔画数增多和对比度下降对字体阅读速度的影响。目前，在印刷和电子媒体上常用的字体有宋体、仿宋、楷体和黑体，在正文中字号大小一般为五号和小五号。

2.3 色彩工效

色彩所拥有感染力不仅仅在于色彩本身，更体现在我们的生活，在产品设计、室内设计、广告设计中利用不同的色彩可以传达出设计师不一样的设计理念。色彩对于不同字体的设计也有着非常重要的影响。色彩构成规律为设计师们提供了设计技巧和方法，合理利用可以使界面更符合视觉习惯和审美情趣，例如强烈的互补色对比会使界面更加鲜明醒目，但长时间注视会产生不适。王赛兰研究得出

文本色适合用暖色调和黑色，而背景色适合用冷色调和白色。合理运用文字色彩对于增进阅读情绪和提高阅读效率有着极大的促进作用。色彩的不同使用方式也可以对人的心理和生理产生影响，例如，红色可以让人们感觉紧张、躁动、热情，进而让人呼吸加速、血液流通加快。绿色给人以宁静，象征生命活力，使人产生眼压降低、血压降低和呼吸负担减轻的反应。徐东总结了色彩具有的功能：色彩对人的心理功能、色彩对人的生理功能、色彩的社会属性与象征意义、色彩学原理的应用。随着社会的不断发展，计算机、互联网、云计算、大数据等概念深入人心，如何更好地运用色彩构成知识，对于文字可读性有着极大的促进作用。

3 方法与验证

3.1 被试者

西南科技大学在校大学生总共 10 人，男女各 5 人，被试者年龄为 18～26 岁，平均年龄为 21.9 岁。被试者母语均为汉语，视力得到矫正或正常。阅读能力均正常，均无阅读反常表现，阅读水平相同。

3.2 实验设计

按照上述关于汉字字体研究中现有成果及色彩功效的现有成果，对实验的条件作以下规定：采用 7（终端显示器常用字体：宋体、仿宋、黑体、楷体、微软雅黑、冬青黑体、隶书）×7（字体颜色：红、橙、绿、蓝、紫、黑、灰）的组内实验设计模式，通过常用终端显示器字体和字体颜色控制不同实验材料。其中 7 种字体类型均来自方正 GBK 字库，字体大小为 Word 中五号字体，字体笔画均为 5～12 画，字体结构为全包围、半包围、左右、左中右、上下、上中下、独体。选取了字体常用颜色，色彩的明度、饱和度均采用易识别的阈值且均同样处理。背景色采用白色。

3.3 实验仪器与材料

实验仪器为一台个人电脑，显示设备为 14 英寸 ips 1920×1080 显示器，垂直刷新频率为 85 Hz；一套录音设备。

实验中，依据《现代汉语频率词典》和目前语言学对汉字结构的定义选择满足实验条件的字体类型和使用频率较高的汉字作为实验材料，使用频率范围为 0.98235～0.00304，共选取 100 个汉字，其中 10 个汉字作为练习，90 个汉字作为正式实验。选取汉字笔画为 5～12 画，包含所有类型的字体结构。所选汉字在实验中呈现方式均为随机，且字体排列均为横排。如图 1 所示。

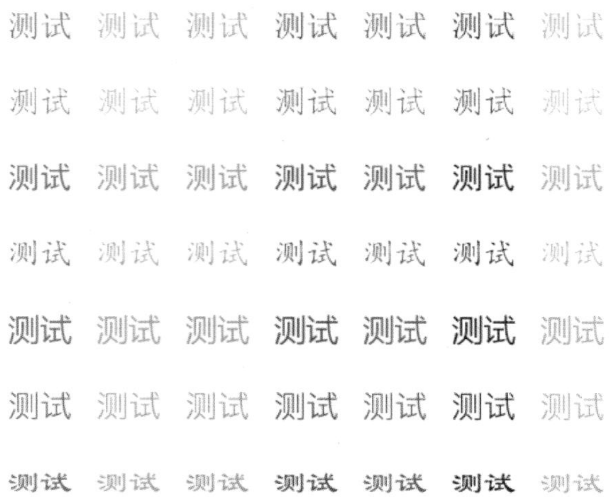

图 1　实验测试样本示例

3.4 实验程序

3.4.1 预处理

在实验过程中可能会有许多不可控因素产生，如环境对被试者的影响、操作仪器的习惯等，因此，须在实验之前将这些影响因素消除。进行预处理的目的在于：①消除对实验结果产生较大影响的因素，从而保证实验数据的准确性与可靠性；②保证实验程序能顺利地进行；③保证被试者都处于较佳的状态。

3.4.2 进行实验

此过程要求被试者坐在距离显示器 30 cm 左右且正对显示器处，双手食指分别放在两个按键上，在整个实验过程中，手指被要求不能离开键盘，在按键反应时，手指也不允许离开键盘，整个实验过程要求动作保持一致。

首先在屏幕上按照 PPT 中的一张页面为准，将单个字或一段文字（均为单行文字）居中放在页面中，总共 20 页。用户随机阅读页面上的汉字，若被试者识别并大声朗读出来，就按空格键进入下一页，这样反复操作两次，让被试者熟悉实验方式。

其可让被试者休息两分钟，并在显示器上播放几张浅色调图片，让用户的视觉放松。

最后进行实验，按照之前被试者所做，记录被试者完成实验的反应时间（指从汉字出现到被试者识别所用的时间，以 ms 计算）与 20 页汉字识别中的错误次数。单个被试者理论上总时间最多不能超过 5 min，超过者实验数据作废。

4 结果

通过实验测试，我们得出两组数据，分别为同字体类型不同色彩组合识别的反应时间、同字体类型不同色彩组合识别的正确率。通过数据的收集在 SPSS 数据分析软件中进行平均值、方差、标准差、变量主效应及交互效应的计算，得出了以下结果。

4.1 字体类型与字体颜色组合反应时间分析

表 1 为字体类型与字体颜色组合反应时间（其折线图见图 2），利用 SPSS 进行方差分析发现：字体类型的主效应显著（$F=50.568$，$P=0<0.05$），

字体类型在反应时间上均值为 22040.02 ms。其中微软雅黑的反应时间最短，均值为 19188.57 ms，隶书反应时间最长，均值为 25597.29 ms。颜色的主效应显著（$F=7.929$，$P=0<0.05$），其中反应时间最短的是黑色，均值为 20917.14 ms，灰色反应时间最长，均值为 23200 ms。字体类型与颜色的交互作用显著（$F=29.248$，$P=0<0.05$）。

表 1　字体类型与字体颜色组合反应时间（s）

字体类型＼字体颜色	红	橙	绿	蓝	紫	黑	灰
宋体	22 (1.474)	23.5 (0.789)	23 (1.223)	23.1 (1.121)	23 (0.712)	21.1 (0.754)	25 (2.213)
仿宋	24 (1.784)	25 (2.652)	24.5 (1.548)	22 (1.564)	21 (1.564)	22 (1.298)	25.1 (2.125)
黑体	19 (1.234)	21 (2.138)	20 (1.694)	19.4 (1.195)	19 (1.269)	19 (1.363)	19.2 (1.591)
楷体	22 (1.485)	25.1 (1.958)	25 (1.513)	24 (1.259)	24.1 (1.333)	21.5 (0.965)	24.4 (1.987)
微软雅黑	18 (0.759)	19.5 (1.068)	20 (0.954)	19.5 (0.982)	19.1 (0.985)	18.5 (0.706)	19.6 (1.125)
冬青黑体	19.1 (1.371)	20.1 (1.865)	21.5 (1.927)	19 (1.294)	18.6 (1.111)	19 (0.792)	22.1 (1.958)
隶书	26 (1.685)	25.6 (1.981)	28 (2.658)	24.1 (1.751)	23.1 (1.646)	25.3 (1.751)	27 (2.469)

注：括号内为标准差

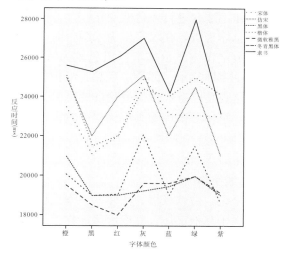

图 2　字体类型与字体颜色组合反应时间折线图

进行简单的效应分析后发现：微软雅黑、冬青黑体与黑体在各种颜色下要较其他字体识别更快速，微软雅黑在字体识别上数据离散程度低，识别更加稳定，其次为黑体、冬青黑体，这也符合当前字体类型识别研究结论。其中识别速度最慢的是隶书，识别最不稳定的为仿宋。黑色、蓝色、紫色的识别最稳定。红色识别速度快，但是 7 种颜色中识别较不稳定的一种颜色。可以得出结论：微软雅黑、黑体、冬青黑体受字体颜色变化的影响较小，识别速度的波动不太大，隶书受字体颜色变化的影响最大；黑色、蓝色、紫色对字体识别速度干扰小，红色对字体识别速度的干扰最严重。

4.2 字体类型与字体颜色组合正确率分析

表 2 为字体类型与字体颜色正确率（其折线图见图 3），利用 SPSS 进行方差分析发现：字体类型主效应显著（$F=15.111$，$P=0<0.05$），微软雅黑正确率最高，均值为 98.5714%，仿宋正确率最低，均值为 87.8571%。颜色主效应显著（$F=4.648$，$P=0.001<0.05$），正确率最高的颜色为黑色，均值为 96.8571%，最低为灰色，均值为 91.4286%。字体类型与字体颜色的交互作用显著（$F=9.88$，$P=0<0.05$）。

表 2　字体类型与字体颜色组合正确率（％）

字体颜色 字体类型	红	橙	绿	蓝	紫	黑	灰
宋体	99 (3.078)	99 (2.954)	96 (3.232)	97 (2.895)	95 (1.295)	95 (1.462)	90 (3.328)
仿宋	90 (3.963)	85 (4.023)	90 (4.011)	90 (3.659)	90 (3.456)	90 (3.169)	80 (3.997)
黑体	100 (2.039)	95 (3.125)	97 (2.852)	97 (2.156)	98 (2.489)	100 (2.008)	95 (3.162)
楷体	100 (3.933)	95 (3.723)	100 (3.874)	95 (4.286)	100 (3.485)	100 (3.555)	90 (4.652)
微软雅黑	100 (3.779)	94 (4.203)	100 (4.364)	100 (3.267)	100 (2.548)	100 (2.952)	100 (3.264)
冬青黑体	98 (3.612)	95 (3.989)	98 (3.549)	97 (3.425)	97 (3.023)	99 (3.589)	95 (4.089)
隶书	95 (2.312)	90 (2.967)	95 (3.123)	96 (2.987)	92 (2.459)	94 (2.087)	90 (2.654)

注：括号内为标准差

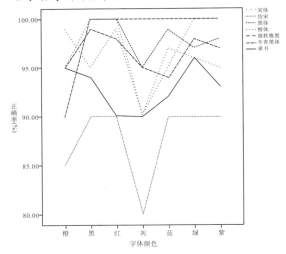

图 3　字体类型与字体颜色正确率折线图

进行简单的效应分析可以得出以下结论：微软雅黑、楷体、仿宋最易受到字体颜色对正确率的影响，隶书的正确率不易受到字体颜色的影响。灰色对字体识别正确率干扰最大，红色、橙色对字体识别正确率也有极大的干扰，蓝色对字体识别正确率影响最小。

由以上两方面的分析可以得出以下结论：

（1）字体类型、字体颜色对字体可读性都具有显著影响，其中字体颜色对字体的识别反应时间和识别正确率影响较大，字体识别速度由快到慢的字体颜色分别为：黑、紫、红、蓝、橙、绿、灰，字体识别速度由快到慢的字体类型为：微软雅黑、黑体、冬青黑体、宋体、仿宋、楷体、隶书。

（2）白色背景时，在字体类型和字体颜色双变量影响下，字体颜色对字体可读性的干扰程度最大。对同一字体类型，字体颜色的改变可以直接改变各种字体的可读性结果，这种对可读性的干扰主要体现在字体颜色改变时汉字字体的可读性会相应提高或降低，而这种提高或降低的程度也与不同字体颜色有关。有的字体在某种颜色下可读性较高，有的字体对某些颜色较"敏感"，这类字体一旦遇到"敏感色"，其可读性便会大幅降低。不同字体颜色也有自己"亲和"的字体类型，例如由实验可以得出宋体的"亲和色"为红色与黑色，"敏感色"为灰色。

（3）在字体颜色的干扰下，有的字体可读性受影响程度较低，而有的字体可读性受影响程度较高，这说明了不同字体的"敏感色"不同，也说明了有的字体不适合进行多色的变化。

（4）总体来讲，在汉字未引入颜色时（传统印刷行业及数字媒体显示基本以黑色较为常见），字体可读性受字体笔画、部件、字频、结构等因素干扰较大，这也是已有大量研究论证的结果。但当引入颜色时，字体可读性受其干扰程度较大。

5　讨论

5.1　无衬线字体

总体来说，微软雅黑、黑体、冬青黑体的字体可读性要强于其他字体，其原因可能在于字体设计上有无衬线。欧阳丽莎等在无衬线字体研究中论述，衬线字体是在笔画开始、结束处有额外的装饰，并且笔画的粗细有所不同，衬线字体适合大段的正文当中，衬线增加了阅读的视觉参考。而无衬线字体笔画粗细相同，没有额外的装饰，从而清晰明了，因此无衬线字体适合单个以及小段字体的识别。所以在字体识别上，字体可读性不仅受到字体颜色的影响较大，字体本身结构也对字体可读性有较大影响。

5.2　白色背景

本实验是在白色背景下对字体类型和字体颜色进行控制，选择白色背景进行实验有如下原因：首先白色背景+深色字体的组合人们早已习惯，在实验中不易引起过多不可控因素。其次有结果表明，在现有的数字媒体显示中，文本颜色和文本背景色单独作用时，对被试者的注意集中度影响不显著，这意味着利用白色背景＋不同颜色的字体进行实验不会让被试者受影响而干扰实验结果。最后多媒体显示采用加色法，即白色光是复合光，是由各个波段不同波长一起投射所得的光，候艳红等对色彩背景视觉认知方面进行研究，得出结论：色彩背景信息可以调节作业个体的生理状态，并影响认知任务的完成，在较短时间的比较简单的认知任务中，短波长更利于产生好的作业效果。理论上，白色光的兼容能力较强，不会对有色字体的可读性产生较大的生理和认知方面的影响。

5.3　背景色的影响

对本实验中并未将背景色作为变量进行论述，但其是影响字体可读性的一个重要方面。彭宇等在研究文本色与背景色组合对阅读效率的影响时得出，文本色与背景色差距越大，阅读效率越高，即互补色在组合上可以使汉字的可读性较高，这也和袁克定等对多媒体中文本色—背景色对注意集中度研究结论相似。并且也正符合此实验中的一些数据结论，但当加入字体类型时，可以判断同一字体类型可读性会因为字体颜色的变化而变化，变化程度也会改变，且字体的"敏感色"和"亲和色"有所不同，不同字体类型也会因为背景色的变化在其白色背景的基础上发生众多变化。这其中的组合成千上万，我们通过推测引导出这种可能性，但具体的规律及运用将由之后的实验和分析得出，并最终用来指导建议现有及未来多媒体界面的设计。

5.4　汉字字体颜色的影响

在越加发达的信息化时代，数字多媒体界面的设计普遍向扁平化、大量留白、多彩化等方向发展。颜色在发展中得到了较大的变化，颜色的色域也越来越广，汉字字体颜色的设计也越来越复杂。色彩都有其特定的含义，这在色彩语义学中有着详尽的解释，但是色彩语义对有色汉字的影响目前还没有专门研究，没有专业论证色彩会影响汉字识别的研究。但是颜色本身会对人的心理认知和生理造成一定的干扰，综合"色彩背景对视觉认知任务的生理学及绩效影响研究"，类似的我们可以假设推理出在汉字字体颜色运用上的相关规律：短波长色彩（如紫色、蓝色等）字体，自主神经活动强度较小，各项生理指标分值较低，但是字体可读性较好；而波长较长的色彩（如橙色、黄色等）字体，各项生理指标分值较高，自主神经活动较强，但是字体可读性较差。上述推论确实与我们在实验中所

得数据的分析结果相似，说明在汉字字体色彩的运用规律上，现有的关于色彩背景对认知方面的影响的研究是可以被借鉴的。

6　结语

（1）同一字体类型、不同颜色对文字可读性产生影响。

（2）不同字体对同种色彩的敏感度不一样，每种字体都有其最"亲和"的颜色，该种颜色字体的可读性较好。

（3）有的字体在更换颜色时，其可读性波动较小，即对颜色不"敏感"，此类字体适合作颜色变化；但是有的字体类型却很"敏感"，此类字体不建议作颜色上的变化。

本研究的结果为汉字颜色在多媒体显示设计上提供了建议和理论支持。作为近年来设计方向的一个突出点，对汉字颜色在多媒体显示上的研究具有较高的设计价值和商业价值，因此，发现并归纳有色汉字字体的规律及相应陆续的研究及其重要。

参考文献

[1] 李力红，刘宏艳，刘秀丽. 汉字结构对汉字识别加工的影响 [J]. 心理学探新，2005，25（93）：24－26.

[2] 罗艳琳. 汉字认知过程中整字对部件的影响 [J]. 心理学报，2010，42（6）：683－694.

[3] 张丽娜，张学民，陈笑宇. 汉字字体类型与字体结构的易读性研究 [J]. 人类工效学，2014，20（3）：32－36.

[4] 杨志华，吴立军. 基于经验模式分解的汉字字体识别方法 [J]. 软件学报，2005，16（8）：1439.

[5] 臧克和. 结构的整体性——汉字与视知觉 [J]. 语言文字运用，2006，6（3）：44－48.

[6] 袁克定，康文霞. 多媒体中文本色—背景色搭配对注意集中度的影响 [J]. 电化教育研究，2010，1003（1553）：88－95.

[7] 候艳红，张林，苗丹民. 色彩背景对视觉认知任务的生理学及绩效影响研究 [J]. Chinese Journal of Clinical Psychology，2008，16（5）：506－508.

[8] 李亮之. 色彩工效学与人机界面色彩设计 [J]. 人类工效学，2004，10（3）：54－57.

[9] 彭宇，冯秋迪. 文本与背景色彩组合对阅读效率的影响 [J]. 科研探索与知识创新，2010（6）：92－93.

[10] 秦荣，刘志镜. 人机界面设计方法研究 [J]. 电子科技，1997（4）：31－32.

[11] 洪缨，李朱. 印刷出版物文字信息传递的可读性与易读性研究 [J]. 新闻学与传播学，2011（9）：57－60.

[12] 欧阳丽莎，李思思，袁帅. "视觉信息设计"下的"无衬线字体"研究 [J]. 湖北美术学院学报，2012（2）：16－20.

[13] 张积家，张厚粲. 汉字认知过程整体与部分关系论 [J]. 应用心理学，2001，7（3）：57—62.

[14] 管益杰，方富熹. 我国汉字识别研究的新进展 [J]. 心理学动态，2000，8（2）：1—5.

[15] 金文雄，朱祖祥，沈模卫. 汉字字体对判读效果的影响 [J]. 应用心理学，1992，7（3）：8—11.

[16] DENGCHUAN C，CHIAFEN C，MANLAI Y. The Legibility Threshold of Chinese Characters in Three-type Styles [J]. International Journal of Industrial Ergonomics，2001，27（2）：9—17.

[17] 周爱保，张学民，舒华，等. 字体、字号和词性对汉

字认知加工的影响 [J]. 应用心理学，2005，11（2）：128—132.

[18] 祝莲，王晨晓. 中文字体大小、笔画数和对比度对阅读速度的影响 [J]. 眼视光学杂志，2008，10（2）：96—99.

[19] 胡文友. 图文编排处理 [J]. 印刷世界，2004，12（2）：44—47.

[20] 王赛兰. 论色彩构成在人机基面设计中的应用 [J]. 应用科学，2009（1）：116.

[21] 徐东. 色彩学导论 [J]. 辽宁大学学报，2006，33（1）：93—96.

手机 App 应用于抑郁症康复治疗的个案研究

刘文锋　褚俊洁　沈诚仪

（中国海洋大学工程学院，山东青岛，266100）

摘　要：抑郁症是一种常见的由与潜在的生物学异常有关的症状和体征组成，以心境低落为主要特征的情绪障碍综合征。具有高患病、高复发、高致残、高医疗成本的特点。本文通过文献研究和访谈的方法得出抑郁症治疗的可行性。近年来认知行为矫正疗法在抑郁症的治疗上效果显著，通过与智能手机 App 结合，可以作为抑郁症康复治疗的辅助工具。应用此方法，我们成功地设计出智能手机 App——"一只绵羊"。本文以"为什么要做抑郁症治疗软件、需要解决什么样的问题、怎样解决、具体的解决方案、是否真的需要解决"的思路陈述了此手机 App 的理论框架、生成过程、原型设计和高保真设计。本文谋求在当今新媒体环境下，将手机 App 与行为认知矫正疗法结合，希望可以在抑郁症康复治疗领域做出先导性的尝试。

关键词：App；交互设计；抑郁症；认知行为矫正疗法

1　抑郁症的病理及治疗策略

抑郁症是一种病态的情绪低落，是一种情感障碍，属于心理（精神）疾病的范畴，其主要临床症状为患者常有兴趣丧失、自罪感、注意转移困难、食欲丧失和有死亡或自杀观念，其他症状包括在认知功能、语言、行为、睡眠等方面的异常表现。所有这些变化的结果均导致患者人际关系、社会和职业功能的损害。

抑郁症发病率呈现逐年上升趋势，据世界卫生组织估计，全世界抑郁症患病率为 3%～5%，即有 1 亿～2 亿人患抑郁症。由于文化水平所限、传统观念影响、躯体疾病和抑郁症状并存以及抑郁症状躯体化，仅有 10% 的病人到精神科就诊，而其他约 90% 的病人到综合性医院就诊。现阶段用于心理治疗的方法一般是药物治疗、社会心理治疗和其他。药物治疗是最主要的治疗方法，能从根本上改善抑郁症患者的抑郁和焦虑，缓解并逐渐消除患者症状。但单纯的药物治疗仅能减轻抑郁的症状，大多数抑郁症患者的失调性认知仍存在，故临床上常采用药物与心理治疗结合的办法来达到治疗的目

的。常用的方法有：支持性心理治疗、动力学心理治疗、认知治疗、行为治疗、人际心理治疗、婚姻和家庭治疗等。本文将着重介绍把认知行为治疗（简称 CBT）应用于智能手机 App 来治疗抑郁症。

认知行为治疗理论是经过数十年的探索而发展起来的，主要内容有艾利斯的理性情绪理论、贝克的认知治疗理论和梅钦鲍姆的自我指导训练等。该疗法以调整认知模式为基础，通过改变不恰当的认知方式，来达到改善情绪和行为的目的。

认知行为疗法与计算机结合，称为在线 CBT。有大量的证据和案例支持认知行为矫正疗法，应用案例如 Beating the blues、E-couch、Mood Gym 等。和台式电脑相比，用户使用智能手机也可以通过互联网实现操作在线 CBT；而且智能手机更加轻薄、携带方便；它采用触屏交互方式，用户通过简单的手势就可实现人性化的操作；还具有丰富的多媒体表现功能和网络功能。在当今新媒体环境下，越来越多的医疗软件和智能手机 App 紧密联系在一起，认知行为矫正疗法与智能手机 App 相结合已成为一种新的抑郁症康复治疗的有效方案。

2 设计调查的展开

前期我们进行了大量的文献查阅，又以单人访谈的方法分别向医院的心理医生（从医三十多年）和青岛大学心理学系的心理学老师（中科院大学心理研究所博士，曾任教于浙江大学）获取了抑郁症的病因、病状和治疗方法（表 1），并且通过他们了解了抑郁症患者的生活现状。然后，我们通过"知乎"和抑郁症患者进行了交谈，了解了他们的病因、病状和接受的治疗方法。接着，我们和医生及心理治疗专业人士就智能手机 App 应用于抑郁症的康复治疗的可行性层面进行了讨论，得到了他们的赞许和建议，得出智能手机 App 和认知行为矫正疗法相结合在抑郁症的康复治疗上是具有可行性的。最后，我们将访谈获取的信息和专业的文献资料进行了综合的对比分析，在 App "一只绵羊"项目进行的过程中与专业人士进行实时的沟通，以确保其准确性。

表 1 专业人士访谈

	病因	病状	治疗方法
心理医生	1. 抑郁症病因复杂，与家庭环境、社会环境有密切关系 2. 抑郁症的状态可逆，相互之间正、负能量的情绪都容易相互影响	抑郁者有自杀倾向，会与家人进行对抗。但抑郁者在心理崩溃前，会电话联系医生	1. 交谈找到抑郁的原因 2. 白日造梦，将患者带入情境，找到问题解决点，多次循序渐进进行治疗 3. 去标签化，尽可能地避免提及抑郁症患者
心理学老师	1. 心因性 2. 遗传性	1. 因突发事件造成的持续性情绪低落 2. 躁狂症。时而异常亢奋、时而情绪低落	1. 认知法 2. 精神分析法 3. 焦点解决法

2.1 抑郁症病因、病症和治疗方法的调研

由表 1 可以看出，从心理医生的角度来看，他们的临床经验较为丰富。在临床思维过程中，临床经验愈丰富，印象诊断的可靠性愈高，就愈能使医生以适当的检查方法深入认识内在的本质。医生对于抑郁症病因、病状的分析和判断主要是从临床经验获得，给出的治疗方法更加具备客观性和可行性。我们了解到，抑郁症病因复杂，病状具有较强的危害性。但抑郁症患者有着被治疗的愿望，所以，抑郁症患者具备治疗的可行性。从与医生的交流中我们得知，在医生看来，对于学生群体来说，抑郁是一个成长问题，家庭环境在抑郁症的形成过程中扮演着重要角色，抑郁症患者在康复过程中需要家庭成员共同参与，帮助治疗。

从心理学老师的角度来看，抑郁症的形成有两方面的原因：心因性和遗传性，常用的治疗方法有认知法、精神分析法、焦点解决法等。从访谈中我们得知：认知法针对的往往是因为一点而否定一切的患者，通过发掘患者的优点，让患者走出这一思维怪圈，一句话概括就是和不合理做斗争；精神分析法通过找到患者抑郁的真正原因，然后对症下药，这一方法适合长期治疗；焦点解决法通常是不了解患者有什么问题，而通过发掘患者的优点、正能量来消除抑郁。

通过访谈我们得知：由于抑郁症患者群体的特殊性，与抑郁症相关的 App 对抑郁症的康复治疗对社会来说是具有非常重要的意义的，例如可以为抑郁症的治疗提供大量的数据。抑郁症患者对抗性情绪太强，所以 App 针对的目标用户应是那些中轻度，有强烈治疗欲望的患者。由于抑郁症患者对病耻感的体验与感知，同时还应注意去标签化。据调查：抑郁症临床症状的严重程度能够影响患者的认知功能，因此加强认知功能缺损的评估将有利于全面了解患者病情，所以 App 应该有一个比较权威的自评模块。为使 App 的设计不偏离正确方向，我们需要和患者、医生和专业人士进行实时的沟通交流。

2.2 互联网在线治疗抑郁症的调研

计算机化认知行为治疗（简称 CCBT）近年来在国外被广为应用，该疗法较易被病人接纳。它是通过电脑交互界面，以清晰的操作步骤，高度结构化的多种媒介互动方式（如网页、漫画、动画、视频、声音等）来表现认知行为治疗基本原则和方法的治疗方式。Beating the blues、E-couch 和 Mood Gym 等将计算机化认知行为疗法应用于抑郁症的治疗，以治疗师为治疗主体，计算机起辅助作用，具有较高的易用性。

Beating the blues（图 1）为英国卫生质量标准署推荐的用于治疗轻度、中度抑郁的 CCBT 程序，其使用最为广泛，有八个疗程，每项疗程持续

50 分钟。其主要功能是帮助用户了解抑郁和焦虑，然后提供更好的管理方式以管理自身的状况。整个疗程要求用户在现实生活中运用在平台里学到的技能，运用越多，治疗效果越明显。该疗法虽然不会立即治愈抑郁症，但相较于药物治疗和其他治疗方法，用户的参与感更强，参与更持久，满意度更高，用户愿意也乐意反馈。

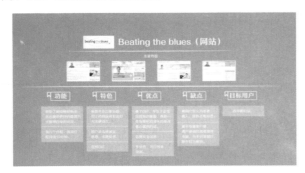

图 1 Beating the blues

E-couch（图 2）是由澳大利亚国立大学的研究人员研发的用于治疗抑郁、焦虑等心理问题的交互式网络版的免 CCBT 程序。其主要由测验、治疗和练习三部分组成，提供如何导致抑郁、怎样预防抑郁和如何对待抑郁的信息，帮助用户了解自己，了解他人。该程序通过工作簿来跟踪用户的进展，记录用户的经历，以工具来帮助改善用户的情绪和情感状态。该平台最具特色的是其可免费使用，极具公益性。

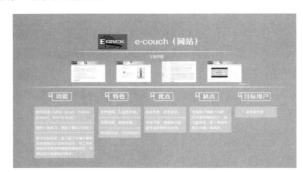

图 2 E-couch

Mood Gym（图 3）是用于治疗青少年抑郁和焦虑的 CCBT 免费程序。由五个设定的互动模块组成：你为什么这样感觉、改变你的扭曲观念、明白什么使你悲伤、自信和交往技能训练，每个模块都包含信息、动画示范等，趣味性较强。该平台帮助用户识别和战胜问题情绪，提高解决这些问题情绪的技能。用户可以免费试用，但该平台治疗只针对青少年。

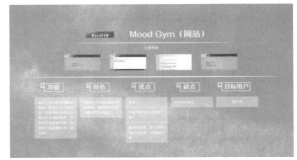

图 3 Mood Gym

有研究发现，病人对 CCBT 的满意水平高于普通的认知行为治疗，大部分的病人更喜欢接受 CCBT。互联网健康网站的较高的搜索量和 CCBT 网络开放平台的较高的点击量亦能证明公众基本上可以接受 CCBT。随着科技的进步，计算机变得更加智能化，CCBT 程序越来越多地通过互联网方式被访问，而随着平板电脑、智能手机等智能设备越来越普及，其使用途径变得更加广泛。因此，以智能手机 App 为平台，将认知行为疗法作为治疗方法是极具可行性的。

3 与抑郁症相关 App 的调研

简单心理学 App（图 4）汇集了国内及全球各处二十余座城市的近百名专业训练背景最系统并持续接受督导和个人分析的华语心理咨询师，是一款权威的心理咨询平台。该平台由八大模块组成，包括心理测试、讲座活动、预约咨询、倾诉热线、心理微课、专家问诊、冥想练习和提问求助。

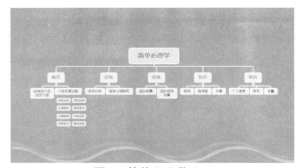

图 4 简单心理学 App

该 App 有着良好的开发以及运营团队、专业医疗机构的信息资源、较大的用户群体，与精神卫生中心、心理诊所、相关公益机构进行合作。软件通过在线上以免费形式进行推广来吸引用户，联系合作机构在线下推广，通过为用户提供更好的体验来吸引用户购买相关的心理治疗服务产品。

与简单心理 App 相比，"一只绵羊"具有一套从评测到治疗的诊断治疗系统。评测过程富有趣味性，治疗过程交互方式新颖独特，给用户提供了更好的用户体验。

4 手机 App "一只绵羊" 案例设计与制作

本文通过对"一只绵羊"App 的设计，阐述了如何用认知行为矫正疗法治疗抑郁症的具体方案。首先，研究团队明确了 App 功能点的展开围绕两个大的方向。

评测：明确用户在较为合适的情绪下进行评测以确保评测结果的准确性。

治疗：切实根据文献调查和访谈所得结论来确定治疗方法，在保证治疗性的前提下，以新颖的交互方式使整个治疗过程变得生动有趣。

研发团队进行了草图的绘制，对交互流程进行梳理，分析在交互过程中用户的痛点和爽点，并通过画界面草图，挑选符合用户使用习惯的界面，做出低保真原型。接着进一步展开 App 的界面风格设计、人物设计。最后，结合交互流程图和低保真原型对低保真原型增加光影和色彩，并做出效果动画。

4.1 功能模块的确定

研发团队以文献综述和访谈调查的理论和方法为依据，进行了"一只绵羊"手机 App 功能模块的设计，如图 5 所示。

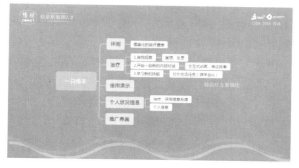

图 5 "一只绵羊"功能模块

据调查，当前抑郁症的识别率还比较低，能够被识别并且得到及时、足剂量、足疗程治疗的患者所占比例更低。那么，如何准确识别并且提供足时、足剂量、足疗程的治疗呢？综合文献查阅和访谈，我们研发团队确定了 App 的初步框架（图5），分为五部分：评测、治疗、使用演示、个人状况和信息、推广界面。

4.1.1 评测

抑郁症临床症状的严重程度能够影响患者的认知功能，因此加强认知功能缺损的评估将有利于全面了解患者病情。计算机化行为疗法也把评测作为一个主要模块，用以评定用户的心理状态，如 Beating the blues、E-couch 等。因此经研发团队综合调查结果得出：在治疗之前，用户可以通过评测以确定是否需要接受治疗。美国新一代心理治疗专家、宾夕法尼亚大学的大卫·伯恩斯（David D. Burns）博士曾设计出一套抑郁症的自我诊断表"伯恩斯抑郁症清单（BDC）"，这个自我诊断表可帮助用户快速诊断出是否存在着抑郁症，且省去不少用于诊断的费用。伯恩斯抑郁症清单（BDC）经常以表格的形式被应用于抑郁症诊断。为了使诊断过程更具个性化、趣味化，研发团队对自评量表增加了声音、图像、动画和视频等感性元素，使每个自评问题图案化、场景化，如图 6 所示。

图 6 评测

接着，我们又通过问卷法进行了用户实验来论证评测的可行性。研究对象包括一般用户、医生和心理学老师。首先，我们通过单人访谈的方法分别向医生和心理学老师展示了 App 的介绍视频，并让他们体验了演示（demo）实际操作，医生和心理学老师对评测和治疗模块表示赞同，认为其极具可行性。然后，我们面向一般用户分发了 10 份问卷，让用户分别用伯恩斯自评量表和 App 的评测模块进行评测，得到的结果相同，误差较小。在初步论证了 App 的可行性之后，我们对轻度抑郁症患者进行了调研，调研内容和结果见表 2。

表 2 可行性测试的用户实验

测试对象	测试方法	测试反馈	测试建议
轻度抑郁症患者	观看 App 介绍视频以及演示实际操作	1. 对评测阶段、绵羊会议，以及治疗阶段三任务打卡十分感兴趣，也认为有帮助 2. 对治疗阶段一以及治疗阶段二更倾向于直接前往专业医院接受治疗	1. 对于患者的自身情况可以记录得更加详细一些 2. 测试最好加上时间线，可以更好地查看自身情况的变化

4.1.2 治疗

接下来，研发团队从对认知行为矫正疗法的分析，确定了治疗的三个模块：自我观察、开始一段新的内部对话、学习新的技能。这三个模块通过帮助人们改变认知行为，并以适应性行为来取代一些适应不良的认知行为。

我们知道，人们会思考，对自己说话、解决问题、自我评价、制定计划、想象特定的行为或情景等。因此，我们确定了自我观察模块，如图7所示，帮助用户识别并记录自己的认知行为。用户可以在此模块报告特定时间内的特定思维，可以描述他对自己所说的话，也可以描述他正在想象的情景或行为，还可以阐述他对自己所说的评价性言论。

图7　自我观察模块

治疗的第二个模块是开始一段新的内部对话，如图8所示。从认知行为矫正疗法中，我们通过分析得到：可以通过认知重构方法帮助患者识别消极思维以及它们出现的场合；帮助患者识别情感反应、不愉快的情绪，或紧随消极思维之后的问题行为。研发团队营造若干问题情景，使用户通过问题情景中的角色与角色之间的矛盾对话，了解到矛盾的产生、发展；再通过指导，让用户了解到问题情景并不一定朝着坏的方向发展，也有好的发展方向；通过逐步引导，从而改变用户的认知，达到治疗的目的。

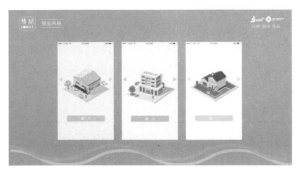

图8　治疗模块

第三个模块是学习新的技能。有专业人士指导，为用户设置不同的任务，通过打卡的方式，让用户学习到新的技能。在此模块中，用户可匿名通过"绵羊会议"与其他用户进行倾诉、交流以舒缓压力。

4.1.3 个人状况和信息

整个疗程中，App记录用户治疗、评测的信息，并及时反馈给用户。

4.1.4 推广

"一只绵羊"希望与精神卫生中心、心理诊所、相关公益机构进行合作以求获取专业医疗机构的信息资源。软件通过在线上以免费形式进行推广来吸引用户，联系合作机构在线下推广。App希望为用户提供更好的体验，以此吸引用户购买相关的智能硬件以及与医疗相关的产品。

5　结语与展望

5.1　结语

目前，与抑郁症康复治疗相关的软件在国内APP市场上相对较少，权威并且能够起到有效治疗作用的软件更是寥寥无几。Beating the blues、E-couch和Mood Gym等计算机医疗平台向我们展示了计算机化治疗，简单心理、Spacemind等几款较为成功的医疗App为我们提供了很好的借鉴，我们希望通过"一只绵羊"这款App，在抑郁症康复治疗领域做一些探索和尝试。

在"一只绵羊"方案和界面设计完成之后，我们对医生、心理治疗专业人士再次进行了访谈，以确定方案的可行性，得到了他们的肯定。在接下来的设计过程中，我们需要和医生、心理治疗专业人士实时沟通，使患者接触使用此款App，测试其可用性，发现问题以便对App进行不断改进和创新。这一过程应特别注意访谈测试过程的方式方法，避免对用户造成心理伤害。

5.2　展望

本文的研究也存在一定的局限性，因主要采用文献查阅及单人访谈的方法对客观内容进行综合分析，从而得出结论。本文对于主观评判的因素并未进行探讨，也没有大范围的应用，因此无法用大量的事实证明其有效性。后续的研究者可在本文的基础上展开用户研究，采用问卷调查等多种用户研究方法分析时下先进的、流行的交互方式，App的界面风格等。我们相信科技不仅可以为多数人创造美好的生活，更能帮助抑郁症患者这一群体，改善他们的生活。

参考文献

[1] 胡随瑜，王素娥，张春虎. 抑郁症临床症状分层与中医辨证分型的关系 [J]. 中西医结合学报，2011，9

（9）：933－936．

［2］王立娜．抑郁症的心理治疗［J］．神经疾病与精神卫生，2005，5（4）：325－328．

［3］谭兰，张伟．综合医院抑郁症的诊断与治疗［J］．青岛大学医学院学报，2003，39（4）：363．

［4］赵贤芳．抑郁症的诊断及治疗［J］．内蒙古民族大学学报，2007，22（6）：657－659．

［5］江开达．精神医学新概念［M］．上海：上海医科大学出版社，2004：168－169．

［6］许若兰．运用认知行为疗法改变大学生抑郁情绪的个案报告［J］．中国心理卫生杂志，2007，21（10）：710－713．

［7］戴力农．设计调研［M］．北京：电子工业出版社，

2014：20－68．

［8］元文玮．临床医经验的意义、作用和局限性［J］．医学与哲学，1987（6）：1－5．

［9］江开达，郭晓云．重视抑郁症的残留症状［J］．中华护理杂志，2003，38（1）：68．

［10］苏晖，江开达，徐一峰，等．抑郁症首次发病患者认知功能的研究［J］．中华精神科杂志，2005，38（3）：146－149．

［11］任志洪，黎冬萍，江光荣．抑郁症的计算机化认知行为疗法［J］．心理科学进展，2011，22（4）：545－555．

［12］米尔滕伯格．行为矫正——原理与方法［M］．5版．北京：中国轻工业出版社，2015：404－407．

基于情绪版的视觉设计教学探索

——以裹柳有机素食餐厅视觉系统设计为例*

彭 琼 张 丽 向宇衫 马 尧

（成都信息工程大学，四川成都，610225）

摘 要：本文探讨了将已经在产品设计以及用户体验设计等领域应用广泛的情绪版引入到视觉传达设计的教学中的作用，旨在帮助视觉传达设计的学生在通常依赖设计视觉的基础上适当应用情绪版的研究方法，做到以人为中心，理解用户的心理和视觉审美需求，获得更佳设计策略和丰富的设计元素，从而提升视觉传达设计的质量。本研究在视觉传达设计教学中以具体设计项目为依托，引入情绪版的方法，通过全面展开情绪版设计研究过程，指导学生完成了包括VIS视觉系统设计、网站设计以及电子菜单设计在内的视觉设计内容。

关键字：情绪版；视觉设计；用户体验

1 引言

视觉传达设计通常会因为个体差异而存在很多不确定性，并带有极强的主观评判性。大多数时候，在视觉传达设计过程中，设计师往往会根据具体项目和客户要求来进行相关设计素材的收集整理，然后加上自己的知识和经验以及主观的理解和判断来进行直接的视觉设计呈现。这也就意味着视觉传达设计在很大程度上是一种直觉设计，由此也导致了通常的视觉设计方法和流程缺乏较为严谨系统的资料分析，有很强的主观判断色彩。这对个体的主观评判能力有一定要求。然而现实情况往往是，一旦设计成果和顾客的视觉审美、心理期望以及具体的设计要求不相符，视觉设计师们花费大量时间完成的高像素品质的设计就会被迫彻底整改甚至放弃。如此类似的情况在视觉传达设计教学中也经常发生。

另一方面，传统用户体验研究的结果虽然有助于设计师深入了解用户心理需求层面的内容，但对于实际视觉设计层面却未必能提供直接支持。由于视觉设计和人的情绪关系密切，国内外已经有Google、微软以及淘宝、网易、腾讯等企业在视觉设计中引入诸如情绪版等用户体验设计研究方法，也相应地取得了不少成效。用户体验设计倡导的以人为中心的设计方法和思维在相当部分的视觉设计教育教学中却并没有得到普遍的关注和应用，在视觉传达设计教育中比较普遍存在的情况就是视觉设计教学大多依然依赖于师生的自身视觉洞察力、审美能力以及表达能力，这对于个体的综合素质要求较高，涉及广泛的文化视角和文化内涵修养、丰富的知识积累、敏锐的洞察力以及较好的视觉审美，以致视觉传达设计存在极为明显的两极分化，尤其

* 基金项目：四川省教育厅科研项目（16ZB0217）；四川省教育厅研究基地工业设计产业研究中心2014年一般项目（GY－14YB－13）。

对于个体差异性较为明显的学生而言，现有的视觉设计教学无法很好地激发学生的学习积极性，也就无法提升视觉设计的质量。视觉设计和人们的情感有着紧密的联系，了解彼此的心理需求以及情感诉求能有效促进视觉设计团队内部以及团队和客户的沟通。视觉设计可以被考虑成一种直觉设计，Vaughan（1979）指出直觉对决定判断有着非常重要的影响，Claxton（2003）认为适当地将直觉和基于研究的知识相互平衡对于决策是非常有益的，因此，笔者对视觉传达设计专业进行了结合设计项目、引入用户体验的研究方法的探索。本文重点介绍将情绪版引入到视觉传达设计的教学探索。

2 情绪版

情绪是一种心理现象，通常无法直接获取或捕捉，因此，很多关于情绪的研究都会依赖于情感刺激物的模式，主要包括了情绪激发和情绪认知两个方面。情绪版（Mood Board）方法的原理是视觉图像的集合，用以呈现对某种设计目的的情感反应。情绪版是一种不依赖于语言的，能促进沟通、交流情感的视觉工具，因此，可以在设计初期被用于激励设计讨论。情绪版是一种集启发和探索于一体的研究方法，即包括了情绪激发和认知两个方面，有助于沟通意识层面内容，通过视觉影像来反映个人的思考。通常的应用包括了相关主题方向的色彩、图片、影像或其他材料的收集，以视觉材料来引起某些情绪反应，以此作为设计方向或形式的参考。情绪版能帮助设计师明确设计需求，用于提取配色方案、视觉风格等。

3 基于情绪版的视觉设计

基于情绪版的视觉设计主要分为情绪版创建、视觉设计策略以及视觉设计三个部分，如图1所示。

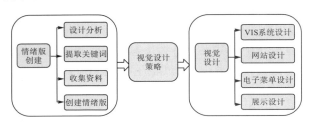

图1 基于情绪版的视觉设计

3.1 情绪版的创建

情绪版方法的引入正好借视觉传达设计项目裹柳有机素食餐厅视觉设计展开。视觉传达设计专业的几名同学组成了一个设计团队，通过初期的广泛调研并经过多次头脑风暴交流讨论，针对项目整体要求确定了餐厅的目标用户是大学生和年轻上班族，定位在缓解都市年轻人中普遍存在的工作学习繁忙、没有多余时间运动、自己不做饭通常在外就餐、不懂得合理饮食搭配、不能很好地照顾自己身体，从而产生的越发明显的亚健康问题，增强现代年轻人对有机素食健康知识的观念。针对特定用户的特点，设计团队进行了探索性的问卷调查并拟定了人物角色，提取了"有机素食的""简约的""清新的""健康的"四个关键词。然后设计小组同学广泛地收集相关视觉资料并对其进行归类，如图2所示。

图2 资料收集及分类

图片的收集分类为情绪版的创建提供了明确的方向和支持。针对提出的这四个关键词，设计小组还邀请了餐厅设计、目标用户共同参与讨论和分析，情绪版的创建如图3所示。

图3 情绪版的创建

3.2 提出视觉设计策略

根据已经创建好的情绪版，设计小组进行了结果分析和视觉策略的制定。其中"有机素食的"和"健康的"两组关键词和图片资料以及"清新的"和"简约的"两组都因为各自具有较多的相关联之处被放在一起进行了视觉元素的分析提取，如图 4 和图 5 所示。

图 4　视觉设计元素提取－1

确定的视觉设计策略总结为以下几点：

（1）整个视觉设计定位在由"有机素食的""健康的""清新的""简约的"四个关键词上，因此，色彩基调就以自然生态绿色的配色为主。同时赋予餐厅名字为裹柳有机素食餐厅，因此确定以裹柳色作为 logo 和整个设计的基色。

（2）清新的和简约的意味着在整个视觉设计不会过多使用其他颜色，而是以裹柳主色配以无彩色系搭配，以自然的留白和浅色做到视觉设计的清新和简约风格。同时也意味着图形文字部分的设计会沿用扁平化设计风格，力求简约。

（3）由有机素食这一部分的情绪版为图形以及各种图标设计提供了直接的创意来源，即直接从食物原物上提取图形图标的形态要素和色彩要素。

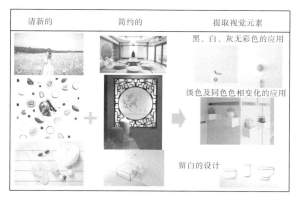

图 5　视觉设计元素提取－2

3.3　视觉设计

基于情绪版研究之后得出的视觉设计策略，设计小组同学拟定了视觉设计的几个部分，包括餐厅 logo 在内的 VIS 视觉系统设计、餐厅网站设计、电子菜单设计以及环境展示设计几个部分。如图 6～图 9 所示，视觉设计重点突出裹柳有机素食餐厅的清新、简约风格，凸显有机素食带来的健康理念。

（图中）Tree　+　R　=　Logo icon

图 6　裹柳有机素食餐厅 Logo 设计

图 7　裹柳有机素食餐厅 VIS 系统应用部分设计

图 8　裹柳有机素食餐厅网站设计

图 9　裹柳有机素食餐厅电子餐单设计

4　结语

将用户体验设计研究方法引入到视觉设计在行业中的应用已经不少，限于大部分视觉传达设计专业师生的具体情况，其在视觉设计教学中的应用还在初期探索阶段，将情绪版引入也只是其中的一个环节，未来依然任重道远。虽然是第一次教学尝试，学生们也是第一次接触用户体验设计研究方法，整个研究及设计过程难免会有很多局限性和不足之处，但这次探索得到了视觉传达设计学生的大力支持和积极配合，得到的最终成果也比较丰富。在平衡视觉传达设计专业学生的个体差异、更好地调动其学习积极性方面，用户体验设计研究方法得到了验证。同时，情绪版方法的引入也在很大程度上起到了帮助视觉传达设计学生学习利用用户体验设计研究方法来提升视觉设计质量的作用，也为今后的继续探索提供了参考。

参考文献

[1] TRACY C. The Mood Board Process Modeled and Understood as a Qualitative Design Research Tool [J]. The Journal of Design，Creation Process& the Fashion Industry，2011：235.

[2] ROTTENBERG J，RAY R D，GROSS J J. Emotion elicitation using films [J]. Cognition & Emotion，1995，9（1）：87-108.

[3] MCDONAGH D，STORER I. Mood boards as a design catalyst and resource：researching an under-researched area [J]. Design Journal，2004，7（7）：16-31.

[4] CHANG H M，DIAZ M，CATALA A，CHEN W，RAUTERBERG M. Mood boards as a universal tool for investigating emotional experience [J]. Design，User Experience& Usability User Experience Design Practice，2014，8520：220-231.

[5] BARNES C，LILLFORD S P. Decision support for the design of affective products [J]. Journal of Engineering Design，2009，20（5）：477-492.

[6] 情绪版（Mood board）的操作流程的新思考 [EB/OL]. [2012-05-17]. http://vide.tw/489.

论工业设计应用 3D 打印技术的机遇与研究趋势*

祁　娜[1]　张　珣[2]　贾铁梅[3]　李小军[4]

（1. 西华大学艺术学院，四川成都，610039；2. 四川大学制造科学与工程学院，四川成都，610065
3. 周口市川汇区广播电视大学，河南周口，466000；4. 周口城建设计有限公司，河南周口，466000）

摘　要：本研究以最前沿的资讯为依托汇总了 3D 打印技术在工业设计领域应用的种类和现状，根据 3D 打印的原理特征、技术发展趋势总结了工业设计在 3D 打印技术影响下将产生的一系列机遇，分析了当前 3D 打印技术在工业设计领域推广应用存在的一系列局限性；并根据当前相关领域的研究成果，预测了未来与 3D 打印相关的工业设计研究趋势，借此希望工业设计师们和相关人员能抓住 3D 打印技术带来的机遇，同时为未来的相关研究给出了方向和参考。

关键词：工业设计；3D 打印技术；3D 打印机；产品设计；增材制造

3D 打印（3 Dimensional printing）又称增材制造（material additive manufacturing），能根据计算机数据，运用各类可黏合材料，自动逐层打印物品，本质上是快速成型技术（rapid prototyping）中的一种。近年来，作为一种新兴技术，3D 打印被产业界和学术界普遍关注。随着 3D 打印成本的降低、打印时间的缩短以及打印材料的丰富，3D 打印将成为越来越多行业和大众消费者的备选项。伴随该技术的日益成熟与普及，相关应用将极大地改变传统的产品设计和制作工序。作为 3D 打印产业链条上的重要环节，工业设计将面临巨大的机遇。

1　3D 打印技术在工业设计领域的应用

3D 打印已经在一定程度上改变了商品的供应链格局和人们的生活方式，事实上，它已在产品原型、模具制造、珠宝首饰、消费电子、家具、玩具等工业设计领域得到了广泛应用，如表 1 所示。

表 1　3D 打印在工业设计领域的主要应用

领域	应用内容
工业成品	制作模具或直接打印模具；零部件或产品的直接打印

* 基金项目：四川省教育厅重点项目（项目编号：16SA0047，校级项目编号：W16231225）；四川省社会科学重点研究基地"四川县域经济发展研究中心"一般项目（项目编号：xyzx1510）。

作者简介：祁娜（1981—），女，河南周口人，副教授，研究方向：工业设计，产品设计及相关理论、3D 打印技术应用、用户体验设计等，发表论文二十余篇。

续表1

领域	应用内容
工具制造	企业制造过程中所需的诸如测量仪器、钻模、压铸模、夹具等
产品设计环节	产品概念设计、产品评审、原型制作、功能验证等
人机科学研究	通过对人体进行三维扫描，再利用 3D 打印能制作出精确的适合研究的人体 3D 模型
日用消费品	玩具、珠宝首饰、服装、鞋类、DIY 创意产品的设计与制造。这是一个广阔的领域
文化创意用品	3D 打印成为材料特殊、形状或结构复杂创意作品的艺术表达载体
电子产品	如 Nokia 为 3D 打印技术爱好者提供了一个工具包，用户可以通过 3D 打印机制造自己喜爱的 Lumia 820 后壳
个性化定制	基于网络的 3D 模型数据下载、电子商务的个性化打印定制服务等

2 3D 打印技术为工业设计带来的机遇

3D 打印本质是一种快速成型技术，主要应用于设计方案的实体成型阶段。与传统制造方式相比，它具有生产周期短、适用性广、单个实物制作成本低、可实现近净成形等特点，特别适合于工业设计前期的研发阶段、个性化定制以及小批量生产。

伴随着 3D 打印相关技术的日益成熟和未来在工业设计领域的广泛运用，工业设计未来将发生巨大变化，迎来新的机遇。

2.1 释放灵感，将设计师从传统结构工艺中解放出来

在传统的制造流程中，由于结构或工艺的限制，工业设计师的很多优秀灵感与创意只能束之高阁。而 3D 打印通过材料的层层电解沉积构成实体，不再需要经过众多的铸造、切割、弯曲等工序将其制造成小部件再进行组装，设计师们只要了解电脑控制程序和 3D 打印的必须要求即可。因此，3D 打印机将成为设计师们实现复杂造型的利器，无须再去了解传统的成百上千种制作结构和工艺。由于采用了增材制造方式，与传统的减材生产方式相比，工业设计师能在产品造型、结构等方面进行更大胆的革命性创新与尝试。

例如法国设计师 Patrick 曾与比利时 Materialise 公司合作，于 2004 年采用 SLS（激光烧结）和 SLA（立体光刻）两类 3D 打印技术设计并打印了 Solid T1 边桌和 Solid C2 椅，如图 1 所

示。如此复杂的造型用传统工艺是基本不可能加工成型的。2007 年，Patrick 在复杂造型的基础上又进行了 3D 打印在内部结构方面的创造性探索，打印出了著名的 OneShot 折叠凳，如图 2 所示。该凳全部关节均通过 3D 打印而成，没有借助任何零件装配。

图 1 Solid T1 边桌和 Solid C2 椅

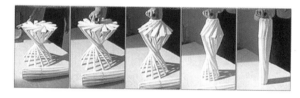

图 2 OneShot 折叠凳

2.2 让个性化定制成为可能

传统的产品设计建立在大批量生产的基础上，其基本模式是让千变万化的消费需求去适应有限的款式和尺码，基本忽略用户的差异性。而随着物质的极大丰富，消费者的个性需求日益增强。虽然不少学者和企业提出了各种满足个性化需求的途径或大规模定制模式，但因其制造基础是批量生产，所以无法从根本上实现用户的个性需求。3D 打印体现了极强的个性化和智能化特征，其基本原理使产品的个性化设计与制造成为可能。用户可以借助 3D 打印机实现产品的个性化定制，根据个人喜好以及不同的使用场景进行设计与生产。

2.3 缩短产品研发周期，提高效率

产品上市时间是消费者比较关注的，且对企业利润影响极大的一个因素。一个项目停留在设计阶段的时间越长，产品上市的时间越晚，企业的潜在利润越低。因此，业界一致认为应该缩短产品推向市场的时间。

产品研发过程中，在保证各阶段设计决策准确性的前提下将设计绘图更快速地转变为三维模型，是缩短设计周期的唯一方法。使用相同数量的材料制造物品，当前 3D 打印机的生产效率是传统方式的 3 倍，通过引入 3D 打印技术，可以快速制作产品模型样机，加快迭代速度，优化设计流程，为企业缩短设计研发时间，提升效率。

2.4 减少制造环节知识产权泄密风险

产品数据的安全性和完整性是当前处于激烈竞争中的企业极其关注的问题，虽然将辛苦研发的商业机密文件交给长期合作的制造商原则上不会存在什么风险，但如果企业自身拥有了3D打印设备，泄密风险将基本消除。

2.5 降低新产品开发风险

原则上，只要能在计算机上设计出的造型，3D打印机均可打印成实物，且可实现按需打印，即实现零库存，每次即时按照订单进行生产。这对新兴的创业公司和投资者将是一大福音，因为开发制造新产品的成本和风险都会降低。

3 3D打印技术的应用限制

虽然3D打印技术应用于工业设计具有广泛的前景，但根据现阶段的研究成果，将受到如下一些制约。

（1）设备和耗材成本高。3D打印适合单件或小批量定制或个性化产品，但当前能满足一般产品精度要求的3D打印机售价较高。打印耗材的成本也较高，便宜的每公斤几百元，最贵的则要4万元左右，所费原料的价钱就比商店中的成品高几倍甚至几十倍。打印产品的综合造价过高。

（2）打印耗材种类和性能限制。现有的3D打印技术多使用ABS、人造橡胶、沙子、铸蜡和聚酯热塑性塑料等，这与当前设计中常用的材料数量相比仍是九牛一毛。而且当前常用的3D打印机通常只能打印一两种耗材，复合型材料产品无法打印。而且现有可打印的材料，其强度、颜色、韧性等指标也经常达不到实际的产品要求。

（3）打印耗时过长。3D打印的时间远超传统方法，如一个采用传统方法仅需1秒即可生产出来的螺母采用3D打印通常要十几分钟，而打印较大尺寸的零件则需耗时好几天。

（4）成品存在开裂。保持材料的半流动性是3D打印的关键，这要求精确控制非晶态材料的温度。热应力不可避免地存在于打印实体中，而热应力的集中极易引发材料开裂。

4 研究趋势与展望

3D打印被外媒预测能像互联网一样改变我们的世界，未来该技术将被更大范围地应用于工业设计领域，同时也将极大地改变工业设计的方方面面。未来与之相关的研究应包含以下几方面。

4.1 3D打印相关技术的研发

（1）3D打印机成本的控制、打印精度的提高、

可打印尺寸的增加以及能同时打印材料种类的增多。

（2）耗材成本的控制以及可打印材料种类的增加。

（3）打印成品质量的控制。

4.2 产品设计方法与流程的创新

3D打印技术的引入使得设计师无须过多地考虑产品开发流程的结构设计、模具设计、装配等环节，设计和创意灵感将得到极大释放。同时设计环节的方案验证也有了新的选择，这一切变化都需要研究出与之匹配的更合理的产品设计方法和创新流程。而当前相关的研究基本是空白。

4.3 基于3D打印的新型工业设计服务模式研究

3D打印技术的日益成熟将使未来个性化定制和DIY模式大行其道。大规模生产优势将不复存在，未来的生产模式将由集约式向分布式转变。相应的，工业设计服务模式必须与之相适应。这将是未来研究的重要内容之一。

4.4 工业设计师角色的重新定位

3D打印使得人人可以参与到产品设计中，尤其对追求个性化、乐于享受定制服务的客户，可以亲自参与设计，提出并完成自己的需求。这意味着设计师与用户间的互动不再局限于传统的市场调研和售后评价，设计师与用户间的关系将发生一场变革。工业设计师对自身角色的重新定位将至关重要。

4.5 设计相关知识产权的界定与保护研究

物品一旦能采用数字文件进行描述，就极易被复制和传播，盗版也将变得日益猖獗。3D打印具有轻松共享、复制、修改等功能，使得创新者和模仿者均能在市场上快速推出新品，再加上开源软件和新的非商业模式的出现，使得企业和设计师们的成果和知识产权极易受到侵害。当前针对该领域已有相关研究，如姚强、王丽平在知识产权法视野下对3D打印技术进行了风险分析与对策研究，王文敏对3D打印中的版权侵权可能性进行了探讨，但目前还未取得实质性进展。

5 结语

综上所述，3D打印技术为工业设计的发展带来了极大机遇，未来该技术必将在工业设计领域得到极大推广与应用。而随着相关研究的日趋成熟与完善，消费者的个性化需求将得到空前满足，而工业设计的设计与服务模式也将产生重大变革。

参考文献

[1] NA Q, XUN Z. Innovation in Ergonomics course

teaching, based on knowledge management [J]. World Transactions on Engineering and Technology Education, 2015, 13 (4): 589-591.

[2] 未来四年 3D 打印市场的市场总额将达 162 亿美元 [EB/OL]. [2014-04-04]. http://www.narkii.com/news/news_130603.shtml.

[3] 郭少豪, 吕振. 3D 打印——改变世界的新机遇新浪潮 [M]. 北京: 清华大学出版社, 2013.

[4] LIPSON H, KURMAN M. Fabricated: The New World of 3D Printing [M]. Beijing: China Citic Press, 2013.

[5] 李昕. 3D 打印技术及其应用综述 [J]. 凿岩机械气动工具, 2014 (4): 36-41.

[6] 张莹. 打印出一个三维世界——谈 3D 打印的发展和工业设计的关系 [J]. 北方美术, 2013 (2): 86-87.

[7] 祁娜. 3D 打印技术: 少数民族特色产品开发新机遇 [J]. 工业设计研究 (第三辑). 2015: 57-59.

[8] 许廷涛. 3D 打印技术——产品设计新思维 [J]. 全球 IT, 新浪潮, 2012 (9): 5-7.

[9] 孙聚杰. 3D 打印材料及研究热点 [J]. 丝网印刷, 2013 (12): 34-39.

[10] WESLEY. 3D 打印何时飞入寻常百姓家 [EB/OL]. [2014-04-21]. http://office.pconline.com.cn/462/4624701_2.html.

[11] 冬梅, 方奥, 张建斌. 3D 打印: 技术和应用 [J]. 金属世界, 2013 (6): 6-11.

[12] 姚强, 王丽平. "万能制造机" 背后的思考——知识产权法视野下 3D 打印技术的风险分析与对策 [J]. 科技与法律, 2013 (2): 17-21.

[13] 王文敏. 3D 打印中版权侵权的可能性 [J]. 东方企业文化, 2013 (4): 266.

[14] 王雪莹. 3D 打印技术及其产业发展的前景预见 [J]. 创新科技, 2012 (12): 14-15.

[15] READE L. 3D print: shaping the future [J]. Chemistry & Industry, 2011 (8): 14-15.

[16] 张楠, 李飞. 3D 打印技术的发展与应用对未来产品设计的影响 [J]. 机械设计, 2013 (7): 97-99.

[17] BETTS B. Software reviews: 3D print services [J]. Engineering & Technology, 2012, 7 (10): 96-97.

[18] 祁娜, 杨随先. 面向产品个性化的设计方法初探 [J]. 机械设计与制造, 2010 (2): 252-254.

[19] 闵勤勤, 秦丹. 3D 打印: 一项改变世界的新技术 [J]. 时事报告, 2013 (4): 40-43.

[20] 孙柏林. 试析 "3D 打印技术" 的优点与局限 [J]. 自动化技术与应用, 2013, 32 (6): 1-6.

[21] 刘红光, 杨倩, 刘桂锋, 刘琼. 国内外 3D 打印快速成型技术的专利情报分析 [J]. 情报杂志, 2013, 32 (6): 40-46.

委托式工业设计项目的管理研究 *

孙 虎

(西华大学, 四川成都, 610039)

摘　要: 为帮助工业设计公司更好地进行项目管理, 为今后业务拓展、业务模式转型奠定坚实的基础, 本文通过阐述工业设计公司主流业务的优缺点, 梳理设计流程、设计项目管理流程、委托式业务流程三者之间的关系, 分析了委托式设计业务下项目管理的特点与决定设计项目成功的要素, 进而提出委托式业务的设计项目管理应该在流程中设置两类关键性节点: 设计沟通节点与收回设计费的财务节点。设计项目管理的成功不仅取决于任务、时间、成本、质量与持续发展力, 也与项目进程中关键节点的设置与执行有关。

关键词: 工业设计公司; 业务模式; 设计流程; 设计项目; 项目管理

现阶段我国大多数工业设计公司主要承接由其他企业或组织的外包设计项目, 虽然与客户尝试着不同的合作模式, 但是仍以委托式业务为主。企业或组织 (甲方) 委托工业设计公司 (乙方) 做设计任务, 双方通过签署设计合同约定设计任务, 根据合同内容确认相应的设计成果, 并按合同规定的时间与比例支付设计费用。对工业设计公司而言, 这种由甲方委托的设计任务并支付相应费用的业务模式就是委托式业务。

1 委托式工业设计业务

外部委托式工业设计业务模式是当前设计行业内的主流业务模式。根据委托方 (甲方) 的不同, 委托式工业设计业务有的来自大型制造企业、中小型制造企业、政府事业部门, 有的来自国外设计公司。委托式业务模式下, 设计公司为不固定的企业

* 基金项目: 2016 四川省教育厅人文社会科学研究基地——工业设计产业中心资助项目, 项目编号: GY-16YB-12。
作者简介: 孙虎 (1982—), 男, 汉, 西华大学副教授, 研究方向为产品创新系统与服务设计。

服务，按照所承担的设计项目一次性地进行研发和取费，相对简单、直接。

1.1 委托式设计的优势

（1）能在较短时间内提升设计公司的设计能力。委托式设计可以很便捷地为有需要的企业提供设计类服务。服务对象的多样化，可以让设计公司在一定的时间段内接触较多的设计类别、跨度较大的设计任务，有利于内部设计团队经验的积累与快速成长。客户的要求可帮助提升设计公司自身的业务能力。

（2）帮助提升设计管理能力，以及项目间的协调能力。部分客户有与设计公司的合作经验，已形成一套完备的业务外包管理流程，可帮助设计公司提升设计项目的管理能力。委托式设计业务比较灵活，设计公司可能会同时承担多项设计业务，错峰管理可以让设计团队的精力得到有效集中与分散，协调设计团队与设计任务之间的冲突，提升设计公司的项目管理能力与协调能力。设计项目管理能力的提升不仅可以帮助设计公司在相同时间内承接并完成更多的设计任务，也能在一定时间内有效收回设计经费，直接影响着整个设计公司的运作与发展。

（3）设计公司的业务内容拓展。由于国际合作日益密切，部分设计公司也逐渐开始承接国际设计任务，扩大委托方的地域范围。当业务委托方的要求逐渐提高，设计公司积累了较多的上下游配套企业资源时，可将现有业务逐渐向中高端设计业务延伸。当设计公司形成一定规模和以经验丰富的设计师为主要团队的设计力量时，可在现有的大量业务中，有甄别地选择适合公司未来发展的设计业务，拒绝部分不持续、不连贯、不适合公司未来发展、利润率不高的设计业务。

1.2 委托式设计的不足

（1）容易造成行业间不符合市场规律的恶性竞价。由于行业环境还不够成熟，没有形成统一的标准作为参考依据，以外部委托设计为主要的业务模式易导致设计公司依靠价格战进行同质化竞争，进而导致设计公司资金不足，发展缓慢。

（2）设计服务对象的多样化为设计公司本身的专业化发展带来一定的困难，会直接导致以下几个问题：①设计业务量的不均衡，为设计公司的正常运作带来一系列的棘手问题，如项目管理的进度控制、人员安排等。②要求设计人才的多元化，相应的团队管理难度增加。③设计师难以在工作中体现自我价值与应有的社会责任感。

（3）由于设计业务的复杂性以及涉及委托方的商业秘密与知识产权等，外部委托式设计业务很难在设计公司内部自我复制，只能在经营管理等方面积累一定的经验，对设计师的脑力成本要求很高。

2 委托式设计的全过程

设计公司针对委托式设计业务基本上形成了一套完善的流程与用人体系，既有利于设计公司内部团队的建立与设计任务的完成，也有利于与客户的及时沟通与反馈。笔者以设计人的思维将烦琐的业务流程简化为设计前、设计中、设计后三个阶段。委托式设计的完成不仅是设计任务的内容确定与设计制作的完成，更是包括该业务在法律合同上的确立与财务交涉的终结。

2.1 设计前

进行设计前需要以合同的方式明确设计任务，并收到甲方的设计项目启动金，保证该项业务的有效性。

设计公司（乙方）接受甲方委托的设计业务，双方签订设计合同，合同交财务部，设计启动金入账，进而下达设计任务。根据所承接业务的内容性质与工作量，成立项目管理团队，委任项目经理，组建设计团队与设计小组，安排更符合项目需要的成员。

2.2 设计中

设计中阶段指工业设计公司从编制设计任务书开始，所进行的内部团队管理与设计过程的执行，并生成最终方案，如图1所示。

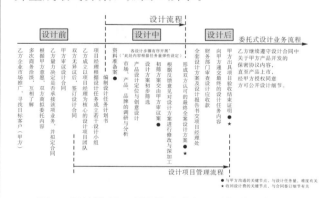

图1 设计流程、项目管理流程、委托式业务流程及其关系

由项目经理牵头编制设计任务计划书，各设计小组与人员也要编写相应的项目进度表，进入资料准备阶段，各设计步骤有计划地按序进行。生成初步视觉化方案时，先内部筛选，再将初筛结果交由甲方接洽人员，在一定工作日内提交初步反馈意见，设计团队再根据甲方的反馈进行修改与深加工。这个过程可按需要根据项目设计任务的总量和难度进行多次，形成双方认可的最终设计方案。

2.3 设计后

最终设计方案交由项目经理，并收回全部设计费，该设计项目结束。设计项目管理的起止以设计合同的签订与结束为准。而设计业务的结束要以合同所规定的时间与内容适用时间为准（如图1所示）。

设计项目团队完成内部工作，下达最终设计方案与设计任务报告书交项目经理，由财务审核检查有无超期应收款，设计项目管理团队负责人完成设计费的收回，再向甲方递交最终的设计任务内容。乙方敦促甲方出具项目验收结束证明，并收回其余设计费。乙方继续遵守设计合同中关于甲方产品开发的保密协议内容，直至产品上市，经甲方授权同意方可公开设计细节。乙方内部在设计项目结束后还要继续进行项目总结，积累经验，推动公司的持续发展。

3 委托式设计项目

设计项目的管控以项目经理人负责制为核心，通常由一个管理经验与设计经验都比较丰富的人来承担，根据该项目的内容量与时间周期，也可以是由一个具有明确分工、通力合作的小团队（一般不超过3人）负责。设计项目的全过程或各阶段都需要有一个相对应的项目管理过程，以设计合同的签订与结束为起止日期，如图1所示。

3.1 委托式设计项目的特点

委托式设计项目是指在既定的人力资源、设计费用和制作周期等约束下，为完成甲方所委托的设计业务，并达到双方的预期效果，乙方所进行的一次性工作任务，包括各个相互联系的活动内容及过程。因此，对工业设计公司而言，委托式设计项目具有以下几个特点：

（1）独特性。设计项目是一次性任务，任务完成即项目结束，不会有完全相同的项目重复出现，因此项目的独特性表现在其目标、环境、组织、过程等方面。

（2）目标性。设计项目都有完整界定的最终期望结果，以满足客户需求为准。

（3）临时性。单次性工作任务，一旦完成，项目组织即予以解散。

（4）创新性。每个具体设计项目的内容和目标都有不可复制性，目标都是要创造出满足消费者需求或者是符合项目委托者要求的前所未有的新事物。

3.2 决定设计项目成功的要素

设计项目管理的成功与否，不仅与项目的性质有关，与项目管理流程更是密不可分。决定设计项目成功的要素包括任务、时间、成本、质量与持续发展力五个方面。

（1）任务。任务主要是指工作任务与范围，为了实现项目目标必须完成的所有工作，一般通过交付物与交付物标准来定义。需明确指出"完成哪些工作就可以达到项目的目标"。这一点对项目管理来说非常重要。

（2）时间。项目时间相关的要素用进度计划描述，进度计划不仅说明了完成项目所需的总时间，也规定了每项活动具体开始和完成的日期，并考虑活动间的相互关系。

（3）成本。成本指完成项目所需要的款项，包括人力成本、原材料成本、咨询费等。设计项目的特殊性决定了设计项目的成本控制主要集中于人力成本，与工作效率有直接关系。设计项目的成本应与业务完成的财务预算相一致。预算有一定难度，取决于项目经理的经验和能力。

（4）质量。整个设计项目结果的质量主要由项目经理把握，要充分理解客户要求与终端用户的需求分析。为了设计结果的质量，要尽量和客户多沟通交流，尽早让客户体验产品，通过客户的反馈和项目组内部的评审，来保证项目的质量。

（5）持续发展力。设计项目的持续发展力指对外要满足客户的需求，借此项目稳定客户关系，为后续合作打下基础；对内通过项目发展内部人员、增加内部技术积累，注意设计过程中资料的收集与整理。根据客户行业的发展前景尝试在已完成项目中做一些新的变化，为以后的项目发展、项目进化做准备。所以持续发展力虽然不是关系项目完成的直接要素，却是以项目推动企业发展最重要的因素。

4 设计项目管理过程中的有效方法

工业设计公司的项目管理工作主要包括对内、对外两个方面，对内是设计团队的构建与设计过程、制作周期、成本的管控；对外主要是与甲方的及时沟通，不仅仅是为了收回设计费，也有利于明确设计任务、缩短设计周期、节约设计成本。设计公司可以在设计项目过程中，通过设置关键节点来有效进行项目的管理与控制。由于项目管理工作具有两面性，关键性节点的设置也分为两类。

一类是用于设计沟通的关键性节点（如图1中的圆点所示），与设计任务的内容量、难度、项目周期有关。在制定项目进度表时就应该计划好，乙方向甲方定期汇报设计进度，或是双方的交流情况。同时还要做好用户需求变更的准备，做好突发情况的应对方案，保证项目进展顺利，按时按质完成项目。在遇到设计复杂项目时，可以将难点与重点问题提出来进行研究，即时给予客户反馈，或者邀请客户的相关负责人一同参与。要注意设计项目进程中需有视觉化形象的产生，有利于向客户展现项目阶段性成果。

另一类是收回设计费的财务关键性节点（如图1中的五星点所示），与合同签订的细节有关。设计经费是否即时到位会直接影响工业设计公司的正常运营与精力投入程度。设计项目启动阶段应收到30%～50%的设计费，最终设计方案交付前应累计收到设计总费用的80%以上，设计尾款则应该在甲方验收设计结果后的一定工作日内全部收回。

5 结语

委托式设计是中国设计行业内主流的业务模式，是一种相对简单、直接的甲乙双方合作模式。设计项目的管理方法、流程、控制手段必然要根据企业业务模式与设计过程的特殊性来确定。设计流程、设计项目管理流程、委托式业务流程三者之间的关系梳理能让设计师、设计管理人员更好地了解彼此之间的工作内容。设计项目管理过程中可以通过设置沟通与财务两类关键性节点来更好地管控项目周期、设计结果、设计组织与设计成本，同时注重设计项目的持续发展力。

参考文献

[1] 华天睿，朱宏轩. 论阶段管理在设计管理体系中的作用 [J]. 包装工程，2011，32（6）：129-131.

[2] 武月琴. 简述工业设计外包的内涵与外延 [J]. 工业设计研究第一辑，2013（11）：11-13.

[3] 黄昌海. 基于项目管理视角的整体包装解决方案设计 [J]. 包装工程，2011，32（5）：116-119.

[4] 王宇. 设计管理：设计公司提升商业价值的管理之道 [D]. 大连：辽宁师范大学，2010.

[5] 武月琴. 工业设计公司的业务模式研究 [C]. 2013 IEEE第二届清华国际设计管理会议论文集. 北京：北京理工大学出版社，2013：393-396.

[6] KIM W，KARLOS A，JAAKKO K，et al. Business models in project business [J]. International Journal of Project Management，2010（28）：832-841.

[7] MALTE B，STEFFEN S，TESSA C. Flatten，Improving the performance of business models with relationship marketing efforts — An entrepreneurial perspective [J]. European Management Journal，2012（30）：85-98.

成都城市形象宣传片符号文本解析*

王丽梅[1]　晏　腊[2]

（西华大学艺术学院，四川成都，610039）

摘　要：文章以成都城市形象宣传片中使用的符号文本为研究对象，应用符号学的相关理论对这些符号文本进行了解读，指出这些宣传片营造出来的是传播学里所指的"拟态环境"；为了消除拟态环境给观者造成的心理偏移，成都城市形象宣传应多使用强符号。

关键词：成都城市宣传片；符号；城市文化；拟态环境

随着消费时代的到来，城市亦成为一种消费品，跟其他商品一样需要消费者认知和了解以便将自我"推销"出去，从而完成消费的再生和商业价值的实现。因此，建构和塑造独具特色的城市形象成为众多城市的不二之选。从2000年起，成都市相关部门日益重视对成都城市文化的推广和传播，相继推出了几部接受度较高的城市形象宣传片，从中我们可以看出成都市管理层对成都城市文化提炼以及城市形象塑造的思路。本文将重点对2003年的成都城市宣传片"成都印象"、2008年的"I Love This City"、2010年的"典型中国　熊猫故乡"、2016年的"胖娃儿上成都"的符号文本进行

* 基金项目：本文是2016年成都市哲学社会科学规划研究项目"成都城市文化特质与城市视觉形象研究"（项目编号：2016R13）阶段成果。

作者简介：1. 王丽梅（1977—），女，四川雅安人，副教授，博士，研究方向：设计史、视觉传达设计。
2. 晏腊（1992—），女，四川金堂人，在读研究生，研究方向：艺术产业管理。

解析以寻求强符号提取的途径。

1 成都城市形象宣传片中使用的符号文本

著名的符号学者赵毅衡先生认为，所谓的符号文本应满足两个条件：一是一些符号被组织进一个符号组合中；二是此符号组合可以被接收者理解为具有合一的时间和意义。在成都城市形象宣传片中大量使用了符号文本，观者可通过对这些符号文本的接收和解读，完成自我对成都形象的定位。以下是四部宣传片中使用到的主要的符号文本。

2003年成都推出了由著名导演张艺谋执导的城市形象宣传片"成都印象"，该片采用了电影的叙述手法，以一个游客的身份描述了他在成都的所见、所闻、所思、所感。在这段5分钟的片子里，整洁的街头巷尾、杜甫草堂、都江堰、琴台路、春熙路、天府立交、体育馆、九眼桥、露天茶馆、成都美食、川剧、蜀绣熊猫、热情的人相继出现，其间穿插着独具特色的四川话，将传统与现代交相辉映的成都刻画得丝丝分明。当然，该片让人耳熟能详的就是它的广告语"成都，一座来了就不想离开的城市"。

2008年汶川地震后，成都的旅游业受到重创。在这样的背景下，成都市推出了由川妹子张靓颖演唱主题曲并担任形象代言人的"I Love This City"宣传片。在张靓颖优美质朴的歌声中，太阳神鸟、杜甫草堂、宽窄巷子、蜀绣、熊猫、茶艺、糖画、川剧变脸、皮影、美食等一个个具有成都特色的视觉符号相继登场于这段3分25秒的片子中，传达出了宣传片的主题"成都依然美丽"，在片尾向观众发出邀请"因为有你，成都更美丽"。

2010年成都推出了"典型中国 熊猫故乡"的宣传片，该片在2011年8月登陆纽约时代广场电子屏，引起不小的轰动。在这段1分零4秒的片子里，熊猫带着观众浏览了成都生活：安静的杜甫草堂、人来人往的花市、熙熙攘攘的茶馆、热闹翻天的现代体育场、休闲的成都生活。片尾是广告语"Where Pandas Live, Chengdu, Real China"。

2016年6月由千幻星空动漫工作室设计的成都城市宣传片"胖娃儿上成都"一上线就在朋友圈里疯转。该片时长2分钟，以三维动画的形式推广成都。其间出现的视觉元素有萌态十足的熊猫、川西坝子、三星堆青铜立人像、青城山、都江堰、高新区、三圣乡荷塘月色、成都小吃。该片与上述三部宣传片最大的不同点在于：一是采用三维动画的表现方式，而其他宣传片都是采用实景拍摄的方式；二是声音解说采用了稚嫩的女童声（唱着成都童谣）

与成熟男声的现代的Rap艺术相结合的方式，强烈的音质反差将成都的传统与现代联结起来。

2 对成都城市形象宣传符号文本的解读

在上文中，我们可以看到如此多的符号文体以一定的结构和形式被组合到了一起，通过某个媒介传递给了观者。从传播学的角度看，这些符号文本是介于传播者和接收者之间的一个相对独立的存在，而接收者如何对这些符号进行解码，取决于他们观看世界的方式以及意义构筑方式。在符号学的创建者之一皮尔斯的符号体系中有一个对符号认知及意义理解的理论，该理论有助于我们深入地理解符号的表意方式。皮尔斯的三性理论将人们对符号的理解分为了三个阶段，详见表1。

表1 皮尔斯的三性理论

层次表意	表现体 Representatum	对象 Object	解释项 Interpretant
第一性 Firstness	质符 Qualisign	像似符号 Icon	呈位 Rheme
第二性 Secondness	单符 Sinsign	指示符号 Index	述位 Dicent
第三性 Thirdness	型符 Legisign	规约符号 Symbol	议位 Argument

在这个理论中，他将人们对符号的理解作了逐层分析，这亦是理解的深化过程，从表象到经验理解，再到抽象理解。

当然，此三性理论在学理上有相互重叠之处，解释起来也比较烦琐。但将其应用到对成都城市形象宣传片符号文本的解读，可以较清晰地梳理出这些符号背后欲传递的意义。例如熊猫，从表现体来讲，它就是一个质符，代表一种单一的对象、一种比较稀有的动物；而在解释项上，不同的人有不同的解释，有人觉得熊猫可爱（经验理解），有人觉得熊猫是成都的名片（抽象理解），也会有人将其上升到文化的层面，甚至赋予熊猫以哲学的意义。而太阳神鸟就是一个议位规约型符。从表象来看，太阳神鸟是先秦时期人们创作出来的四鸟逐日的图形符号；作为成都市的城市标识，其具有人为赋予的规约意义；在解释项上则拥有众多的文化寓意，代表成都所具有的悠久的历史文化。以此类推，上文提及的四部宣传片里所涉及的符号文本都不是单一的存在，都具有多重意义特征。传播者希望借助这些符号文本将成都的城市特征传递给众多的民众。

笔者对上述四部宣传片的符号文本进行了大致

的总结，发现熊猫、杜甫草堂、茶馆、成都美食、川剧成了使用频率很高的符号。从符号本身所具有的特性来讲，这些视觉形象代表着成都不同的特点：熊猫具有相当高的独特性和辨识度；杜甫草堂代表着成都的文化积淀；茶馆是成都的一大特色，体现着成都人的休闲品质；成都美食更是成都走向世界的一张名片；川剧融汇南北文化，独具四川特色。宣传片使用的这种描述——物的符号表意方式，吻合了社会大众的观看经验。他们会把符号所具有的个别性的品质，与经验中的事例结合起来得出判断。当然，由于个体的差异，接收者会按照自己的思路和方式对符号进行选择性的接收，以便与自我的经验相呼应。

3 成都城市形象宣传片所构建的拟态环境

上述四部成都城市形象宣传片通过不同的符号组合向世人传递了成都的不同侧面。张艺谋拍摄的"成都印象"以柔和的色彩为基调，以游客的角度阐释对成都的印象——具有浓郁的休闲意味，以及令人放松、无法释怀的生活气息；"I Love This City"运用的颜色则对比强烈，浅色与醒目的红色相继出现。在表现成都的慢生活时，用色轻、浅，突出成都生活的舒缓；表现现代化的成都时，用色浓、重，突出成都人的坚强与奋斗激情。符号的协调共进将成都的传统与现代的和谐之处呈现出来。"典型中国 熊猫故乡"以熊猫为强符号，展示成都市民日常生活的舒适，休闲文化的丰富，民俗活动的精彩。"胖娃儿上成都"则是以儿童的视角、民俗的眼光，用略显神秘的色彩将川西坝子的特色呈现出来，表现了景色的怡人、现代生活的激情、传统文化的浑厚。

若是土生土长的成都人来看这些宣传片，其感觉既熟悉又有一定的疏离感。这源于宣传片提供给大众的是一个经过艺术加工后的"拟态环境"（Pseudo-environment）。所谓"拟态环境"并不是现实环境的"镜子式"的再现，而是传播媒介通过对象征性事件或信息进行选择和加工、重新加以结构化之后向人们提示的环境。这种拟态环境具有两个特点：一方面，拟态环境不是现实环境"镜子式"的摹写，不是"真"的客观环境，它或多或少与现实环境存在偏离；另一方面，拟态环境并非与现实环境完全割裂，而是以现实环境为原始蓝本创造出来的。在这样的拟态环境里，观者的解释性结论与现实生活是有一定距离的。众多的游客带着拟态环境提供的氛围来对应现实生活场景，必然会产生一定的心理偏移。当然，作为宣传片的推出者，

其主旨是希望将自身的特色和优势尽可能地展示出来，吸引受众到当地来体验和消费，以便实现城市的商业价值。从构建城市形象的角度来看，如何构建拟态环境，构建到何种程度才能达到一个较为理想的状态是一个需要长期探讨的话题。就上面四部宣传片而言，其所构筑的环境，或者说成都的城市形象，不管其视角如何，都是基于一种"文化他者"的集体想象，是满足和迎合生活在成都文化之外的人群对"异文化"好奇的心理，是在特定的社会历史和文化语境里选择性地构筑的关于成都城市的形象。

4 在成都城市形象传播中应使用强符号

符号学认为，符号是携带意义的感知。要将成都的城市形象广泛地传播出去，实现传播的价值，就需要在传播中使用"强符号"。这里的"强符号"是指社会共同体的价值认同、主流意识、社会关系，包括媒介、组织、群体的主观推动等因素的共同结晶。在现代物质生产和文化消费中，符号喷涌而出，唯有表意明确、富有个性、充满智慧的符号才能在传播中被人们记住。目前，各城市纷纷推出自己的城市宣传片，可能够被长期传播的影片不多。在符号的演变过程中，符号的生命力最终取决于它与民众现实生活的关系。符号能否与所代表的对象产生良性互动，成为其生命力表现的一个重要指标。上文提到的宣传片中出现的高频符号都是笔者所谓的强符号，它们成为十多年来成都宣传片里的常用符号，能够传递出成都独特的文化信息，在意义的指示上具有恒定性，被民众接收的可能性高。

成都城市形象的塑造和传播将是一个长期的过程，在宣传片的构思和制作中应结合成都城市文化的特性，多使用强符号，构建出恰当的拟态环境。在强符号的提取上有三条途径：一是精炼成都城市文化特质，提取吻合民众心理的强符号。例如，美食在现有的成都城市形象宣传片里占有一定的分量和地位。由于人们对美食有着与生俱来的热情，美食成为强符号再合适不过。2010年2月，成都被联合国教科文组织创意城市网络授予"美食之都"称号，但就现阶段的成都城市形象构建而言，还未充分发挥"美食之都"这一称号的作用。二是从区域文化中提炼具有代表性的强符号。就文中提到的四部宣传片来说，区域文化类的符号有川剧变脸、皮影、糖画等民俗艺术，这些符号在特定的历史条件下能成为具有极强传播力的强符号。不过，就当代社会的文化消费现状来看，这些民俗文化与当地

民众的生活渐行渐远，虽然尚未消失，但亦只是一种文化记忆了，要成为强符号还需要经历文化复苏这一过程。因此，成都市政府应对区域文化进行系统的梳理，找出具有典型性的文化进行强符号的提取。三是需要对成都城市形象作明确的定位，唯有定位明确，才会形成恰当的符号体系。从上面提到的四部宣传片来看，成都城市形象的定位在不同阶段有不同的定位，这亦导致了符号使用上的不一致。城市形象的定位不是一成不变的，但需要在一个较长时间段里保持恒常性，这有利于建立持续的强符号体系。

5 结语

目前符号学的研究成果已比较成熟，借助这些理论成果反观成都城市形象宣传片的符号文本，有利于管理层反思和审视宣传片的接收问题。由于符号自身所具有表现—对象—阐释等特性，在宣传片的符号使用上应注意其体系效应。同时，宣传片本身受制于时间、空间、表现意图等因素，其呈现出来的场景是与现实场景有差异的"拟态环境"。为了减少观者的心理偏移，强化宣传片的传播效果，宣传片的创作应尽可能地使用强符号。

参考文献

［1］赵毅衡. 符号学［M］. 南京：南京大学出版社，2012.
［2］拟态环境［EB/OL］.［2013－01－19］. http://baike.baidu.com/link?url=swUJqDNRevJ7VQZEthag4fj14YNwE6hR3yH8CpCB23UcYnmYoVnnrybKOwruhnJ4FFhG3jbCCKLMysCzArql7a.
［5］隋岩. 符号中国［M］. 北京：中国人民大学出版社，2014.

基于川西林盘文化的古镇景观重塑设计研究*

王　蓉

（西华大学艺术学院，四川成都，610039）

摘　要：本研究基于现有川西古镇文化遗产保护和发展的现状，以林盘文化为切入点，结合川西古镇人文景观、自然景观的发展趋势，在"新乡土风格"理念的指导下，运用现代设计方法，对川西古镇的林盘民居文化、林盘民俗文化等影响因素进行研究，提出了古镇景观的重塑设计原则和设计手法等，为川西古镇的景观重塑设计提供了一种新思路。

关键词：川西古镇；林盘文化；景观设计；重塑；新乡土

川西林盘文化具有独特的个性和鲜明的地域特色，并具有长期历史延续的文化形态。基于川西林盘文化的古镇景观可分为人文景观和自然景观。前者包涵了区域内地理、文化、历史、民俗风情和社会环境等；后者是指自然风光，如区域内的原始树木、植被、水系等。

目前，随着川西地区城乡一体化进程的加快，这种历史形成的空间格局与现代产业发展呈现出不相适应的局面，大量的传统林盘聚落面临消失的危机。因此，探索和寻找尊重民族文化性和地域特色性，强调川西古镇历史文脉，筑建既有时代特征又有本土特色的古镇景观，重塑设计之路，势在必行。

1　川西林盘文化的影响因素

川西林盘是集生态、生产和生活于一体的复合型农村聚落形式。人、田、宅、林、水的相互共生，是自然景观与人文景观融于一体的生态循环系统。图1是典型的川西林盘。

＊基金项目：成都市哲学社会科学规划项目（2016R14）；四川省教育厅人文社科项目（15SB0091）；四川省社会科学重点研究基地工业设计产业研究中心项目（GY－16YB－13）。

作者简介：王蓉（1981—），女，成都新津人，副教授，硕士，研究方向：工业设计、设计美学、风景园林等。发表论文13篇。

图1　川西林盘

1.1　民居文化的影响

川西林盘民居文化属于典型的自然景观，其文化影响主要体现在建筑形式上。传统建筑除了蕴涵于古建筑自身的价值之外，更体现在其与周围环境的融合与布局上。青砖白墙青灰瓦的川西民居，有别于江南民居的精致和秀美，有着一种朴实飘逸：宅院出檐深远且四面屋檐相连，除了天井外，均被相互连接的坡屋面所覆盖。这种独特的构建方式增强了使用的便利性。此外，建筑布局错落有致，着重与环境的统一；建筑造型较为朴素，注重通风遮阳；单体建筑布局灵活自由，轴线明确，变化有序；建筑大量使用本土材料，更具有当地文化特征；建筑强调当地的文化特性，是历史文化的一种延续，具有浓厚的人情韵味。

1.2　民俗文化的影响

川西林盘的民俗文化属于典型的人文景观，其文化影响主要体现在生活方式上。这种生活方式是指人们消遣、娱乐、修身养性，以消除疲劳、愉悦身心和快乐自我。在林盘中世代生活的人拥有的那种传统的生存状态，是历史传承下来的生活方式，如摆龙门阵、祭祀等。

综上所述，川西古镇景观的重塑应遵循原本的自然景观和人文景观，尤其要考虑川西林盘的民居文化和民俗文化。

2　古镇景观的重塑设计方向

川西古镇在历史变革中，传统与现代的冲突是非常明显的，主要表现为古镇景观的空间格局与现代社会的经济、现代人的行为模式并存，形成了不协调的现象。同时，古镇景观中的传统建筑虽然在形式上得以保留，但在功能上与人在现代生活中所需求的功能格格不入。当然，从社会发展的角度来看，这些不适应和不协调是不可避免的，但在传统历史文化和现代文明之间需要探寻一条可靠的方法

使之和谐，尽量将冲突降到最低，更好地对古镇景观进行保护和改造。

"新乡土风格"有别于原始的乡土风格：原始的乡土风格完全是受当时的自然条件和物质条件所限而形成的；新乡土风格在采用现代技术的基础上大量使用本土材料，如木、砖瓦、石块等，寻求传统的村落、砖墙的表现形式，甚至还有坡屋、粗实的细节处理等要素。图2为建筑师陈浩如设计的临安太阳公社竹构系列之猪舍，其所使用的主要材料都是就地取材，用竹子编制柱子，用稻草做顶棚，通风、采光都不成问题。古镇景观的重塑除了受科技水平的影响外，也受到时代的文化观念、价值取向和审美意识的影响。作为一种文化观念，乡土文化势必对古镇景观重塑的风格造成一定影响，将其运用到设计之中，能够设计出优秀的乡土文化作品。设计者可将传统的造型、民间的生活习惯、不同材料等因素运用到景观设计中，因此使得乡土文化中的美术、建筑、雕塑及宗教艺术的元素在景观重塑中得到应用。

图2　临安太阳公社竹构系列之猪舍

由此可见，川西古镇景观的重塑方向应在"新乡土风格"理念的指导下，融入林盘文化的民居文化（自然景观）和民俗文化（人文景观）。

3　古镇景观的重塑设计原则

川西古镇景观作为保护性景观，其景观设计的重点在于保护，保护历史文化中留存下来的部分，是一种典型的文化保护设计行为。文化保护不仅要保护好文物古迹本身，还要保护好自然环境和传统历史文化。古镇景观注重对人文历史环境和历史整体风貌的保护。面对固有的景观形态，要进行发展性的创新设计，比如为适应现代生活，需要对历史遗存之处的现有生活居住、交通环境、基础设施做出适度的调整，以便更好地保护当地居民的原生态生活方式。

3.1 元素转换及创造性传达

古镇景观设计建立在遵循当地的民族理念和民族文化之上，这种理念和文化在历史的长河中源远流长，为设计者的创作设计带来了取之不尽、用之不竭的灵感。古镇景观改造考虑民族理念和文化，是能够让大众广泛接受其设计的一条很好的途径。大众接受的设计实际上是被固有生活经验所验证过的。同时，融入新的设计观念、运用新的设计手法去表达人文景观，必定在古镇景观改造上有足够的能够被大众所接受的理由。积极创建和谐的景观氛围，使文化在悄无声息的传承过程中影响新的文明孕育。

历史文脉的传承从来不是一件自然而然的事，需要发挥人的主观能动性。面对文化的断层，我们应做出回应。古镇景观就是将历史和现代紧密相连，探寻一种合理的联系方式，在古镇景观的设计上完整反映历史，让更多人了解和感受到更具内涵的设计，启发大众对历史的回顾，这就是一种很好的古镇景观设计方式。

3.2 就地取材，运用本土资源

对川西古镇景观进行改造，应始终坚持最大限度地保留原色环境，在此基础上进行"再设计"，尽量利用天然材料。古镇景观改造离不开生态学和传统美学对其设计的渗透。优秀的古镇景观改造理应汲取传统美学思想的精华，让古镇景观设计具有功能协调的整体美、无为之美、生态自然美、"再设计"的创新之美以及文化延续之美。

古镇"新乡土风格"的景观设计同样要考虑本土的民俗、食物、语言、宗教和建筑等。在本土的东西中可以挖掘出更深层次的设计语言，使大众有享受和联想的空间。就地取材，运用本土资源不失为一种明智的选择。本土材料的直接利用的好处在于能够节省相关资源，这符合现代设计中低碳环保的绿色理念。另外，还可避免异地取材造成的"水土不服"现象。

4 古镇景观的重塑设计手法

设计思维是古镇景观改造的重要思路，设计手法是古镇景观改造的表现途径。古镇景观改造过程是复杂的思维过程，既要满足现代功能，运用新材料、新技术，也要与传统区域历史人文相适应，这是一个整合思维的系统过程。没有规矩不成方圆，设计的过程中同样需要规矩，这里的规矩就是设计的手法。只有使用行之有效的设计手法，才能更好地表现其设计思维，呈现优秀的设计作品。

人文景观、自然景观、生产生活景观是古镇景观的三大组成部分，是古镇景观改造中需要营造的三个重点展现层次，本研究从这三个主要层次分析了古镇"新乡土风格"景观设计手法。古镇"新乡土风格"景观设计手法主要从主体构成与展现层次、整体与局部的空间变换、意境的表达几个方面展开论述，设计手法始终强调古镇景观中的人文景观、自然景观和生产生活景观三个部分的不可或缺性。

4.1 主体构成与展现层次

进行古镇"新乡土风格"景观的设计时，要考虑景观设计的比例、大小、体量、尺度等因素，如何正确把握一个古镇景观内在的尺度和比例关系是空间环境和整体规划是否协调的关键。人们在进行景观观赏时，会有远近之分。古镇中的景观，如水井、牌坊或公共设施的座椅等是否协调，对景观环境的整体布局会产生影响。具体的景观事物的比例和尺度都应协调，与整体环境的布局和谐统一。如果古镇中的景观众多，甚至有些纷繁复杂，人们在视觉上往往会比较分散，没有一个中心。这就需要景观设计师在设计中刻意为人们找到视觉的中心，把各个景观进行层次的划分，突出不同场所中不同的主体构成，形成主次关系。同时，场所中的主体景观也要与其他景观形成联系性，因为孤立的"主角"在场所中会显得单调和不合群。

4.2 整体与局部的空间变换

万事万物都是整体与局部相互作用的结果，古镇中的景观同样如此。人文景观需要自然景观的烘托，自然景观需要人文景观注入精神文化的内涵，具体的表现形式又需要生产生活景观予以形象生动的呈现。人文景观、自然景观和生产生活景观你中有我，我中有你，相互作用。不同场所、不同观察角度会形成不同的背景与前景，这个场景中的背景极有可能是另外一个场景的前景，因此，在古镇景观之中，是相互陪衬的关系，不存在绝对的"主角"和"配角"。其中的整体与局部关系，也是相对的。当人游历于古镇景观中，对古镇的景观会有一个整体的视觉和心理感受，也会对局部的细节有深刻的感知。从这点来讲，设计时要注意整体与局部的关系，特别是整体景观与局部景观之间的转换。

在由多重景观组成的空间场所中，将古镇的整体环境和各个景观看作一个有机整体，具体景观的布置要合理考虑水景、植物、山石等自然形态的事物。在古镇景观整体的环境中，各种景观可以发挥其相应的功能，加之多样性的形式，整体与局部之间相互形成影响，是一种共生、共存的关系。

4.3 意境的表达

古镇景观不仅是工程技术和艺术表现的对象，更是一种社会性和文化性的对象。古镇"新乡土风格"的景观对区域历史人文的传承是通过文化意象细节表现的。由于时代不同，功能和材料不同，古镇景观所服务的对象也不同，古镇"新乡土风格"景观是不可能照搬传统景观样式的，只能在"新乡土风格"景观中用细节体现，同时这个细节必须要具有文化意象和公共意象。

意境的表达是古镇景观所要营造的目标，但意境的表达是一个抽象概念，在具体的设计中不容易把握。古镇"新乡土风格"景观的意境表达是景观本身之外能够真正触及人心的因素，体现了人与景观之间的精神交流。古镇"新乡土风格"景观的意境表达是建立在人情感和场所环境交融的基础上的，是场所内人文景观与人的思想情感产生共鸣的产物。所以，意境的表达需要以人的感知为出发点，把握设计的主题思想，注重各个景观的设计，最终让人有美好的体验和意境联想。

5 结语

川西古镇特有的历史文化和林盘文化相互包容，根据实地走访，总结出其采用"新乡土风格"方法的景观重塑设计的重点：一是修复了破旧的形象，基本再现了历史景观；二是改善并且弥补原有景观环境在当下的不适应，根据史料记载再现原有景观风貌；三是融入现代生活需求功能的改造；四是利用本土资料、自然景观，减少人工参与痕迹；五是利用更新的理论实践，通过适当的规模和合适的尺度，将现代与传统有机结合，从而焕发新的生机；六是焕发居住活力，呈现当地居民新的、欣欣向荣的生活风貌。

参考文献

[1] 任利平，赵海霞，宿华，等. 浅谈城市园林景观植物配置 [J]. 内蒙古林业，2014（12）：27.

[2] 方志戎，李先逵. 川西林盘文化研究 [J]. 西华大学学报（哲学社会科学版），2015，30（5）：26-30.

[3] 邓诗莹，周波，吴俊. 新川西民居特色在旅游小镇设计中的应用 [J]. 安徽农业科学，2014，40（8）：471.

[4] 杨上清，蒋玉川，邓强. 川西古镇建筑景观研究——以黄龙溪为例 [J]. 安徽农业科学，2013，40（8）：4671-4673.

[5] 黄河. 四川省雅安市上里乡四甲村韩家大院调查 [J]. 重庆建筑，2015（3）：35-39.

[6] 张展. 浅谈室内设计的新乡土风格 [J]. 山西建筑，2013，35（17）：29.

[7] 俞孔坚. 田的艺术——白话景观与新乡土 [J]. 城市环境设计，2013（6）：10-14.

产品人机工效综合评估与决策方法研究*

王文军[1]　　王军锋[1]　　李慧敏[2]

（1. 西南科技大学制造科学与工程学院，四川绵阳，621010；2. 西南科技大学信息工程学院，四川绵阳，621010）

摘　要：本研究针对某些产品人机工效评估涉及因素多、评估方法复杂等特点，总结了现有产品人机工效评估方法及相关数据形式，并建立了评价体系；运用熵权法对单一评估方法各项指标进行了权重分配，并采用TOPSIS法进行数据集结，最终通过层次分析法进行不同评估方法权重分配，数据集结后得出决策结论。

关键字：人机工效；综合评估；评价体系

1 引言

在科学技术不断发展的背景下，人们对产品的各项指标都提出了越来越高的要求，作为影响产品体验的重要因素，人机工效也受到了越来越多的重视。人机工效设计与评估已逐渐成为产品开发过程中的重要组成部分。

某些复杂的操作产品存在控制器、显示器数量与种类繁多，人机交互过程复杂的特点，因而针对该类型产品进行多个方案的人机工效决策时，不仅工作量大，而且约束多，必须综合考虑人体视域、可达域、舒适性、空间利用、部件关联性等因素。现有产品人机工效综合评估与决策的研究可分为两个方面：一是人机工效评估指标体系研究，二是人机工效评估方法研究。

指标体系方面，刘伟等通过对驾驶舱人机显示/控制界面适配性指标影响因素、视觉信息流工效的测定与评估方法的研究，建立了一套视觉信息

* 基金项目：西南科技大学科研基金资助成果（博士基金项目编号：16zx7120）。

流工效综合评估系统研究体系；郭赞等运用改进德尔菲法建立了显示界面人机工效指标体系，运用G1法确定了各指标的权向量，并在此基础上运用模糊综合评判法对指标体系进行了评估；赵欣等结合人机工程学设计原则，建立了适合于特种飞机任务系统操作台的人机工效评价指标体系。

在评估方法方面，宋海靖等结合民机驾驶舱工效学的实际情况，提出一种将改进专家打分法、三标度层次分析法和模糊综合评判法集成的综合评价体系，给出了合适、可操作的评价指标和评价方法；刘启越等建立了参数化的飞行员人体模型，构建了人体姿态库，将其集成到 DELMIA 软件虚拟环境中，开发了驾驶舱人机工效虚拟评价原型试验系统。

现有的人机工效评估方法在一定层面上为人机工效评估提供了解决方案，但从产品的总体评估来讲，缺乏能够整合各项因素的综合评估方法，在很大程度上影响了产品的人机工效性能和设计研发速度。本文通过主观与客观赋权法，综合各种人机工效评估手段，形成综合的评估方法，为复杂操作产品的人机工效评估提供方法和理论支撑。

2 人机工效评估方法

产品的人机工效评估方法多种多样，不同的方法一般只能针对某一项或某几项人机工效性能进行评估，且各种方法所采用的工具存在很大的差异，所提供的分析数据也多种多样。所以，在人机工效综合分析之前，必须充分了解各方法所提供的数据形式。通常来讲，产品的人机工效评估主要有虚拟仿真法、模拟实验法、真实环境实验法等。

2.1 虚拟仿真法

虚拟仿真法是随着计算机图形学、虚拟仿真、计算机辅助设计等相关学科的技术进步而发展起来的评估方法。虚拟仿真法可以在设计阶段的早期开展驾驶舱的人机工效评估工作，并且成本低、安全节能，近年来被逐渐推广使用，但就目前的技术水平来讲，虚拟环境的逼真度是制约该方法进步的最大瓶颈。

虚拟仿真法在人机工效评估方面的应用可分为三类。第一类虚拟仿真法是构造虚拟人体模型，并与驾驶舱模型组成虚拟环境，模拟分析虚拟人的视域、可达域、舒适性、疲劳特性等。该类型的工具主要有 Jack、RAMSIS、DELMIA 等。此外，SAFEWORK、AN-THROPOS、MQPro 等也隶属于该类型工具，如图1所示。

图1 Jack 虚拟仿真

第二类虚拟仿真法是在虚拟环境中搭建光源与驾驶舱模型的环境，针对灯光、照明进行照度、光谱、眩光等因素的虚拟仿真，此类方法所用到的工具主要有 LightTools、Lightscape、SPEOS CAA V5、Litestar 4D 等。

第三类虚拟仿真法主要针对驾驶舱流场、热力场等进行模拟仿真。此类型方法所用到的工具主要有 FLUENT、ANSYS 等。

2.2 模拟实验法

模拟实验法是搭建部分真实系统，寻找不同参数的人群样本模拟真实操作情境，并利用相关设备采集人体相关数据，加以分析总结得出评估结论的方法。模拟实验法在航空领域是应用非常广泛的一种方法，既可以真实展现实际场景，又可以将成本控制在一定范围内。例如我国的新舟 60 飞行模拟器、法国空客 A320 全动模拟机等。

模拟实验法所采用的实验仪器主要有眼动追踪系统、压力分布测量系统、运动捕捉系统、肌电图仪、生理多导仪等。

眼动追踪系统主要用以记录实验人员眼球运动轨迹及注视时间等参数，经分析后得到实验人员对刺激的反应速度、读取信息难易度等结果。压力分布测量系统由压力传感器点阵组成，分布测量不同位置的压力情况，然后将所有数据集合起来，提供最大压力、平均压力、重心位置等信息，如图2所示。运动捕捉系统可捕捉实验人员的位置、姿态等信息，提供相应的位置坐标、关节角度等信息。肌电图仪可通过测量人体肌电信号，得出肌肉疲劳、伤害等信息。生理多导仪可根据需要测量并输出心电、脑电、肌电等信息。

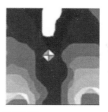

图2 压力分布测量

2.3 真实环境实验法

真实环境实验法与模拟实验法的方法与工具大

致相同，但通常情况下，实际的照度、光谱等分析与评估需在真实环境中进行。这种实验方法是通过照度计与光谱仪在真实的环境中测量不同光照下不同位置的照度与光谱数据。

3 人机工效综合评估体系

人机工效综合评估的基本过程为：首先，根据评估对象的特性确定进行产品人机工效评估目标，寻找主要的评估方向；其次，根据评估目标确定人机工效综合评估指标，并建立评估指标体系；再次，根据评估指标体系，确定每个指标相对应的人机工效评估方法，并确定评估工具及参与者；最后，选择权重计算方法并确定综合评估模型，进行综合评估，搜集数据进行计算，得到评估结论。

根据以上过程建立人机工效综合评估体系架构如图3所示。架构共分为评估对象层、评估指标层、评估方法层、评估工具层以及评估模型层。

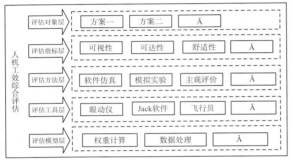

图 3 人机工效综合评估体系架构

针对评估工具层，人机工效评估工具多种多样，不同的软硬件设备能够采集或仿真得到不同人机工效因素的相关参数，结合前述各种评估所涉及的工具，构建人机工效评估体系，如图4所示。

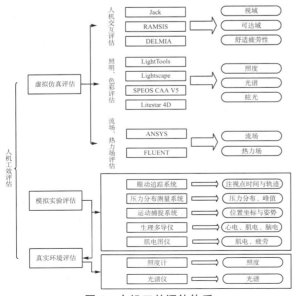

图 4 人机工效评估体系

4 单一评估方法内部权重分配及数据集结

虚拟及物理人机工效评估包含虚拟仿真评估、模拟实验评估以及真实环境评估三种方法，此类方法往往会由计算机软硬件提供多种分析数据，不能直观地评价方案的优劣，必须对数据进行处理才能进行评估，m 种方案的 n 个指标评估数据构成评估矩阵。

评价因素有成本型和效益型之分。所谓成本型因素，是指该因素的数值越高，对方案的评估越不利；效益型因素，是指因素数值越高，评估结果越好。在进行下一步计算前需针对成本型和效益型因素进行矩阵的标准化，得到标准化的评估矩阵：

$$A = \begin{bmatrix} a_{11} & a_{12} & \cdots & a_{1n} \\ a_{21} & a_{22} & \cdots & a_{2n} \\ \vdots & \vdots & \vdots & \vdots \\ a_{n1} & a_{n2} & \cdots & a_{nm} \end{bmatrix}$$

4.1 权重计算

在人机工效综合评估中，权重非常关键，直接关系到决策结论的准确性。赋权方法从根本上可分为主观赋权与客观赋权两种，主观赋权是由决策者根据自己的经验以及对赋权对象的了解而主观给出权重的方法；客观赋权法是利用客观信息进行赋权的方法。由于决策者本身数据获取比较困难，因此客观赋权法通常不适用于决策者的赋权，主要应用于决策属性的赋权。

熵权法是一种客观赋权方法，它借鉴化学熵及信息熵的定义，通过定义各指标的熵值，将评价中各单元信息进行量化与综合，得出各指标比较客观的权重。熵权法不需要人为介入，通过各指标的熵值即可确定各指标的权重。针对人机工效评估的特点，本文选择熵权法进行权重计算。

若某系统处于多种不同的状态，某种状态出现的概率为 $p_i(i = 1, 2, \cdots, m)$，则该系统的熵定义为：

$$H = -\sum_{i=1}^{m} p_i \cdot \ln p_i$$

将矩阵 A 第 j 个指标的熵定义如下：

$$H_j = -\frac{\sum_{i=1, j=1}^{m} a_{ij} \ln a_{ij}}{\ln m}$$

则第 j 个指标的熵权为：

$$w_j = \frac{1 - H_j}{n - \sum_{i=1}^{n} H_j}$$

继而可得出权重矩阵。

4.2 基于 TOPSIS 法的数据处理

运用 TOPSIS 法对评估工具给出的评估数据进行处理。通过求解正、负理想解，计算出各方案与正理想解和负理想解的距离：

$$S_i{}^+ = \frac{1}{n}\sum_{j=1}^{n}\frac{|x_{ij} - x_j{}^+|}{x_{ij} + x_j{}^+}$$

$$S_i{}^- = \frac{1}{n}\sum_{j=1}^{n}\frac{|x_{ij} - x_j{}^-|}{x_{ij} + x_j{}^-}$$

计算各方案与正理想解的贴近度 A_i：

$$A_i = \frac{S_i{}^-}{S_i{}^+ + S_i{}^-}$$

则可得到某计算评估方法的结果向量 $\boldsymbol{A} = (A_1, A_2, \cdots, A_m)$。$A_i$ 表示某方案与最理想解的贴近度，数值越大，说明该方案越接近于最优解，因此 A_i 可用于判断方案人机工效性能的优劣。

采用同样计算过程可得到其他评估方法的结果向量。

5 人机工效综合评估与决策

要得到方案评估的最终结果，需将各个软硬件量化评估结果进行综合处理。

5.1 评估方法权重计算

针对评估方法的权重计算应综合考虑主观因素与客观因素，本文选择运用层次分析法。假设决策矩阵 $\boldsymbol{F}$ 中方法 G_i 相对于方法 G_j 的重要性为 $J_{ij} = \frac{G_i}{G_j}$，将 J_{ij} 构成判断矩阵，经检验，确定矩阵 $\boldsymbol{J}$ 的一致性后，计算各因素的主观重要度，归一化处理得到 $w' = (w'_1, w'_2, \cdots, w'_{l+1})$，其中：

$$w'_i = \frac{\overline{w'_i}}{\sum_{j=1}^{l+1}\overline{w'_j}} \quad (i = 1, 2, \cdots, l+1)$$

5.2 评估数据集结与决策

计算得出各项因素的权重后，仍采用 TOPSIS 法，求解正、负理想解，然后计算各方案与理想解的贴近度，根据贴近度对各方案进行排序，得到人机工效最优方案。计算过程不再重复。

6 案例分析

以某型飞机产品为例，针对四个方案的 5 个指标运用 Jack 软件得到人机工效评估矩阵：

$$\boldsymbol{A} = \begin{bmatrix} 0.35 & 0.32 & 0.24 & 0.18 & 0.30 \\ 0.35 & 0.21 & 0.28 & 0.25 & 0.23 \\ 0.12 & 0.16 & 0.24 & 0.31 & 0.30 \\ 0.18 & 0.32 & 0.24 & 0.25 & 0.18 \end{bmatrix}$$

计算得到各指标的熵值：

$$H_1 = 0.936, H_2 = 0.974, H_3 = 0.998,$$

$$H_4 = 0.985, H_5 = 0.988$$

进而运用熵权法得出各指标的熵权：

$$w_1 = 0.0726, w_2 = 0.0295, w_3 = 0.0023,$$

$$w_4 = 0.0170, w_5 = 0.0136$$

计算得到正、负理想解：

$$z^+ = (0.0254, 0.0094, 0.0007, 0.0053, 0.0041)$$

$$z^- = (0.0087, 0.0062, 0.0006, 0.0031, 0.0024)$$

计算各方案与理想解的贴近度：

$$A'_1 = (0.738, 0.638, 0.300, 0.411)$$

采用同样的方法计算得出由眼动仪及压力分布测量系统得出的贴近度：

$$A'_2 = (0.532, 0.281, 0.421, 0.732)$$

$$A'_3 = (0.522, 0.634, 0.347, 0.139)$$

运用层次分析法，得到各方法权重：

$$w_1 = 0.843, w_2 = 0.555, w_3 = 0.373$$

运用 TOPSIS 法计算各方案与正理想解贴近度：

$$A_{Q1} = 0.801, A_{Q2} = 0.746, A_{Q3} = 0.473, A_{Q4} = 0.441$$

在四个方案中，人机工效最优秀的是方案 Q_1，与飞行员反馈一致，说明该方法有效。

7 结语

人机工效学涉及相关学科众多，因此针对结构与功能复杂的交互产品，人机工效评估必然要涉及多种分析方法。本文从整体角度提出一种复杂产品人机工效综合评估方法，从单一评估方法内部以及评估方法之间两个方面对权重计算与数据进行了研究，该方法能够整合各种评估因素得出决策，为复杂产品的人机工效综合评估提供参考。

参考文献

[1] 艾玲英. 人机工效在飞机驾驶舱设备布置中应用研究 [J]. 飞机设计，2012 (32)：78-80.

[2] 刘伟，袁修干，柳忠起，康卫勇. 人机显示/控制界面适配性综合评价指标和评价方法 [J]. 中国安全科学学报，2004 (14)：32.

[3] 郭赟，郭定，杨俊超，黄春蓉. 直升机座舱显示界面人机工效指标体系评估研究 [J]. 电光与控制，2011 (18)：67-71，84.

[4] 赵欣，叶海军，姜治. 基于模糊的特种飞机任务系统操作台人机工效综合评价研究 [J]. 现代电子技术，2013 (36)：11.

[5] 宋海靖，孙有朝，陆中. 民机驾驶舱工效学综合评价方法研究及应用 [J]. 飞机设计，2010 (30)：36-40.

[6] 刘启越，孙有朝. 基于虚拟仿真的民机驾驶舱人机工效评价技术研究 [J]. 中国民航飞行学院学报，2014 (25)：8-11.

[7] 王艳艳，任宏，王洪波. 基于熵权与 TOPSIS 法的节能建筑方案评价研究 [J]. 山东建筑大学学报，2013 (28)：313.

[8] 鲍君忠. 面向综合安全评估的多属性专家决策模型研究 [D]. 大连：大连海事大学，2011.

[9] 朱凌云. 面向大规模定制产品设计的客户需求处理关键技术研究 [D]. 合肥：合肥工业大学，2008.

[10] VLACHOS I K，SERGIADIS G D. Intuitionistic fuzzy information－Applications to pattern recognition [J]. Pattern Recognition Letters，2007，28（2）：97－206.

基于"主体间性"理论的用户体验设计研究

王雅洁

（武汉理工大学，湖北武汉，430070）

摘　要：本研究运用"主体间性"理论，采用文献研究法、案例分析法，分析用户体验设计，通过对比设计认识论的二元关系和"主体间性"理论的一元关系，强调在整个设计过程中设计主体的关系，更加注重设计师、用户、设计作品三者之间互为主体的关系；通过同情和理解作用，达到平等和谐的状态，最后设计出真正符合用户体验的作品。

关键词："主体间性"理论；用户体验设计；设计主体

1　引言

"主体间性"理论由主体性理论发展而来，强调主体间的一元关系，消解主客对立的二元关系。"主体间性"理论作为哲学领域内的问题，在文学、教育、美学等领域得到广泛运用，而在设计领域运用还很少。实际上，"主体间性"理论不仅与许多作品的设计理念相关，而且在用户体验设计中的运用很广泛。基于此，本文着重运用"主体间性"理论分析设计师、用户、设计作品三者之间的关系，进一步认识用户体验设计的哲学内涵，具有一定的理论及实践意义。

2　基于设计认识论的二元关系

赫伯特·西蒙（Herbert A. Simon）在《关于人为事物的科学》中提出了"设计科学——创造人为事物"的一系列重要观点。西蒙认为设计就是创造人造物的过程。而我国柳冠中先生在此基础上结合国情实际，明确地指出"人为事物是设计的本质"。在设计过程中，设计认识论将设计师归为主体，将设计作品、方案归为客体。设计师对设计方案拥有绝对的支配地位，用户本身与其行为过程、消费方式、使用状态及其制约条件等被归纳为设计过程中的外部因素。基于设计认识论的二元关系常常告诉我们，在当代设计师充分考虑内部因素的同时更应该加强处理外部因素的能力。那么用户到底在设计过程中处在一个怎样的地位呢？它是一个因素，还是一个对象？一个好的设计，用户与设计师以及设计作品之间应该是怎样的关系呢？

从某种程度上来说，这些问题都可以用哲学的角度去看待和理解——主体间性正是将这些问题抽象化的理论之一。

3　"主体间性"理论的一元关系

"主体间性"最开始是胡塞尔（Husserl）现象学的一个核心概念，强调主体间的互相认识以及主体间的共识。之后在舒茨（Schutz）的社会学理论中体现为"视角的互易性"，在加达默尔（Gadamer）的阐释学里体现为"视域的融合"。传统的主体性理论是建立在主客二元关系内的，但其存在一定的局限性：一是建立在主客对立二元论基础上的主体性哲学不能解决生存的自由本质问题；二是局限于认识论，主体理论仅仅关注主客关系，忽略了存在的更为本质的方面——主体与主体间的关系；三是主体性认识论不能解决认识何以可能的问题。主体间性理论在一定程度上消解了主客二元对立关系，更加强调了主体与主体之间的统一性即一元关系。自我主体和对象主体互为主体，注重主体与主体间的交往与理解，达到移情"视域的融合"的目的。

在设计哲学中，传统主体性的设计哲学认为，设计是主体性的胜利，这种思想所反映的是主体与客体的对立关系，而这种关系不能解决设计师和用户之间的隔阂问题，间接导致的结果是用户不理解设计师的设计，设计师也觉得受众人群认同程度较低，客户与决策者的限制过多，发挥空间太小。因此，可以运用"主体间性"的思考方式，在设计实践中对设计师、设计作品、用户（受众）三者之间建立互为主体的关系构架，带来拥有良好的用户体验的产品。

主体间性又称交互主体性。在设计哲学中，主体间性主要是指设计师是第一主体，用户属于第二主体，二者从属自我主体；设计作品方案属于客体，从属对象主体，受主体支配。在人机交互领域中，交互主体性可分为两个层面去理解。一是用户必须主动地去体验产品，发现产品的形式与功能，获得第一手的感性认识，而该过程中的交互性，具有理解意义或者称为一种互识过程；二是用户会根据已有的经验，通过头脑思考其产品背后真正所隐含的美学、事理学等，上升到理性认识，并且反思产品，得到价值沟通和情感共鸣，具有同情意义，也可称为共识过程。因此，基于理解意义与同情意义，设计师应该充分看到用户绝不仅仅是单方面被动接受，而是具有高度的交互主体性。设计师应多从用户的角度去思考问题，充分考虑目标用户的行为、使用状态、心理需求等，并结合使用场景，设计出能给人带来良好用户体验的产品。

4 人机交互领域的用户体验设计

用户体验的概念来源于体验经济理论。各路专家对用户体验的定义各不相同，但其本质却差不多，人机交互设计指导国际标准（ISO 9241—210）将用户体验界定为人们对于针对使用或期望使用的产品、系统或者服务的认知印象和回应。标准在其补充说明中有如下解释：用户体验，即用户在使用一个产品或服务之前、使用期间和使用之后的全部感受，包括情感、信仰、喜好、认知印象、生理和心理反应、行为和成就等各个方面。对于用户体验的研究要素，国内外专家学者在不同领域从不同的出发点提出了不同的理论结果：美国知名心理学家唐纳德·诺曼（D. A. Norman）的情感化体验；罗伯特·鲁宾诺夫（Robert Rubinoff）的用户体验四要素；贝恩特·施密特（Bernd Schmitt）的五大体验体系，Dhaval Vyas 和范德维尔（Van der Veer）的 APEC 模型；杰姆斯·伽略特（James Garrett）的五要素等。通过用户体验设计可以使人们认识到当今世界已经越来越看重用户的价值，其视角不再仅仅局限于技术、造型、结构、材质等，更多的是要以用户作为设计的中心，将体验作为产品核心。

5 运用"主体间性"理论分析用户体验设计

Moon Glass 是由韩国设计工作室 Tale 设计的一套茶具，如图 1 所示。其月亮杯造型精巧，结构

简洁，材质优良。用户与该产品进行交互，杯中水不断减少，由于杯子内部隆起的结构，在用白色液体模拟茶水的情况下，白色液体与黑色杯底互成正负形，形成形似"阴晴圆缺"的新月、上弦月、满月等形状。用户会在喝茶的过程中不断发现不同于平时喝茶的现象，产生愉悦感。杯中呈现的不同状态都处于变化发展之中，无形之中产生的小乐趣使用户在中秋月圆之日喝茶这一场景中感到悠然自得，实现了"人—产品—环境"的统一，这与著名的杯子理论是不谋而合的。

图 1 韩国设计工作室 Tale 设计的茶具——Moon Glass

用户将自己喝茶的过程和对有关月亮的所有印象的前理解结合起来产生的一种感觉，正是设计师站在用户的角度看问题的体现。然而这种根据不同个体产生的感觉会因人而异，有时不能达到设计师的期待，但有的时候会大大超越设计师对用户的估量，甚至出现连设计师都没有想到的地方，比如 Moon Glass 设计师最初将月亮的形态定为满月、上弦月、新月。后来随着人们理解的不断拓展，发现还可以出现下弦月、凸月等。这种非唯一的感受给了产品自身的特点，成了另一个主体。这也证明了设计师、用户、设计作品三者互为主体的可能。

在互联网领域，"主体间性"理论的运用就显得更加明显。随着大数据时代的到来，人们能够获取的信息取决于算法在分析海量数据之后所做的决策。例如，通知服务呈现越来越智能化的趋势，在一些管理应用软件中，用户可以选择仅在工作时间接收通知消息，这样可以避免不必要的消息推送打扰用户宝贵的休息时间；一些旅游软件可以根据用户的地理位置自动推送一些有关当地的消息；在一些社交软件中，还可以对通知进行分组，例如对有相同人数点赞的照片，其消息会合并为一条，默认显示前几个人的名字以及点赞总数，如果用户有兴

趣便点击查看详情；等等。一个拥有良好体验的通知服务，会让用户在每次收到消息后愉快地阅读，而不是在设置中将该产品的推送消息改为不允许。在互联网领域，根据不同用户的行为规律以不同的方式展示内容的案例不胜枚举。通过数据，产品不再一成不变，它是一个让用户感知体贴的个性化服务体验的主体。

从以上案例可以发现，一个拥有良好用户体验的产品会充分考虑用户的行为、用户场景环境、用户的使用限制等。在设计的过程中，首先应该明确用户是什么、哪些才是用户、用户自身的特点，然后以目标用户为中心，结合用户体验的各个要素来分析用户辐射的行为、场景、使用限制等。如果说设计师是设计的主体，用户是使用的主体，那么设计师充分考虑用户就是将用户作为一个第二主体来看待，设计师将自己想象为用户，将自己的感受理解为用户的感受，结合设计师职业角色的感受设计出设计方案。这种一人分饰两角的现象正是主体间性的直接表现。此时，设计师和用户互为对方的主体，在设计过程中你中有我，我中有你，二者在某种程度上是一种平等共生的和谐的关系。在与产品方案交互的过程当中，用户作为第一主体会根据头脑中对该事物的前理解（主观建构），结合"客观现象"来评价反思该产品。设计方案的客体性也随之消失，成为另一个主体，由对象意识成为自我意识。而这种由对象意识转为自我意识的对象主体又是设计师的意识的直接体现，所以对象主体与自我主体在交互过程中成了相互的主体，即设计师、用户、设计作品三者之间互为主体。由上述论证观点来看，设计师作为第一主体，用户作为第二主体，从属自我主体，产品方案作为对象主体，自我主体与对象主体互为主体。

从现实意义上讲，作为一个设计师，一方面，应该站在不同的角度看待问题，将自己想象成用户，邀请用户对产品进行评估，对结果进行分析、研究、改良或者再设计，直到达到目的。设计师还应重视产品的交互意义，将产品视为对象主体，设计不完全是主体性的胜利，设计不是一方压倒另一方，而是一种思考方式，是"人为事物"的体现，充分尊重对象主体可以增强产品方案的用户体验。另一方面，设计师可以通过企业提出的有关设计限制的意见和建议，运用主体间性理论的思考方式进行正确的理解和猜测。试想设计师为第一主体，企业为第二主体，将主客二元对立关系转变为主体的一元关系，设计师就会发现企业限制设计的原因其实来源于技术、市场、渠道、品牌等。在设计过程

中一开始就思考这些客观因素，而不是一味地追求超乎常规的艺术审美，这样的商业案例才是成功的。当设计师对企业提出的限制有了正确的分析之后才会更好地理解和猜测用户。作为用户，也应该充分体验产品，充分尊重产品，结合产品的客观现象和自身的主观印象积极反思产品背后蕴含的意义。用户也应该站在设计师的角度看设计方案，试想一个设计方案的由来：为什么会出现这样的形态？设计师想表达什么？只有通过这样的理解作用和同情作用，才能使设计师和用户在设计过程中实现平等交流，即达到移情或是"视域的融合"。

6 结语

主体间性的一元关系使得自我主体——设计师、用户与对象主体——设计作品互为主体，即设计师、用户、设计作品三者互为主体。将主体间性的思想落脚到用户体验这一概念上，结合用户体验的研究要素思考问题，将设计作品上升到适应性系统，注重目标用户的定位、行为、使用场景、使用限制等，在满足可用性目标的同时以用户为中心，无疑会设计出设计师与用户都满意的作品。

主体间性的哲学思想在教育、文学、社会学、传播学、营销学都有所体现，但其在设计领域却还是一个较新的概念。将用户体验这一概念以主体间性的角度去把握、分析、抽离、研究，会发现有些问题自然明朗，各种用户体验的要素模型也就变得不那么生涩了，且帮助人们去理解用户体验这一概念之下的其他问题。对主体间性的自身研究还有很多可以挖掘的地方，例如主体间性这一哲学思想在其他领域的运用研究还可以延伸到哪里，即主体间性还可以落脚到哪些领域，这些都是日后值得研究的问题。

参考文献

[1] 吕杰锋. 设计文明的事理研究方法——以古代美索不达米亚与中国的案例比较为例 [D]. 北京：清华大学，2005：1.

[2] 唐林涛. 工业设计方法 [M]. 北京：中国建筑工业出版社，2006：51.

[3] 杨春时. 文学理论：从主体性到主体间性 [J]. 厦门大学学报（哲学社会科学版），2002（1）：18.

[4] 张文化. 在平面设计中的非显性表现 [J]. 文艺研究，2010（4）：160.

[5] 陆江艳. 设计方法中的主体间性 [J]. 装饰，2007（175）：62.

[6] 辛向阳，曹建中. 服务设计驱动公共事务管理及组织创新 [J]. 设计，2014（5）：126.

基于服务设计下的智慧点餐系统设计

王珍珍

（南京艺术学院工业设计学院，江苏南京，210013）

摘　要：进入21世纪以来，随着经济的飞速发展和新型事物的快速产出，竞争已经不光是工业时代和信息时代的竞争，更多的是以大数据和用户为导向的设计内容的竞争。利用当下数据和现有客户群整合发现问题，并从中找到服务设计的接触点，从而进行信息资源的再整合设计，设计出以和谐、多元、优质的文化体验导向的产品。

关键词：服务设计；接触点；客户体验；智慧点餐

1　解读服务设计

服务设计管理学专家肖斯丹克于1982年在《欧洲营销杂志》上提出"如何设计一种服务"。同时强调，要以"服务"为重点，通过"设计"手段来进行规划。两年后，他在《哈佛商业评论》上发表的论文"设计服务"中首次将"设计"与"服务"两词结合，这便是"服务设计"的理论雏形。

当下设计学范畴中"服务设计"的概念出自1991年英国设计管理学教授比尔·霍林斯的《全设计》一书。同年，迈克尔·埃尔霍夫博士第一次将"服务设计"作为一个设计专业学科在德国科隆国际设计学院中进行教学和推广。2001年，英国第一家服务设计公司——Live/Work诞生了。一年后，美国知名设计公司IDEO也将其纳入设计范围，并对客户提供横跨产品、服务与空间三大领域的服务设计。时至今日，全球有数百家设计院校都相继开设了"服务设计"课程，同时也有数家设计公司在做服务设计。

服务设计是综合了设计、营销、管理等诸多方面的学科，利用新型科技、资源，以用户体验为核心，将资源重新整合，信息加工再利用，通过使用有形和无形的媒介，依托产品价值本身进行创造创意再提升的设计过程。这一阶段也是产品使用价值和附加值提升的过程。服务设计要解决的核心是用户体验的问题。因此，服务设计要以人为本，追求的是产品使用价值最大化的过程。这一过程中服务设计的输出物可以是有形的也可以是无形的，设计的方法也是多样化的。服务设计在整个社会中的作用不可小觑。

2　服务设计的流程

服务设计的流程大致可分为三个阶段，分别是识别机会阶段、需求甄别阶段、服务设计阶段。这三个阶段是由服务的逻辑思维决定的。

下面以餐厅的服务为例进行服务设计的分析和比较。按顾客就餐这件事做逻辑分析，可以得到图1所示内容。餐厅通过服务员为顾客提供服务，顾客通过服务员将信息反馈给餐厅。这一过程是可逆不循环的。这中间发生信息传递的过程中，存在的问题是在每个传递点都可能产生误差，而且会一直传递下去。

图1　顾客就餐逻辑

第一个阶段——识别机会阶段。这一阶段主要要求设计师或设计团队在产品服务体验过程中寻找设计的痛点，也就是寻求发现产品不能充分满足使用者心理或身体需求的地方，也或者是追求最大化地利用产品的使用价值。这一阶段是识别并寻找商业机会的阶段，捕捉尚未被满足的需求。以时下的餐厅点餐系统来说，顾客最想要的是方便、快捷、一目了然且符合人们行为习惯的点餐系统设计，那么这一阶段就需要设计师进行分析思考，梳理顾客和餐厅之间的接触流程和接触点，从而找到需要解决的问题，发现其中存在的设计可能、商业机会。从图1我们可以发现，餐饮信息需要餐厅反馈给服务员，服务员服务顾客。这一过程中接触点为服务员。

图2为加入服务设计后的顾客就餐逻辑，加入服务设计后，通过使用服务设计管理，将顾客、服务员、餐厅三者形成一个闭合可逆循环的流程。因为服务设计过程产出物可以使顾客和餐厅直接接触，也就形成了两个闭合回路，接触点就变成了服务员和服务设计产出物。这一过程可以有效地避免信息误差，同时通过服务设计出的产品增加了很多的点餐乐趣。

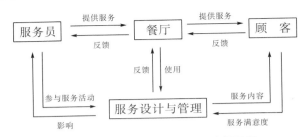

图2　加入服务设计后的顾客就餐逻辑

第二个阶段——需求甄别阶段，也是对服务设计流程的深度解读。对第一阶段中有关流程解读和接触点的分析中罗列出的设计问题和可重新设计的部分进行头脑风暴，明确服务对象，服务内容。筛选、权衡，找到问题根源，从而将机会转化为设计概念。例如前一阶段对点餐系统的分析，首先，使用者使用的手机端排队系统、点餐系统和后厨使用的系统不是同一个系统，这给顾客带来了不便，餐厅效益也会受到影响。其次，点餐系统作为使用者和餐厅的接触点，不光要求服务内容全面、贴心，还要简洁、便利，符合使用者习惯和心理。通过服务设计，我们可以将手机端排队系统和餐厅使用的点餐系统放在同一平台进行操作，这样能大大减少顾客的等待、排队时间。在进行系统梳理设计时要符合顾客的使用心理，这样才能更好地服务顾客。

第三个阶段——服务设计阶段，对产品进行再定义、功能描述、服务标准再定义，寻找必要的技术开发和支持，继而对第二阶段中存在的问题和接触点进行再设计。这样做的目的是设计出一款能打通使用者和餐厅联系通道且使二者处于同一使用环境的服务系统，并对用户的心理、习惯和喜好进行研究的更为贴心的使用系统。

3　服务设计的应用

设计影响并改变着文化。同样，服务设计也潜移默化地影响着人们的行为习惯和喜好。服务设计在整个设计过程中对人们特质进行归纳总结，并以此引导人们的行为习惯。下面以智慧点餐系统设计示例来说明服务设计。

餐饮服务业中的排队和点餐是餐饮服务的主要问题。目前99%的排队系统都存在一个问题，即排队系统和店内的收银管理并没有衔接，而是各有一套独立的系统，这导致各系统的衔接并不顺畅。

借用杭州一家中餐连锁店——新白鹿的点餐系统进行分析探究。其旗下使用的智慧点餐系统，从排队到点餐到收银支付再到后端厨房管理，形成了整条餐饮管理链。当顾客不方便去店里排队时，可以直接利用手机客户端进行网上排号，并能随时查

看排号进度。进入餐厅入座后，通过扫描餐桌上的二维码进行点餐，同一餐桌的顾客使用的是同一个二维码，这就将餐桌点餐者固定在了同一平台，模拟了真实环境的点餐系统。在此过程中，某一位顾客点完餐后，同餐桌的其他顾客也可以看见。待确认后就可以下单了。下单后，厨房管理系统就可以收到信息，从而进行餐食准备。完成这一过程可能只需要几秒钟的时间，但却省了很多人力和物力。餐厅服务员根据后厨信息进行送餐。进餐结束后，可以直接使用手机进行支付。支付完成后，服务员将就餐发票交给顾客。在这期间，人们可以享受自由的点餐过程和舒适的就餐体验。给顾客一种在家吃饭的感觉，预约吃饭、"回家"、点餐、就餐、付款离店，这一过程带给顾客的不光是一次良好的用餐体验，更多的是一种记忆，令顾客还想再次使用这样的服务体验。点餐过程对比如图3所示。

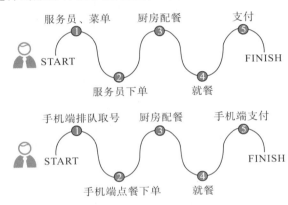

图3　两种点餐过程对比

从顾客到餐厅需要一个媒介进行连接，这个媒介就是接触点。之前是服务员，现在是点餐系统。在这两种点餐过程中我们不难发现不变的是顾客和餐厅，唯一发生变化的是接触点。服务设计对接触点进行了设计，产出一套智慧点餐系统。下面我们来做一个简单的对比实验。

选择同一餐厅，在同一时段采用不同的点餐方式进行实验比较。之前的点餐过程是顾客通过服务员点餐，再由服务员传达到餐厅厨房，厨房再进行餐食准备。在这一过程中，顾客和餐厅的接触点是服务员，不稳定因素较多，点餐过程从第一步到第二步需要花费二十五分钟以上。而从第三步到第五步需要服务员不停地与顾客和厨房管理进行沟通、维护。在此过程中，顾客对餐厅的感受大多来自服务员的服务品质，这也就导致不同顾客会出现的不同心理层级。

而使用智慧点餐系统进行就餐，顾客通过使用手机端进行排队、点餐，下单后直接传达到餐厅厨

房管理的服务设计系统。从第一步到第二步十分钟之内即可完成。从第三步到第五步在同等条件下也更快速。在此过程中，顾客和餐厅的接触点变成了服务设计系统这一相对平稳的服务体系，给不同的顾客带来的感受几乎是同等的。

以图表形式表现更容易发现（表1），同一餐厅在同一就餐时段用服务系统进行点餐并就餐，可以节省更多的时间。

表1　两种点餐方式用时比较

时间过程 不同点餐方式	排队	点餐	配餐	支付
服务员点餐	0～60 min	5 min	20 min	2 min 以上
服务系统点餐	5 min 以内	3～5 min	10 min 以内	2 min 以内

同时我们发现，系统简洁、使用便利的点餐系统，将给顾客带来更深刻的印象，也会让顾客有更好的感受和体验，从而吸引顾客再次光临。

再借用南京一家特色主题餐厅和上述餐厅做比较。南京大排档是南京特色小吃餐馆，所有风格设计都是民国时期古城格调。这里有古色古香的建筑风格、古朴典雅的戏台、民国时期的方桌条凳。而餐厅使用的是如今比较时髦的智慧点餐系统，排队系统和点餐系统并不在同一平台，因此，时常会出现几桌人排队等候的场景。在这一时段，餐厅的戏台上会时不时地上演一段戏曲文艺表演，正是这段戏曲表演使正在喝茶排队等待的人换了一种心境，让他们在欢乐中不知不觉结束了排队。南京大排档通过改变物理接触点，使排队等候的顾客不自觉地融入另外一种愉快的氛围中，这一过程无疑是服务设计的结果。

因此，不管是服务流程的设计还是服务体验的设计，都是以用户的体验为中心的，通过有形或者无形的服务设计产品，提高用户的体验愉悦度、舒适度，从而达到产品效益最大化的目的。

4　结语

当前社会正向一个多元性、多维度的形态发展。设计更关注人的存在和意愿的表达，服务设计更关注文化感受的传递，以及深入生活的情感体验。我们日常生活中所接触到的产品，不光要注重外在形式，还要关注产品使用者在使用过程中的文化体验和情感享受，这就要求设计师在设计的过程中考虑得更全面：美善文化和生态和谐的体验、社会多元文化体验（不光要对产品进行思考，还要对产品使用方式进行考究）、产品感觉体验的质量。

智慧点餐系统就是诸多方面的总和，在顾客的体验过程中悄悄植入了隐性的记忆。商家经营策略是要锁定顾客群，在智慧点餐的过程中不经意间给客户独有的智慧点餐体验，正是这段独特的体验过程锁定了客户。

智慧点餐系统设计只是服务设计的一个方面中的某一点。面对迅速发展的时代和快速进步的社会，我们不光要应用服务设计的思维，还应该将服务设计的方法应用到各个领域，统筹发展，从而提供更好的服务，并引领我们的文化达到更为和谐的状态。

参考文献

[1] 金锦虹. 基于服务设计理念的医疗产品应用研究 [D]. 重庆：重庆大学，2013.
[2] 何人可，胡莹. 服务设计概念衍生阶段的设计模式与策略研究 [J]. 设计，2015（1）：40-49.

如何从交互设计策略创新来增强用户对软件的情感与黏性研究

文　琪

（湖北工业大学，湖北武汉，430070）

摘　要：交互设计一向以人为本，将用户定义为上帝，所有设计方向是为了更愉悦的用户体验。然而并不存在完美的软件，软件与人的交流方式是依靠生硬的文本框进行的，不是自主智慧的"工具"，用户对品牌缺少感情，社交依赖性弱化，所以删除软件的成本很低。如何从交互设计与策略创新来增强用户对软件的情感和黏性是本文的主要研究方向。

关键词：体贴；人性化；用户；心理学

1 背景介绍

1.1 交互设计趋于成熟

据说每个交互设计人员会人手一本《About Face：交互设计精髓》，这本著作已经被作者完善了四次，配合《设计方法与策略：代尔夫特设计指南》，可以说，现在的交互设计已经有了一套越来越成熟完善的设计方法，而从这些书籍中反映出来的交互设计方法是以取悦用户为核心的，强调产品的使用逻辑、通用性，以及从人性化方面照顾用户的使用感受。

1.2 优秀的交互设计牵动人的情绪

基于已经成熟与系统化的交互设计，我们不难发现，越优秀的交互设计越会利用人的心理，越会牵动人的情绪，一些软件甚至被称为数码艺术品而受到很多人欣赏。

大概从 2015 年开始，应用商店里突然流行起了一些具有禅意的应用，它们试图满足用户享受孤独且渴望交流的微妙心理进行交互设计，从视觉到操作都十分简洁。如大卫·奥莱利（David O'Reilly）设计的手机游戏"山"（Mountain），就是一个典型的禅意作品，如图 1 所示。

图 1　手机游戏"山"（Mountain）

在这款游戏里，你可以照顾一座会说话的、漂浮在宇宙里的山。你可以把它视为与电子鸡一脉相承的数码宠物，但你的"山"不会因为你忽视了它而把"屎"拉得满屏幕都是。另外，"山"要求你回答一系列问题，答案会涉及"死亡""幸福""迷失"等字眼，你的回答也会影响"山"的外观。

"山"常低语一些未经论证的推断，比如"作为这么一个东西还不赖"或者"我要将这美妙的夜晚告诉某人"。另外还有一位游戏开发者，当她的"山"沉默良久、一言不发到让她担心会永远与其失联时，它终于说道"别担心，一切正常"。

"山"的例子十分典型，也很极端——没有功能，却似乎有着自己恬静的性格。人们打开这款游戏，看着山一圈圈地转动，春去秋来，有一种同自己对话的滋味。

它不复杂，却牵动人心。

1.3 新的突破点

在阅读《About Face 4：交互设计精髓》时，我做了一个替换实验，具体方式如下。

将文中所有"软件""产品"等词语替换为"妻子""朋友"等，可以说替换之后并不影响阅读，甚至符合句子逻辑——作者将产品当作能与用户交流的人物去设计，然而却也显得有些奇怪，比如以下替换。

● 体贴的妻子关心你的喜好。
● 体贴的妻子是恭顺的。
● 体贴的妻子是乐于助人的。
● 体贴的妻子是具有常识的。
● 体贴的妻子具有判断力。
● 体贴的妻子预见你的需求。
● 体贴的妻子是尽责的。
● 体贴的妻子不会因为自己的问题增加你的负担。
● 体贴的妻子会及时通知我们。
● 体贴的妻子是敏锐的。
● 体贴的妻子是自信的。
● 体贴的妻子不问过多的问题。
● 体贴的妻子即使有失误也不失风度。
● 体贴的妻子知道什么时候调整规则。
● 体贴的妻子承担责任。
● 体贴的妻子能帮助你避免低级错误。

显然，当原主语是软件时，我们认为这款软件的交互确实非常人性化，而当主语变为了朝夕陪伴的人物，画出的人更像是秘书而不是妻子。显然，人们现在习惯把软件当作工具/秘书去设计，来帮助人们的工作生活。然而如果要提高人们对产品的依赖度，有一个常识我们也需要记住：

秘书是可以轻易被解雇的，与妻子离婚则没那么容易了。

于是以增强用户对软件的情感为目的，我们可以看出，一般的软件更像我们的秘书，询问我们的选择，并要求选择；体贴的软件更像熟悉我们的家人，逻辑符合我们下意识的直接习惯，并不会提出太多问题；而功能性稍弱的情怀软件，他们可以更像拥有独立性格的朋友。

表1　以退出程序为例的软件反应

类型	反应
一般的	确认退出？—确认/取消
体贴的	再按一次退出程序
像人一样的	Good bye

2　设计方向的心理学理论基础

人类的心理通常是充满矛盾的，并不是一味地顺从就会获得喜爱与关注，软件也是如此。我们没有完美的朋友与情人，他们的不完美并不影响我们喜欢与他们交流并从他们那里获得帮助。将人机关系转变地更像人际关系，我们可以从以下心理得到启发：

● 在一件事情上付出越多，对它的态度就会越喜欢。

● 得到了想要的之后好像也没那么开心。

● 稍微私密的话题可以使我们更亲近。

2.1　在一件事情上付出越多，对它的态度就会越喜欢

这条理论的基础来自社会心理学认知失调理论中的心血辩护（Effort Justification）效应，举几个例子：

● 如果老师给学生布置了很多作业，学生对老师的评价一般不会低。

● 为什么明知是邪教/传销等不合理活动，其内部人员的忠诚度却极高？

● 总觉得自己喜欢却追不上的女神要比喜欢自己的女生可爱得多。

● 即使并不喜欢写论文，但当完成它的时候，成就感并不会因为最开始的不喜欢而减少，甚至反而更高。

当出现认知失调的时候，我们通常有三种行为用来改变现状：

（1）改变态度：我其实挺喜欢的。

（2）加入新的认知：这样做对我有帮助。

（3）改变行为：退出，结束正在做的事情。

事实上这三种调适办法中，改变行为其实是最难做到的。

以这几年非常流行的抽卡（靠运气＋收集要素＋现金消费）类手机游戏（见图2）为例：

● 刚下载游戏时就被其精美的画面吸引（基础认知好感）。

● 第一、二次免费抽取时意外地抽到了非常

稀有的种类（软件附加价值上升）。

● 消费了金钱，逐渐收集齐卡组，被同伴美慕（价值持续上升）。

● 每日签到获得有限度的免费抽取机会，参加周期活动（形成每日使用习惯）。

图2　抽卡类手机游戏

这类游戏明明没什么乐趣，却非常吸引人，娱乐的过程中就像追一个女孩，因为花费的时间、精力太多，以至于玩家意识到没什么乐趣和意义时也难以戒掉（即改变行为），但这种模式并不能直接套用在工具类软件上。

2.2　得到了想要的之后好像也没那么开心

目前，关于积极心理学方面的研究都一致地指出了这一点——人们会适应那些曾带给他们快乐的东西。

这一现象非常好理解。不只是快乐这个情绪，所有被我们拥有的东西都会在我们拥有之后，产生类似经济学上的边际效用递减规律。这些"固态的拥有"，让我们以为它们会永远在那儿，这样我们渐渐适应，也就不会因此变得快乐——试想，哪个现代人还会因为能够在夜里拥有亮如白昼的灯光而整日欣喜？

我们为什么会认为如果得到了某样物品就会感到快乐？当我们设立一个目标时，我们大脑中的多巴胺会设定情况为"一旦完成目标我们就会非常开心"，而实际上我们完成之后的情绪与之间的期待可能是无关的。

所以综上所述，当我们得到想要的之后，情绪可能有这样几种状态：

● 刚得到时非常开心，很久之后才适应。

● 刚得到时感到开心，没多久就没感觉了。

● 得到了也不怎么开心，所以没什么感觉。

基本上我们会长期处于第二种状态，当你适应某件事物之后就会丧失新鲜感，时间长了甚至会感到无趣，如果这个时候出现了新的替代物，那么就遇到了卸载危机。通常情况下，软件会通过定期更

新升级的方式来刷新自己的新鲜度，获得用户的第二次好感。

2.3　稍微私密的话题可以使我们更亲近

有一套叫作"几个小时内爱上彼此"的心理学实验，目的是为了找到一个方法使两个陌生人之间迅速建立亲密的关系。

他们的研究团队把两个陌生人带到实验室里，让他们在一个房间里独处，同时相互回答 36 个问题。这 36 个问题被分为三组，循序渐进、由浅入深。第一组问题里的内容无关痛痒，比如"你心中最完美的一天是做哪些事呢？"但是到了第三组问题，内容开始变得非常私密，比如"分享一个你私人的问题，并向你对面的人询问 ta 会怎么处理，之后再请 ta 回答，对于你选这个问题，ta 有什么看法。"

这套问题的原理是什么呢？或者换一个角度说，任何的亲密关系是如何建立的呢？亲密关系的建立事实上是一个双方循序渐进、自我披露（self-disclosure）的过程。比如刚认识一个人，我们只会聊聊天气，认识久一点谈谈八卦，只有当认识时间足够久、彼此了解达到一定程度的时候，才会开始深层次的自我披露（更多地讲述自己私人的事件和观点）。而自我披露是一个你来我往的过程（reciprocal process）。当别人对你吐露了一些隐私的时候，代表着对方对你有一定程度的信任，你也会自然地更加信任对方，因此变得更加愿意向对方吐露自己的内心。这样不断地你来我往，信任以及较为亲密的关系就建立了。

为避免用户隐私泄露的担忧，这种亲密交流分享可以是依靠情绪而不是信息，正如和 Siri 聊天，除了正常的语音工具使用，也有相当一部分用户会和 Siri 进行一些看起来很蠢的交流，譬如当前的情绪。而 Siri 的答案库里确实存有看起来非常人性化和百搭的回复。这种假象的亲密交流确实可以建立真实的情感依赖。

3　应用

3.1　核心

设计体贴的软件是一切软件的根本核心，被人使用是一款软件的意义，给不同类别的软件加入更多不同性格的想法也是基于软件自身没有信息缺失、过程模糊、足够体贴的基础上，并不是本末倒置、胡搅蛮缠的设计方向。

设计体贴的软件依靠三个心理学理论作为支撑，尝试将软件体现得更加人性化，具有自己的独立性格，以此来增强用户的情感。

3.2　应用

（1）在一件事情上付出越多，对它的态度就会越喜欢。

（2）得到了想要的之后好像也没那么开心。

（3）稍微私密的话题可以使我们更亲近。

常规尝试：

● 增加允许可自定义的模块（1）：适用于任何类型的软件。多数情况下自定义显得设计人员懒惰没主见，且浪费用户时间，用户愿意自定义的等级是更换桌面，而没有到重新设计用户界面的层级，自定义本身增强个人定制概念来加强软件的归属感，但仅限于图片和色彩，而不造成重新设计。

● 设置等级/权限概念（1）（2）：适用于游戏/社交生活/购物等类别的软件。不能被完全轻易得到，从而增强用户的征服欲。

● 描述软件自己诞生背后的故事（1）（3）：适用于游戏/情怀/生活等类别的软件。人们更喜欢有情节的东西，但要注意简单不啰唆。

● 更多细节设置（1）（3）：适用于租房/租车/外卖/购物/地图等类别的软件。当一款软件需要动用金钱来解决一些当前需要解决的问题时，用户希望它能多问一些情况，自己多填写一点信息，从而让它更好地服务，强制真实信息可以增强双方的信任感和依赖性。

● 更新除主要框架以外的趣味细节（2）：适用于任何类型的软件。可以是欢迎页面、按钮的形态、新的信息咨询、更好的交互逻辑等，人们习惯的东西是最好、最适合的，但在习惯之上从不改变，非常容易变成最差、最无趣的。既然得到之后新鲜感会有所减退，那么就不断创造新的信息。

● 增加软件与用户的交流（1）（3）：适用于任何类型的软件。当用户想寻找功能时，并不想在帮助或设置中寻找按钮和大量文字说明，而向客服反馈周期又太长，一问一答式的交流会让用户感到轻松，也会让软件看起来更像人。

● 保留隐藏的惊喜要素（1）（2）：好的交互应该在软件首页就让整个设计的逻辑一目了然，但这并不意味着你不能藏点什么不重要但至少对部分小众而言有必要的功能，比如微信的通用设置中可以设置字体大小。

超常规尝试：

● 不需要那么听话（1）（2）：适用于非办公工具型的软件。有时候使用多种软件只是因为很闲，这时需要一个有点脾气和个性的玩伴而不是一个冷冰冰的机器，它的不听话可以体现在拒绝一两次操作并打出文本框"你总在这个界面进出干什么""让我缓缓"等人性化用语。但这种不听话需要满足两个条件：可以设置被关闭；不会频繁骚扰。

● 保护个人（3）：适用于任何需要登录，尤其是涉及金钱的软件。为了使软件整体看起来轻便，许多需要账号、密码的软件已经默认为自动登录，而每个人都有自己的交互习惯，当软件察觉用户使用路径习惯发生明显变更，可以适当要求用户重新输入密码，而密码输入正确的用户，可以保留一个固定设置：输入正确后多长时间内禁止打扰。这个功能或许本身用处不大，但同样能增强用户对软件的信任感。

4 总结

交互设计一向以人为本，将用户定义为上帝，所有设计方向是为了更愉悦的用户体验。人是社交性动物，喜欢群体生活，希望有思维碰撞，当稍显孤单时需要聆听者、知己、保密者。所以，通过某些符合人心理活动的方式，做出更拟人的产品，提高用户情感与黏性。

参考文献

[1] ARONSON E，MILLS J. The effect of severity of initiation on liking for a group [J]. The Journal of Abnormal and Social Psychology，1959，59 （2）：177.

[2] FESTINGER L. A theory of cognitive dissonance [M]. Stanford：Stanford University Press，1957.

[3] ARON A. The Experimental Generation of Interpersonal Closeness：A Procedure and Some Preliminary Findings [J]. Personality & Social Psychology Bulletin，1997，23 （4）：363—377.

[4] GILSD C. 简约至上：交互式设计四策略 [M]. 北京：人民邮电出版社，2010.

设计驱动创新——我国农机企业发展策略*

武月琴

（西华大学，四川成都，610039）

摘 要：通过分析我国农机行业现状，总结农机企业及其产品存在的问题，引入设计驱动创新的理念，提出我国农机企业要尽快树立"设计驱动创新"的发展策略，对内要从技术、用户、使用环境等角度进行新产品研制，对外建立良好的企业品牌形象，拓展新型的商业模式，建立稳定、多元的合作网络。

关键词：设计驱动创新；产品开发；农机企业；发展策略

我国人口数量多、农业资源相对匮乏，农业机械在农业领域发挥着极其重要的作用。东北某企业家曾形象地描绘，"如果农业生产是一场战争，农机就是战士手中的冲锋枪"。农机产品也叫农机具，是农业生产中使用的各种机器的统称，大到耕耘机、大型拖拉机，小到脱粒机、剥壳机等。农业机械产品能够改善劳动条件，降低劳动强度，提高劳动效率、资源利用率、土地产出率。

1 我国农机行业现状

近年来全球农机行业快速发展，2012 年我国农机工业生产总值超越欧盟和美国，成为全球第一农机制造大国。现代农业生产方式的转型为农机及其行业的发展带来了重大机遇。我国农机区域优势逐步凸显，在山东、河南、江苏、浙江等地形成了各具特色的产业集群。国内外资本加速进入农机领域，对优质农机企业进行并购、投资，国外农机企业也选择在我国建厂。国内工程机械、农机上游企业、汽车行业资本积极进入农机领域，如建立农机制造基地，对农业机械板块积极进行战略布局。

2 我国农机企业与农机产品问题

依前文所述，我国是农业大国、农机制造大国，从事农业劳动的人口最多，农业生产历史悠久，农机行业发展现状喜人。由此可见，我国理应是世界农业机械产品开发与创新的强国，我国农机企业也应该是世界农机研发与制造的领头羊。然而我国并非农机制造强国，呈现出制造业"大而不强"的通病。农机行业与农机产品较大的问题集中表现在以下几个方面。

* 基金项目：2014 四川省教育厅自然科学一般项目，项目编号：14 ZB0138。

作者简介：武月琴（1982—），女，汉，西华大学副教授，研究方向：设计管理与产品创新系统。

2.1 农机产品种类不足，效率低下

农机产品的数量是衡量农业现代化的重要指标之一。我国农机产品有 3500 种左右，是美国农机产品总数的一半。2014 年 9 月，中国农业机械化科学研究院院长李树君明确指出，"我国现有农机产品从数量和效率上仍然落后于欧美国家"。尽管 2013 年我国农业机械综合利用水平达到 59%，但中国工程院院士、华南农业大学教授罗锡文认为"这 59%的科技含量并不高"，一方面是农业机械本身的科技含量不高，另一方面是农业机械作业质量的科技含量不高。农机使用效率低下带来的损失巨大。

2.2 农机产品以中低端为主，高端产品短缺

目前，我国农机市场主要以中低端产品为主，高端农机产品主要依赖进口。中小型低端产品产能过剩，恶性竞争严重。2014 年《政府工作报告》指出，为"推进农业现代化和农村改革展开"，要求"研制推广一批新式高效农业机械"。中国农机研制及工业化尽管经历了几十年的进程，但大型、高效农业配备及中心零部件仍然依赖进口，智能化与进行精准工作的商品缺失。现阶段我国部分企业及地区在农机产品的设计开发上一味追求大功率的高端农业装备，没有经过实地调研，结果在商业上以失败告终，如以高端农机具中具有普遍性的拖拉机开发为例，马力过大的拖拉机并不适合中国精耕细作的农业生产。

2.3 农机企业品牌意识不强，品牌美誉度不高

近年随着农机产品需求急速增加，大量资本进入农机行业。许多短期牟利性拼装类公司的出现，暴露出行业准入门槛低，进而出现商品质量参差不齐、同质公司间恶性竞争等问题，未能构成一批国际竞争力强、市场占有率高的龙头企业。国产农机产品名牌少、杂牌多，大公司不强、小公司不专，新式高效农机商品依旧缺失。另外，国内农机零部件行业虽然也在快速发展，甚至增速高于整机行业，但商场份额多集中于低端商品，自立品牌缺失和零部件开发力量薄弱，在某种程度上也影响了农机整体的可靠性。

2.4 农机企业创新力不足，研发能力有限

技术含量高、生产效率高的大中型农机产品的生产与研发能力较弱，跨国企业占领了国内主要的高端农机市场。我国农机领域的前十名专利申请人中，只有一家是企业，其余均为科研院所。我国农机技术研发成果很多依然停留在科研层面，实践转化较少，与农机技术集中于企业的日本形成了鲜明对比。农机企业产品研发缺乏系统规划：一方面表现在产品线的规划与创新不足，如农机具配套率低；另一方面表现在产品研发思路呈点状，如我国农机产品主要关注农作物的生产，而西方关注的是从生产到加工的全过程。

3 设计驱动创新的农机企业发展策略

设计是企业重要的战略资源，不仅可以提供解决问题的办法，更是开拓创新思路的工具，也是增强企业发展策略的手段。设计驱动创新是一种前沿的创新理论，在本质上是一种由设计思维、设计行为主导的创新模式。强调通过现存技术因素、市场与用户研究、企业资源利用、合作机制建立等方式形成有目标、有规划的企业发展与产品解决方案。设计驱动创新产生的背景主要有三个方面：首先是知识经济的兴起。创新中不仅需要技术知识，也需要相应的社会文化知识，设计成为连接两种知识的桥梁。其次是以用户为中心（User Center Design, UCD）的设计与发展理念。以市场为导向的消费社会形成，用户成为研发制造的关注重点，用户的需求与使用反馈成为技术研究的风向标。最后是由信息技术、通信技术引发的网络化社会的形成。用户、产品、销售渠道、制造企业等不再是单向的线形关系，而是网状的交互关系。因此在这种社会环境下，农机行业仅凭产品的基本功能和低价已经不能满足市场需求了，必须强化企业品牌、产品质量与可持续服务。

技术可以驱动创新，市场也可以驱动创新，但是设计才是真正能够帮助企业实现差异化竞争的关键要素。对装备制造企业而言，设计驱动创新主要包括企业内部和企业外部两方面。设计公司与生产企业的嵌入式合作，从调研、概念、研发、设计、生产、工艺等多个角度的合作，在互相信任且拥有有效保密机制的前提下，让设计公司更全面地了解生产企业，能为生产企业提供更适合的农机设计方案。

3.1 设计驱动创新——企业内部

首先要求企业家具备设计战略眼光与思维，将创新设计与技术创新视为企业发展的发动机与核心竞争力，企业内部建有工业设计部门和设计研发机构，或者是有长期合作关系的外部研发团队，能够很好地领悟与贯彻决策者对创新设计的定位与标准，专注于核心业务与文化底蕴建设，对打造品牌与提升价值有长远的期望值。

（1）从农机技术层面上，企业研发以自主知识产权为主，适当引入新技术。

农机制造企业以模仿抄袭来研制产品不仅会引发因设计侵权而被起诉的风险，而且跟风已经无法在市场上形成有力的竞争。因此，越来越多的制造

企业奋而求变、抛弃模仿，逐步意识到建立以自主知识产权为主的研发创新机制才是可持续发展之路。农机企业应建设农机研究中心，以发明专利、实用新型专利等为核心竞争力，产品设计必须要通过深入地分析研究市场需求，根据国情及地理特点，融合农艺，技术领先，大小型兼顾，发展具有中国特色的高效农业装备产品，实现农机产品的科学转型升级。

（2）从农机用户层面上，注重用户研究，尤其是用户的时代变化与潜在需求。

新型农机的开发不仅需要引入新的技术，还要进行用户研究，以新农民和职业农民为主要研究对象。自2010年起农机用户逐步转变为"80后""90后"群体，伴随着新型职业农民的出现，能用、耐用的农机产品已经无法满足其使用需求，人们更倾向于好用、易用的农机产品。因此，农机产品的设计方向也逐步转变为以用户为中心，根据人的行为习惯、生理结构、心理状况、思维方式等，在满足产品基本功能的前提下，尽量使人的心理认知和精神需求得到尊重和满足，使产品更具人文关怀，充分体现对人的尊重。未来的农机产品应该是多功能、人机界面友好、操作简便灵活、作业高效快捷、维护成本低、智能化程度高、资源耗费较少、环境生态安全的综合性高科技产品，用户在使用过程中能感觉到被尊重、热衷于本职工作且具有劳动的自豪感。

（3）从农机使用环境层面上，企业应该研发适合中国特有的立体农业所需的产品，突出专业性与适用性。

转型发展的中国农村的环境、条件与过去相比发生了巨大的变化，注重物理环境对农机设计的约束条件，以及不同类型的农业劳作对农机的要求，研发适合中国特有的立体农业所需的农机产品，突出专业性与适用性。农机企业应该根据自身优势，结合我国各地自然地理条件以及农艺特点，在全产业链上精耕细作。注重地域环境的独特需要，使农机具注重通用性，与当地实际作业方式相匹配，适应当地的土地规模集中度，这样才能设计出适合我国国情的农机产品。农机具不仅是部分农民的生产工具，也是当地经济特征的体现，也会受到区域文化影响。部分农机具在设计时要考虑当地的特色，可以在传统农具基础上设计出体现地方文化与特色的现代农具。如东北地区的拖拉机，色彩上应以暖色为主，且饱和度较高，驾驶室尽量设计成可挡风的闭合或半闭合空间，手扶部件避免直接使用金属材质，增设具有防冻、减震功能和增强抓握力的泡沫塑胶层。

3.2 设计驱动创新——企业外部

（1）树立以品牌为核心的企业形象。

企业形象识别系统（Corporate Identity System，CIS/CI），是指企业有意识、有计划地将企业特征向社会公众主动地展示与传播，使公众在市场环境中对某个特定企业有更好的识别并留下良好的印象。CI一般分为三个方面，企业的理念识别（Mind Identity，MI）、行为识别（Behavior Identity，BI）和视觉识别（Visual Identity，VI）。近些年有学者将产品识别（Product Identity，PI）也纳入CI，PI是为了实现企业总体形象目标的细化，以产品设计为核心，使产品在设计、开发、研制、流通、使用中形成统一的形象特质，使产品内在的品质形象和外在的视觉形象统一的结果。农机企业品牌战略的实施、品牌形象的树立、产品设计的规划对企业的长远发展有着重要的意义，将创新设计与品牌建设挂钩，良好的企业品牌形象有助于企业不断创造出持久的经济价值，品牌建设与创新设计的互动关系可以保持企业成长始终位于良性轨道，还可以帮助一些企业平衡制造与营销自主品牌产品，配置内外销市场份额。

（2）拓展新型的商业模式。

我国农机行业的商业模式发展随着特定环境的变化，赢利模式的引进大致经历了"单件利润模式—规模利润模式—品牌利润模式—结构利润模式"的过程。农机企业在产品创新的过程中，商业模式也要更新，利用已有市场资产、知识产权资产、人力资产和基础设施资产，将盈利业务分为显性与隐性、短期与长期，从单一走向多元，形成具有市场竞争力的商业模式组。如部分农机企业以绿色设计为理念，注重产品全生命周期，产品部件尽量采用通用型设计，便于企业实现跨企业、跨行业的合作。农机整机与零部件企业可以致力于机组一体化建设，实现"一站式，零距离"农机产品售后服务，是从产品全生命筑起管理，提升服务核心竞争力。

（3）建立稳定、多元的合作网络。

制造企业的合作网络可以是区域地方政府与产业集群的合作、产业链之间上下游企业的合作、同类制造企业间的交流学习、与相关高校和科研院所之间的产学研合作、与国际同类产品企业之间的相互学习与交流。农机企业应该顺应政府农机化发展政策，建立区域地方政府与产业集群的合作，推进农业机械标准化、智能化、信息化、集成化进程。农机产业链之间上下游企业的合作应该是农机企业合作网络中最重要的一环，稳固的产业链直接关系到农机企业的生存，良好的产业链关系对于拓展商业模式、提升竞争力也有直接的影响。在农机行业内，每个企业应该根据自己的特色与区域优势，专攻某个农机领域或某项技术，努力成为行业专家，而不要跟风，把短期经济利益放在首位，致力于优化农机产品结构，提高农机装备制造水平。农机企业应该主动与相关高校、科研院所开展有深度的产学研合作，既能提升制造水平，加大研发力度，同时也能降低新产品研发成本，在一定程度上规避风险。加强与国际企业的交流协作，加强与美国、日本、韩国等发达国家的相互学习与交流，提升中国农机技能水平，培育国际化品牌，积极参与国际农机行业标准的制定。

4 结语

在当前的社会情形与市场竞争中，我国农机企业要尽快树立"设计驱动创新"的发展策略，对内要从技术、用户、使用环境等角度进行新产品研制，技术研发以自主知识产权为主，注重用户研究与农机使用环境，对外树立以品牌为核心的良好的企业形象，拓展新型的商业模式，建立稳定、多元的合作网络，加快创新速度才能生存。

参考文献

[1] ROBERTO V. Design Driven Innovation——Changing the Rules of Competition by Radically Innovating What Things Mean ［M］. Harvard：Harvard Business Press，2009.

[2] 陈雪颂. 设计驱动式创新机理研究 ［J］. 管理工程学报，2011，25（4）：191－196.

[3] 吕会军. 浅谈中国农机工业设计——参加武汉国际农机展有感 ［J］. 农业机械，2015（1）.

[4] 一直. 农机商业模式的现状与价值取向 ［J］. 农业机械，2008（12）：24－26.

区域文化符号在环境设施设计中的应用*

谢淑丽

（西华大学艺术学院，四川成都，610039）

摘　要： 本文探讨将以区域文化特征为目标的视觉符号应用于在城市环境设施设计中遇到的问题，并就符号设计与区域文化元素的关系进行分析，提出了"从本土的文化资源特色出发，基于当地地理气候、人文文化等特点，使其符号化，运用于环境设施设计中"，以求塑造具有鲜明特色和丰富内涵的环境设施的视觉形象，并促进设计艺术实践的创新。

关键词： 区域文化；符号；环境设施；设计

由于地理环境和自然条件不同，经过长期的历史发展过程，导致不同区域的文化背景产生差异，从而形成了受地理位置影响而不同的文化特征，这种文化就是区域文化。区域文化最大的特点就是文化存在本身所具有的传统文化的发展倾向，从而也就产生了不同的区域文化的特性。它并不单纯地指向景或物本身，其本质指向的是景、物、自然条件等所固有的内涵、传送的信息、隐藏的秘密和带来的意义。视觉符号是事物和知觉之间的中介，是区域文化观念的物化形式和传播载体。在一定程度上，区域文化是视觉符号创意设计的基础，有特色、有个性的视觉符号会传达一定的区域文化，把具有特色的区域文化符号运用于环境设施设计中。

这样的设计可以在城市同质化现象严重的今天，彰显出城市的独具特色和魅力。

1 区域文化作用下的符号设计

区域文化具有独特性、传统性、乡土性、多元性等特征，在它的视角下构建的视觉符号有着一定的现实意义。

区域文化会体现出不一样的个性风格和特殊内容，给设计提供丰富的能量与养料。区域文化符号设计元素主要来源于对区域文化视野下的表层元素和深层元素的深入挖掘。

文化表层元素是具象的、物质的。它包含历史古迹、自然地理风貌和民俗风情等。区域不同，其

* 基金项目：四川省社会科学重点研究基地（GY－13QN－12），项目名称："个性化设计"在旅游景区环境设施设计领域的研究。

　作者简介：谢淑丽【1978—】，女，四川成都人，副教授，硕士，研究方向：工业设计、产品人文概念与产品应用设计等。发表论文10篇。

代表元素就不同，例如西安的兵马俑、北京的四合院、凤翔木版年画等；各地习俗也会有所差异，例如香港的舞火龙、安徽的堆宝塔、广州的树中秋、晋江的烧塔仔等。文化深层元素是抽象的、隐性的、精神的，具体体现为地方精神、价值观、知识等。例如，三秦文化中，秦人这种生命本性表现在艺术上，或简约大度，或慷慨激昂，或厚重率直，皆构成一种区域大美的色彩和气度。正是这些文化元素为设计者师指明了方向、提供了创作灵感。设计师对其进行归纳和提炼，挖掘其内涵，寻找其意境，分析创造出具有代表性的抽象元素运用在设计中，强化其视觉记忆点和心灵归属感。

2 城市环境设施的概述

所谓环境设施，是指公共或街道社区中为人们活动提供条件或一定质量保障的各种公用服务设施系统及其相应的识别系统。它是社会统一规划的具有多项功能的综合服务系统，免费或低价享用的社会公共资本财产。

我们从整个历史的不断发展来看，环境设施最早出现在古罗马帝国时期，当时使用的城市排水系统和古老的奥林匹克竞技场等都可以说是那个时代的环境设施。

设计优良的环境设施不仅可以协调城市里各个单体建筑并存的和谐感，还可以使城市空间变得亲切，更加适合人类居住。环境设施是城市环境的构成部分和主要内容，设计时应充分关注它们的物质使用功能和精神功能的双重作用，提升整体的艺术审美性，除此之外，还应该体现每个城市所独有的人文精神与艺术内涵，达到提升城市的整体文化品位的作用。空间规划合理、设计内涵详细的系列化环境设施设计，会赋予城市与众不同的形象和魅力。

3 区域文化作用下的城市环境设施设计

3.1 环境设施与自然、文化的和谐统一

任何一个城市都有属于自己的传统和文化，这是历史的沉淀和人类智慧的结晶。人文环境的相互协调要求设施设计充分体现城市的文化内涵、适应当地百姓的心理需求，寻找具有特色的造型、颜色、符号元素，这样才能使环境设施与人文内涵协调融合。

环境设施的设计应考虑周围的自然环境、当地的文化特征，注意设施与自然环境、文化特征的和谐统一。顺应自然环境，既要有节制地利用和改造自然环境，又必须符合本地的文化气质特征，通过具有人性化设计的环境设施这一媒介，达到"天人

合一"（自然环境、文化特征与人的生活的和谐统一）的效果。例如，北京故宫的环境设施设计就巧妙利用自然环境、人文特征进行了人性化设计。北京故宫的道路几乎保留了原来的面貌，电话亭、书报亭等环境设施的建筑风格古色古香，体现着北京深厚的历史文化；景观雕塑雄伟壮观，色彩与环境和谐统一，这些设计既巧妙地利用了自然环境，使设施与本地文化特征相辅相成，又极大地方便了游客。

3.2 环境设施与地域气候特征的和谐统一

城市环境设施的设计也应考虑各地的自然气候，注重设施与当地气候相协调。我国东北地区的气候寒冷，环境设施材料应该选择质感温和的木材等。南方气候多雨潮湿，材料选择要注意防潮，应多采用塑料制品或不锈钢，色彩以亮色为主。环境设施只有更好地融合城市人文环境和自然环境，才会与城市的风格和谐统一。

3.3 环境设施与风土民俗的和谐统一

任何一个国家都有自己的文化和习俗，如果不了解民族的文化特征、文化差异，不研究民众心理与人类社会学，就不能很好地设计出符合人文环境的个性化环境设施。

设计师除了注重产品本身的实用功能外，还应注重体现其精神内涵。不同地域内人的精神追求是不同的，这和当地的人文环境是有关系的，建筑和景观就是人文环境的两个方面。城市景观参与城市构成，是城市环境的道具。在一些经济相对发达、注重景观环境建设的地区，城市环境设施一般都是和景观设计互相融合的，成为景观规划的构成元素。在这个层面上来说，环境设施也是城市景观，但它是一种硬质的景观。虽然城市景观环境设计中把户外空间的构成形式和创造性作为首要考虑的因素，但是最直接和人接触的是设施的尺度、造型、材料、色彩等。简言之，要充分注意和环境相协调的景观设施在室外空间环境中起的重要作用，环境设施与城市景观之间具有相辅相成的关系。再者，建筑是表现一个城市发展程度的主要参考依据，也是城市文化内涵的集中体现，可以反映城市的发展史、城市变化、城市风格，以及空间的利用情况。我们通过建筑可以了解每个城市的文化内涵及整体发展情况。城市建筑虽然不需要像公共建筑那样突显其政治特征，但它却是旅游风景的重要组成部分之一。特别是一些古镇，其中古老的建筑风格正是吸引游客的关键。所以，城市的建筑形式可以是质朴的、真实的，也可以体现城市文化特色的。一般而言，城市建设中总是会保留原有的建筑形式和风格，然

后规划设计其环境设施。以古镇为例，为了保护古镇的特色，让其原汁原味地展现在游客面前，设计师在为设施进行造型时，就不能凭自己的喜好，而必须以古镇原始的建筑风貌为设计导向，提炼出好的设计元素，这样才可以使设施和城市环境更好地融合，更加和谐美观。

4 结语

区域文化是当代国际文化发展的多元化的要素和前提，尤其是在计算机和互联网所构筑的"世界"，更加需要这个区域性的文化资源提供创造和创新，以及新的生命方式的价值表述。设计师在进行环境设施设计的过程中，要善于运用"区域文化元素的提取"。设计师只有了解这些深层的文化内核，经过具象—抽象—具象的思考，使个人思想在设计表现中延续，使其设计具有个性美，才能够设计出符合本地特征、具有鲜明区域特色的个性化环境设施。只有找准了城市的精神特质，深入了解了其文化，才能真切地深入思考，做到真正意义上的"文化性"设计。

参考文献

[1] 李建平. 关于地域文化研究的几个问题 [J]. 山东理工大学学报（社会科学版），2010，26（1）：5-9.
[2] 严飞生. 地域文化学的若干问题研究 [D]. 江西：南昌大学，2006.
[3] 马钦忠. 地域意识与当代艺术 [J]. 美苑，2001（3）：7.
[4] 何芳. 符号语言学在平面设计中的意义 [J]. 包装工程，2004（3）：117.
[5] 黄军. 旅游地品牌的形象视觉设计地域性研究 [D]. 江苏：江南大学，2006：46.
[6] 萧冰. 现代艺术设计与民族文化浅析 [D]. 吉林：吉林大学，2006：30.
[7] 陈武. 符号学在平面广告设计中的运用 [J]. 装饰，2006（4）：117.
[8] 陈振旺. 现代标志设计中传统符号的特性解析 [EB/OL]. [2013-01-07]. http://www.docin.com/p-575036299.html.
[9] 沈培新. 大众生活哲学 [M]. 北京：中国青年出版社，1998.
[10] 周岚. 旅游景区空间美学 [M]. 南京：东南大学出版社，2001.
[11] 高祥生，丁金华，郁建忠. 现代建筑环境小品设计精选 [M]. 南京：江苏科学技术出版社，2002.

基于服务设计的情感关怀设计研究

——以城市空巢老人为例

张敬文

（华为技术有限公司，浙江杭州，312957）

摘 要：笔者在研究生期间参与了和飞利浦公司合作的以"关注老年人健康"为主题的项目，在调研的过程中，笔者发现除了健康之外，情感关怀在老年人生活中起到的作用尤为重要。本文以城市空巢老人为研究对象，运用服务设计的研究方法，探讨城市空巢老人情感关怀的解决方案。

关键词：城市空巢老人；情感关怀；服务设计

1 研究背景

1.1 城市空巢老人急需情感关怀

随着我国老龄化进程的加快，以及家庭结构的变化，空巢状况也越来越凸显。在北京、上海等大城市的老人中，空巢率甚至达到70%。"出门一把锁、进门一盏灯"已经成为空巢老人生存状况的真实写照。

迄今为止，社会各界有关空巢老人因为情感缺失、心理等问题而自杀的报道不断出现。城市空巢老人在城市快速发展的环境下，自我的情感缺失增加，甚至产生心理问题。这些都令"空巢"的现象越来越严重。

1.2 服务设计的发展为老年人设计提供了新思路

在这个时代，科技不断进步，社会持续发展。随着设计的角色、方法、作用不断拓展，设计比任何时候都更有可能在社会与经济的语境中去连接和整合多学科知识。近几年，服务设计在国内外发展迅速。一些企业如IBM、飞利浦、苹果等公司，都在产品的发展战略上冠以产品服务系统的概念。产品为人们提供的并不只是单纯意义上的功能，而是以服务为导向，旨在符合用户需求的整个服务系统。国外的如美国卡耐基梅隆大学、芬兰的阿尔托大学、意大利的米兰理工大学、荷兰的代尔夫特理工大学，国内的如清华大学、江南大学、同济大学等院校，都开设了服务设计的相关课程。服务设计在学术界和产业界的发展，为老年人设计提供了设计支持。

2 服务设计介入城市空巢老人情感关怀设计

2.1 服务设计的相关概念

服务设计强调的是一个系统的解决方案，不仅包括服务模式、商业模式等，还包含产品平台和交互界面的一体化设计，注重的是整个过程中的服务体验，是一种设计策略和方法。Jenny Winhall 曾提出服务设计的 4D 法则（图1）。

图1 4D法则

（1）发现（Discover）——挖掘用户需求，设想他们需要的服务。

（2）界定（Define）——将洞察的需求转化为确定的解决方案。

（3）开发（Develop）——深化解决方案，并转化为可行的系统。

（4）呈现（Deliver）——将设计方案完整实现并传达给用户。

在服务系统中，强调的不是单独的产品或者其功能，服务设计的目标主要表现在以下两个方面：① 从用户的角度来看，服务的接口（Service interfaces）是有用的（Useful）、可用的（Usable）、好用的（Desirable）；② 从服务提供者的角度来看，服务是高效的（Efficient）、有效的（Effective）、有特色的（Distinctive）。

图2 设计服务目标

服务设计区别于传统的设计，其设计重点不仅仅在于满足功能需求，而是更注重系统解决问题的能力，是一种整合系统的服务模式（Service model）。服务设计的系统中包含了人、对象、过程和环境四大因素，因此在开展服务设计时，应站在系统的角度统筹考虑，进行规划和设计。

2.2 服务设计的干预方式

2.2.1 整合资源，挖掘机会

在服务设计的过程中，会涉及不同的利益相关者，他们会不同程度地参与到整个系统中。每个角色在系统中起到的作用是不同的，此时设计师担任的角色不仅仅是设计的参与者，更是策略层次上的规划者。设计师通过对各利益相关者进行分类、观察，探析不同角色的参与动机，挖掘设计机会，实现最大程度的资源整合，构建稳定的服务系统。

2.2.2 价值创造，研究共创

共同创造价值基于能动系统（Enabling system）。能动系统使不同的利益相关者都参与到系统解决方案的过程中，在这样的环境下，不同角色积极参与，以此解决自己的问题。同时也能实现价值利益最大化，满足各利益相关者的特定需求。在能动系统中，服务的接受者在享受服务时，会不同程度地参与到系统的维护和建设中，发挥自身的优势和特点。在这种情况下，相对于其他服务接受者，这部分用户同时成为服务的提供者。由于用户的参与积极性提高，以及他们所担任的角色的转变，有利于保持系统稳定性与持久性。

服务设计的专家，意大利米兰理工大学的 Ezio Manzini 教授在 *Collaborative services* 一书中提到，用户参与到服务的过程中，成为服务的共同生产者，这叫作协作服务。这种服务设计的观念，为城市空巢老人情感关怀的服务设计提供新的思路，充分调动老人们参与的积极性，使他们在整个过程中能感觉到成就感和愉悦感。同时，结合其他利益相关者的特点，激发共同创造的能力，实现价值创造。例如，丹麦的邮政服务体系就是用户参与协同创造，从而提出了为当地老年人提供食品运输的服务方案。

2.2.3 主体赋能，协同创新

在服务设计中，服务对象不再是单纯地服务的接受者，可以充分挖掘其自身的能力，将其转变为服务的提供者。同时，设计师不再是独立的设计者，更是设计的引导者，为服务对象提供工具和指导，鼓励其参与解决问题，发挥主观能动性。

英国的 Nesta 创新机构，通过对英国及世界范围内大量案例进行研究和数据统计，在 *People*

powered health co-production catalogue 一书中，对用户的角色进行了重新定位，并且提出了"赋能"的观点，以及赋能服务的六要素，主要包括资源、能力、互动关系、网络、模糊角色、催化剂（图3）。

图3　赋能六要素

赋能理论主张激发用户自身的主体能力，在城市空巢老人的服务系统中，根据赋能的特点加以运用，鼓励空巢老人发挥自己的能力。

2.3　情感关怀的主要方式

情感关怀的主要方式可以总结为是从产品层次和精神层次两方面展开的（图4）。产品层次主要是从产品的形状、材质、功能等方面满足空巢老人的生理等方面的基本需求，进而产生情感上的积极反馈。例如，在国外医疗领域涉及情感关怀的产品MyLively。这是针对老人健康的监护产品，由智能手表和家庭传感器两部分组成。手表有服药提醒、紧急救助、日常行为检测等功能，家庭传感器可放于冰箱、浴室、门上等位置，其他家人可以通过传感器的检测察觉异常情况，比如当老人出现吃饭、洗澡、出门频率降低时，即时对老人进行关注和慰问。

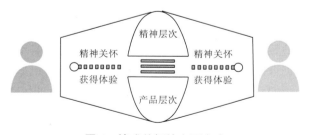

图4　情感关怀的主要方式

精神层次的情感关怀主要是通过人与人之间接触而产生情感关怀的积极效果。关怀者与关怀对象之间交流沟通，听取关怀对象的困扰，进而给出积极的见解或建议，帮助关怀对象疏解不快，通过指导、劝导使关怀对象将消极情感转变为积极情感。从本质上讲，精神层面的情感关怀是一种人际互动

的行为，主要由以下部分构成（图5）。

图5　精神层面的关怀

关怀者：对需要关怀的对象实施关怀行为的主体，这里的关怀者不一定是专业的心理咨询人员，可以是子女、亲戚、朋友、邻居、社区里的工作人员或者相关志愿者。

关怀对象：实施关怀行为的客体，由于情感关怀缺失，关怀对象在心理、情绪等方面存在诸多困扰。

关怀的媒介：可以是直接面对面沟通交流，也可以通过电话、书信、网络等其他形式进行交流。

3　用户研究与需求分析

3.1　定性研究

笔者通过观察和访谈及前期收集的有关城市空巢老人的故事情境大约有54个。故事情境的描述是按照人（People）、环境（Context）、期望（Expect）、行为（Activity）、事件（Event）等要素进行的。

笔者按照空巢老人的"行为特征"将收集的故事情境进行卡片分类，旨在更加直观地了解城市空巢老人的情感关怀需求，从而得出城市空巢老人的情感关怀的五个层次的需求（图6），其中每一层次又包含不同的子需求。定性研究的结论难以支持解决方案的设计机会点，结合定量研究则更有说服力。定性研究的数据为定量研究提供了方向和依据。

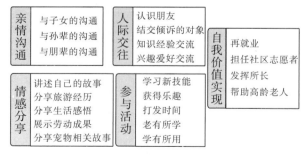

图6　需求分类

3.2　定量研究

通过线下和线上发放的问卷共157份，有效问卷为139份，有效率为88.5％。对问卷的统计与分析分为以下三部分：①城市空巢老人的基本情况分析；②城市空巢老人对情感关怀需求的情境分

析；③情感关怀需求优先级分析。

笔者通过问卷调研不仅了解到空巢老人情感关怀的相关情境，还可以对空巢老人的情感关怀需求层次的重要程度有充分的了解。此外，笔者对相关需求层次的子需求的优先级进行了排序。子需求的评分在均值以上的可以作为后续设计方案考虑的重点。从需求层次的优先级方面考虑，根据定量研究的数据结论，可以对需求层次进行优先级排序（图7）。

图 7　需求层次优先级

3.3　设计的机会点

通过前面的调查研究，笔者总结出城市空巢老人的需求层次，并依此来导出设计机会与方向。由调研总结出发，设计方向可从空巢老人自身、空巢老人家庭、社会这三个方面来切入。对空巢老人自身可以从心理和外在行为角度出发，对空巢老人家庭可以从内部和外部因素考虑，在社会方面可以从他们的态度和相关举措来分析，如图8所示。

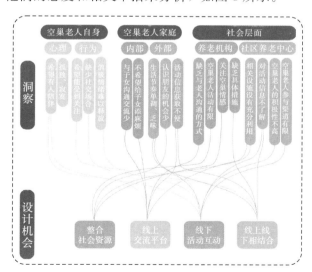

图 8　设计机会分析

4　"欢乐伴晚霞"服务设计原型

笔者在前文对城市空巢老人情感关怀的服务设计进行了服务定位，并且针对这一特殊的目标人群提出了具体的设计策略：①均衡考虑空巢老人生

理、心理方面的因素；②合理设置空巢老人参与的门槛；③选择合适的服务载体；④注重服务体验的延续，进而提出了"欢乐伴晚霞"的服务设计方案。该方案以线上、线下相结合的服务模式进行，并综合空巢老人自身、空巢老人子女以及社区相关工作人员，分析他们的动机及需求，让他们积极主动地参与到服务系统中来。

"欢乐伴晚霞"服务设计方案是以社区养老服务中心为依托的服务系统，该系统由社区工作人员负责运营，第三方设计公司提供移动应用 App 的技术支持，结合城市空巢老人自身的能力，辅助以空巢老人子女的远程沟通，来实现对城市空巢老人的情感关怀。

在服务设计中，主要可分为前台设计和后台设计两方面。前台部分注重用户体验，后台部分则侧重在服务系统的运作上面。前台部分的设计流程主要可分为用户模型的创建、使用场景的描绘、用户旅程体验三大部分；后台部分包括系统中的利益相关者、服务系统图、服务商业模式、服务中的接触点等。

在"欢乐伴晚霞"的服务系统中，有城市空巢老人、城市空巢老人子女、社区养老服务中心、App 提供商四类利益相关者。其中，城市空巢老人既可以是服务对象也可以是服务的提供者，App 提供商主要为系统提供技术支持，社区养老服务中心提供场地、资金等。在系统图中，可以看到资金流、物质流、信息流的走向（图9）。

图 9　服务系统图

服务系统的核心价值主要体现在以下几方面（图10）：①服务系统能够使城市空巢老人获得情

感关怀，使他们能够积极参与社交活动。通过线上App工具，空巢老人间也可以相互交流和沟通。②为城市空巢老人子女提供与父母无缝沟通的工具，使他们能够时时获取父母的动态，以便随时联系。③为社区养老服务中心提供了更好的抚慰空巢老人的机会，他们可以组织线上活动来调动空巢老人的积极性。

图10　服务的核心价值

"欢乐伴晚霞"App移动应用作为该服务系统的接触点服务于城市空巢老人及其子女，为各利益相关者更好地提供和接收服务（图11）。

图11　欢伴App的展示

5　结语与展望

本文以城市空巢老人为研究对象，从当前城市空巢老人缺乏情感关怀的背景出发，将服务设计理念运用到城市空巢老人的研究过程中，挖掘城市空巢老人的生活情境及其对情感关怀的需求层次，主要集中在亲情沟通、参与活动、情感分享、实现自我价值、人际交往五个方面，并根据调研分享做了相应的设计实践。虽然笔者做了简单的可用性测试，但是此次设计的尝试有很多局限。在后续研究过程中，可以继续探索城市空巢老人对日用商品、保健品以及工作机会等方面诉求，将这些条件作为城市空巢老人参与活动的福利，激发城市空巢老人参与的积极性。与此同时，空巢老人也可以为提供福利的利益相关者做宣传。

在本课题的服务系统中，服务的接触点是多方面的，包括社区养老服务中心与老年人接触的各方面，如社区宣传栏、宣传单页等。本文只是以"欢乐伴晚霞"App作为一个切入点进行设计探索。

空巢老人情感关怀的研究是多方面的，服务系统在接触点上的探索可以考虑与硬件终端相结合，力求发掘更为合适的硬件终端，以提升服务系统的质量，更好地为城市空巢老人服务。

参考文献

[1] RICHARD B. Wicked Problems in Design Thinking [J]. Design, 1992, 2 (8)：5-12.

[2] 王国胜. 服务设计与创新 [M]. 北京：机械设计出版社，2015.

[3] JEGOU F, MANZINI E. Collaborative services：Social innovation and design for sustainability [M]. 2008：31

[4] NESTA. People powered health co-production catalogue [M]. Nesta Operating Company，2012.

大数据视域下旅游产业的变革与推广策略*

张瀚文

（西华大学艺术学院，四川成都，610039）

摘　要：大数据以铺天盖地之势席卷国计民生的方方面面。旅游产业作为蓬勃发展的新兴绿色产业获得政府的大力助推。大数据和旅游产业作为国民经济发展的新能源和新增长点必然会在相互影响中共同前行。

*　基金项目：四川旅游发展研究中心2015年项目，基金项目编号：LYC15-12。

作者简介：张瀚文（1985—），男，四川眉山人，西华大学艺术学院教师，四川大学文学与新闻学院博士研究生。主要从事家具设计、服务设计的教学与研究。公开发表论文5篇，作品8件。

大数据与旅游产业的融合共生会是业内不得不面对的重大课题。本文从大数据基本原理和旅游产业现状分析，从旅游企业的不同层面提出大数据时代下提升竞争力的策略和方法。

关键词：大数据；旅游产业；变革策略

1 引言

当前，大数据（Big data）作为非常重要的生产要素逐渐渗透到了各行各业，成为席卷各行各业的科技热词。大数据以互联网、云计算、物联网、移动数据终端以及庞大的传感器数量为数据来源，基于海量数据的科学分析，为城市建设、社会管理、企业经营提供可视化的信息蓝本，进而据此得出可靠的决策。在可预见的未来，数据会成为一种战略资源被各行业所重视，经过有目的的搜集、分析和处理，它将带来不可预估的参考价值。大数据时代下，企业经营将逐渐从"经验治理"向"科学治理"转型。而旅游产业在时代的科技洪流之中，需要敏感、即时地做出回应，以深刻的变化实现行业战略转型，分享大数据时代的科技福利，把握住发展的先机。

2 大数据视域下旅游产业的困境

2.1 我国数字化旅游产业发展现状

近年来，我国数字化的旅游产业正以前所未有的速度迅猛发展。旅游产业是相较于工业、农业等传统实体经济的新兴服务经济类型，大多数涉及展示与娱乐体验的业务类型在具体过程中往往可以借助计算机和相关数字技术来进行创意生产和效果演示，因此旅游产业与以互联网、计算机技术为基础的大数据产业有着天然的有利融合条件。2003年10月，首届中国国际网络文化博览会在北京举行，预示着我国数字休闲旅游产业做大做强的广阔前景。我国北京、上海、深圳、南京、杭州、重庆、长沙等大城市均依托各自人才、区位以及资源优势，将数字休闲旅游产业视为经济发展的新亮点和新举措，他们纷纷出台旅游产业发展规划和优惠扶持政策，推动数字化创意旅游产业的高速发展。在地方政府积极推动的同时，有条件的旅游产业实体也在主动尝试与大数据产业发生融合效应，在虚拟游览、全景导游、创意旅游产品开发、精准广告投放等领域，大数据已经让先行旅游经营企业看到了新的推广思路和新的盈利增长点。

2.2 我国旅游产业在大数据时代面临的问题

（1）旅游产业相关数据资源储备不足，开发程度较低。

丰富的数据资源是大数据产业发展的前提，而我国旅游产业信息化发展水平明显滞后，数据资源总量远低于IT、网络等其他优势行业，甚至比起大数据时代政府重点建设的医疗卫生、网络生活服务、科技平台服务等领域也存在明显的差距。造成这种问题的主要原因是旅游产业对于大数据技术认识不足，没有普遍意识到大数据带给创意产业的重大变革，因此旅游经营实体在大数据搜集、有效分析、充分应用方面还未形成行业内的认识高度。在传统行业运作模式下，由于对数据的重视程度不高，数据互通标准缺失，形成众多的"数据孤岛"，开放程度低，资源活性差，又进一步抑制了数据价值的发挥。处在大数据时代洪流之中，尽快形成产业融合共促发展的普遍认识和建立有效的数据资源储备和共享流通的生态系统，是我国旅游产业面对大数据时代需要解决的首要问题。

（2）旅游产业存在大数据技术水平不高、扩散不畅的问题。

虽然大数据已经席卷包括旅游产业在内的各行各业，但给我们生活带来的变化还不是特别深刻，而旅游产业作为国民生活的上层建筑对于大数据融合的急需程度明显滞后于其他基础民生服务行业。因此，我国旅游实体企业存在对大数据技术掌握程度不高，对数据的分析利用能力水平有限的问题，相关行业之间的数据资源得不到共享也存在扩散不畅的问题。如果这种局面改变，长远来看，旅游产业将在大数据时代失去突破性成长的重要营养，错过助推行业升级换代的关键能源。

（3）旅游业与大数据带来的新兴媒体推广模式融合不畅。

创意休闲文化是旅游产业的重要属性，其特点就是以时代热点刺激大众的消费热情，进而以大众的消费热情反哺旅游项目的宣传效果。大数据技术下的各类新兴媒体对于网络热点的吸收与转化能力正好可以作为旅游业新兴推广模式的有利条件，但是目前绝大多数的旅游产业实体并未充分利用这个资源。从相关数据来看，目前旅游产业的主流推广模式还是基于传统的网络和有线媒体，而微信等可以点对点精准投放的自媒体平台还未被旅游业正确认识，在这方面基于大数据技术的新兴自媒体平台的精准推广发展空间巨大。

3 大数据助推旅游产业变革

3.1 大数据能界定有效需求和发现新价值

（1）更快更全利用数据。

产品开发部门以往在思考旅游新产品的亮点创意时，通常采用的用户调研方法是用抽样的方式来研究消费者行为，比如问卷调查、田野调查、用户访问等具体方法。这些调查方式获得的数据都是随机或者以划分对象群体来寻找消费者的行为规律的。在大数据时代，基于实时监测或者追踪消费者在互联网上产生的海量数据可以全面地分析消费者的行为特点。随着大数据的出现，数据的总和比部分更有价值。当我们将多个数据集的总和重组在一起时，重组总和本身的价值也比单个总和更大。而且整个过程可以在非常短的时间内完成，相对于传统调研方法来说耗费的物质成本几乎可以忽略不计。

（2）更为精准的市场定位。

传统用户调研大多以人口统计学特性来概括目标消费者，对于小众群体可以描述准确，但如果面对庞大的市场则难以精确定位目标群体的特点。而大数据技术，通过搜集目标群体的相关行为数据，可以无限地接近、近乎精确地判断每一个人的需求，通过对需求程度和类型的比对，就能从中得出最优的市场定位。大数据技术的这些优势已逐渐被更多创新型的推广营销公司利用，从共同的需求属性去归纳目标人群，划分市场，进行精准的目标市场开拓。

（3）更具时效的数据支持。

互联网平台的社会化浪潮催生了不计其数的信息交流空间，消费者无时无刻不在自媒体、论坛、社交网络、网购平台等场所讨论品牌和产品，这些信息是深度洞察消费者内心需求的关键所在。对于依托大数据技术进行分析的决策者而言，数据价值的折旧率同样需要重视。尤其对流行文化产品而言，与过时的产品相关的数据都会失去一部分基本用途，参考价值会相应下降。因此，对于时效性强的产业，即时的大数据信息能得出时新的参考结果，保持最前沿的视野。但如何甄别和框定数据的折旧率会是数据分析面临的挑战。

3.2 大数据成为旅游产业业务能力提升的新利器

（1）大数据带来"创意"能力。

创意经营是文化旅游生产的灵魂所在，如若不涉及市场和营销，创意可以天马行空，无所拘束。但文化旅游生产作为一个产业是需要以有效益的智力劳动为基础的，即文化产业的创意经营是依据相关消费市场而产生的，市场需求是创意萌生的风向标。传统的创意诞生模式大多是在广泛的市场调研数据基础上进行的，而如今大数据技术消除了创意的边界，使那些传统的创意生产模式渐渐式微甚至消失。大数据技术可以充分挖掘目标用户的行为数据，并在海量数据的基础上通过统计分析得出用户的需求排名，根据需求自然可以界定创意的方向，甚至可以进行细节的设计创作。比如动漫乐园项目规划方对于休闲项目的文化创意与项目功能设定是一个逻辑严密的思考过程，而借助于大数据技术，通过对用户群的在相关产品的过往消费习惯和使用行为数据分析可以获得最受欢迎的娱乐需求和体验愿景，于是规划的思路变得清晰可循。从这个意义看，大数据分析团队从技术的角度直接具备了纯粹的创意能力，数据变得从未如此生动而美好。

（2）为消费者定制创意。

将大数据用于创意创作，则催生了定制创意。在创意生产过程中，大数据分析技术根据目标用户的需求特性，富有逻辑地组合出不同的创意方案，以迎合最佳的市场需求。这一点可以从2014年美剧《纸牌屋》的骄人业绩中获得启发。《纸牌屋》的出品方兼播放平台Netflix在一季度新增超300万媒体用户，第一季财务报告公布后股价狂飙26%，达到每股217美元，较去年8月的低谷价格累计涨幅超3倍。这一切，都源于《纸牌屋》的诞生是从3000万付费用户的数据中总结收视习惯，并根据对用户喜好的精准分析进行创作的结果。从受众观察、受众定位、受众接触到受众转化，每一步都由精准细致、高效经济的数据引导，从而实现大众创造的C2B，即由用户需求决定生产。基于用户喜好制作的原创剧集，是"定制化"模式的进化产物，吸引了大批新用户。在大数据时代，"定制化"模式的成功有其必然性，必将推动各类型旅游服务产生颠覆式变革。

4 旅游产业变革潮流中的推广策略

大数据开启了数据作为重要生产力的时代，勾勒了一个令人兴奋的数字化世界。而旅游产业作为新兴绿色高产出行业对于我国的经济布局意义重大。处于不同的思维角度，出于科技推动产业突破升级的目标，面对大数据时代，旅游产业实体的管理层和业务层都需要做出明智的举动。

4.1 旅游产业机构应主动掌握大数据技术

大数据将颠覆过去的运营思维，未来企业核心竞争力最主要的不是资金，也不是现有市场规模，而是对大数据的掌控分析能力。大数据对旅游产业生态环境的颠覆基于以下三大趋势：创意的价值同它所涵盖的数据的规模和活性成正比；越靠近最终用户的企业，将在产业链中拥有越大的发言权；数据将成为旅游产业生产的核心资产。因此，对于数据的技术掌握能力可能是旅游产业与大数据产业融合的桎梏。主动达成掌握大数据的条件，能够运用数据资源进行相应的分析归纳，会是旅游产业实体赢得发展先机的第一步。

4.2 旅游产业机构管理层的战略决策

旅游产业实体管理层的知识水平和认知高度直接决定企业的兴衰和发展。旅游企业要实现新形势下的战略转型，管理层首先就要主动迎合时代，与时俱进，科学发展。步入大数据时代，旅游企业的管理层要调整决策思维方式，通过不断学习和创新来弥补对新技术认知的不足，以适应新时代的要求，清晰把握行业发展新趋势，从战略高度让企业决策立于行业前沿。旅游企业必须将大数据技术的竞争上升到公司的战略合作高度，才能赢得竞争优势。对于旅游产业来讲，企业管理层和员工都不是数据分析运用的行家，因此有必要与大数据运营公司一起深入大数据资源市场，洞察潜在的业务机会，创造新的商业模式，通过一个全面的大数据战略来获取企业竞争力。

4.3 旅游产业机构业务层的"精细化"思路

大数据时代是一个以"精细化"获得竞争优势的时代，旅游产业实体要想通过"精细化"思维来获取竞争优势，就必须学会选择，无论是产品还是服务，都要做到贴近用户的核心需求。旅游产业机构业务层可以通过数据分析技术对竞争对手、既有市场和客户需求等相关要素进行分析，找出对客户最为重要的产品或服务的差异化特征，从数据中求得市场差异化发展的生存空间。但值得注意的是，

客户和消费者在很多时候并不清楚自己的需求情况，比如福特汽车公司创始人福特先生的一句名言"客户并不知道他们想要什么，他们会告诉你想要的是一匹更快的马"。在这种情况下仅仅依靠冰冷的数据可能会带来一些误导，因此业务层需要敏感地发现问题，从而对客户和消费者进行"精细化"引导，培养目标市场。

5 结语

大数据时代来临已是科技界乃至全社会的共识。相比于过去，大数据不仅意味着更广泛、更深层的开放和共享，还意味着更精准、更高效、更智能的产业革命。旅游产业同样不可避免地面临着大数据时代变革浪潮的冲击。旅游产业机构需要以此推动战略思维的革新，并在业务层面利用大数据建立自身的差异优势，才能在大数据的新技术革命浪潮中抓住机遇，从而借助技术高地赢得自身发展先机。在这个数据起决策主导作用的时代，只有对数据进行精准分析，才能与需求智能匹配，进而发挥数据的最大价值，去积极推动个人和企业决策方式的转变。大数据技术的精准、高效结合人类创造性思维的人性温暖将会开启旅游产业的新篇章。

参考文献

[1] 迈克尔·波特. 自媒体时代，我们如何做营销 [M]. 北京：人民大学出版社，2014.
[2] 金保印. 迎接"大数据"时代 [J]. 民营时代，2013（3）：23.
[3] 杜一凡，吴彪. 微信营销实战手册 [M]. 北京：人民邮电出版社，2014.
[4] 冯鲁闽. 基于共生理论的产业技术创新联盟稳定性研究 [D]. 南京：南京邮电大学，2012.

环境需求心理在开放社区设计中的应用[*]

张芷娴

（四川托普信息技术职业学院，四川成都，611743）

摘 要：本文以马斯洛（Maslow）的层级论为基础，从使用者对环境需求的心理角度来探讨未来开放社区设计的基本要求和原则，探讨开放社区设计应满足使用者安全感、使用者方便舒适、使用者社会交往、审美及使用者自我实现等需求。
关键词：开放社区；封闭社区；环境心理；设计

* 作者简介：张芷娴（1981—），女，重庆人，四川托普信息技术职业学院数字艺术系讲师，硕士，研究方向为艺术设计与风景园林。

2016年2月，新华社播发了《国家进一步加强城市规划建设管理工作若干意见》的文件，文中提出为了更好地利用公共资源，我国今后新建住宅要逐步推广街区制，原则上不再建设封闭住宅小区，已建成的住宅小区和单位大院要逐步打开，实现内部道路公共化。开放社区主要为缓解大中型城市交通拥堵，以及社会资源实现共享，打破以往某些封闭社区独享资源的特殊待遇。未来，开放式社区将成为未来我国住宅小区规划设计的主要形式。封闭式社区在我国已推行十几年，城市居民早已熟悉并认可这种社区形式，如何让城市居民改变观念接受开放式社区，以及如何在旧城改造中合理建设开放式社区等，是值得设计师研究的问题。

丘吉尔说过"我们塑造了环境，环境又塑造了我们"，这句话是针对环境和人的相互关系来说的。设计以人为本，开放社区的使用者是城市居民，因此开放社区的设计应该充分考虑使用者的顾虑，本文试以马斯洛（Maslow）的层级论为基础，从使用者对环境需求的心理角度来探讨未来开放社区设计的基本要求和原则。

马斯洛把人的需求分为六个层次，从低级的需要到高级的需要排成梯形。笔者以此理论为依据，依次进行研究。

1 满足生理的需要（physiological needs）

现代城市住宅早已能够满足为住户遮风避雨等最基本的生理需求，故在此不再赘述。

2 安全的需要（security needs）

笔者从网络、媒体和调查等多种渠道了解到，现在之所以居民普遍认同封闭社区的一个重要原因是，他们认为封闭社区的安全性更强。因此，设计开放社区首先要打消使用者对安全问题的顾虑，满足使用者的安全感。

2.1 保证使用者行走安全

以往封闭社区的道路一般是采用人车分流设计，使用者在社区内行走安全。开放社区设计道路时，同样应该做到人车分流，人行道可依据人流量和使用率来设计路面宽窄，部分可设计为商业步行街，提高社区商业利用率和方便社区居民。车行道除了设置固定停车位，还应增加临时停车点，既不影响社区住户车辆停放，也给外来临时使用者提供方便，不会因为找不到停车位而扰乱社区交通安全。

2.2 保证社区住户居家安全设计

根据环境心理学的观点，人对环境的安全感来自"领域感和私密感"。保证社区住户居家安全应

该主要从这两方面入手。设计时，可以采用以下方式：①架空底层。采用架空层设计可抬高社区居住户的使用高度，即使一楼住户也不会被路上行人窥探。②凹入设计。即将社区住户进户空间往内凹入，与户外公共空间区分开来。③科技设计。逐步推行并完善智慧城市系统，以保证住户居家安全。

2.3 增强儿童游戏活动安全

中国家庭构造普遍由老年人、年轻人和小孩组成。小孩又是一个家庭的中心。因此，大中型城市社区中都会依据儿童爱玩的天性设计游戏区域。在封闭社区里，社区住户可以放心地让自己的孩子在这里自由奔跑玩耍，不用担心外面会有车辆闯进来，或者有陌生人拐走孩子。开放式社区设计，儿童游戏区域的安全问题不可忽视。可将儿童游戏活动区域设计到架空层、楼层露台或顶楼屋面，这样既保证了社区内小孩玩耍的安全，又能适当增加活动空间。

3 相属关系和爱的需要（affiliation needs）

开放式社区要体现其优势，使居民在社区中生活处处感受到爱与关怀，必然需要满足人因工程学（human factors engineering），让环境使用更方便、更舒适。

3.1 营造良好的物理环境

不可否认封闭小区里，尤其是一些高档小区内特别的园林绿化景观，给业主带来了良好舒适的观赏性。与之相反，城市中的老旧小区却缺乏良好的景观环境，甚至连基本公共设施都缺乏。开放式社区将打破高档社区与老旧社区"老死不相往来"的封闭关系，景观环境与设施服务得到调剂。在旧城改造进程中，应尽量营造良好舒适的居住生活大环境，大范围地为住户提供生态、舒适的物理环境。

3.2 卫生、服务设施使用上的方便舒适

据调查，有部分反对开放社区的居民认为，一旦社区开放，卫生、服务设施会因为外来使用者的加入而变差。为打消这种顾虑，让使用者得到更优质的卫生、服务设施，在设计时，一方面要增加卫生、服务设施的数量，不留卫生死角；另一方面，要考虑投入使用后的维护和管理工作。

3.3 社区公共活动设施使用上的方便舒适

以成都为例，目前封闭小区内建有居民公共活动设施，小区外的社区也建有一部分公共活动设施（如健身器材、居民阅览室、棋牌室等）。但使用和维护情况大相径庭，封闭小区的公共活动设施使用率较高，甚至人满为患，且维护较好；而社区居委会筹建的公关活动设施使用率底，且维护较差，很多甚至是荒废了。究其原因在于，小区内部使用者

范围较小，居民相对熟悉，使用距离相对较短，离家近。开放社区在设计时可以综合两者，让公共设施使用分流。但要注意指派专人负责公共活动设施的维护和管理。

3.4 交通距离的方便舒适

随着社会老龄化，老年人群的各种生活休闲娱乐需求将进一步扩大，老年人普遍存在收入不高、身体不佳、出行不便等问题，交通问题是老年人出行的最大阻碍。开发社区中合理的安排出行距离和出行便捷，以增加各区域的可达性。

4 尊重的需要（esteem needs）

人的社会属性决定了交往的必然性，交往中的人产生了被尊重的需求。开放社区在理论上比封闭社区更适宜使用者社会交往，可以打破长久以来形成的邻里关系淡漠的局面，但在具体设计时还要考虑以下几个因素。

4.1 平均分配公共资源

开放社区的格局必将打破以往封闭社区业主独享某些特别景观资源及设施的"特权"，使社会各阶层都能融入其中的户外空间。这些空间是很民主的场所，每一个人都有使用的权力，每一个人都有受到尊重的权力。平均分配公共资源的前提下，邻里间乃至社会各阶层有了一个公平的交往平台，对构筑和谐社会能够起到不可忽视的促进作用。

4.2 边界和空间的尺度

边界和尺度在空间中不是绝对值，在社区中，人的关系包括"家"和"邻里"。"家"处于中心位置，"邻里"关系有远有近，按照环境心理学邻里关系可划分3~4个层次。首先要确保以家为单位的私密空间，其次是较亲密的邻里空间，然后是较远的邻里空间，最后是开放的城市空间。设计开放社区要尊重居民的亲疏关系，满足邻里层次上的私密性和社会交往的平衡。

4.3 提供使用者可参与的多种活动项目

满足居民受尊重的需求，可以将原有的体育健身设施和艺术休闲活动空间开放，并在此基础上调整和增加更丰富的活动项目，为使用者提供多种可供参与的如各种体育运动项目、棋牌活动、艺术活动和商业活动。让社区居民通过自身条件选择活动，并参与进来，以增强邻里间的联系。

4.4 加强交往空间的舒适性

社区居民建立良好的邻里关系，就要有良好的交往空间。舒适的交往空间体现在：①空间的舒适性，嘈杂混乱的空间肯定不适合交往。②设施的舒适性，有舒适的座椅，使用者可较长时间休息；座椅位置的摆放适合交往，相对或围绕摆放的座椅显然比并列摆放的座椅更利于交谈交往。

4.5 无障碍设施设计

对人的尊重还表现在对老年人、残疾人、婴幼儿、孕妇及病人等行动不便使用者的关照，开放社区中无障碍设施设计显得尤为重要。美国 North Carolina State University 通用设计研究中心提出了无障碍设计原则：①公平性，不将行动不便者与正常使用者区别开来；②弹性的使用方法；③简单容易使用；④多种类感官信息；⑤容错设计；⑥省力设计；⑦适当有效利用使用空间。

5 自我实现的需要（actualization needs）

正能量的环境可以给使用者正能量的影响。人的价值在于自我实现。开放社区可以提供多种供使用者参与，并实现自我的设施、活动，开放社区应提供能让居民展示自我价值的良好环境，如运动场、艺术活动室等。这种环境需要硬件设施和软件服务两方面配合，同时还需要一流物业服务的支撑。物业除了维护和管理相关设施，物业人员还应定期组织有益身心的活动、安排小型竞赛等，才能起到营造正能量环境的作用。

6 美的需要（aesthetic needs）

人的最高层次需求是对美的追求。社区环境既要满足其功能的实用性，也不能忽视视觉的美观性。

6.1 形式美

现代景观设计离不开形式美法则，社区景观环境通过点线面结合的形式来塑造，合理运用多样统一、节奏与韵律、尺度与比例等设计开放社区。突破简单粗暴地以围墙阻隔社区的设计模式，彻底改变封闭小区规划设计时的一些狭隘局促，既要突出特点，又要与城市大环境融为一体地进行规划设计，将建筑美与园林景观美相结合，达到整个城市环境的形式美。

6.2 意境的创造

意境美是形式美的升华。意境是"境生外相"，虚实结合，可意会，而言不尽意。中国古典园林强调文人景观，中国人的传统居住环境讲究意境美，在开放社区景观设计中，可采用对比、借景、联想等手法实现。中国园林已有三千多年历史，与西方园林相比毫不逊色，未来开放式社区何不保留传统中国园林中美好的造景手法，找出适合当地特色的景观元素，并与时俱进地加入新材料、新工艺，做出我们民族本身特色的社区景观。

住宅是形成城市面貌的基础，影响着城市空间形态的趣味和品味。我国城市化进程主要体现在新城扩建和旧城改造两个方面，就设计者而言，旧城改造的难度更大。设计者都应该从"生活方式城市化"的角度考量，通过精细化操作、实现性考量创造出更多拥有高附加值的宜居社区。开放型社区设计中，诱发人们经历眼前的环境，触动情感，进入人生体验，发现生活中的价值和意义。这应该是未来高品质住区生活所应体现出的规划和设计水准，也是当前提升开发物业核心竞争力的必要手段。

参考文献

[1] 李道增. 环境行为学概论 [D]. 北京：清华大学出版社，2000.

[2] 孙晓春. 转型期城市开放空间与社会生活互动发展研究 [D]. 北京：北京林业大学，2006.

[3] 黄蓝. 开放的居住环境与城市生活 [J]. 建筑工程技术与设计，2014（35）.

[4] 陈圣浩. 追求城市开放空间的细节之美——南京市汉中门大街景观改造方案设计 [J]. 建筑工程技术与设计，2005（10）：93-96.

[5] 罗忠霞，胡鸿. 试论城市开放式社区的构筑 [J]. 魅力中国，2016（4）.

四度空间中产品视觉形态设计*

赵国珍

（太原科技大学艺术学院，山西太原，030024）

摘　要：随着科技的进步，产品视觉形态的质变效果逐渐体现了时间的延续性，即四度空间构筑了产品视觉形态的特征。文章将探讨在信息社会中产品视觉形态在四度空间中的表现，以及多层次、多角度地把握产品形态设计的特征与美感，并指出随着空间构成意义的不断扩大，人们对于产品形态设计的认知与理解应该从四度空间延伸线中展开，认识产品形态的本质，丰富、完善产品形态设计的概念。

关键词：产品形态；四度空间；轴线

产品视觉形态的特征与美感在传统认知中是对三维形态的理解，而对产品视觉形态本质的理解，需要在四度空间基础上认知事物，而不能通俗地只停留在三维实体中了解产品形态。任何真实的事物都具有四维延伸线，产品有规律的造型使它具有长、宽、高三个维度的直观表现，即三个空间所组成的三维形象，而产品在设计、生产、使用过程中，由于时间的推移是会产生符合时代要求的形象。例如，电视机近十年的形态变化，突出表现了四度空间对产品整体视觉形态的引导作用（图1）。四度空间的科学解释是在相互垂直的立体空间轴线中延伸出的一条时间轴线，但是这条时间轴线是意象数值的轴。在现代产品视觉形态的设计中，就是这条轴线用抽象形式延续着产品的生命，影响着产品三维形态的变化。

图1　电视机外部形态变化

1　产品视觉形态在四度空间中的表现

基于四度空间对产品形态的影响，本文把产品视觉形态在四度空间中的表现分为"连续性""阶段性""时间痕迹"。

1.1　产品视觉形态在四度空间中的"连续性"

产品使用方式有"动"或"静"两种状态。"动"的产品的形态表现与时间的进程同步完成，时间与运动使产品充满了完整的视觉体验，产生的效果反映了产品的本质。而"静"的产品形态是间接与时间轴线发生联系的，人的视觉体验是"瞬间"变化的，其四度空间的形态表现是概念化的、意象化的。无论是"动"还是"静"的产品形态，它的目的是改变人们的生活方式，使人们的生活更加便捷与舒适。产品的不断创新与进步，就是完成人们理想生活的一种媒介，并解决人们生活中的"忙"，即抽象的"时间问题"，这是社会发展历程中对一个完善系统的展示。产品设计本身就是在不断变化的时间中接受各种信息，并不断地使用各种信息解决各种问题，以此改善与丰富物质与精神生

* 基金项目：山西省教育厅高等学校哲学社会科学研究项目（2015254）。

作者简介：赵国珍（1977—），女，山西太原人，讲师，硕士，研究方向：产品设计。

活。产品视觉形态的变化则是在限量性结构中进行异变的，而这种限量性的造型组织，是根据四度空间中时间在三度空间受到外力作用时感受到的差异，这个过程是连续的、延续的。例如，计算机的设计与使用，使我们的工作、生活效率大幅提高，计算机产品整体形态的不断改进与创新，基于四度空间的设计丰富了人们的视觉感受，从内涵上改变了人与产品的相互作用，如图2所示。这些都是无限时间的一种无形轨迹的表现，但这种轨迹是按照一定程序进行的，它是不间断、持续的，这就是产品视觉形态在四度空间中的第一种表现——"连续性"。

图2　计算机外形变化

1.2　产品视觉形态在四度空间中的"阶段性"

这里所说的产品视觉形态与四度空间的关系是：人们在使用产品过程中突破传统的时空界限，产品形态的时代特征日益明显，这时在四度空间中不断选取产品形态的优缺点，再根据时代要求将优质条件保存，对劣质条件进行改进与创新。在四度空间中把新的形态与功能结合的产品集合到既定空间中，再由人们通过有限时间来评判它在某个阶段的使用价值与艺术价值。

产品形态设计语言的概念表达也是时序感的一种再现。我们会在时间序列中搜索出重复形态，在连续时间流中选取形态变量对其进行改进和创新，以较优质的形态模式达到预设的价值，因此好的产品形态在不同时间轴线里是不同的。任何产品的形态设计要经历生长期—成熟期—改进期—创新期，这个过程根据时间轴线的推移有规律地循环及发展，而在这一过程中，产品视觉形态设计是阶段性地完成产品的改进与创新的。例如，汽车的造型随着科技的发展历经了六个阶段：马车型、箱型、甲壳虫型、船型、鱼型、楔型等。不同阶段的造型都揭示了汽车设计能调动各方面的可能因素，符合当时人们的审美需求，以不同的象征符号表达出四度空间中产品视觉形态的"阶段性"。

1.3　产品视觉形态在四度空间中的"时间痕迹"

社会不断地发展，生命不断地延续。社会的进步使产品更新与创新的脚步不断加快。我们现在使用的大部分产品其实都是在原有产品的基础上进行

改良或创新的，是把原有产品的优良基因保留，并用于新产品的设计。因此，我们当前使用的产品都无形中包含着以往产品的痕迹，尤其是视觉形态设计在产品生命周期中的改变更为明显。产品形态设计要满足不同时期的视觉需求，每个时代的产品都具有符合当时审美的形态痕迹。例如，电视机、冰箱、洗衣机，以及汽车、自行车等的视觉形态设计的"时间痕迹"就比较明显（图3）。这些产品在视觉、听觉、触觉等方面有较为显著的变化。这些产品由于受到外界条件的不断影响，产品功能更具科技性，产品视觉形态设计也更加成熟和完善。但是它们仍然保留了以往的产品造型特征，使人们更易接受，并能够快速判断这些产品的属性。

图3　自行车的形态变化

产品视觉形态在社会发展中不断变化、成长，其在四度空间中永久存在着抽象性，客观地反映着时间轴线的流动性与方向性，并在时间的推移中不断地改变，以此满足人们的视觉需求。

2　四度空间对产品形态设计的启示

在科技越发先进的时代，产品视觉形态越来越丰富、细致，即提升了产品的属性，又增加了产品的附加值。随着四度空间的延伸，人们在各个方面都有了新的发现与应用，由于新材料、新结构、新生产工艺的实践，使现代产品形态设计的创新有了新的"节点"，这个新的"节点"在四度空间中影响着人们的思维方式，这种思维方式的改变主要来自于四度空间中时间轴线延伸对设计的启示。

这种设计启示注重的是系统形态的创新，在"形"与"形"的相互作用中，"形"会出现一定的局限性，但随着四度空间的延伸，产品系统形态的设计会不断地扩大。另外，可以把系统形态与非系统形态设计相结合，进行更加完善的创意设计。

不同时期产品的开关键及调节键的设计创意都符合时代要求，现在的设计是理性与感性思维结合的具有时代特征的形态与语意符号，这是系统形态设计在不同时代的实践结果。另外，"重叠瞬间"也直观地把时间与设计思维的关系体现出来，如同一品牌的两厢轿车与三厢轿车的外形变化就是在"重叠瞬间"的视觉效应下进行的处理，目的是解决相同形象元素中"心"在四度空间中对形态刺激物的反映。

3 四度空间中的形态审美规律

3.1 形态设计特征的构成

物质与精神的密切关系形成了造型的历史，人类长久以来创造了具有造型关系的物体，并且由于物体自身的功能性而产生了经济价值，同时也对人类产生了不同程度的感官体验，即产品精神价值的体现。时代的进步造就了产品形态不同的美，时间轴线的方向性使产品形态的时代痕迹表现得较为直观和清晰。

在我们生活的空间中，时间轴线的方向性是无限延伸、没有尽头的，而产品形态的构成与发展则是把时间看成一种可以分解的常量，设计符合某个时间段的视觉形态，是某个时间轴线合成的特殊有机体。四度空间让人们的精神生活更加丰富，自然对产品视觉形态的要求也就更具个性化。产品视觉形态的美要满足人们在生理与心理上的需求，使人们得到符合不同时间轴线要求的美的享受。

3.2 形态设计规律

由于产品更新换代经历的动态时间、历史时间和其他时间构成了时间的结合体，同时在时间轴线中寻找和发现造型美的规律。基于对时间划分的多样性以及视觉经验的积累，产品形态的组织结构和层次关系更合理，形成了公认的形态美的基础。而"公认的美"首先是时间轴线中的造型结构美，因此产品形态的审美规律都是在时间轴线中由人们探索并总结出来的。产品的视觉形态美就是利用造型结构美为媒介进行操作设计的，时间轴线的延伸使得这些亘古不变的媒介在人们的审美经验中选择和更新，形成与时代生活相适应的视觉造型基础。例如，"黄金分割比"以及"均方根比"等作为秩序美的形式，始终被广泛地应用于汽车造型设计、机械产品外形设计中。随着时间轴线的不断延伸，产品视觉形态会变得更加简洁、有个性，但审美规律的本质会永久不变。成功的产品无论是功能还是形态都经历了时间的洗礼与考验。

我们要学会利用时间轴线发现自然界中与时代相匹配的形态，但不能生搬硬套，要认知物与形态之间的规律，并进行产品形态创新。

4 四度空间中的产品形态的文化性

产品设计中的文化因素最能体现产品的内涵。文化不断被传承，在不同社会时期影响着人们的生活，每个历史时期都有与之相适应的文化形式，与

产品形成了一种特定的关系。各个时期的产品受到文化及其他因素的影响，综合物质财富与精神财富形成了一种特殊形式，同时随着社会发展而不断更新。产品形态与文化结合形成了具有不同内涵的维度。现代生活中有许多具有现代形态语意的文化产品，如现代明式家具、藤编家具、竹编器皿等，这些都说明了时间—文化—造型的关系（图4），时间与文化形式的"形"与"型"具有特殊关系。文化在时间轴线的推移中形成并延续，而产品形态又需要通过文化来实现。产品形态是随着四度空间中时间轴线的推移丰富着人们的感官体验，使人与物的关系更加合理、协调。

图 4 时间—文化—造型的关系在现代家居产品上的体现

"形"是形成产品形态的原始东西，它是意想出来的东西，在产品形态设计过程中会被提炼出多种形式；而"型"是实在的个体，"型"是"形"的具体表现。我们看到的产品形态就是根据"形"而形成的具有文化特色的"型"，而"型"又是四度空间时间轴线延伸过程中的具有思想的"符号"。

5 结语

我们在观察一个产品时，首先看到是形态，此时我们会凝固时间，让周围的一切都处于"静止"状态，以欣赏、阅读产品。但时间的推进让我们认识到产品形态的质变，它是在符合一系列设计规律与原则的同时呈现设计本质，表现出产品的时代性与个性化。

参考文献

[1] 爱因斯坦. 爱因斯坦的广义相对论 [M]. 杨润殷，译. 北京：北京大学出版社，2006：6—7.

[2] 陆小彪，钱安明. 设计思维 [M]. 合肥：合肥工业大学出版社，2006：46.

[3] 刘国余. 产品形态创意与表达 [M]. 上海：上海人民美术出版社，2009：59—60.

[4] 朱钟炎. 朱钟炎产品造型设计教程 [M]. 武汉：湖北美术出版社，2006：44.

以用户体验设计为中心的创新设计

赵世峰

（湖北工业大学，湖北武汉，430070）

摘　要：依托对交互设计的基础理论研究，从用户便捷、科学的交互体验角度，对现行的交互设计进行再思考，提出"协同设计"和"故事性设计"两个基础方向的推进理念，从用户的期待属性和个性化定制领域思考，提出对交互设计智能学习逻辑的运用。在三维交互领域提出交互设计变革创新的重要性，一项发展中的具有巨大潜在应用的技术，需要思考增强虚拟现实平台的视觉传达和交互设计。

关键词：交互设计；用户体验；创新设计；虚拟现实

1　绪论

交互设计听上去似乎是近年来才开始兴起的一个领域，其实在几千年前人类就有了交互的历史。我们最初对语言、图形和色彩的开发和运用就是基于对人本身的行为和与社会之间的交互认知而出现的，它是人与产品、系统、服务之间创建的一条或崎岖或平坦的沟通桥梁。通过这种桥梁，我们和人工环境、自然环境便有了各种形式上的对话。想要让体验更为舒适甚至富有趣味，就需要了解用户的行为、想法、习惯等，利用我们本身需要培养的同理心去与用户协同设计，再加上广泛的视觉测试和调整，让设计融入这个"进化"的系统当中，使交互设计还原为人类无意识认知的流程，提高用户在体验过程中的质量，让交互更加简单易行，使最终设计出的产品为用户带去享受的体验。

在现阶段快速发展的交互设计行业中，大型设计部门其实已经具备了这样基本的研究方法和设计基础。对于研究，我们应该考虑得更长远一些。交互设计体系十分庞大，其中门类与时间技术繁多，限于作者的知识范围和论述的篇幅，本文更侧重提出一些小的交互设计思想方法和逻辑规律。故本论述难免会有遗落之处，还望多多斧正。

2　交互设计的一般思考模式

在论述的开始，还是以现阶段的思维模式在已有的设计方向进行总结，仅强调两点设计疏漏之处，包括交互设计中的协同性设计和故事性运用两个基本方向。

2.1　交互设计中的协同性设计

2.1.1　场景语境与用户角色的协同

虽然我们在很多渠道都看到过设计指南要求设计师做产品的需求分析、描述用户场景，但在实际操作过程中，设计师往往会遇到各种各样意想不到的来自于产品经理、客户的困难。其中一个原因就是分析的时候没有将场景语境与用户角色协同、组合考虑。

人生存在这个社会上，依附于客观物质世界，依托在一定的背景之上。所以在分析用户角色的时候，应当将角色置入各种场景语境中考虑角色需求，并在理由充分的情况下忽视一些无关的场景需求或极特殊的场景需求，以免破坏大多数用户正常的使用体验。反之，也同样需要创建不同虚拟用户角色，配合一定场景进行需求分析。并在设计的初期和设计过程中持续不断地反思需求，这样才不会迷失方向。

通过这样的组合式协同思考逻辑，得以较完备地考虑、评估交互方式在各种环境、用户下的使用效果。

2.1.2　真实用户与设计人员的协同

现在产品和软件的迭代速度比十年前快了不止一倍，这得益于瀑布式设计转向了敏捷式设计。虽然不展开探讨敏捷式设计的优点，但敏捷式设计价值观中的第三条"客户协作重于合同谈判"与以用户体验为核心的交互设计思想十分契合。这一理论鼓励让用户直接参与到设计创作中来加强协作，从非专业的用户视角提出对设计的批评和建议，帮助交互设计进行快速迭代。当然，实施迭代过程之前需要筛选采集的用户反馈，排除过于主观的、明显不合常理的建议，才能利用好用户的协同作用，而不至于盲目地被特殊客户牵着鼻子走。

同时，设计人员也要"潜下去"，利用人种志（ethnography）的参与观察研究法，完全根据实际考察的情况作全面的调查研究，分析真实用户使用产品的过程。例如，通过对眼球的追踪来分析交互界面的视觉流程就是典型的人种志观察法。仔细观察记录之后结合同理心和对自己设计作品的专业角度反思得出"他在做什么"和"他为什么这么做"的解释，帮助改善交互元素的排列和视觉流程的引导。

2.2 交互设计中的故事性运用

2.2.1 了解用户期待心理

人生来对这个世界充满着期待，对结束的期待进行评估后便会产生相应的响应。积极的体验会使人感到愉悦，当体验和期待不相符但仍然令人满意时，人们也会感到快乐。对设计而言，情感响应可以分为本能式响应、行为式响应和反思式响应。其中人们对一件产品的整体印象来自于反思式响应——通过追溯以往的体验回忆进行重新评估。

在交互体验过程中，用户期待感受到人性的温暖，而不是冷冰冰的机器，期待交互的过程中不断地有肯定的回应，或在探索的过程中发掘彩蛋的存在。例如，微信红包在5月20日前后会将额度临时提升至520元，让用户在使用的过程中发现这些铺陈的微小惊喜，能拉近人机距离。

2.2.2 反馈机制即仪式感

仪式感是人获得安全感的来源之一，在知道用户时时刻刻拥有一颗充满期待的心时，我们就可以开始考虑如何建立一个用户期待的反馈机制了，也就是建立"轻仪式"。笔者在这里列举几项，权当抛砖引玉。

在合适的条件下建立进度奖励机制。这并不需要额外花费金钱去给用户购买实际的礼品，只需要在用户完成探索或使用过某项功能后，设立一个虚拟成就机制即可。配合优雅的动效和清脆的声音，人们会满足对自我的象征性挑战，在内心达成自我肯定和满足，并会在接下来的交互体验中促使自己获取更高的等级，这可以很好地保持用户黏性。

在步骤性的操作中给予用户明确的步骤肯定。在用户交互的过程中，让用户时刻保持清醒，了解自己所处的位置和步骤。例如，在一个指定的交互流程中，如果没有进度提示单元的显示，用户不断点击下一步的过程就会迷失方向，甚至在中途就放弃交互过程。所以，特定情况下明确的指示十分必要。

在非故事性交互中也可以加入故事性的情节交互节点。人通常对情节扑朔迷离的游戏十分感兴趣，因为交互的未知性激起了用户的持续黏性。例如，现行的旅行类软件，如果在一些关键步骤操作结束之后，让用户发掘与之前操作相关的有趣的情节演示、内容鉴赏等彩蛋，用户可能会更期待去探索软件里的其他隐藏彩蛋。

在进度加载的过程中配上让人舒爽的动态效果。在交互过程中，加载的情况不可避免，如果加载时没有任何提示而呈现空白页面，前后两段交互体验就会被彻底截断，会使用户在两秒之后退出交互，但添加一个进度条之后，情况会有很大改观，这是大部分交互设计都能够做到的。但进度条并不能为整个交互设计带来期待上的提升。若是设计一个循环、有趣的小动效的话，将有利于缓解用户无聊的心情，能够在两个连续的交互过程中架起一道缓冲的桥梁。

3 交互设计的智能学习逻辑

在对现阶段的普适方法进行总结，提出一些小的改进之后，笔者认为交互设计在下一个发展阶段要做到自主智能学习性，向智能化发展。以下就从迭代的风险和具体新想法来谈。

3.1 交互迭代可行性

3.1.1 交互迭代风险与回报

人通常对陌生的环境会自发地产生抵触情绪，而用户在面对一个全新的交互设计时，动机、期望和体验有极大的不确定性，用户所处的社会环境也是动态而复杂的，这就要求我们在设计创新的时候具备行为学、心理学、策略研究等分析技能，才有可能避免用户产生不良响应。

在可行性分析通过后，迭代实际产生的回报也同样是巨大的。它可以给稳定的用户带来新鲜的交互体验，也可以让不熟悉的用户接触最前沿的交互方式。所以，往往深思熟虑的交互迭代的价值回报大于风险损失。

3.1.2 用户记忆负担最小化

隐喻法可以降低用户抵触情绪的发生概率。新交互方式的最大问题在于用户的学习成本过高，隐喻法通过将用户熟悉的交互方式映射到一种新的平台和体验上的方法来降低用户学习成本。由于新技术的发展，未来更先进的交互方式和体验平台需要更精巧的隐喻搭建方式，这样用户才不会对新的体验产生陌生而厌恶的情绪，使用户体验水平降低，反而让新事物更容易被接受和记忆。这里举个大家熟悉但不够值得学习的例子——支付宝应用的改版。支付宝将原本的支付系统进行延伸，希望发展出更全面的圈子社交功能，于是在改版过程中大量借鉴微信的交互机制，使得用户对新版支付宝感到"熟悉又陌生"。

3.1.3 错误行为的指示改良

用户的内心其实是惧怕犯错的。当用户操作有其他错误发生时，由于这种错误中断了用户良好的体验，用户会产生负面的情绪以致影响或中断后续的交互欲望。当前的设计更多的是理性、冷静、无情的错误提醒，让用户承认自己的错误并任其自行更正。于是在这里可以产生新的创意点，避免让用户意识到错误行为的发生，创造一种引导机制作为两段连续交互的缓冲交互，以一种感性、温和或活泼的方式来引导用户再次通向原本连续的交互体验当中，给自己"打圆场"。

3.2　自主学习型交互逻辑

人是社会型动物，人对不同对象的交互方式是不同的，会自觉或不自觉地给各种人群附上不同的标签，在与不同标签人群进行交互时，口头语言、肢体语言会相应地发生变化。同理，面对不同用户，同一套交互界面如果企图适应每个用户和任何场景，那很可能会让每个用户都不能拥有良好的交互体验。

未来的交互设计应向智慧型发展，应当有协同交互的自主学习技能。当一个产品涉及的用户拥有多个差异性极大的群体时，应当考虑传统思考方式如人机工程等以外的更多方面，更全面地考虑体验交互所处的社会维度和不同人群对它的情感响应。在产品本身学习了解了用户之后，对其本身的交互方式、视觉呈现方式做出相应的适应性调整和响应。这依赖于产品要充分高效地利用已有的传感器进行协同处理，收集用户的行为习惯、环境状态等。以下列举简单例子予以简要说明。

购物平台可以在私密云端分析用户的购买趋势，满足于商品推荐个性化，也同样可以分析得到用户的审美趣味和爱好，提供符合其期待的交互界面和交互方式，实现用户对自我的个性化需求，这样的惊喜会使用户自发地分享其"定制界面"，达到主动宣传的效果。

对光线传感器、音频采集和时间的综合利用可以做出自动调换夜间护眼主题的功能；对用户交互信息的分析，可以为个别朋友自动添加别致的沟通界面；等等。

4　交互设计的三维交互模式

4.1　三种维度的交互方式

一维的交互方式指的是命令行（CLI）界面，本质上是一种计算界面，按照从左到右的顺序输入命令，在计算机开发领域仍然在广泛使用。二维的交互方式是传统的图形用户界面，也称为GUI图形用户界面，是一种桌面比拟的数字化表现形式，由视窗、图标、菜单和指针组成，它比命令行界面操作更简易，通过这些组成部件，用户即可完成交互操作，达成期望。在现在已经成熟的新媒体和新技术的驱动下，触摸等方式的输入大幅度提升了用户的交互参与度，在下一代三维交互方式即虚拟现实、增强现实技术中，后GUI图形用户界面必然需要经过创新交互设计才能让人们更好地操作和运行这个平台。

4.2　虚拟现实与增强现实

增强现实、虚拟现实技术涉及计算机图形学、人机交互技术、传感技术、人工智能、计算机仿真、立体显示、计算机网络、并行处理与高性能计算等的综合集成，将现实场景与数字化场景结合，在实时动态的场景中附加虚拟界面，拉近了现实世界与虚拟世界的距离。在这样全新的交互方式下，负载信息仍然由视觉图形、语言文本、听觉音频组成；用户界面仍然由视窗、图标、菜单和指针组成，变换的是其中的交互逻辑和交互方式。例如，以头戴式增强现实设备为例，设备需要丰富的传感设备捕捉环境距离和用户的操作，通过复杂的计算生成与场景相匹配的虚拟界面。在用户交互的过程中通过对视线的追踪、手势的捕捉、位置的移动情况，甚至探测脑电波来完成操作感知。

抽象化的拟物设计会降低三维交互的学习成本。在信息元素和视觉元素的区分过程中，要保证信息元素的有效传达，也要做到视觉元素给用户的良好视觉感受。在隐喻法的使用上，将物体抽象化，保留典型特征和操作手势。例如，常见的油漆桶工具，可以模拟小型喷罐的抽象拟物设计，交互方式为食指按压喷头，其余手指成环状，就像在生活中使用喷罐一样，达成无意识操作的追求。

5　结语

交互设计的重要性已经达成了广泛共识，如何将其做得贴合人心又保证商业价值就要依靠更加系统的研究测试方法，比如加强的协同设计和故事性的运用可以为用户的便捷性、科学性交互带来体验上的提升，智能学习逻辑的运用可以在个性化定制领域为用户带来超乎想象的惊喜等。在完善二维交互设计的同时，需要积极开展三维交互设计的研究和讨论，尽管虚拟现实和增强现实才刚刚开始，用户面还十分狭窄，但作为一项发展中的具有巨大应用潜力的技术，相信未来的五到十年，这两种技术会像iPhone初代发布将电容触控技术推广开来一样。作为设计师，我们要开始思考增强现实、虚拟现实平台的视觉传达和交互设计，如果当技术已走入寻常百姓家时再去关注就已经太晚了。

参考文献

[1] 刘津，李月. 破茧成蝶：用户体验设计师的成长之路 [M]. 北京：人民邮电出版社，2014：44.

[2] DIANA DE MARCO BROWN. 敏捷用户体验设计 [M]. 北京：机械工业出版社，2013：44.

[3] DONALD. 设计心理学3：情感化设计 [M]. 北京：

中信出版社，2015：74.

[4] GAVIN ALLANWOOD，PETER BEARE. 国际经典设计教程：用户体验设计 [M]. 北京：电子工业出版社，2015：54.

[5] JAMIE STEANE. 国际经典设计教程：交互设计 [M]. 北京：电子工业出版社，2015：47.

[6] JESSE JAMES GARRETT. 用户体验要素 [M]. 北京：机械工业出版社，2011：118.

[7] KIPPER. 增强现实技术导论 [M]. 北京：国防工业出版社，2014：44.

[8] 黄海. 虚拟现实技术 [M]. 北京：北京邮电大学出版社，2014：1.

基于二次元消费群体的旅游纪念品开发策略[*]

周红亚[1]　赵　春[2]

（西华大学艺术学院，四川成都，610039）

摘　要：针对目前国内旅游纪念品同质化的不良状况，通过对旅游人群中的二次元消费群体进行分析研究，探索可行的、有针对性的开发策略。对"二次元""二次元消费人群"等概念进行梳理，归纳出该人群的极度网络依赖、二次元审美倾向和崇尚对等交流等共同特征，并以此为依据结合实际案例探讨动漫形象外观、互动体验理念和立体营销三方面的开发措施。通过对旅游人群的细分研究，加强纪念品开发的受众针对性，以期对国内旅游纪念品产业的良性发展起到一定积极作用。

关键词：二次元；旅游纪念品；动漫形象；互动体验；立体营销

旅游纪念品的开发是旅游产业的重要组成部分，包含了设计、生产、营销等在内的多个环节，考虑游客心理、贴近市场需求是整个开发过程必须遵循的原则。二次元消费者作为网络新兴文化的代表和旅游群体的重要组成部分，把握其人群属性和对纪念品的特定需求，是改变目前国内旅游纪念品行业不良现状、促使旅游产业良性发展的必要手段。

1　二次元消费人群特征

1.1　二次元的概念

"二次元"一词特指二维世界，其中的"次元"即为英文"dimension"，还可译为维度。这一用法始于日本，因早期的漫画、动画、游戏作品都是以二维图像构成的，其画面是一个平面，所以被称为是"二次元世界"，简称"二次元"，而与之相对的是"三次元"，即"我们所存在的这个次元"，也就是现实世界。狭义上，二次元常被作为 ACGN（Animation 动画、Comic 漫画、Game 游戏、Novel 轻小说）作品及其衍生周边产品的一个代名词；广义上，二次元已经形成为由动漫文化延展而来的一种特定文化现象，在它的世界里包含了特定的内容形式、载体、价值取向、行为习惯、消费倾向等要素，是超越二维呈现方式的一种集体文化与

精神诉求。从二次元概念进入中国，到被贴以"异类"亚文化标签，再到如今的异常火爆，二次元已然成为文化产业中一股不可忽视的新兴力量。据艾瑞咨询发布的《2015 年中国二次元用户报告》显示，仅 2015 年，二次元产业融资至少达到 5.46 亿元以上。

1.2　二次元消费人群

伴随二次元文化一起成长的是二次元消费群体，可简单理解为对以二次元文化为基本属性的相关商品具备消费行为和动机的消费者。在这个群体中，二次元文化已经成为一种看待问题与事物的社会生活方式，他们会更加乐意用动漫化、平面化、符号化、影像化等方式去接受新鲜事物，同时去展示自己的想法和内心世界。根据其所受影响的深浅又可分为深度二次元人群与泛二次元人群。深度二次元人群也称为核心二次元人群，是指那些二次元文化的"骨灰级"爱好者。他们的行为习惯和喜怒哀乐都具备着典型的二次元烙印，虽然这种烙印会随着年龄和阅历的增长而发生一定的变化，但二次元的核心消费属性却不会改变，甚至还会因经济基础的不断提升而更具购买力。相对应的，泛二次元人群是指那些虽不是深度二次元人群，却因热爱 ACGN 产业中的某一个或多个要素，或受到整个

* 基金项目：四川省教育厅人文社会科学重点研究基地工业设计产业研究中心 2014 年一般项目"四川动漫旅游纪念品的设计与开发策略研究"（GY—14YB—34）。

作者简介：1. 周红亚（1987—），男，山东巨野人，讲师，硕士，研究方向：动漫及周边产品研究等。发表论文 10 余篇。
2. 赵春（1987—），女，山东成武人，讲师，硕士，研究方向：动漫及周边产品研究等。发表论文 10 余篇。

社会大环境的影响，而对二次元的呈现形式和手段颇具好感，乐意接受并对此类型产品有倾向的消费者，年轻人是其中的重要组成部分，并已将其视为潮流生活的标志之一。

据统计，2015 年二次元人群消费数量已达 2.19 亿人，较 2014 年增长 47%，其中深度二次元人数为 5700 万，"90 后"占比超过 95%，此类人群正处于大学生阶段或者刚刚步入社会，消费能力目前还很有限，但具备极强的增长潜力。除此之外的泛二次元人群的年龄跨度可从"80 后""90 后"主力扩散至"00 后"，甚至有一部分"70 后"，是整个二次元消费人群中占比更高、发展最快，同时也是对整个二次元经济影响最大的群体，尤其是"80 后"虽没有"90 后"那样深度的二次元属性，却因从小受动漫影响而具备极强的二次元消费倾向，加之已经具备一定的资金积累并逐渐开始抚育后代，消费能力和对二次元文化的传承能力相当可观。

1.3 二次元消费人群特征

1.3.1 极度网络依赖

自互联网诞生之时，也就注定了其改变世界的不凡命运，尤其是 21 世纪以来，个人计算机的迅速普及催生了网络生活的流行与不可替代。也正是基于此，二次元文化开始在网络世界中生根、发芽、肆意生长，并不断地进入、扩展、影响三次元生活，从而诞生了二次元核心群体，并促使二次元产品相关接受者与爱好者规模不断壮大。网络在其中所扮演的角色犹如现实世界中为广大生物提供一切生存必需品的地球一般，是二次元文化的展示舞台与灵魂所在，同时也是二次元消费者生活起居的必备"货仓"。因此，二次元消费群体对网络的依赖程度要远远高于三次元中其他群体。

1.3.2 二次元审美倾向

作为文化创意产业中的一个重要组成部分，二次元产品无论是动画、漫画或者游戏都具备着异于其他艺术表现形式的外观识别码，这不仅成功吸引了广大追随者与爱好者，更在无声之中塑造了该年轻人群统一的审美倾向，即由互联网的虚拟属性与青春的特质共谋的一种世界观，夸张、颠覆现实、有意思……这是他们精神追求的外化标签。通过这种世界观的不断引领，不仅影响了他们的个人生活，更改变了涉及现实世界中的各领域，成为时尚潮流生活中的一部分。例如，对动漫造型类产品的热爱，催生并引导了现实生活用品、服装配饰、美容美发、家居装潢等行业的产品变革；对二次元明星的炽热追捧，极大发酵了粉丝经济中的演出、电影电视、网络剧市场等。

1.3.3 崇尚对等交流

在传统社会与文化传承中，事物和知识的延续往往在权威的监控之下进行，主流文化充斥的传统媒介不提倡更不会允许带有青春躁动与晦涩的"异见"大行其道。但网络的出现却将这一权威感瞬间磨平，化解了青少年囿于青涩在现实交际中裹足不前的困境，为无数另类视角、异见歧见提供了存在和传播的可能。同时，网上资讯驳杂、包罗万象，每个人都可以根据自己的兴趣进行分拣和屏蔽，有效地分离了资讯、知识与价值观的捆绑，使沉浸其中的人们既可以获知世界，又成功地避开了说教。作为其中重要的参与者和构建者，二次元消费人群更是切身践行，崇尚对等交流与互动体验已经成为他们和世界相处的原则之一，并延续至现实生活中的各个层面。

2 基于二次元消费人群的旅游纪念品开发策略

2.1 动漫形象明星效应的延展

动漫形象是二次元的核心要素，伴随着动漫文化的发展而逐渐被市场接纳与追捧，因此，在旅游纪念品的设计和开发中，越来越多的卡通造型元素开始融入其中。这一方面迎合了二次元消费群体的审美趣味，但另一方面他们对动漫形象和相关产品如数家珍的熟悉程度，也要求此类纪念品开发必须具备较高质量才能形成较好的吸引效果。

2.1.1 卡通吉祥物开发

卡通造型类产品在当前旅游纪念品市场上受到了广泛欢迎并成为开发热点，尤其是吉祥物的设置更是在各大城市、景区和旅游节庆中不断涌现，如黑龙江旅游的"爽爽虎"、青海湖旅游的"蓝嘟嘟"、福建旅游的"虎见"等，可谓层出不穷。但悉数这些吉祥物的命运却大多以"到此一游"的方式收场，征集与发布阶段的热闹成了它们最辉煌的时刻，为旅游市场带来的"吉祥"也仅止于此。深入探究会发现形象同质化严重、设计特色不鲜明、缺少能够让观者过目不忘的元素是许多吉祥物普遍存在的软肋，加之后续宣传与开发严重缺乏，甚至吉祥物形象频繁更换，从而导致其生命周期短暂。

应对这种吉祥物不"吉祥"的状况，首先，需认清吉祥物的"卡通明星"本质，既然是明星，就要有吸引粉丝的"资本"，不仅要具备颜值，更要有与众不同的独特内涵，这也是其有别于其他吉祥物的核心资本；其次，需认清吉祥物的"代言人"本质，一定要将其融入整体宣传中，使其成为城市、景区等系统的一部分，增加其形象的曝光度；再次，需认清吉祥物的"产品"本质，加强对卡通形象衍生的相关纪念品的设计、工艺、生产、授权等各方面的把控，打造具备市场吸引力的吉祥物产品，延续卡通形象的生命力。图1是卡通形象大熊猫"嘟嘟"，她不仅活跃在成都宽窄巷子、锦里等著名景点，甚至在北京都可以与她偶遇。而"嘟嘟"之所以能够形成自身的影响力，关键在于成都文旅熊猫屋营销策划有限公司对她的全方位开发，使其在具备亲和力外观的同时拥有自身的品牌故事和性格特征。公司以"嘟嘟"为主题，以销售一代、研发一代、储备一代的产品开发更替原则进行持续性的生活化、实用性旅游纪念品的开发，同时进行了企业形象识别系统、专卖店陈设、产品定价等统一布局。这种战略的实施不仅使"熊猫屋"产品成为熊猫旅游纪念品中的高质量代表，更使"嘟嘟"成为四川旅游和熊猫文化的特色名片。

图1　卡通形象大熊猫"嘟嘟"

注：图片摘自"熊猫屋"官网。

2.1.2　与二次元明星的"联姻"

动漫、游戏等二次元形象通过授权进行周边衍生产品开发而获取利润是ACGN产业的重要盈利环节。2014年，中国以动漫为主的形象授权市场规模已达到34.2亿美元，占中国授权市场的55.6%，在一、二线城市的大型商场中，寻求各种动漫品牌专卖店的加盟形成标配式运作[6]。二次元消费热度的逐渐上升，无疑为旅游开发指明了又一绝佳方向，同时铺垫了良好市场条件。与二次元明星的"联姻"不仅可以借助形象本身的知名度提升旅游地的知名度，更可以丰富纪念品的种类与特色，极大地迎合二次元消费群体的口味。当然，同选择真人明星代言一般，二次元明星与旅游地或产品的契合依然是开展这种模式的前提，再加上配套的宣传与开发手段，优质的文创公司和产品生产商，才能形成真正的合力。否则，面对"挑剔"的二次元消费者，任何环节的疏漏都可能导致失败，从而对二次元明星和旅游地都造成负面影响。

2.2　互动体验理念的融入

互动体验是建立在用户与产品对等的基础上的更深层次交流，可以唤起他们对产品背后所蕴含的精神层面的认同和共鸣。旅游纪念品作为承载旅游记忆的实体，互动理念的融入是能够更好地吸引目标人群，同时又能够将自身所蕴含的文化价值观念在愉悦的体验之间进行隐形的传承。二次元消费群体崇尚对等交流的先天"秉性"，使其会更加乐意接受如此轻松又倍感亲切的纪念品，而事实证明亦是如此。例如，在网络上爆红的"另类"故宫纪念品系列就受到了二次元消费群体的极大欢迎。之所以说它"另类"，是因为这一系列衍生品没有以往作为传统文化代表的威严和距离感，而是"放下身段"与民同乐。有卡通造型系列的手机座、储存罐等完全二次元风格化的产品；有把帝王、大臣、美人等画像经过幽默化处理的"萌萌哒"系列记事本等颇具二次元戏谑精神的"神品"；有如《胤禛美人图》《紫禁城祥瑞》《皇帝的一天》《韩熙载夜宴图》等紧跟时代潮流的App"潮品"，用这些"脑洞大开"的"不正经"手段，让厚重的故宫文化真正活了起来，同时也让"故宫出品"成为社会广为关注和欣赏的文化品牌，让更多民众享受到故宫文化带来的精彩体验，如图2所示。无独有偶，关注到这种互动体验理念所带来的极佳效果，与四川博物院达成合作关系的四川宝光文化产业发展有限公司也开始了这方面的探索，其中宣扬川剧变脸文化的"川剧变脸玩偶"系列，一经推出立马俘获众人"芳心"，并风靡成都各大景区。因为该系列玩偶不仅具有精致的卡通化外观，更有一项颇具童趣的互动功能——通过按压玩偶帽檐达到瞬间变脸的效果。在增加了玩偶本身乐趣性的同时，更大大增强了消费者的文化体验感，将川剧变脸的精髓充分展现，成为传统文化旅游纪念品的又一成功典范，如图3所示。

圣旨款　　密奏款　　同治平铺款　　同治卖萌款

雍正卖萌款　　美人卖萌款　　康熙卖萌款　　美人逗猫款

图2　"萌萌哒"系列记事本图

注：图片摘自故宫博物院淘宝官网。

图3 川剧变脸玩偶

注：图片摘自四川博物院淘宝官网。

2.3 立体营销手段的构建

营销是信息传播的过程，更重要的是要获知市场需求，要选择合适的手段进行推广和宣传，要通过树立品牌等方式增加产品市场规模和竞争优势，降低风险。针对二次元消费群体的属性，进行突出网络平台作用的同时兼顾传统营销优势手段的立体化营销方式则更加适合。

2.3.1 网络的软性宣传

网络平台相较于传统的电视、广播、纸质等媒体，具备先天的传播范围广、速度快、影响力大等特点，尤其是网络平台具备的无差别实时交流功能，更使其拥有对等互动和信息反馈及时的优势。通过微信、微博、博客、论坛、社区等丰富的网络平台，旅游纪念品营销者可通过创立微信公共号、微博官方平台等进行日常的信息推送、软文发布、咨询互动等活动，将纪念品的产品属性、特色、设计理念、生产工艺、内在精神等各方面的信息在潜移默化中对用户进行软性宣传，同时突出内容的趣味性与时尚性，迎合二次元消费人群的兴趣和对等交流心理，从而有效避免因传统的压迫式、灌输式硬性宣传所造成的与消费者之间的疏离感与不信任。

除此以外，针对以卡通形象衍生出的"吉祥物"类产品，"捧红"卡通形象本身更加具有必要性。要"捧红"明星，增加曝光度和制造话题是必要手段，针对此类卡通形象可进行三步走的策略：首先，针对卡通形象的设计可采用广泛社会征集的方式，尤其注意网络宣传的力度，制造初次的话题和曝光机会；其次，卡通形象诞生后要及时跟进，以形象为中心，采用漫画、动画、游戏、表情、广告甚至实拍微电影等形式进行二次元相关产品的开发，通过内容对形象进行全方位塑造与解读，同时根据实时反馈情况进行及时调整，并最终确立适应

市场的角色定位；最后，在形象具备一定影响力后，要继续使其保持与时俱进，联系热点、紧跟时尚，不断制造话题，提升曝光率和关注度。通过以上步骤，一个卡通形象的市场价值和生命力才能够得到充分释放，并大大提升周边开发产品的价值，从而形成良性循环发展。目前，国内市场除了在大型体育赛事衍生出的如奥运福娃、海宝、砳砳等卡通形象被广泛熟知，大部分仅仅停留在第一环节上，真正要使产业健康成长，依然有很长的路要走，如图4所示。

图4 南京青奥会吉祥物"砳砳"

注：图片摘自百度图片

2.3.2 立体的销售手段

销售是营销的末端环节，同时也是实现商业价值的最直接手段。传统的旅游纪念品销售基本采用景区实体店的形式，这也是最原始有效的销售手段。但随着网络的兴起，线上购物已经成为时下最流行和发展最快的消费方式，二次元消费群体更是网购的主力军。针对他们的旅游纪念品的营销更需打通线上和线下的立体销售渠道。首先，实体店最大的特点是可以和游客面对面地进行交流，将品牌故事和产品特色详细介绍给顾客。这种饱含互动体验和情感传递的方式可以最大限度地给予消费者最真实、最直接的旅行感受，同时大大丰富纪念品的本体纪念意义，在这个商品极大丰富的时代中将纪念品与一般商品区别开来。所以，改变传统实体店销售的古板、单调，在体验感上下功夫，是回归旅游纪念品价值核心和对抗网购冲击最有效的竞争手段。其次，充分利用网络的软性宣传效应和网购的便捷高效、无地点和时间限制、价格具有竞争力等特点，在二次元消费者最熟悉的购物环境下，延续和强化他们的旅游感受，提升纪念品的销售量。通过扫二维码等宣传手段引领消费者进入所售纪念品的网络宣传和销售平台，是实现网络营销效应的必备前提。

3 结语

二次元消费群体是新兴网络文化的代表，并已经成为主流社会文化发展中极其重要的一部分，他

们不仅有着自身独特的行为标签，同时也在不断影响和映射着其他社会群体。在国内旅游纪念品市场普遍存在发展瓶颈的情况下，瞄准二次元消费群体这一前沿又"挑剔"的细分市场，不仅可以优化卡通类纪念品的发展方向和模式，更能够引导旅游纪念品相关设计和营销紧跟时代发展步伐，对改变纪念品市场的同质化局面起到积极作用，从而促进国内旅游产业的结构调整与良性发展。当然，除却纪念品开发自身的努力与改变，做好创意与产品之间顺利转化的产业链支持、加大对行业知识产权保护等政策的倾斜与落实也是相关部门最急需补齐的短板。否则，有创意无产品、好产品满大街的尴尬局面将会极大挫伤市场的积极性和创造性，旅游纪念品市场的激活也将无处谈起。

参考文献

[1] 陈琛. 地域性文化及旅游纪念品设计及包装策略探讨[J]. 包装工程，2010（10）：107－110.

[2] 李淼. 优酷土豆入股 AcFun 资本聚焦二次元文化[J]. 中国战略新兴产业，2015（18）：54－56.

[3] 艾瑞咨询. 2015年中国二次元用户报告[R]. 上海：艾瑞咨询集团，2015.

[4] 葛颖. 面对审美的冲突和隔阂——对"二次元审美"现象的思考[N]. 文汇报，2014－11－11.

[5] 吴朋波. 旅游纪念品设计[M]. 北京：人民邮电出版社，2015.

[6] 2015中国动漫品牌授权产业发展报告课题组. 《2014中国动漫品牌授权产业发展报告》发布[J]. 玩具世界，2015（9）：25－28.

[7] 宋磊. 卡通形象营销学[M]. 上海：华东师范大学出版社，2014.

[8] 黄昊. 以无锡为例的旅游纪念品品牌化开发策略研究[J]. 包装工程，2014（24）：124－128.

四川省众创空间现状及发展模式探索*

周乐瑶[1,2] 岳 钧[1,2]

（1. 四川省自然资源科学研究院，四川成都，610014；2. 四川省生产力促进中心，四川成都，610000）

摘 要：从传统孵化器中生长出来的新型众创空间，颠覆了传统孵化器运营模式，具有理念超前、创新创业模式新颖等特点。本文对四川省众创空间的典型实践进行了分析，探讨众创空间的发展问题，提出众创空间建设的思路，从而为四川省建设和发展众创空间提供有建设性的建议与参考。

关键词：众创空间；协同创新；孵化；投资

在"大众创业、万众创新"的背景下，创新创业已成为新常态下经济提质的重要战略布局。2015年3月，国务院办公厅印发《关于发展众创空间推进大众创新创业的指导意见》，在政策层面鼓励众创空间发展。2016年2月，国务院办公厅印发《关于加快众创空间发展服务实体经济转型升级的指导意见》，深入研究众创空间"升级"实体经济的能量。众创空间是顺应网络时代创新创业特点和需求，通过市场化机制、专业化服务和资本化途径构建的低成本、便利化、全要素、开放式的新型创业服务平台的统称。站在时代的风口，众创空间已成为进一步打通服务实体经济的抓手。

1 四川省的政策背景

四川省于2015年5月出台《四川省人民政府关于全面推进大众创业、万众创新的意见》，激发创新创业活力，搭建创新创业转化孵化平台，构建创新创业生态体系。2015年9月，中华人民共和国科学技术部发布《发展众创空间工作指引》，正式确认众创空间与科技企业孵化器、加速器、产业园区等共同组成创业孵化链条。四川省按照构建完善"创业苗圃＋孵化器＋加速器"梯级孵化体系的要求，扎实推进创新创业载体建设。四川省各市（州），尤其是成都、绵阳两地全面推进众创空间建设工作。2016年度四川省科学技术厅立项支持全省41家众创空间示范机构，这些机构借鉴国内外先进经验，结合自身特点，打破以提供地产租赁和基础设施为基本服务的孵化模式，主要面向初创企业及团队，提供专业化、集成化、市场化的创业孵化服务。

* 基金项目：四川省科技厅软科学项目（项目编号：2016ZR0133）阶段性成果。

作者简介：1. 周乐瑶【1982—】，女，四川乐山人，工程师，硕士，研究方向：工业设计、科技管理等。

2. 岳钧（1971—），女，四川成都人，工程师，学士，研究方向：科技管理。

2 众创空间功能定位

2.1 集成服务平台

众创空间提供企业管理、行业信息、市场信息、知识产权、投融资服务等，系统性地以突破时空的合作方式和根据创业项目所处的状态，有组织、适时地提供其成长所需的配套服务平台，促使其快速成长和毕业。作为创业集聚空间，众创空间起着创意诞生、创新孵化与创业支撑三大功能，通过整合资源、集成互补性资产、促进技术和知识共享、强化创业者的研发协作，以解决创业路上遇到的各种问题，降低创业门槛和风险，提高创业成功率。

2.2 交流沟通的环境

众创空间不仅提供服务，还提供交流沟通的物理空间，大多以咖啡厅或茶室的形式出现。开放式空间成为新趋势，这能大大降低创业成本、缩短创业周期，使创业氛围更加活跃。通过创业思想的碰撞、资源平台的对接、新创意的挖掘，以低成本的交流方式形成创业者的聚集效应，放大咖啡厅或者茶室的单一功能。

2.3 融资通道服务

众创空间有着各种服务支撑体系，在创业中，资金问题始终是制约创业企业发展的瓶颈问题，创业企业往往受困于资本少、规模小、销售额少等经营壁垒。众创空间拥有的投融资体系可以有效帮助企业解决经济问题。这些众创空间的创办者大多具有成功的创业经历，能利用自身的资源帮助创业者进行创业，同时，在被引入的很多创业项目中也扮演着天使投资的角色。众创空间与创业者联系更紧密，更了解创业项目。

众创空间与外部投资公司相比，有明显的信息优势，对创业企业有更深入的了解，在提供服务的过程中与创业企业建立了密切的联系，这样就能避免盲目投资。同时，如果创业企业需要银行信贷资金，众创空间也能提供分类甄别，推荐银行信贷种类，并提供担保和信用评估，搭建创业企业和银行之间的桥梁。

3 四川省众创空间现状及典型案例

2016年1月，四川省生产力促进中心实地走访考察了四川省内重点众创空间示范机构，归纳其主要有以下几个特点：投资主体向多元化发展、专业服务向"互联网+"聚焦、传统孵化器向众创空间延伸、建设规划向区域特色倾斜。

3.1 蓉创茶馆

定位为向广大创业人、投资人、孵化人提供交流、交往、交易的新型创业生态孵化平台——蓉创茶馆，汇聚项目交流、股权交易、创新沙龙为一体，聚合地方政府、政策、行业主管部门引导，使创业者、创业行为与相关资源零距离对接，激活创业人的创新内核，使初创期、成长期的创新企业快速发展。蓉创茶馆打造了以"创业活动+风险投资+国际化"为中心的特色服务模式，并开发线上孵化服务平台"新谷在线"，充分展示众创空间"创新与创业相结合、线上与线下相结合、孵化与投资相结合"的服务理念。

3.2 侠客岛联合办公室

侠客岛联合办公室是中国西南首个引入联合办公概念的创新创业服务载体，颠覆了传统企业办公格局，以联合共享为基本理念，对办公室空间进行整体打造和简单分割，提供高度开放、共享的咖啡区、活动区和私密会议洽谈区，解决初创企业办公需求，降低企业创业成本。侠客岛联合办公室还提供创业导师、投融资服务、线上平台服务来共同搭建运作体系，从联合办公聚集线下资源到创业投资帮助创业企业发展，以及创建小微企业社交群落，最后到线上线下互联互通，形成资源优化配置，实现侠客岛联合办公室服务创业和小微企业的社会价值。

3.3 绵阳1716创业工场

1716创业工场是一家民营公司创建的众创空间，面向全省开放式接纳个人创业者、早期创业项目，包含创业咖啡、创业俱乐部、创业孵化器三个重要功能模块。采用线上与线下专业化服务、孵化与投资有效结合，为创业者提供种子资金、创业场地、网络交流展示空间、创业培训、融资渠道、品牌孵化等服务。由于建设单位前期搭建了创业孵化器，因此持股孵化使这家民营公司有着"投资者+众创空间管理者"的双重身份，让管理者和创业企业有着共同的努力方向。

3.4 资源创客空间

科研院所创办众创空间，可使自身的科技资源面向大众社会，不仅帮助院所内创业者创新创业，也能帮助大众创新创业。四川省自然资源科学研究院与四川省星火科技开发总公司合作建立的资源创客空间，位于成都市武侯区磨子桥创新创业街区核心区域，与四川大学和中国科学院成都分院等科研院校毗邻，地理区位与人才技术优势明显。结合自身特点，按照"专业化、特色化"的发展思路，主要围绕生物资源领域的科技型中小微企业特别是初创团队服务，以线上线下扶持为一体，开展了技术咨询、项目申报、高企认定、成果鉴定等多种综合服务。创客空间搭建了较为完善的公共技术服务平台，依托四川省自然资源科学研究院建立的"中国—新西兰猕猴桃联合实验室""猕猴桃育种及利用四川省重点实验室"和"野生动植物种质资源实验室"的相关实验设备设施，为创客研发提供了有力的技术支撑；同时利用单位搭建的科技咨询云服务平台和成果转化区域服务平台，能够有效地促进相关科技成果转化和产业化。通过众创空间，科研院所可以了解掌握产业发展，提升研发能力，唤醒潜能，明确方向，提升科技对经济的贡献。资源创客空间所有权和管理权分离，有利于灵活引进创业企业入驻，从创业者的利益考虑，以孵化服务能力提升为目标，让创业企业切身享受服务。

3.5　三台县青年创新创业孵化基地

三台县青年创新创业孵化基地是一家民营公司创立的众创空间，位于以劳动力输出为主的三台县。三台县青年创新创业孵化基地立足治县当地特点，面向返乡的农民工，打造并优化电子商务行业链，加快电子商务企业及要素企业集聚，培养电子商务龙头企业，提高行业的覆盖率和渗透力，带动区域产业发展，服务三台，辐射周边县城，推进当地农产品电子商务应用和产业融合。针对返乡农民，提供培训教室、活动室、创客餐厅、创客咖啡吧，充分满足创业基本需求，另外还为返乡农民提供住宿，免除其后顾之忧。根据周边环境界定众创空间服务要素构成，利用聚才聚智平台的聚集效应，吸引更多返乡农民创业，不仅解决就业问题，还能培育出一批批的企业家。

4　对众创空间服务发展的思考

众创空间和孵化器有共同的基础服务，如咨询、项目申报、财税申报、小额融资等，同时也有各自的特色，具有其独特的组织结构和运行机制。四川省的众创空间有很大一部分都是创建单位之前已成功打造了孵化器，如果众创空间没有自身的特点，那么和一般的孵化器没有区别。如何孵化更多的创新企业？如何打造更多的创新产品？要建设优秀的众创空间，接地气的运营模式、良好的管理水平和强大的创新能力至关重要。

4.1　建立完善的创业服务体系

随着创新创业发展进入新的阶段，市场竞争日趋激烈，创业企业对众创空间提出了更新、更高的要求。采取市场配置创新资源的方式，吸引优质资源参与创新创业，推动创新创业的发展。建立完善的创业服务体系，充分释放众创空间服务实体经济的能量，推动科技型创新创业，为创新创业提供更为精准的服务。

4.2　提高服务能力，提升运营管理能力

整合自身资源和各种社会资源，完善服务体系，有效帮助小微企业或者创业团队迈过创业发展各个阶段所遇到的技术、人才、管理、融资、市场等环节的困难。对于众创空间来说，要以创业者的实际需求为导向，深入创业过程中的各个环节，加强和提升众创空间对创业企业的服务能力建设，从而在真正意义上帮助其发展壮大，把众创空间做精、做强、做深。

4.3　探索增值服务方法

众创空间创业生态系统的主旨在于促进创新并孵化创业项目不断成长，众创空间是一种新型的提供服务的产品，而增值服务就是维系这一产品的核心内容。目前，众创空间很难通过一般的服务实现盈利，也不能单纯地靠政府输血或地产收益，只有为创业企业做好了服务，才能开辟出更多的增值途径，才可能和创业企业共同成长，在发展的道路中分享收益。有效的政策配合、优惠的财税减免以及投资者适当的回报，才能吸引更多的资源投入众创空间的建设中来。以众创空间的物理空间为支撑点，拓展一张无边的孵化网络，以多方位、专业、快捷的服务，为众创空间内的创业企业提供广阔的发展空间。

5　结语

众创空间的特点决定其开放、互动、多方面资源共同参与，由众创空间的服务接入，使创业者明确定位，有效减少创业成本，提高创业成功率。四川省的众创空间建设应该充分遵循该特点，只有这样才能在"大众创业、万众创新"的时代背景下，使创新创业氛围更加活跃。多元开放的众创空间能促进更多的创业者集聚，最终让更多的创业者在良好的环境与制度中受益。

参考文献

[1] 国务院办公厅. 关于发展众创空间、推进大众创新创业的指导意见[EB/OL]. [2015 − 03 − 11]. http://www.gov.cn/zhengce/content/2015−03/11/content_9519.htm.

[2] 李万，常静，王敏杰，等. 创新 3.0 与创新生态系统 [J]. 科学学研究，2014（12）：1761−1770.

[3] 张玲斌，董正英. 创业生态系统内的种间协同效应研究[J]. 生态经济，2014（5）：75−84.

产品识别系统的视觉符号化构建途径研究*

周 韧

（上海师范大学，上海，200234）

摘 要： 产品识别系统作为品牌形象系统在市场中的终端延伸，越来越受到企业的重视。"符号化"作为形象识别"外在秩序"的视觉表征，在产品设计及打造产品识别系统的过程中有着不可替代的作用。在品牌产品系统的长期市场构建中，可以从诸如产品家族化特征、塑造独特的传播形象和融合商标元素等多元化途径有意识地塑造产品识别系统。

关键词： 产品识别系统；品牌；符号

1 产品识别系统的符号化动因

产品形象识别系统（Product Identity System，PIS）是以企业产品设计为核心内容和基础，结合企业的品牌视觉识别系统（Visual Identity System，VIS）的要素及思维，通过打造具有鲜明特色的产品特征，从而最大限度地获得受众对品牌产品的清晰识别和品牌的普遍认同感。对企业而言，产品形象识别也是企业在市场实践中积极主动、有意识地塑造产品在受众中所形成的无意识印象。根据哈耶克（F. A. Hayek）关于产品形象的理论，概括"产品的形象由两部分组成：一部分是产品的'外在秩序'，即人们可以通过感官系统如视觉、触觉等感受到的表征部分；另一部分是产品的'内在秩序'，它是本质的，不可见的"。

品牌是受众心目中对内在价值的认同，要让受众能感受到这种"内在秩序"的存在，需要建立产品的"外在秩序"，包括如商标、包装、产品设计等手段，而这种显性的视觉表征要获得受众的普遍感知和认同，则需要在庞大的产品系统中秩序化地构建有形的视觉识别符号。德国著名哲学家恩斯特·卡希尔（Ernst Cassirer）指出，"符号的传播给予人类一切经验材料以一定的秩序：科学在思想上给人以秩序，道德在行为上给人以秩序，艺术则在感觉和理解方面给人以秩序，人就是进行符号创造活动的动物"。由此可见，PIS事实上也是基于传统VIS战略中的产品终端视觉延续，传统品牌VIS战略中的标志在VIS系统的差异化识别中起着极其重要的作用，但在现代商业竞争中，标志作为核心识别要素固然有着不可替代的基础作用，但其识别效能却在逐渐下降。一是由于随着市场的急

剧扩大，企业数量成倍增加，在标志元素的采用上越来越难以突破，比如自然界的一些具有美好象征的事物（太阳、马、狮子等），通过设计后的形象固然可以建立一定差异，但随着市场上类似标志图形的不断增多，在缺乏后期多渠道媒介支撑和传播下，标志的辨识度和对受众记忆的作用会不断下降；二是现代设计手法已不断完善和成熟，对于象征事物和图形的表现不可避免地会出现这样或那样的暗合，这也增加了受众的辨识难度；三是现代标志设计手法越来越趋于简洁，但推广成本却越来越高，一个标志要被受众记住乃至熟知，需要高额的广告推广成本和品牌推广费用。这说明完全围绕标志为核心来打造的单一VIS系统失去了意义，因此，在现代品牌设计系统的建立中，通过建立产品识别系统来建立品牌识别的"外在秩序"成为品牌终端传播的现实需要和有力补充。

2 产品识别系统的形象构建途径

2.1 打造品牌产品家族化特征

产品家族化指运用系统化的设计方法，通过有效的产品符号语言来塑造产品的品牌DNA特征。虽然企业商标最初在视觉层面上突出了产品的品牌属性，但标志作为一个识别性符号却有一定的局限性，一是由于产品体积、类型、材质的不同，标志的展示面积会受到诸多限制；二是如果品牌没有建立在成熟的产品体系之内，各自孤立的产品仅靠标志来维系，其品牌联系也是不够的。因此，产品家族化特征的建立就成为一种构建产品识别系统的重要品牌思维模式，品牌的符号化烙印可以通过与产品设计的融合得以实现。

诞生于1916年的德国宝马（BMW）汽车有限

* 基金项目：上海师范大学校级项目（项目编号：A-0230-15-001019）。

作者简介：周韧，男（1980—），上海师范大学人文与传播学院广告学系副教授，博士研究生，主要研究方向：产品品牌形象传播与推广。出版《当代视觉设计精品——欧洲篇》等著作6部，在《装饰》《艺术评论》等CSSCI期刊发表学术论文近10篇。

公司很早就意识到通过产品识别家族化来建立品牌符号与品牌标志的同等重要性，第一辆挂宝马标志的汽车于 1929 年诞生，其在 1933 年生产第三款车型 303 首次使用了标志性双肾型进气栅格（图 1）的设计。这个产品特征一直延续到今天，从早期繁复的老爷车造型到 20 世纪中期的直线型再到当代的产品流线造型，从 3、5、7 轿车系列到 X1、X3、X5 等 SUV 系列或者 M、Z 跑车系列，无论汽车工业技术和时代审美趣味如何发展，在产品造型设计风格保持与时俱进的前提下，宝马有意识打造的家族化产品符号特征成为其最耀眼的识别"标志"，即使遮住车头的标志，宝马还是能够被受众立马识别出来。21 世纪以来，类似宝马这种建立产品家族化识别的策略在其他汽车品牌中也开始普遍盛行，奥迪的"U"形、标致的"大嘴"前脸。

图 1 慕尼黑机场的宝马广告

产品在其功能和外观开发设计时所产生的偶然效果也可以成为有意识打造的产品品牌识别符号，1952 年欧米茄（OMEGA）推出的"星座"系列腕表首次采用了"托爪"设计（图 2），这种最初仅出于对功能性的考虑而引入的设计概念，使"星座"系列成为在全世界范围内辨识度最高的腕表款式之一，其实际意义完全超越了纯粹的产品设计范畴——"托爪"已成为定义和识别欧米茄这一腕表系列的标志性特征。一个毋庸置疑的事实是：作为体积十分小巧精致的工业产品，绝大多数腕表在一定的距离是无法有效看清品牌标志的，通常只有专家和腕表爱好者可以辨别腕表品牌。但是欧米茄星座系列由于其表盘与表带合二为一的独特识别特征，即便是入门者在稍远距离都可轻易辨识出来。这种产品家族化特征的设计，无疑有效地弥补了标志在体积较小的产品上的识别缺陷。

图 2 欧米茄星座系列"托爪"设计

2.2 塑造独特的产品传播形象

日本品牌专家福村满认为，"形象会自然形成，所以组织和企业需要在它形成之前对其进行控制"。独特的产品包装、造型或者外观是可以成为有意识打造的品牌形象符号。例如，著名的瑞典"绝对伏特加"（Absolut Vodka）作为非伏特加酒发源地俄罗斯出产的伏特加品牌，在广告策略和传播上有着先天的劣势，早期在美国市场反响平平。TBWA 广告公司接手"绝对伏特加"以后，其在前期市场调查中发现，有相当比例的美国消费者觉得"绝对伏特加"的酒瓶很奇怪，这是一个容易被忽略的信息，在包装设计异常讲究美观的今天，"奇怪"很可能会被解读为"丑陋"，如果是这样，TBWA 也许会重新设计一款包装或容器，那也就不会有今天举世闻名的"绝对伏特加"了。TBWA 的创意总监杰夫·海斯（Geoff Hayes）敏锐地意识到这是个机遇，随后开始推出了一系列以 Absolut Vodka 瓶子为主题的平面广告，从最早"绝对产品"到"绝对物品""绝对城市""绝对艺术"再到之后的"绝对节目""绝对口味"，Absolut Vodka 广告开启了一个看似随心所欲、千变万化，实则策略鲜明的广告战略时代。无论广告创意如何千变万化，在它们的广告画面中你都可以清楚或隐约地找到它那"奇怪"的酒瓶。Absolut Vodka 也因此摆脱了源产地和口味的天然束缚，成为时尚、艺术的宠儿，它那经典的瓶型也成为比字母标志辨识度更高的品牌符号，"绝对伏特加"在消费者心目中的地位甚至超过了那些"正宗"伏特加。正如罗兰·巴特（Roland Barthes）所说："记号一旦形成，社会就可以使其具有功能，把它当成一种使用的对象。"

类似地，暴力熊这个源自于卡通形象且极受时尚市场欢迎的玩具品牌（图 3），从一开始就意识到了其外观的独特魅力，这种独特性外观成为其产品开发的核心识别要素，而附着于其外观之上的图形或图案来自于变化无穷的灵感，卡通、涂鸦、波普、国旗、浮世绘、京剧脸谱等，任何你可以想到的艺术表现形式在这个固定的外形上都可以体现，但任何变化都不会改变其识别属性从而动摇其品牌精髓，而是更进一步地丰富了暴力熊的产品线。暴力熊的外形具有极大的包容性，其他国际品牌如百事可乐、麦当劳、香奈尔等借助其外形来合作推出一系列礼品或纪念版公仔，合作双方的品牌是完美共存并相互依托的。因此，建立产品识别系统需要有意识地强化产品在某一方面与众不同的特征，并运用特殊的设计、营销或传播手段使其概念化，正如佩里和威斯能认为的，"品牌识别即为企业、产品或服务品牌的可操控的元素组合"。

图3　暴力熊公仔

2.3　巧置标志元素融入产品系统

法国思想家鲍德里亚（Jean Baudrillard）认为："在消费社会中，消费是'一种操纵符号的系统性行为'，消费的核心在于商品的符号价值。"所谓符号消费，是指消费者在购买与消费商品的过程中，追求的不仅仅是商品的成本价值或者物理意义上的使用价值，还包括商品附加的能为消费者提供声望、表现消费者个性特征与社会地位以及权利等带有一定象征性的概念和意义，奢侈品牌由于其高昂的价格成为这种符号消费的典范。

从受众心理角度来分析，奢侈品消费的存在是为了更好地展现使用者的社会地位和自我价值认同，对此，消费者心理通常是矛盾而复杂的。一方面，受众希望自己高价购买的商品能被他人一眼认出，这往往需要一个醒目的Logo；另一方面，刻意地展示Logo又通常容易被别人笑话，认为是"暴发户"心态。所以，对于奢侈品牌来说，其产品设计既需要巧妙地迎合这种复杂的消费心理，具备鲜明的识别特征，但又不过分夸张地放大Logo来体现其品牌属性。

宝玑（Breguet）作为顶级钟表奢侈品牌，1783年推出了品牌创始人创制的带镂空偏心"月形"针尖的著名指针（图4），一面世即大受欢迎。自此，匠心独具的"宝玑指针"（Breguet hands）成为每块宝玑表的鲜明特征的同时也创造了制表业的一个全新的专业名词。镂空偏心"月形"时针和分针之间90度的交错形态，正是宝玑标志图形的具象立体在现，这种与品牌标志一脉相承又极具特色的品牌产品特征，使宝玑在众多的钟表奢侈品牌中具有了独一无二的产品识别力。

图4　"宝玑指针"与品牌标志

类似地，还有像受众熟知的路易威登（LV）和古驰（Gucci）等奢侈品牌，在其经典Logo的基础上衍生"老花料""33彩"等四方连续图案，使辅助图形成为产品外观的一个有机组成部分，并在各种产品、包装等系统化设计上延续，精心设计的图案使大面积的Logo元素密集组合在一起，美观但并不庸俗，既旗帜鲜明地展示了品牌身份，又体现了艺术的创意之美；既营造了不同款式的新鲜感，又建立了厚重的历史传承。这种含而不露的设计营销，也符合了罗瑟·瑞夫斯（Rosser Reeves）提出的USP理论，即"独特的销售主张"，任由款式如何变化，其经典符号却一脉相承，用最核心的符号来抓住用户的心。

产品的符号化传播实际上就是将繁杂的品牌信息进行压缩及提炼，并通过策划和设计把信息表现为一种让人们更容易认可、接受、记忆的简单有效的品牌系统化视觉或听觉符号。巧妙而不失雅致，独特却不致偏颇，这也是在产品系统符号设计中建立的重要法则。

3　结语

品牌学家大卫·艾格（David A. Aaker）认为，"品牌就是符号，一个成功的符号，能整合和强化一个品牌的认同，并且让消费者对于这个品牌的认同更加印象深刻。这里所指的符号，包括了任何能代表这个品牌认同的东西与做法"。因此，建立强有力的产品识别系统，不仅是要塑造一个以标志为核心的视觉识别系统，更需要敏锐地洞悉消费者心理，长期把握消费者对品牌产品终端市场的受众反应，并通过多方面的手段、途径有针对性和有意识地打造独具魅力的品牌符号识别系统，从而使产品获得受众的喜爱和认同，在浩如烟海的商业竞争环境中屹立于品牌之林。

参考文献

[1] DAVID AAKER. Building Strong Brands［M］. New York：The Free Press，1996.

[2] 约翰·菲力普·琼斯. 广告与品牌策划［M］. 北京：机械工业出版社，1999.

[3] 保罗·斯图伯特. 品牌的力量［M］. 北京：中信出版社，2000.

[4] 菲力普·科特勒. 市场营销学导论［M］. 北京：华夏出版社，2001.

[5] BRIGITTE B. Design Management：Using Design to Build Brand Value and Corporate Innovation［M］. New York：All worth Press，2003.

[6] 李思屈. 广告符号学［M］. 成都：四川大学出版社，2004.

[7] 孙东阳. 品牌传播中的符号印记 [J]. 美与时代月刊，2007（6）：80−82.

[8] KEVIN K. Strategic Brand Management [M]. Prentice Hall，Inc，2012.

韩国背景下的独居老人日常生活服务设计研究

朱秋洁　黄一帆

（东西大学，韩国釜山，612−022）

摘　要：随着社会的逐步高龄化，家庭结构发生了重大变化，其中之一就是个人独自生活的家庭数量快速增长。1990 年，韩国的独居人数仅仅占总人口数的 9.0%；到 2010 年，其人数快速增长至 23.9%。而在独居人口中，中老年人为主要部分。据韩国保健福祉部 2015 年 4 月发表的《2014 年老人实态调查》报告书中数据所示，独居的老年人占老年总人口数的 23%。这些独居老人在日常生活中常常遭遇诸多问题，如看护问题、看病问题、饮食营养摄取问题、外出安全问题、经济贫困问题、心理忧郁问题、社会边缘化问题等。本文研究的目的是探索和发现独居老人日常生活中的不便之处和困难点。通过对独居老人的基础生活到社会活动等各领域的深入研究，掌握独居老人日常生活中各阶段的需求，挖掘老年人的潜在服务需求，并以此为基础，提出服务设计提案。本文研究的意义是通过系统化的日常服务使老年人在独居时能安全和便利地生活，同时缓解生理和心理上的困难，最终使老人能够没有负担地参与社会活动，赋予老人活跃的社会角色，使其融入社会。

关键词：服务设计；人口高龄化；独居老人；日常生活

1　背景介绍

1.1　服务设计的理解

服务设计的研究方法始于服务产业的兴起。为了更准确、系统地确定顾客的需求，服务内容的设计也需要更系统、有效的方法论来进行指导。在这一共识下，服务设计方法应运而生。目前，在有形的制造业和无形的公共服务领域中，设计师都有意识地应用服务设计的思想和方法对有形/无形的产品进行改进。

服务设计方法的意义在于使顾客在使用服务的过程中，在每个接触点都能体验到服务，使服务价值得以量化。而在服务过程中，通过利益关系者的参与和相互合作，可以使服务内容更具体化，并创造出更具有魅力的用户体验。服务设计方法正是为了以上一系列活动而制定的指导性方法论。

目前，已经开发的服务设计框架有多种，但都停留在分析现有服务、改善现有服务，以及开发新的服务项目阶段。在服务设计领域中，最先由英国设计公司主导提出了多个服务设计方法，而不同的服务设计方法，其具体内容有着些许差异。在韩国，服务设计多应用在公共服务领域，如医疗保健、养老、环保、犯罪预防等，注重跨学科的交流合作和共同参与。本研究中具体的服务设计流程和方法论参考韩国设计振兴院开发的服务设计参考书和服务设计咨询活动指南书，如图 1 所示。

图 1　研究流程

1.2　韩国人口的高龄化

目前，全世界人口高龄化的速度都在加剧。根据韩国统计厅的人口调查资料显示，2000 年，65 岁以上的老年人口比例超过总人口数的 7%，已经进入"高龄化社会"。预计在 2018 年，老年人口占总人口数的 14%，将进入"高龄社会"。到 2026 年，老年人口占总人口数的比例将超过 20%，将进入"超高龄社会"。人口的快速高龄化，不仅仅造成劳动力减少、消费需求减少、社会保障支出增加等宏观社会问题，从微观角度来看，老年人的家庭养老模式、医疗、保健、护理以及心理需求的满足都亟待进一步获得公共服务设计领域的研究与关注。

1.3　独居老人的概念

根据个人衰老程度或者自我认知程度的不同，"老人"的概念存在差异性，一般根据年龄来区分。由于本研究的社会背景为韩国，因此本文引用韩国《老人福祉法》的规定：65 岁以上者，被视为老年人。"独居者"的概念，依据韩国统计厅和韩国《社会福祉学辞典》的定义，"独自生活（包括用餐、就寝等日常活动）并维持生计的人"被定义为独居者。而"独居老人"的概念可以被定义为"一个人独自用餐、就寝、维持生计的 65 岁以上的老年人"。

1.4 独居老人的现状

韩国保健福祉部 2015 年 4 月发表的《2014 年度老人实态调查报告书》的结果显示，在有老人的家庭形态中，独居老人从 1994 年的 13.6％增加到 2004 年的 20.6％，到了 2014 年，仍然不断增长，已达到 23％。其中，对 74 万名独居老人的社会活动参与度、与邻居和家族关系等进行了调查，结果显示，社会活动参与度：在敬老堂、福祉馆、宗教设施等参与社会活动的人数占 63％，没有定期可以去的地方的人数占 37％；与邻居和家族关系：有 16％的老人与家人不见面（邻居 13％），或者一年见 1~2 次，一部分老人的社会关系出现完全断绝的状态；用餐次数：一天用餐 2 次以下的老人占整体被调查者数量的 25％，2.3％的老人是由于经济贫困导致这种饮食习惯；健康状态：约 4.7％（7 万名）的老人患有忧郁症，绝大多数老人都因为疾病的困扰导致日常生活困难，其中 5％的老人达到极端困难的程度。相较于普通非独居老人，独居老人在日常生活中面临更多的心理、生理上的困难，更容易产生心理和生理上的健康问题。

2 服务设计提案

2.1 研究目的和意义

本文的研究目的是探索和发现独居老人日常生活中的不便之处和困难点。通过对独居老人的基础生活到参与社会活动等各领域的深入研究，掌握独居老人在日常生活中各阶段的需求，挖掘老年人的潜在服务需求，并以此为基础，提出服务设计提案。

本文的研究意义是通过系统化的日常服务使老年人在独居时能安全和便利地生活，同时缓解生理和心理上的困难，最终使老人能够没有负担地参与社会活动，赋予老人活跃的社会角色，使其融入社会。

2.2 研究方法

本文研究的具体流程如图 2 所示，主要分为理解阶段、发现阶段、定义阶段、发展阶段、传达阶段。理解阶段是对服务的外部和内部进行全面的调查和理解、设定调查目标以及树立计划的阶段。理解阶段的目的是在宽泛的主题中找出某一个或一类

问题，并对此集中进行解决，并设定调查目标。研究中，笔者通过文献资料、网络报道、新闻报道、期刊等媒介，了解与人口高龄化相关的趋势、市场、社会政策、现状和服务。通过桌面调查发现，人口老龄化的影响从社会角度出发，产生了低出生率、劳动力不足、社会福祉不足等问题；从个人角度出发，产生了养老金和储蓄能力不足、休闲娱乐活动服务不足、健康保健服务不足、家庭负担和关系恶化等问题。另外，人口高龄化导致了家庭人口形态的重大变化。韩国的单身居住人口数从 1990 年的 9.0％增长到 2010 年的 23.9％，并将在 2030 年达到 32.7％。而独居高龄者人数占单身居住人口总数的 23％，其中 3/4 是女性独居老人。这些老人由于身体机能低下、经济贫困、社会地位边缘化，成为社会中的弱势人群。本文研究将以独居老人为对象，挖掘老人日常生活中的不便之处，找到服务要素，设计服务提案。此后，依照服务设计双钻石模型依次展开。发现阶段是通过查阅老人看护学和老人福祉学等相关文献资料、个人访谈，掌握独居老人日常生活的行为模式和特性的阶段。此阶段以老人为中心，分析老人日常生活中的利益关系者。定义阶段是根据发现阶段的调查结果，设定具有代表性的独居老人角色，并制作场景剧本，根据场景剧本演绎顾客旅程图，通过旅程图展示独居老人日常生活中有形与无形的触点，并通过感情曲线反映老人的情感变化。根据老人的痛点，挖掘老人的潜在需求，再将这些需求分类，从而设定服务目标。发展阶段主要根据服务目标进行头脑风暴，并将创意点分类，通过亲和图分析法找出创意点之间的联系，最终导出创意设计概念。传达阶段主要通过故事版的形式将创意视觉化，以此展示服务的整体流程和具体的构成要素。

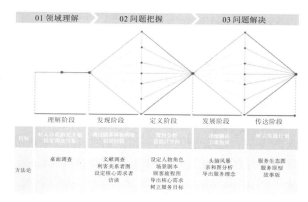

图 2 研究流程

2.2.1 发现阶段

利益关系者图（Stockholder，在服务设计方

法中译为利益关系者）是用来掌握服务利益关系者的相关关系，考虑和分析利益关系者的需求与动机，并使其视觉化的方法。研究主要根据老人的人际关系和日常生活中接触的服务提供集团，将其分为家族、居住、休闲活动、医疗服务、社会福祉、日常生活、大众媒体7个类别，如图3所示。内圈实线是与老人对面接触频率高的利益关系者，虚线是与老人接触频率低的利益关系者。外圈实线是利益关系者与其所属机构之间的关系，虚线是相关性不稳定的机构之间的关系。在利益关系者图中可以看出，利害集团之间的纵向关系有机地连接在一起，但是横向关系并没有有效地连接起来，各集团互相独立运营。由于老人的特殊性，如认知减退、机能障碍、痛症、经济能力不足等问题，导致其被边缘化，无法充分利用各种服务。从服务提供者的角度来说，各个环节存在断层问题，也无法给老人提供一个有效、便捷的服务。另外，单纯依靠国家福祉或是民间机构中的某一方，也是无法解决老人日常生活中的不便和困难的。所以，考虑老人各个方面的需求，要想传递系统、便捷的服务，需要多领域的通力合作，同时要兼顾各个集团的利益均衡。理想的利益关系者间的相关关系应该是横向和纵向都保持密切关联。

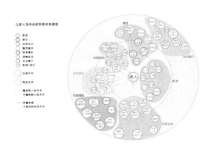

图3　以老人为中心的利益关系者图

2.2.2　定义阶段

在理解阶段和发现阶段，查阅人口高龄化相关的网络资料、老人看护学、老人福祉学等资料，独居老人数量占老年人人口总数的23%。独居生活过程中会产生疾病看护、经济贫困、心里不安、孤独感等问题，严重妨碍了老人的正常生活。在老人贫困问题上，女性独居老人的贫困程度是男性独居老人的2倍，更易诱发经济不安全感。在高龄者的复合型慢性疾病问题上，患复合型慢性疾病的老人年龄平均为72.4岁，男性老人的慢性疾病数量平均为4.8种，女性老人的慢性疾病数量平均为5.3种，女性老人患有的慢性疾病种类更多。所以，在定义阶段，根据对符合研究对象特征的3位老年人的深度访谈和数据分析，笔者将研究人物角色设定

为独自生活并患有慢性疾病的孤独老年妇女，以此设定了研究的核心需求者。人物角色是以对需求者的理解为基础而设定的假想人物，是为了对新服务的特性和必要要素提供判断的一种方法。根据看护学文献资料中看护学学生对独居老人的看护经历叙述，以及研究者对独居老人的访谈结果，本文研究依据独居老人日常生活模式和特性，描述了独居老人日常生活中某一天的场景剧本，具体内容如图4所示。依据场景剧本的内容，通过顾客旅程图，将老人日常生活中某一天的情感曲线、接触点以及痛点呈现出来，如图5所示。

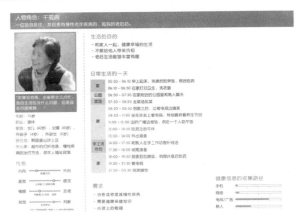

图4　人物角色和场景剧本

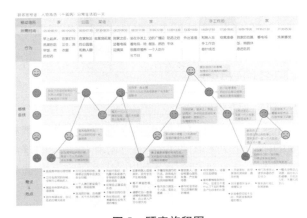

图5　顾客旅程图

从顾客旅程图中可以看出，人物角色一天的大部分时间都是在家里度过的，主要活动是洗漱、做饭、用餐、打扫和看电视。从顾客旅程图中的接触点来看，痛点主要是在早上起床时、看健康保健节目时，以及外出回到家里时。早上起床时，家里没有人，并且很安静，人物角色心里产生了忧郁和孤独感。看健康保健节目时，节目中播放的慢性疾病的危害，使人物角色对自己的病情担忧，产生了负担心理。外出回到家里时，没有迎接的人，并且女儿没有来电话，人物角色既想念女儿，又怕打扰女儿，也会产生失落的情绪。另外，还有诸多不便之

处：关节炎导致行动不便，自我调节情绪时找不到合适的方法，心理的失落感导致睡眠问题。整个顾客旅程图唯一的兴奋点就是下午准备去手工作坊和熟人一起做手工活。可以看出，老人对于有可做的事情并且能够和他人进行交流，会产生积极的情绪。

2.2.3 发展阶段

通过顾客旅程图导出了核心要素（insight），根据问题发生的接触点，笔者将其分为室内活动、出行、饮食、信息收集、感情需求和社会活动需求共 6 个组别。接着是设立服务目标。设立服务目标是以核心需求者的体验和对服务组织的综合理解为基础的。服务目标对导出服务理念具有方向性指导作用。在这个过程中，通过"如何做……才能……"的形式来提出服务假设，避免过分具象的服务内容。用开放的方式提问，使讨论小组成员的想法不受局限，尽可能多地提出创意性的想法。研究设立了 3 个服务目标，分别是"如何做，才能在独自居住时安全、便捷地生活？""如何做，才能减轻生理和心理上的疼痛？""如何做，才能没有负担、带有自尊心地参与社会活动？"具体内容如图 6 所示。

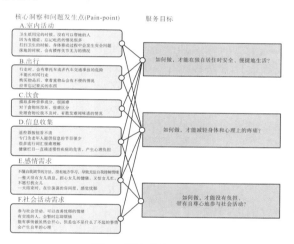

图 6　服务目标设立

为了导出服务理念，研究进行了头脑风暴，共 5 名参加者。首先，将前期的调查资料、调查结果对参与者进行说明。接着对导出的三个服务目标进行 60 分钟的创意思考，并在便利贴上写下想法，如图 7 所示。再将所有想法进行归类分组，本研究将想法归类成 6 组，并给每组标出了关键内容以及标题，分别是"以社区为中心开展健康保健活动""定制型上门服务""心理呵护服务""老年人专门营养餐服务""老年人亲和型产品""为老年人专门制作的电视节目"。通过亲和图分析法发现，各组的具体内容都存在相关性，例如，以社区为中心开

展健康保健活动和为老年人提供定制型上门服务、营养餐服务，都是针对老年人的健康问题提出的解决办法。又如，心理呵护服务、为老年人专门制作的电视节目都是关注老年人群患忧郁症、存在孤独感的问题。设计老年人的亲和型产品，是为了从物理上改善老年人在生活中遇到的不便，如遥控器键盘看不清、智能手机操作复杂、买东西携带搬运不便等问题。通过分析各组想法之间的相关性，发现系统、完善的服务需要各领域相互合作，从而建立起网状关系，共同服务于老人。亲和图分析如图 8 所示。

图 7　头脑风暴

图 8　亲和图分析

分析相关性后，能够更加宏观地看待创意想法之间的联系，并可以将想法进行二次更新或组合，从而形成一个更加完整的服务项目。在老年人的健康问题上，需要医疗机构的专业人员进行问诊和治疗。在饮食问题上，需要超市或者蔬菜基地等机构提供食材，由政府部门提供资金、分配方案、调动人员等，慈善团体可以提供志愿者。政府机构和医疗机构可以合作，以社区为单位开设健康保健教育课程；慈善团体和政府部门可以合作，开设老年人再就业课程指导。针对各领域和机构之间的断层问题，研究提出以"长者爱之团"项目组来承担机构之间沟通的角色。另外，利用适合现代智能技术缓解和改善老年人淡漠的家庭和社会关系是非常有必要的。例如，家庭机器人以及符合老年人认知和情感需求的纸质电子相册等。按照马斯洛需求层次理论，将分析后的创意理念按照需求层次整理，如图 9 所示。研究以改善和提高独居老人日常生活质量和便利度为方向，按照独居老人需求的不同阶段，总结出 5 个关键词："基础的饮食条件""身体和心理安全""社会关系形成""有意义的生活""自我实现"。要在一定期限内解决所有问题是十分困难的，并且大部分独居老人的生活水平和经济状态处于较低层面的需求，所以，研究将首先对"基础的饮食条件""身体和心理安全""社会关系形成"三个层面给出提案。

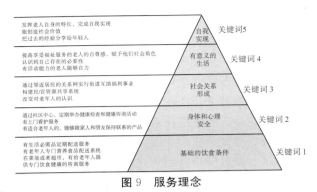

图 9　服务理念

2.2.4　传达阶段

为了说明服务理念，利用故事版的形式使得服务原型视觉化。制作故事版之前，首先将服务生态可视化，这样便于理解系统化服务的运作、利益关系者与服务间的联系，如图 10 所示。国家福祉机构、民间机构、医疗机构、慈善团体挑选出专业人员，通过"长者爱之团"成员进行沟通，以社区为单位对老人提供服务。家人和社区中心，以及老人的朋友和邻居都可以利用智能设备互相联系，起到了对老人的照看和保护的作用。

图 10　服务生态图

故事版是对现在不存在，但在未来可能实现的服务体验加以说明的一种方法。利用故事版呈现服务原型，如图 11、图 12 所示。

图 11　故事版 1

图 12　故事版 2

3　结语

通过调查、总结，得出结论：独居老人数量在不断上升，其中女性独居老人占绝大多数。他们的健康问题主要分为生理和心理两种。在平时的饮食中很难摄取多种营养；身体机能下降，如嗅觉下降，导致很难区分食物的好坏，不及时处理食物垃圾，滋生细菌；外出时有遭遇交通事故的危险；慢性疾病会使老人产生负担心理；社会关系网的断裂，导致老人被社会孤立，忧郁症等心理疾病的发病率也较高；不稳定的经济状态导致了较高的经济贫困率。

基于目前韩国独居老人的生活现状，本研究根据服务设计方法提出了一种针对独居老人的服务生态原型，使得老人在独自生活的状态下，也能够享受安全便利的日常生活，并有效缓解心理、生理上的痛症，减少他们参与社会活动、融入社会的负担。

韩国虽然已经加强了看护老人的支持力度，但在养老、护理、医疗、护送四大功能上依旧维持着相对分离的情况。

本研究中提出的服务生态模型，不仅仅是解决独居老人日常生活问题，而是利用"长者爱之团"这样的项目执行者连接老年人看护产业中的各个服务提供方，使各服务提供方之间能够平衡资源和利益，在降低服务成本的同时，为独居老人提供恰当、合适的服务内容，以此维持老人看护产业平稳和积极地发展。

与此同时，为了有效提高服务质量与服务专业度，服务提供方需要提升独居老人整体的生活体验，细致地考虑老人特殊的生理和心理特征，用感性的设计理念结合现代尖端技术，设计出具有亲和力的老年产品，这也是本服务设计的意义所在。

4 研究局限

本研究由于访谈的标本量较小，看护学、保健福祉学、医疗服务营销等专门领域知识的获取局限于文献资料和网络资料，对商业模型和经济效益还需要进行严谨的验证。

5 后续研究

中韩两国的人口结构和经济水平不同，因此高龄产业的发展也不同。但其中也存在一定的共同点，两国的高龄产业都和疗养服务相连，并且高龄产业都还未得到活性化的发展。对于高龄产业有相应的政策性支援，但成果并不尽如人意。韩国的高龄产业是以老人长期疗养保险补贴和相关联的老年用品为中心发展的。而中国还未引入老人长期疗养保险制度，对独居老人或其他老年人群体也尚未在法律上进行概念规范。相较于韩国，中国以民间投资方式参与产业发展，强调民间投资的作用，高龄产业的系统化发展比较薄弱。通过借鉴韩国养老服务经验，针对中国养老服务现状与老年人群体现状进行服务设计的研究内容将在后续研究中进行。

参考文献

[1] SONG YEONGSIN. The Current Statue and Policy Develpment for Female Senior Who Living Alone [J]. Ewha Gender Jurisprudence，2015.

[2] JEONGG YEONGHUI，HUI O E，GANG EUNNA，et al. The Survey on Elderly's Current Statue [J]. Policy Report，2014.

[3] GOGAYEONG. the Changes of Consuming Preference Caused by the increasing of Single Population [J]. LG Business Insight，2014.

[4] ANDY P，LAVRANS L，BEN R. Service Design - from insight to implementation [J]. Rosenfeld，2016.

[5] JUNG YOUNG HO. Analysis of Chronic Diseases of The Elderly [J]. Korea Institute for Health and Social Affairs，2013.

[6] KWON Y. The government innovation program of ministry of government administration and home affairs in Korea [J]. Doshisha University Policy & Management，2006 (8)：167－179.

[7] JORDAN B. Ministry of Industry and Trade [J]. Bulletin Amman，2012.

[8] LEE GEON HOON. The Present and Future of Health and Medical Business for the Elderly in Korea [J]. International Journal of Gerontological Social Welfare，2005.

[9] HWANG NAMHUI. The Status of Senior－friendly Industry Policies in Korea，China and Japan [J]. Korea Institute for Health and Social，2015：12－13.

行业前沿

3D Looker 创意产品设计

陈建江　　张颢巖

（中兴通讯股份有限公司，上海，201203）

摘　要：通过分析市场热点，选择与手机结合的 3D 显示装置为案例，用 UCD 的方法围绕可用性测试与迭代设计对一个原型产品进行优化改进，以达到商用状态。

关键词：3D 显示装置；原型设计；可用性测试；迭代设计

1　市场调研——3D 显示设备现状

随着科学技术的不断发展，3D 显示设备的成本正在大幅降低，并催生了以此为基础的虚拟现实领域的技术和服务的快速发展。当前市场上有哪些 3D 显示设备？各有什么特点？如要制作这个装置，应采取哪种技术方案？如何定位该产品，确定目标用户以获得竞争优势？在产品设计启动之前，这是必须要明确的问题。本案例是运用如图 1 所示的 UCD 流程开展产品研究分析、进行设计测试等活动的一次尝试，并取得了较好的效果。

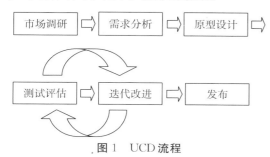

图 1　UCD 流程

通过检索发现，现有的与 3D 显示、立体电影、虚拟现实等相关联的产品如图 2 所示，包括索尼头戴式显示器 HMZ－T3W、Oculus 的虚拟现实头盔、3D照片观看器（配左右格式的立体照片），以及红蓝立体眼镜（配红蓝立体图片）、反射眼镜（配左右格式立体图片）、偏振眼镜（配偏振图像）、快门式 3D 眼镜（配快速切换的左右眼图像）、裸眼 3D 手机。

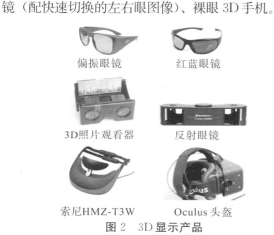

偏振眼镜　　　　红蓝眼镜

3D照片观看器　　反射眼镜

索尼HMZ-T3W　　Oculus 头盔

图 2　3D 显示产品

对现有产品进行分析和体验，研究其产品特点，分析各类产品的优缺点、成本等，绘制出 3D产品分析图，寻找介入新产品的机会。红蓝立体眼镜因有滤色镜，图片显示的亮度和色彩还原受到影响，反射眼镜对观看位置有要求。快门式 3D 眼镜适合立体电视，偏振眼镜适合立体影院，这两种眼镜的显示系统相对较复杂。裸眼 3D 手机成本较高，显示效果还不如 3D 照片观看器，但裸眼 3D手机因不需要 3D 眼镜，因此使用比较方便。Oculus 头盔、索尼 HMZ－T3W 是专用设备，价格不菲。3D 照片观看器能显示大视角的图片，有较大的视觉冲击力，其不足之处是镜片与照片之间的距离是固定的。从价格与 3D 还原效果两个维度对现有产品进行分析归类，如图 3 所示。

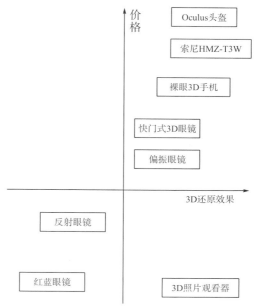

图 3　3D 产品分析

根据 3D 产品分析图，第四象限的 3D 照片观看器具有 3D 还原效果好、价格低的特点。手机具备图片显示及视频播放功能，手机能与 3D 照片观看器结合实现 3D 视频的播放、3D 图片的显示，这样能进一步降低用户体验 3D 视觉的门槛，以使更多的用户体验 3D 视觉的魅力。综合分析，双路透镜式左右格式的立体显示装置比较适于手机，而索尼头戴式显示器 HMZ－T3W、Oculus 头盔的 3D 还原方案正是双路透镜式。一个在手机上观看 3D 图片和视频的创意产生了。①

2　需求分析——3D 显示产品分析定位

智能手机几乎人人都有，但在智能手机上看 3D 图片、3D 视频的人并不多。按确定目标用户、确定目标用户需求、确定目标用户的核心任务，找出所需技术并进行创新、产品设计等步骤，设计一个简单的入门级 3D 显示产品，使用户能非常容易地在手机上体验 3D 效果，感受 3D 视觉的魅力。

目标用户：对 3D 照片及视频概念有所了解，易接受新事物，有兴趣在手机上体验 3D 图片和视频的年轻用户。发烧友对设备有较高要求，不是该产品的目标用户。

目标用户需求：在手机上观看 3D 图片及视频，装置简单，使用方便。

目标用户的核心任务：将 3D 显示装置安装在手机上，打开手机图库应用，观看并切换 3D 图片。

技术方案：双路透镜式配合左右格式的立体图片或视频。

分析现有产品特点，寻找差异化定位，得出关键词为易用、新颖、结构简单、便于携带、兼容主流手机尺寸、绿色环保，能与手机配合形成最简单的 3D 显示装置。

2.1　易用

为达到产品使用方便的目的，需充分考虑产品的易用性、友好性，产品的使用不应给用户带来挫折感。易用可分解为几个方面：①安装方便。安装及卸载能通过一个动作快速实现，当手机有来电时能方便地卸下装置接听电话。②操作方便。不改变手机现有的人机交互模式，能进行触摸屏操作，以便快速切换需要显示的内容。③观看方便。安装后，手机与产品保持一体化，用户能手持手机和装置观看。

2.2　新颖、结构简单

遵循大道至简的原则，精简到极致，去除一切不必要的内容，以最"简"的结构形式，减少制作工序，控制成本。要求产品以一个全新面貌呈现在用户面前。定位为入门级 3D 显示装置，在头戴式与手持式两个方向中选手持式，有利于简化设计。

2.3　便于携带

在整体结构上有所创新，以折叠式结构为基础，使用时易安装，收纳时能折叠，减少体积，以实现便于携带的目的。同时，要便于堆放及运输，1～2 个动作能实现折叠，降低难度。满足了折叠需求，就能为装置的搭建组装提供方便。

2.4　兼容主流手机尺寸

主流手机显示屏一般为 4.5～6.0 寸，该装置需适配这个尺寸范围，以便更多的用户使用。

2.5　绿色环保

绿色环保是产品的潜在需求，产品不能对人造成伤害，材料不能有锋利的边角，应使用柔性材料加以防护，避免接触时可能造成的划伤。在塑料片、泡沫材料片、卡纸等多种材料中，从环保的角度进行综合考虑，选用卡纸。

确定了技术方案，下一步就进行模型制作——可用性测试与迭代设计。

3　模型制作——迭代设计与可用性测试

3.1　模型 1

首先做一个原始模型（命名为模型 1），如图 4 所示，实现基本功能，体验在手机上显示 3D 图片和视频的效果。用包装盒制作成箱体，利用儿童望远镜的物镜作为镜片，形成第一个原始产品模型，用于体验 3D 显示效果。纸箱可遮蔽外界光线对显示屏的干扰，使用时将手机放在桌面上，卡纸模型再叠加在手机上，眼睛靠近镜片观看手机显示屏上的左右格式 3D 图片。初次观察体验，手机屏呈现的 3D 图片效果非常好。在原始模型上看到效果后，可以初步评估产品能够达到要求，并具备较好的实用性。

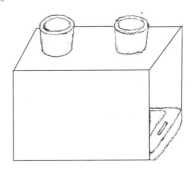

图 4　模型 1

该产品的主要功能是使用户可以通过它观看手机中的 3D 图片、3D 视频。以"观看手机中预置的 3D 图片"作为产品可用性测试任务，观察分析用户使用过程中遇到的问题，迭代设计，不断优化改进。

---

① 该创意形成于 2013 年 8 月，第一个模型制作于 2013 年 10 月，第二个模型制作于 2014 年 2 月，2014 年 6 月谷歌发布 Cardboard。

测试任务：观看手机内预置的 3D 图片。

测试过程：用户打开图库，找到 3D 图片，将手机放在桌子上，将模型 1 放在手机上面，眼睛靠近模型 1 的镜片，手指滑动屏幕切换图片。

测试结论：3D 显示效果达到要求，使用方便性远没有达到要求。

问题改进：模型 1 的使用是将手机放在桌上，将模型 1 放在手机上方进行观看的，如拿起手机，手机与模型之间无法固定，其结构没有达到使用方便的要求。为此需要解决装置和手机一体化问题，即将模型与手机固定在一起，使其能够拿在手里观看，改善使用体验。滑屏切换图片时，手指会被模型挡住，操作并不方便。将模型 1 可用性测试问题进行归纳，如表 1 所示。

表 1　模型 1 问题汇总

模型	问题描述	问题状态
模型 1	一体化问题	存在
	滑屏操作	存在

3.2　模型 2

模型 2 采取二层敞开式结构，以使手指能方便地触控手机屏幕，底层用橡皮筋将模型与手机固定在一起，解决了一体化问题，如图 5 所示。

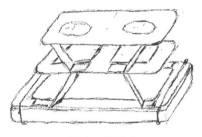

图 5　模型 2

测试任务：观看手机内预置的 3D 图片。

测试过程：用户将模型 2 绑在手机上，打开图库，找到 3D 图片，手持手机（模型 2 已固定在手机上了），眼睛靠近模型 2 的镜片，手指滑动屏幕切换图片。

测试结论：模型 2 与手机的一体化基本实现。但手指触控手机屏时有支架遮挡，不方便。该模型未解决折叠收纳问题。

问题改进：模型 2 共有十多个零件，零件过多，不利于装配，也无法折叠，需要重新考虑结构，为手指操作屏幕留出更多的空间。模型 2 问题汇总如表 2 所示。

表 2　模型 2 问题汇总

模型	问题描述	问题状态
模型 2	一体化问题	解决
	滑屏操作	存在

3.3　模型 3

为实现手指能触控屏幕，达到使用方便的目的，考虑在屏幕上方留出较大空间，不遮挡手指。将模型支架由手机两端调整到手机中间，扩展手机屏幕上方的空间。如图 6 所示。

图 6　模型 3

测试任务：观看手机内预置的 3D 图片。

测试过程：用户将手机嵌套在模型 3 上，打开图库，找到 3D 图片。手持手机失败，模型 3 与手机没有合适的固定方式，只有将模型放在桌面，眼睛靠近模型 3 的镜片，手指滑动屏幕切换图片。

测试结论：模型 3 解决了手指触控手机屏时受支架遮挡的问题，该模型稳定性不佳，结构容易变形，还没解决一体化问题。

问题改进：保持手指触控手机屏幕的操作方便性优势，在现有基础上解决模型与手机固定的一体化问题、稳定性问题，以及折叠收纳问题。模型 3 问题汇总如表 3 所示。

表 3　模型 3 问题汇总

模型	问题描述	问题状态
模型 3	一体化问题	重现
	滑屏操作	解决
	稳定性问题	存在

3.4　模型 4

模型 4 先解决稳定性问题，首先增加支架的宽度，并使支架整体形成"口"字形，可以用一张卡纸制作，减少零件数量。但"口"字形结构不稳固，需要在中间加挡片，以形成支撑，使整体结构强度增大，改善整体稳定性。中间的挡片还具有隔离左右眼视线，作为分割左右屏的分割线，特别是挡片与环形支架配合，可将卡纸模型固定在手机上。为实现支架与挡片配合将装置固定在手机上，需要使支架两个端面实现铰接。在支架的一端设计了一个舌头状的插头，另一端开了一个对应宽度的插口，插头与插口配合，实现了两端的铰接功能。卡纸模型由"口"字形支架、挡片，以及镜片3个零件组成。如图7所示。

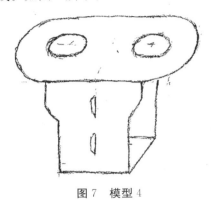

图7　模型4

测试任务：观看手机内预置的3D图片。

测试过程：用户将手机嵌套在模型4上，打开图库，找到3D图片。手持手机和模型，眼睛靠近模型4的镜片，手指滑动屏幕切换图片。

测试结论：模型4使用了中间挡片这一加固措施，解决了模型的稳定性问题，利用挡片与支架之间的卡纸弹性，将模型卡在手机上，解决了一体化问题。模型4在结构上初步实现了"简"设计意图。

问题改进：模型4注重了功能的实现，但没关注美观性需求以及折叠收纳问题。模型4问题汇总如表4所示。

表4　模型4问题汇总

模型	问题描述	问题状态
模型4	一体化问题	解决
	滑屏操作	解决
	稳定性问题	解决
	美观性问题	存在

3.5　模型5

模型5优化外观设计，在保持支架一定强度的同时，对支架形状做收缩、美化处理。在支撑架上留出观看时鼻梁嵌入的位置，减少观看时鼻子与支撑架的碰撞，提高产品可用性，体现对用户的关爱。为平衡支架两边的应力，对应鼻梁嵌入位置的另一端开一条槽口。支架转角处采取圆弧的形式，不仅能美化支架外观，还具有防止卡纸皱折、防止划伤皮肤等功能。经过改进，产品整体美观、简洁，如图8所示。

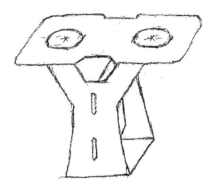

图8　模型5

测试任务：观看手机内预置的3D图片。

测试过程：用户将手机嵌套在模型5上，打开图库，找到3D图片。手持手机和模型，眼睛靠近模型5的镜片，手指滑动屏幕切换图片。

测试结论：模型5解决了手指滑动手机屏幕的方便性问题、手机与模型一体化问题、外观美化问题等。

问题改进：需要解决折叠收纳问题，以及兼容主流手机尺寸问题。模型5问题汇总如表5所示。

表5　模型5问题汇总

模型	问题描述	问题状态
模型5	一体化问题	解决
	滑屏操作	解决
	稳定性问题	解决
	美观性问题	解决
	尺寸兼容性问题	存在
	折叠方便性问题	存在

3.6　模型6

模型6需要解决主流手机尺寸兼容性问题，并对组装设计进行优化。为满足兼容主流手机尺寸的需求，调整支架一端的插口宽度，该插口的宽度需要大于插头的宽度，使得装置的宽度有一定的调节范围。

测试任务：用4.5寸、5.0寸、5.5寸、6.0寸手机分别进行尺寸兼容性测试。

测试过程：将4种尺寸的手机依次装入模型6。

测试结论：加大插口宽度，配合插头能够解决不同尺寸手机的兼容性，但中间的挡片无法实现这个尺寸范围的使用。插口的宽度加大后，出现了插头与插口配合太松的问题。

问题改进：为适配4.5～6.0寸的手机增加一个挡片，即使用适配5.0寸以上手机的宽挡片和5.0寸以下的窄挡片来满足尺寸兼容性问题。仍然存在插头与插口配合太松的问题。模型 6 问题汇总如表 6 所示。

表 6 模型 6 问题汇总

模型	问题描述	问题状态
模型 6	尺寸兼容性问题	部分解决
	折叠方便性问题	存在
	插头插口配合问题	存在

3.7 模型 7

模型 7 解决插头与插口配合太松的问题。经过多次尝试，采取开两条并行的插口的方案，插头穿过第一个插口后再穿回第二个插口，增强了插头与插口的摩擦力，使插头与插口之间能够调整宽度，并使配合太松的问题得到解决，插头的整体外观也得到了进一步改善，如图 9 所示。

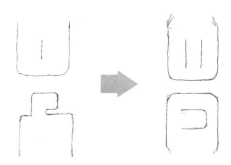

图 9 插头插口

测试任务：检查尺寸兼容性。

测试过程：将 4 种尺寸的手机装入模型，测试尺寸兼容性。

测试结论：换不同挡片，调整支架端插头与插口的位置，可以覆盖 4.5～6.0 寸的手机宽度。中间挡片与支架配合太松，模型整体不稳固。

问题改进：解决中间挡片与支架的配合，组装时容易插入，组装后需紧密配合。模型 7 问题汇总如表 7 所示。

表 7 模型 7 问题汇总

模型	问题描述	问题状态
模型 7	尺寸兼容性问题	解决
	折叠方便性问题	存在
	插头插口配合问题	解决
	挡片太松问题	存在

3.8 模型 8

模型 8 解决挡片太松问题。为了使中间挡片在组装时能比较容易地插入对应的槽口，与挡片插头对应的支架插口采取开槽形式，这就存在挡片与支

架配合太松，造成整体结构不稳固的问题，该结构不理想。模型 8 要求挡片与支架安装时能容易插入，安装后呈现紧密配合，安装后不能松脱，为此采取梯形插口，挡片的插头插入插口时，梯形插口长边有较大的宽度，组装归位后插头与插口互相牵制，插头被限位在梯形插口的短边，这样插头和插口实现了紧密配合。挡片改进过程如图 10 所示。

图 10 挡片改进过程

测试任务：检查挡片与支架的配合问题。

测试过程：将挡片插入支架的两边，并将支架的插头插入插口，装入手机，检查挡片与支架的配合程度，检查模型整体稳固性。

测试结论：模型与手机配合紧密程度合适，符合使用要求。

问题改进：需解决折叠方便性问题。模型 8 问题汇总如表 8 所示。

表 8 模型 8 问题汇总

模型	问题描述	问题状态
模型 8	尺寸兼容性问题	解决
	折叠方便性问题	存在
	插头插口配合问题	解决
	挡片太松问题	解决

3.9 模型 9

模型 9 解决折叠方便性问题。支架、挡片的材料均是片状卡纸，支架成型时本身就有四道折痕，按折痕就能折叠。卡纸厚度决定模型强度，但厚度与折叠方便性是矛盾的，所以问题的焦点集中在卡纸厚度的选择上。用 5 种厚度的牛皮卡纸进行试验，包括 250 克、300 克、350 克、400 克、450 克的卡纸。将不同厚度的卡纸装配试验后，发现 400 克卡纸最理想。卡纸还有白卡纸、牛皮卡纸、彩色卡纸等多个种类，考虑环保因素，牛皮卡纸可以减少纸张在漂白或加色的过程中产生的污染，所以选用牛皮卡纸。模型 9 问题汇总如表 9 所示。

表 9 模型 9 问题汇总

模型	问题描述	问题状态
模型 9	尺寸兼容性问题	解决
	折叠方便性问题	解决
	插头插口配合问题	解决
	挡片太松问题	解决

经过多次迭代设计，完成了从原始模型演变为成品的过程，实现了产品需求定义的内容，并较好地保留了触屏操作手机的功能。迭代演变过程如图11所示。

图 11 迭代演变过程

整个模型的组装过程为安装挡片、连接支架两端共两个步骤。使用时，将卡纸装置套在手机上靠近眼睛就能观看，装卸容易，还可以触屏操作，满足方便使用的需求，具备折叠功能，方便携带。组装过程如图12所示。

① ② ③ ④

图 12 组装过程

4 发布

产品的发布需解决包装、命名、打样、生产等工作。包装设计以简洁为原则，一张卡纸，一次刀模压制完成加工，不用打胶，减少生产工序。材料选用400克牛皮卡纸。

命名。通过征集、网络检索排除重名、考虑产品特征等因素，在多个备选名称中选出"3D Looker"这一名称，寓意一目了然。

印刷。产品的说明文字采用单色印刷，单色印刷可在普通的印刷机上一次完成，减少印刷次数，控制成本。图案等采取线条而不是块状的表达方式，避免大面积印刷图案，减少油墨消耗，利于环保。

加工。整个加工过程分为落料、印刷、零件刀模冲压、支架装配镜片、折叠包装盒、将零件装入包装盒内等步骤。卡纸可使用刀模加工，卡纸刀模价格低廉。在支架装配镜片时，初期使用双面胶将镜片黏结在支架上，但因重力作用，部分镜片会脱落，所以最终采取热熔胶黏结的方式。

至此，已解决了从创意、设计到生产的所有问题，图13为成品图，图14为外包装图，图15为与手机配合图。3D Looker成品包括5个零件（包装×1、镜片×1、支架×1、挡片×2），最"简"的3D观看装置诞生了。

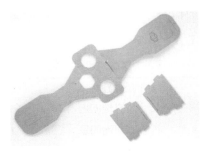

图 13 成品图

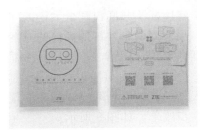

图 14 外包装图

图 15 与手机配合图

5 结语

3D Looker看似简单但内涵却富有深意，其在人机交互方面的考虑比较周全，在手机上安装后还能进行触摸屏操作，玩VR游戏时可直接触屏操作，无须蓝牙手柄，浏览3D图片时可直接用手滑动屏幕上的图片，如有来电，手机可立即从3D Looker上取出接听电话。能折叠、携带，收藏非常方便，适配多种手机尺寸，成本低廉，材料选用及加工方式立足于环保理念。

回顾整个过程，从创意萌发到市场调研、产品定位、需求分析、模型设计、迭代改进、打样等环节，围绕需求做设计，将"简"做到极致，去除一切多余的东西，装置主体零件从初期的十多个精减到三个。一个零件有多种作用，中间的挡板具有支撑支架、隔离左右眼视线的作用，作为安装在屏幕中间的基准线，与支架一起配合将装置固定在手机上，为3D Looker化繁为简发挥了重要作用。在迭代优化过程中，紧紧抓住产品的核心功能——"观看手机内预置的3D图片"，以其为可用性测试任务，以"易用"为目标，发现问题，解决问题，实现了观看3D图片时可以用手指触摸屏幕进行切换的功能。

"易用、新颖、结构简单、便于携带"包含了两个层面四个维度的内容。"新颖""结构简单"是做好产品设计的基础，即产品需简洁、有创新、有改进。"新颖""结构简单"定义了对产品的外观和结构的设计要求，是用户对感知、体验产品的内容。"易用""便于携带"是产品设计的内涵，即产品不仅要简洁、创新，还要好用，并考虑环保，让用户在使用过程中产生愉悦感。"易用""便于携带"定义了产品使用过程中的设计要求，是用户使用产品认知体验的内容。3D Looker产品得到金点设计评委的肯定，荣获2015金点设计奖。3D Looker在功能、易用性、成本、便携性、可生产性等方面达到甚至超过了初期的目标，并开始批量生产。

当前3D资源日益丰富，业界下载量比较大的应用有暴风魔镜、3D播播，以及提供3D内容的87870虚拟现实网站。如果你没看过《阿凡达》，那就用智能手机（3D播播App）和3D Looker试一下，或者下载一个VR Space应用体验一下3D游戏，当然你也可以用3D相机应用拍一张立体照片，用3D Looker体验自己的第一个3D摄影作品。如果你了解谷歌的Cardboard，相信你会认同3D Looker，这不是模仿，而是超越。

图16　金点设计奖

参考文献

[1] 用户体验设计详细流程［EB/OL］．［2011－12－06］．http://jingyan.baidu.com/article/6079ad0e4b41d428fe86db54.html.

[2] CHRISTIAN KRAF. 惊奇UCD：高效重塑用户体验［M］．王军锋，谢林，郭偎，译．北京：人民邮电出版社，2013.

[3] 唐·诺曼．情感化设计［M］．付秋芳，程进三，译．北京：电子工业出版社，2005.

设计管理浅析

——设计团队的设计管理

陈　艳

（联想移动通信有限公司，上海，201203）

摘　要：在设计圈大家关注的重点都在设计师的设计能力上，而对设计管理方面的能力却很少提及。好的设计是设计师与不同部门人员合作协同的结果，需要管理完善的设计团队。本文主要阐述当前移动设备领域的设计管理，并通过实例来说明设计管理需要具备的素质、在日常工作中需要管理的内容，以及从管理的维度评价设计的方法。

关键词：设计管理；沟通误区；设计质量；流程管理；设计流程

1　前言

很多行业内专业论文很少有关于设计管理方向的文章。从行业招聘报告来看，设计管理已逐渐成为一个品类，在薪资和个人发展角度方面都有很大的空间。所以，本文主要梳理笔者对于设计管理的一些想法，以供参考。2015用户体验行业调查报告如图1所示。

图1　2015用户体验行业调查报告

图片来源：CDC《2015用户体验行业调查报告》

2　设计管理的概念

在设计圈中，设计师的职业发展通道通常有两种：一是技术通道，通过不断地深挖技术后成为该领域的专家；二是管理通道，从 Leader 做起，逐步达到公司规定的职位要求——"Manager""Director""CXO/VP"等。那么，什么是"设计管理"？"设计管理"需要我们做什么？

设计管理的概念是由英国的设计师 Michael Farry 于1966年首先提出的，"设计管理是在界定设计问题，寻找合适设计师，且尽可能地使设计师在既定的预算内及时解决设计问题"，他从设计师的角度把设计管理视为解决设计问题的一项功能，侧重于设计管理的导向，而非管理的导向。而日本的学者认为，设计管理是强调在设计部门所进行的管理，"图谋设计部门活动的效率化，而将设计部门的业务体系化的整理，以组织化、制度化而进行管理"。

设计管理，顾名思义有两部分内容：一是设计中注入管理，管理作为管控设计的手段，通过流程机制将设计工作清晰可量化；二是管理体系中接入设计管理，偏向设计方向，如公司策略、战略的设计与制定等。我们主要探讨第一种情况。在英、美等国家已经有对应的专业去培养人才，记得几年前在同事抛弃不错的薪水和岗位赴美读设计管理专业时，我们都非常吃惊，但几年后的现在，"千金易得，一将难求"，优秀的设计管理人员能够大幅度提升设计效能，并成为各公司争相获取的对象。

3　设计管理的范畴

团队的设计管理包含团队的搭建、基础的日常管理、流程的建立、策略的制定（设计策略和项目策略等）、设计决策、项目管理、设计质量管理、经费使用等方面。我们主要以移动设备为例进行说明。

3.1　搭建高效团队

（1）选择团队成员。希望能够在搭建团队的初期或在补充团队成员时，选择技能互补、性格互补的成员，避免部门人员的性格同质化。这样，在今后的工作和合作中可以有更多的思维碰撞。

（2）识别关键岗位、核心人员和潜力人员。按如图2所示的能力梯队布局人员，将组织结构清晰化，不然人越多、越混乱，内耗就会越大。

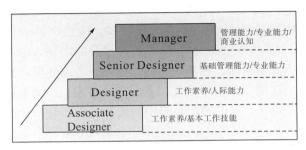

图2　能力梯队

（3）设计管理的基础能力模型。基础能力决定工作逻辑思维的缜密性，从而影响日常工作中的领导能力。最底层的支撑力不足，会直接表现为决策失误、指挥不当，从而使团队混乱，甚至走偏方向，无法产生持久的创造力。基础能力模型如图3所示。

图3　基础能力模型

（4）现状及解决方式。不知你们当前团队是否存在这样的问题：团队中有各种完备的角色，如UI、GUI、前端等，但是在实际设计过程中总是无法达到 One team 的境界。例如，GUI 抱怨 UI 频繁的设计变更；前端抱怨 GUI 图片资源提供不及时，并不经过 GUI 进行切图，导致 GUI 帮前端返工；Senior GUI 觉得辅导新手时间成本太高，不如自己来做更有效率，而 Junior GUI 又觉得学不到东西，留存率太低。

以上现状除了流程问题，还存在不同环节或维度的沟通问题。沟通是管理者需要具备的基本素质，管理者需要快速准确地定位问题，分析原因，给出解决问题的方式。

①目标感：设定明确的阶段目标，围绕目标细化设计，可以有效地避免频繁的设计变更，减少相邻专业的合作摩擦。

②虽然好的管理是一种充分授权，但在指派任务时，还是要因人而异。当团队成员去完成指派任务时，他所说的不一定是你认为的，因为知识体系不同，所以如何验收需要根据执行的过程和结果来决定。

③解决患难者强，防患于未然者神。从管理的角度来看，应该优先"计划防患未然"，在问题来临前提前阻断。只有提前做好计划，满足前端在项目节点上的需求，才可以避免很多无用功和无效的加班。因此，应提前做好计划，并按时完成。

④网络使我们可以更加便利地吸收各种设计相关的知识，但这样的吸收只是浅层次的。你只能提前感受"术"的部分，而"道"的精髓还需要在长期的实战中体会并领悟。就如获取武林秘籍后还是要从基本功开始，多学、多练、多经历。

⑤挑水理论：提前规划工作，分配自己的能力、精力等，需要综合考虑。比如，培育新人的目的是什么？如果是让自己能有精力做更有挑战的工作，那么培养新人所花的时间和精力就是必须要付出的，也就是"打井"。同时，为避免重复出现基础性工作的指导，可以将自己的经验文本化，快速地分享，这样，"打井"成功后就不用每天费力"挑水"了。工作范围和范畴也随之扩大。

3.2 设计策略的制定

设计策略是设计的整合和规划，并作为设计指导原则而存在。商业策略、品牌以及营销战略都会影响设计策略的制定。设计策略同时也为团队提供最明确的目标，让成员不会在设计过程中迷失方向。

我们需要制定的设计策略主要有以下几点：

（1）结合品牌和市场策略，制定迭代节奏和设计方向，借鉴跨行业的设计趋势进行分析，并结合本行业特点给出策略方向。

（2）基于大版本的设计策略，确定各应用及系统平台的设计方向、其和主线策略的关联和延展点、应用的主要设计点及关键词，以及围绕关键词进行的细节设计。

（3）项目的设计管理策略，自研及 ODM 项目需要执行的项目、交互、视觉策略，将要求和方向文档化。如视觉策略包含主题、壁纸、字体、输入法、主题缩略图要求等，并注明在不同阶段项目上策略执行分层。

如何细化阶段目标？首先，需要明确终极目标，然后逐步拆解出近期阶段目标。如果团队对终极目标的确定不统一，就需要管理者和成员沟通，并协助拆解目标。

Q：设计团队的目标是什么？
A：给用户带来简单易用的产品。
Q：什么是简单易用？
A：操作简单智能，动效自然流畅……
Q：目标如何达到？
A：……

3.3 建立明确的流程机制

庞大机器的有序运作依靠"策略流程化，流程工具化"。因此，建立合理的流程机制能够确保每个岗位的成员明确工作职责。同时，要通过不停地复盘来完善流程机制和反向调整工作策略。如图 4 所示。

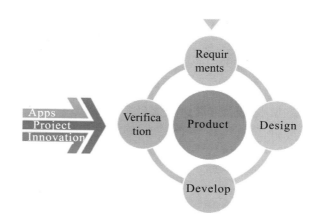

图 4　建立明确的流程机制

3.3.1 设计周期内的整体流程

在承接需求的设计周期内，设计和资源输出的整体流程如图 5 所示，需要明确定义各阶段角色参与、实际输出物、时间要求等信息。

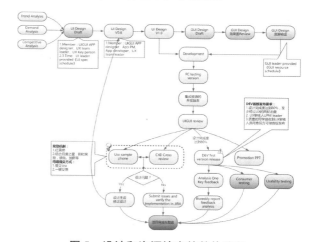

图 5　设计和资源输出的整体流程

3.3.2 跨部门的合作流程

设计都是和项目紧密关联的，所以仅有部门内部的机制是远远不够的。和外部部门紧密配合就需要跨部门合作流程的支撑，这也就是通常所说的设计项目管理。良好的设计项目管理能使设计师更聚焦于设计本身。因此，应划定专人负责设计的项目管理，即 UPM（UX Project Managment）团队，对外衔接并处理项目上的事宜，并明确 UPM 团队工作的范畴以及各维度的主负责人。

在项目管理线上，说明各项目的主要工作，如图 6 所示。并建立 UPM 全环节 checklist 表格，标明 UPM 在项目环节负责的功能和需要检查的内容。

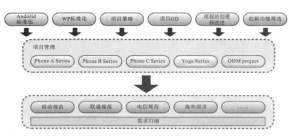

图 6　各项目的主要工作

（1）项目计划阶段。拿到项目信息、项目大节点计划、各部门联系人信息，并敲定设计范围。

（2）项目 KO（Kick Off）阶段。掌握产品定义，了解硬件差异和项目主要卖点。了解项目版本计划。

（3）DVT（Design Verification Test）阶段。项目最终预装应用、项目资源传递、UX 走查、准备推广文件、核心项目关注点的检查等。

（4）PVT（Process Verification Test）阶段。解决项目遗留问题。

（5）MP（Mass-Production）后提供项目复盘总结，配合推广计划。

项目资源传递流程等细节流程就不在此赘述了，只要有不同部门及人员的参与，那么流程就必须提前明确，从而减少沟通的成本。

3.3.3　需求管理

设计来源于需求，那么"如何衡量及引入需求"就格外重要。需求输入的途径多，且繁杂琐碎，实际工作中也出现了很多和需求变更、需求输入、需求筛选等相关的问题。"如何衡量需求的必要性"是非常重要的问题。主要介绍以下几种方式：

（1）采用 4W1H 的原则（What，Why，Who&where，When，How）过滤需求，弄清为什么要做、做什么、如何做、时间要求以及指派谁去做。

（2）明确 Product 或 App 的功能核心来筛选需求。设定优先级，离功能核心近的则为高优先级。如 IME 功能中出现非常多的运营功能，其与

输入法功能本身并无关联，当出现新增功能后，我们势必围绕"输入"这个最核心的功能来确定执行优先级。在输入法新版本中新增的"扫二维码""条码比价"等和输入关联很弱的功能被定义为最低优先级，在项目中可考虑优先去除。而"文字识别"功能可通过相机扫描识别文字并快速文本化，是很好的"输入补充"功能，所以需要保留并宣传。

（3）明确提出需求的输入标准和规范流程，要从源头上将"需求管控"管理好，从而减少无序的输入，更好地聚焦团队资源。表 1 为需求输入的参考格式，用来明确需求的输入来源和需求提交完整度。这需要和各关联部门沟通并协同作业。

表 1　需求输入的参考格式

编号	模块	用户场景和痛点描述	需求类型	需求来源	价值	风险	优先级	预期时间	备注

①编号。以模块拼音首字母加数字序号组成，需求编号唯一，当需求删除后，需求编号也被删除，不可再次使用。如录音机模块的需求编号 LYJ—001。

②模块。填写需求归属的模块。

③用户场景和痛点描述。需要说明需求产生的核心用户场景，产品当前是否支持类似功能，希望达到的差异点（即需求的竞争力）。

④需求类型。优化完善、普通需求、BUG 修复、Pending（需要注明 Pending 原因）。

⑤需求来源。用户反馈、创新、产品经理、开发团队、其他途径（标明具体途径）。

⑥价值。分为 1~10，数值越大，价值越高。

⑦风险。分为 1~10，数值越大，风险越高。

⑧优先级。其数值为价值乘以风险。最终的设计和开发是按照优先级来做的。

⑨预期时间。该需求预计上项目或预计上版本的时间，仅为产品经理的建议。设计和开发的完成时间以专业处的评估为准。

⑩备注。设计和软件对需求进行评估，由对应的专业处提供时间需求、预计的问题和实现风险等评估结果。

3.4　设计质量管理

在人员、流程都具备的前提下，如何验收设计

成果、评价设计质量是一件非常困难的事情，这也是需要持续提升或解决的问题。当前主要有以下几种方式：

（1）专家走查。设计师完成设计后，依靠管理者的专业能力评价显性问题，从逻辑性、新颖性和一致性的角度来检查工作的质量。

（2）团队内部评价。采用流程机制进行评价，如交叉走查，即管理者和设计师两两互换模块进行走查，并从使用体验角度提供改进意见。表现突出的可以获得即时奖励。或者采用设计方案 PK、团队内部招标的形式促进团队高质量的产出。

（3）团队外部评价。主要采用问卷调查的方式，收集项目合作部门的评价，以此作为辅助判断标准。例如，对产品的第一印象、显性的亮点、是否有设计缺失、是否满足了需求定位等。

（4）用户接纳度调查。通过用户问卷调查、一键反馈工具或用户访谈的方式，从真实用户处得到反馈。同时监控论坛等渠道的用户负面反馈情况。

（5）用户使用数据分析。这就是我们经常提到的大数据分析，通过对点击数以及关联操作的数据分析验证设计的合理性。例如，在做主题中心的设计时，在旧版本中加入"设计师小店"功能，而最近半年和最近一周的点击率很低，说明用户不常使用，所以在新版本中将这一功能移除。在用户购买的环节增加关联行为的观察，了解购买行为和哪些因素相关，并且购买失败主要出现在哪个环节，基于以上数据的分析，我们对主题中心应用进行了一次大的改版，如图 7 所示。

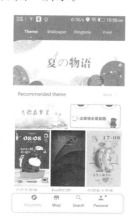

图 7　主题中心应用改版

（6）团队定期设计分享。"忙时赶项目，闲时练内功"，团队成员要善于总结提炼，做好知识的

传承。创建分享的团队氛围，当团队成员不知该分享总结什么内容时，不妨从其日常工作内容出发，给出针对性的建议。如项目复盘总结时，明确要求说明该项目和之前项目的核心差异是什么，走查发现什么样的问题，哪些问题是需要在今后规避的，哪些问题没能落实，后续如何规避问题，等等。对问题进行总结、归纳、分享，在提升设计内涵的同时也能提升团队成员的表达沟通能力。

3.5　日常管理

设计团队要非常具有个性，需要给成员提供有利于提升创造力和业务能力的团队文化。

日常管理最重要的是交流，需要和核心人员定期沟通，重点关注这部分人员工作的内容及状态，及时清理情绪隐患，保持大团队的稳定。同时，要适时注入新鲜血液，防止部门人员的性格同质化。日常管理如图 8 所示。

图 8　日常管理

4　结语

设计管理是一项非常具有挑战性的工作，在管理的基础上，还是需要不停完善管理和设计双向能力，才能使团队获得整体提升。当前，我们希望"从以问题驱动的研发管理，转变为全过程管控的设计管理"，虽任重而道远，但"这是我们的船，我们都是船员，没有乘客"。我们应通过团队的力量，携手共进！

参考文献

[1] CDC《2015 用户体验行业调查报告》[EB/OL]. [2015 − 07 − 03]. http://mt. sohu. com/20150903/n420383942. shtml.

声色无限

——基于语音趋势的产品设计

代嘉鹏　姬晓红　王向荣

（中兴通讯股份有限公司，广东深圳，518000）

摘　要： 2016 年被称为 VR/AR 和人工智能的元年，经过多年的积累和沉淀，这两个领域获得了全世界的关注。无论是在 CES 2016 上出尽风头的 VR/AR 和机器人，还是在人机对弈中获胜的 AlphaGo，又或是高考作文"请孩子们谈谈他们对'虚拟和现实'的理解"的命题，都预示着智能技术元年的到来。语音交互作为智能交互的最佳入口也迎来了春天，它将是下一阶段与机器交流最方便、最高效、最自然的交互方式。本文结合语音产品创新功能设计研究过程，来展示如何设计当下的语音产品。

关键词： 人机交互；情感化设计；识别率；用户场景

1　语音技术趋势展望

1.1　人机交互发展历程（1930—2016 年）

计算机诞生以来，人机交互随着技术的发展，从纸带、键盘、鼠标到触摸屏，再到语音，经历了翻天覆地的改变。从人适应机器慢慢转变为机器适应人，技术使得机器逐渐以使人舒适的方式进行交互。人机交互发展历程如图 1 所示。

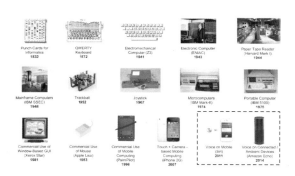

图 1　人机交互发展历程

1.2　语音交互

大多数语音产品的设计目前还是技术驱动型的，通常是先实现某种技术，再考虑如何让用户使用。实际上，可以根据技术的发展趋势提前做好产品功能布局，比如优先实现技术依赖度较低的却有高频需求或创新需求的功能。语音交互主要有以下几个特点：

（1）对消费者的益处。

语音交互与 GUI 相比有速度快、操作简单、个性化等优势。

（2）效率优势——速度快。

人平均每分钟可以说 150 个字，用手打字只有 40 个。尤其在移动设备和物联网设备上，语音交互的优势尤为明显，如智能手表、智能电视等设备。

（3）操作优势——简单。

语音输入无须用手，只需要简单的口令即可完成较为复杂的 GUI 交互操作，相对于 GUI 指令输入效率会提高很多。

（4）个性化优势。

语音交互会更多地利用上下文的指令驱动，并且无须键盘干预。尤其是具备学习能力的设备通过对用户过往行为习惯的采集，能够根据之前的问题、交互、位置以及其他语义理解问题的大背景，给出最合适的服务。

（5）语音交互任意入口 VS GUI 固定入口。

语音交互处理随机性指令有先天优势，无须遵循 GUI 的线性目录结构逐级操作。对于语音交互，一条指令即可完成多步复杂的操作，而且入口是任意的，并且不仅不与 GUI 冲突，还可以相辅相成。

（6）成本低＋尺寸小。

语音只需要麦克风、扬声器、处理器、联网功能，特别适用于智能穿戴和物联网产品。例如，智能手表使用语音交互大大提升了其交互效率，为其应用场景增加了更多的可能，如图 2 所示。

图 2　智能手表

1.3 人工智能

人工智能的发展使得自然语意识别以及处理技术体验提升。用户可以使用自然的语言与设备对话，而不必使用机器预设的指令完成交互。简而言之，"设备可以讲人话了"。

（1）关键技术瓶颈。

语音交互技术持续进步，但仍然存在一些问题。瓶颈主要是识别率和处理延迟。

①识别率。

识别率一直是语音交互最核心的技术指标，目前最领先的语音技术依然只有 95％ 的识别率。

百度公司首席科学家吴恩达表示："假如语音识别准确率从 95％ 上升到 99％，所有人都会从现在的极少使用转变为一直使用，大多数人低估了 95％ 与 99％ 准确率之间的区别——99％ 将会改变游戏。"

从数据上看，95％ 的识别率已经相当高了，其实这个指标可能是实验室的最佳结果，对于环境、设备、输入源的要求都较高。而实际工作中会受到环境影响、设备稳定性影响，加之输入源的差异，语音识别率则会有所下降，难以达到 95％。另外，实际场景中完成一个任务是需要多次交互的，这样，错误率又会呈指数叠加。假设日常环境平均识别率达到 90％，平均需要 3 次交互完成一个任务。那么累计识别率为（90％）^{3}＝72.9％。如果识别率能够稳定达到 99％，那么累计识别率将高达（99％）^{3}＝97％，"改变游戏"将成为必然。

②处理延迟。

交互的处理延迟是一个关键指标，这不仅仅体现在交互效率上，更会对用户心理产生重大影响。相比之下 GUI 的响应时间大都是非常短的，超过 1 s 的响应就会觉得有些慢了。

③小结。

95％ 的识别率和处理延迟依然是个门槛，如何通过产品设计，提升识别率、降低用户的交互延迟，是当前需要重点关注的问题。

④小贴士。

降低不确定的预期，提升可感知的预期；降低交互的开放性，利用复合型交互提升交互效率。

（2）把握趋势，洞察机会。

①语音词汇识别持续发展。

截至 2016 年，谷歌基于英文的词汇识别技术在安静的环境中已经接近人类的基本水平。依照过去四十多年的发展趋势，在未来的 5 年内，语音词汇识别率将接近 100％，如图 3 所示。

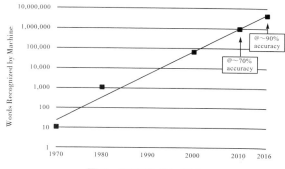

图 3　语音技术与研究

②语音识别率逐年稳定递增。

百度、谷歌、SoundHound 的语音识别率均在逐年增长，目前均达到了 94％ 以上，5 年内突破 99％ 的概率也比较大，如图 4 所示。

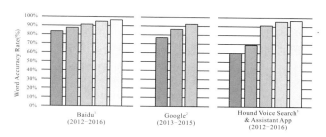

图 4　百度、谷歌、SoundHound 的语言识别率发展趋势

③小结。

未来 5 年是语音产品非常关键的成长期，多家技术公司齐头并进，市场争夺将会非常激烈。未来几年的用户占有率将会决定未来的市场格局。

④小贴士。

提前布局产品，提前建立合作关系，提前培养种子用户群。

1.4 用户行为分析

（1）技术驱动用户使用语音助手。

随着技术的不断进步，更多的用户出于对科技的体验、环境影响以及自身需求，开始使用语音助手。用户对于新功能的排斥和尴尬也随着技术和环境的改变渐渐消退。当下虽然仍有很多用户不习惯使用语音功能，请不必在意。因为现在的目标用户应该是那些爱尝鲜的种子用户，他们才是在未来能够传播并推动产品进步的用户。用户使用语言功能的原因如图 5 所示。

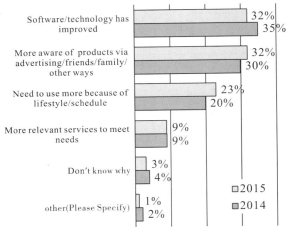

图 5　用户使用语音功能的原因

（2）用户常问的问题。

SoundHound 的用户数据中，平均每个活跃用户每天在四大类别 100 多个领域中进行 6~8 次查询。用户最关心的是速度、准确率、跟上语速的能力、理解复杂查询的能力。可以看出，目前活跃用户对于语音搜索的内容要求还不算复杂，他们更关注于产品的交互体验。SoundHound 的用户数据如图 6 所示。

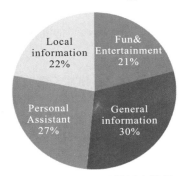

图 6　SoundHound 的用户数据

（3）用户使用语音的目的和场所。

用户使用语音的目的是方便、快捷地获得信息；使用场所是家里和车里。语音助手依然是在较为私密的场所作为应急来使用，因此用户黏性相对较低。

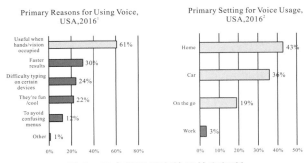

图 7　用户使用语音的目的和场所

（4）亚马逊 Alexa 语音服务的布局。

在 Home、Car、On Go 的场景中亚马逊的 Alexa 语音服务都有与布局相关的产品，已经初步形成了生态圈，完整覆盖了语音常用的基础场景，大大丰富了用户接触点，从而提升了使用频次和黏性。亚马逊 Alexa 语音服务的布局如图 8 所示。

图 8　亚马逊 Alexa 语音服务的布局

（5）手机增长遇到拐点，语音设备逐步兴起。

2016 年，苹果手机的销量可能终结了常年增长的趋势，也许智能手机市场已经饱和的拐点已然来临。相比之下，Amazon Echo 的语音产品呈现出逐步增长的趋势，此消彼长的现状也意味着语音元年的到来。

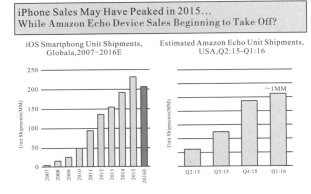

图 9　iPhone 和 Amazon Echo 销量趋势图

（6）小结。

手机依然是最合适的入口，但物联网产品的优势明显，手机需要与外部设备构建生态圈。

（7）小贴士。

①家庭和汽车将成为最主要的使用场所。

②用户的使用需求趋向于简单快捷的功能，未来功能会更加丰富。

③私人助理/助手的角色将会被逐步认同。

1.5　语音产品的机遇

2016 年是语音的元年，是技术巨头的狂欢夜，他们掌控着所有的核心技术，下游厂商如何能够分到一杯羹呢？目前看来，通过利用技术巨头打好的基础，我们可以站在巨人的肩膀上谋取个性化服务的利益。

目前，国内市场的语音产品主要是语音助手和驾驶助手类的辅助产品，功能上同质化严重，个性化不足。用户使用体验上的识别率、TTS 体验、功能黏性都难以打动用户。在创新性上似乎都已经到了无计可施的地步，那么如何能够打破现状，为用户带来新的体验呢？

产品创新的需求成为我们语音团队日夜思考的重要问题。最终我们决定在现有的技术基础上扩展语音产品的定义范围，做个性化泛语音类的产品，同时着眼于用户对于"语言"的情感作深度挖掘。

我们带着新的产品需求开展了大胆的调研尝试，需求的目标是规避识别率陷阱、丰富 TTS（Text To Speech，从文本到语言，是把文字转换成语音输出的技术）的情感、挖掘高频用户场景。

2 调研设计

根据我们确定的提升目标，设计整体的调研方案。我们组建了专项研究小组，成员有语音技术总工、产品营销策划、用户体验设计师。通过初步的集中讨论，我们对于提升目标进行了进一步的解析。

（1）识别率陷阱。

为什么有了 95％的语音辨别率，用户依然反馈难用呢？我们发现，当前的语音助手虽然功能强大，但在没有明确指引的情况下，用户不知道问什么或随意说几句，这就导致机器无法识别命令。

因此，需要结合用户场景，适当地引导用户搜索确定性的问题，我们需要在调研中验证用户体验最好的问题，如寻美食、创建日程、查地址等。

推论 1：深度分析使用场景，引导用户使用特定指令可以提升用户感知到的识别率。

（2）呆板的语音助手。

同样是对着手机说话，为什么很多人觉得对着"语音助手"说话很傻，但是打电话、聊微信时使用语音却能旁若无人？

对于用户来说：

打电话＝与另一端的人沟通

用语音助手＝对着机器说话

结合日本机器人专家森昌弘提出的恐怖谷理论来理解（见图 10），人们对于没有人物形象投射的语音助手的友好度还是很低的，还不如小动物或卡通人物。

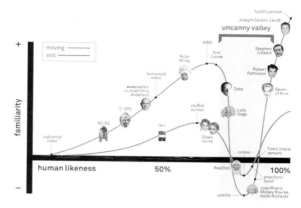

图 10　恐怖谷理论

推论 2：人格化语音助手，并设计对应的角色形象，可以提升产品友好度，降低用户的戒备心。

（3）缺乏新意的产品。

由于语音技术的发展速度远远低于应用软件的发展速度，所以当下与语音相关的产品已经相当广泛，并且同质化严重，如果没有另辟蹊径的新体验，很难让用户提起兴趣。因此，在原有语音产品的基础上发展以语音为载体的产品，如音乐相关、阅读相关、电台相关等。

推论 3：摆脱传统语音产品的发展轨迹，设计泛语音类的产品将可能带来更多的机会。

3 调研分析

综合以上推论我们组织了 2 场座谈会，3 次问卷调研，合计样本量 90 人次。针对用户场景、产品人格化包装、语音场景挖掘等几个内容进行了较为全面的研究分析。下面简单介绍调研设计和部分结论。

（1）人物画像。

表 1　调研基本信息

研究方法	座谈会	问卷
规模	2 组，15 人次	2 组，75 人次
基本特征	20～49 岁，男女比例 3：2	20～55 岁，男女比例 3：2
样本要求	使用过手机语音功能，对语音功能有一定的认知和个人见解	使用过国产手机，并且在未来有购买国产手机的计划

个人特征："75 后"，职场稳定男；东北人，在上海生活；爱看美剧、爱看电影；工作中需要与很多人打交道，所以喜欢一个人走路，静静思考。

个人特征："80后"白领男；工作忙，爱做饭，喜欢尝试新口味；经常和老家的妈妈用微信沟通，妈妈不会打字，只能发语音，但是很多场合不方便听微信（如身边有人，开会时），因此很需要能够把语音甚至方言转化成字幕；经常会有做饭及其他不方便用手使用手机的场景，会用语音查询菜谱。

个人特征："95后"大学生；喜爱当下主流的时髦事物：A站、B站、LOL、弹幕、消消乐等；日常经常"宅"在寝室；手机更换频繁；拥有6台智能手机，因为用久了变慢了，就感觉手机坏了。

个人特征："90后"白领；喜欢画画、上网，因为这样的方式能够让自己放松；日常"调戏"过语音助手。

个人特征："90后"女白领；生活单一，生活未完全走上正轨；包内很乱，经常不小心启动Siri，很烦人。

（2）人物角色分析。

我们设定了4位具有不同个性的女性角色，用于测定用户对于语音助手形象的偏好，如图11所示。

天诺：自信、干脆、爽快。
小艾：专业性、稳重。
萱萱：温柔、甜而不腻。
小星：顽皮、活泼、有趣。

 天诺 小艾
 萱萱 小星

图11 卡通形象

卡通形象调研结果如图12所示，调研显示，用户对于卡通形象颇为感兴趣，并且比较喜欢顽皮、活泼、有趣的小星。

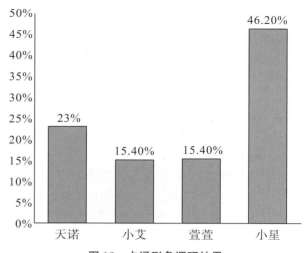
图12 卡通形象调研结果

（3）TTS音色分析。

消费者对音色的反馈如表2所示，调研发现，用户对于TTS较为敏感，不同音色也会带来截然不同的感受。令人舒适的音频对于语音产品使用的接受度会有很大的改善。

表2 消费者对音色的反馈

	消费者反馈
明星声音	1. 高识别度——林志玲，刘亦菲 2. 有磁性的主播——郑杨 3. 专业声优——茅野爱衣
性别探测	1. 女声，更能容易被接受 2. 男性偏爱女声 3. 女性不排斥女声，少数女性也喜欢女声
反感因素	1. 过于明显的机械声 2. 过慢或者过于聒噪的声音 3. 过于甜腻的声音 4. 过于正经、死板的声音
偏好因素	1. 女性化的声音 2. 电台主播温柔、亲和的声音
其他需求探测	1. 最好可以转化声音，不要只有一种声音 2. 方言的诉求

怎样的音色最受欢迎呢？我们对网上知名频道主播进行了筛选，把不同风格的音色进行分组，并通过试听投票的方法进行调研。最终发现年轻、清爽、甘甜的音色最受欢迎。音色投票结果如图13所示。

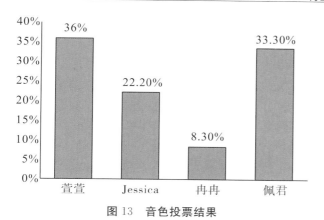

图 13　音色投票结果

（4）特色场景分析。

在座谈会上，让用户回忆使用过的语音产品，引发用户记忆和联想，找到一些让用户有认同感的场景。这些场景非常宝贵，可以利用它们唤醒用户的底层记忆，引发他们对于产品的熟悉感和好感。尤其当新功能的体验优于用户的记忆时，会带来一定的惊喜感。例如，语音导航，开车时用手不安全；走路时不想边走边低头打字；冬天天冷，戴手套不方便拨号；睡觉前手机处于锁屏状态，直接激活语音查询天气；看完菜谱开始做菜时用语音查询具体步骤。

（5）语音 App 体验解析。

我们展示了现有的主流语音 App 用来探测消费者的态度，收获了很多有价值的信息。经过分析发现，目前的痛点主要集中在交互不够平滑，功能还较为单一。用户对于创新的语音功能还是充满期待的。用户反馈解析如表 3 所示。

表 3　用户反馈解析

语音 App	消费者反馈	解析
驾驶助手	1. 语音导航 2. 希望 App 直接开始导航 3. 能不能在不开车时用？ 4. 与百度、高德有什么差别呢？	1. 到了陌生城市，对道路的不熟悉，需要借助导航 2. 用户需要更智能的产品，如果它一直机械地问用户会让用户觉得产品不智能，甚至很烦人 3. 开车用导航的人群数量并没有想象中庞大，第一，驾驶技术好的司机大部分都认路；第二，常开车的人对常走的路很熟悉；第三，人们总是开车找饭馆、找停车位、找好的商城等，导航又难以满足，因此用户关注驾驶助手是否能够拓展，而不仅限于语音导航 4. 做不出与 App 的差异，无法吸引用户，因为用户只需要在手机上装一个 App 就解决问题
语音翻译	1. 非常好用，有用但不常用，出国能够帮助自己解决大问题，但是自己不会经常出国 2. 这样的功能和一个 App 有什么差别？优势何在？如果能够将翻译功能嵌入手机，体现在各个环节，才能够从有用变为一个常用功能	1. 虽然该功能使用频率很难达到每周甚至每月 1～2 次，但是在关键时刻解决了用户的问题，从而非常吸引消费者 2. 出国旅游对于用户来说是一个低频活动，但是与外国朋友交流（Facebook、朋友圈、path）、查看外语信息等活动却是高频活动，将该功能作为一个手机嵌入式功能，将具有不可替代的作用

（6）泛语音化功能创新。

调研中我们通过展示一些语音类产品来探测用户偏好。对于新鲜的功能，用户不仅表示非常感兴趣，还非常愿意尝试。这也证明了新鲜的产品概念更能讨好用户，将来也会带来更多机会。

例如，调研中为用户展示了一款将语音转换为音乐的产品，只需要用户说一段话，经过混音即可生成一段富有节奏感的音乐，并且可以分享给朋友。这个功能增强了用户的参与感，又融入了社交元素，加强了传播力。

语言自动转换音乐

功能：通过用户语言输入，匹配符合用户喜好的乐库，创建属于用户独创的音乐

特点：无门槛

图 14　音乐编辑器

更有趣的是用户认为这样的功能是黑科技、创新功能，反而并不在意识别率低、机械感不适等问题，当用户的注意力被新概念所转移后他们对于体

验的评价标准也随着改变了。在技术过渡时期，识别率的进步还无法让用户明确感知到新鲜感时，还是需要换一种角度来思考问题、设计产品。

4 调研小节

文中的调研仅仅是我们对于产品设计的初步探测，相关发现证实了用户对于语音产品的态度还是较为积极的，尤其是对于泛语音产品的兴趣非常浓厚。语音产品的设计不仅要在交互上精益求精，更要结合用户的情感，因为语言是人类最重要的表达情感的载体。语言除了字面信息之外，还代表了一个人的人格和性格，设计者一定要考虑为产品塑造一个广受欢迎的形象。

5 结语

虽然现在的智能语音还像一个3岁小孩，但它的语言能力将会快速发展，它将更加了解我们细腻的思想，并协助我们表达心意，世界一定会变得很不一样。

"语言，是人类用来表达内心思想与感情的方法。它并非与生俱来，必须经过学习方能使用，也不能算是一种完美的沟通方式。人类所建立的语言沟通模式，只是利用各种声音的组合来表示精神的状态。然而这种方法却极为笨拙，而且表达能力明显不足，只能将心灵中细腻的思想，转换成发声器官所发出的迟钝声音。"

参考文献

[1] 互联网女皇：2016 年互联网趋势报告 [EB/OL]. [2016 – 07 – 12]. http://www. 360doc. com/content/16/0712/16/35043857 _ 574989534. shtml.

[2] 艾萨克·阿西莫夫. 第二基地 [M]. 叶李华，译. 成都：天地出版社，2005.

移动智能终端的语音交互设计原则初探

高 峰 郁朝阳

（中兴通讯股份有限公司，上海，201203）

摘 要： 自从2014年年初发布星星一号以来，中兴通讯在智能手机的语音交互设计上一直勇于大胆探索。经过这几年的设计实践和迭代优化，中兴通讯终端产品设计中心积累了丰富的设计经验。本文就是该设计团队在分析了语音交互的优势和劣势之后，为了扬长避短地设计出更加美好的用户体验而总结出的八条设计原则的简单介绍。这八条设计原则包括：减少界面独占、示能与引导、消除尴尬、场景智能、复杂操作与连续命令、可随时中断、可学习性和情感化。尤其是前面三条，阐释了中兴手机语音交互的核心差异性亮点背后的设计思考。

关键词： 语音交互；交互设计；设计原则；智能终端；人机交互

1 引言

人类探索语音识别、理解以及合成已经有70年的历史了。随着移动智能终端和云计算的快速发展，语音交互（Voice User Interaction，VUI）技术也在快速发展。在科大讯飞股份有限公司的2015年年底的发布会上，记录董事长刘庆峰等7人演讲的讯飞会议语音转写系统，不论是在识字正确率方面，还是在句意正确率方面，都全面大幅度地超过了现场5个速记员。

然而，由于使用场景的多样性和软硬件协调复杂性的影响，移动智能终端的语音交互体验仍然差强人意。不论是语音助手类的应用，还是高度集成语音功能的智能手机，在体验上都难以满足人们的需求。语音交互虽然有一些优点，但其缺点也非常明显。如何充分发挥其优点并规避缺点，结合移动智能终端的使用场景和硬件配置，设计出用户体验更好的语音交互产品，是一个非常值得研究探讨的话题。中兴通讯的终端产品设计团队在语音交互方面做出了一些卓有成效的努力和尝试，走在了行业前列。本文试图总结设计过程中的思考，归纳为简单的设计原则，供各位同行参考。

2 语音交互的弱点

利用声音与机器进行交流，是人类长期以来的一个梦想，因为语言交流是一个非常自然的沟通方式。然而，对比目前最为主流、相对成熟的基于视觉图形的人机交互方式（Graphic User Interface，GUI），语音交互的基础——语言有一些属性上的缺陷。

2.1 输入、输出以及理解的不确定性

人类的语言非常复杂。全球有超过5000种语

言，使用人数超过 100 万的有 140 种。仅就中文而言，其方言也极其复杂。北方方言还大致有些相近，南方就千差万别了。吴、湘、赣、客、粤、闽各不相通，甚至单在一个福建省，就有所谓的"八闽互不相通"的说法。

就算是全都使用同样的语言和口音，也还有多音、多义字，语音、语调和变调，连读、分词和断句，修辞和语气等诸多影响。

这些复杂性和不确定性全面影响到语音交互的三个主要技术领域：语音识别、语义理解和语音合成。这三个领域是语音交互的技术基础，包含输入、理解和输出三个阶段。任何一个环节出现问题，都会造成沟通故障或者降低使用者体验。

2.2 产品的引导性弱

人们看到椅子会坐，看到门把手会知道推或拉，看到地铁里的扶手自然会去抓握，诺曼告诉我们这些是示能，还有一些设计师可以加上去的意符。在使用一个 GUI 系统时，界面往往在引导人们，确认点这里，取消点那里，甚至会用闪耀的动画告诉用户点哪里可以关注这个有意思的微信公众号。

然而语音是一种不可见的东西，在发生交互之前，你不知道你面前的智能产品能够透过语音交互提供哪些服务。即使在交互过程中，你也仍然不能了解它的边界，到底什么可以、什么不可以。你需要认真地倾听，才能在自助语音电话服务里发现你要的服务，或者知道原来它没有这项服务。

引导性弱，更加剧了语音交互作为辅助交互手段的配角地位。

2.3 对使用场景比较挑剔

移动智能终端的设计需要考虑不同的使用场景。对比 GUI，VUI 有着更多的使用场景限制。

首先，不能在太过嘈杂的环境中使用，噪音一大，语音识别率就会直线下降。

其次，在一些相对安静的公众场合，语音操作会打扰其他人，并泄漏用户的私密。不论是在图书馆、会议室，还是在医院、银行，为了避免尴尬，用户都不太会选择使用语音交互。图 1 为用户场景分析。

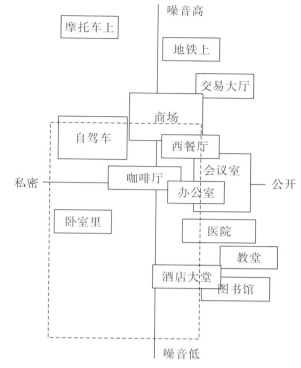

图 1　用户场景分析

2.4 语音的时间—过性强

虽然声音本身具有空间性（震动、方位、传播）和时间性，属于四维"物体"，但语音对于某一受体的呈现却仅有时间性，即一维的。对比视觉，它的呈现具有很强的一过性。若你稍微疏忽漏掉了某些信息，就可能丧失理解机会。这也是很多电话语音服务系统都设计了重听这一选项的原因。GUI 可以在你选择到某一层级的菜单后停在那里，等你插入执行另一事情后再继续，但语音不行。

这个一过性，不仅表现在用户倾听设备上，设备倾听用户也是一样。在语言交流过程中，人们并不像演员背台词一样全都非常流利，很多时候即使不口吃，也会出现拖延、忘词、重复等问题。然而很多语音交互产品设计的结束识别时间较短，会认为用户已经说完了命令而开始"思考"执行了。

2.5 用户心理期待较高

语音交互不仅技术难度高，用户对其心理期待也很高。谈到语音交互，人们通常就认为产品具有了相当程度的人工智能，不自觉地就提高了自己的心理期待。一旦遇到产品不那么智能和"通人性"，就会有强烈的不满，同时也会大幅度地降低再次尝试的可能性。

3　语音交互的优势

虽然语音交互有一些限制性缺点，但也有不少明显的优势，这也是语音交互能成为当今 IT 行业和人工智能领域的宠儿的原因。

3.1　更加亲切、自然和直觉

语言的产生早于文字的产生很多年，人们首先利用语言的交流建立了更大的社群，从而赢得了更好的发展，之后才在口口相传中逐渐产生了文字记录的需求。每个人的成长也都是先学习如何语言交流，再去学习如何进行书面表达的。这些都注定语音交流会比文字和符号体系来得更加亲切、自然和直觉。

亚里士多德说过："口语是内心经验的符号，而文字是口语的符号。"虽然在象形文字系统中，言为心声，书为心画（西汉学者扬雄《扬子法言·问神卷》），但真正由心画形成的象形字、会意字占比非常低，且随着社会发展越来越低。形声字占比在《康熙字典》时期已达 90%，汉字发展中，形声字也是新增字的主流。

由内心的意思开始，表达成语言只是一层转化，而转变成文字需要两层转化。因此，以符号和文字为基础的 GUI 体系，不如以语言为基础的 VUI 来得更加亲切、自然和直觉。

3.2　无显示界限

GUI 有着明确的显示界限，不论是移动便携设备的 3 寸、5 寸、6 寸、10 寸，还是台式设备的 15 寸、21 寸、40 寸、50 寸，或是更加大型的投影类设备，都有明确的界限。在这有限的显示空间内，菜单的展示必然有限，所以 GUI 通常以菜单树的形式进行展示，有着众多的层级。

然而 VUI 就没有这个显示界面的限制，所以理论上可以有无限多的一级菜单。在交互过程中，设备听懂了就可以直接操作，无须去一级一级选择。这会让交互过程变得更加快捷，有着直达目标的优势。

3.3　无视觉界面干扰

不论你设计了多好的语音交互产品，也无法短期改变目前人们以视觉为主的浏览现状。把 VUI 作为辅助工具，因为没有弹出界面或切换界面的干扰，无须中断当前的浏览操作，这无疑会成为一个比较美妙的使用体验。

3.4　可操作距离长

GUI 的操作距离一般都比较近，除非是通过遥控器、无线鼠标等进行操作。但对于本文所讨论的移动智能产品，手势操作的距离一般都非常小。比如最常用的触摸屏，顶多就是一臂之长，距离眼睛不超过 1 m。同时，手势操作需要在摄像头能够直接"看"到的位置，距离虽远些，限制也很大。

相较于以上情况，VUI 的可操作距离明显加

长。在智能手机上通过增益加强的麦克风处理，语音可操作距离可以达到 3～5 m，相对专业的会议系统可以超过 10 m。

4　语音交互设计原则归纳

前面讨论了利用声音作为媒介的语音交互的一些优势和劣势，接下来配合一些案例，归纳出以下几条设计原则，以便扬长避短，设计出更加美好的用户体验。

4.1　减少界面独占

在以 GUI 为主要操作手段的智能设备上，语音交互开辟了多一维度的操作手段，它的优势就是可以并行而不独占，由此可以大幅度提高效率。减少界面独占是个非常重要且容易忽视的设计原则。

在进行语音交互的设计过程中，很多人都是自然而然地想到语音可以支持"免提"，可以不用手，从而忽略了对视觉界面的思考。比如，苹果的 Siri 就犯了这个设计错误，在启用了语音交互之后，Siri 就独占了手机屏幕，无法进行其他操作了。

避免界面独占会带来非常美好的设计体验。

举例来讲（图 2），你用手机浏览微信、微博，此时你想要将音乐打开，如果使用 GUI，你需要退出微信、微博，回到主菜单，找到音乐播放器，选择并打开歌曲进行播放。过程不仅烦琐，而且需

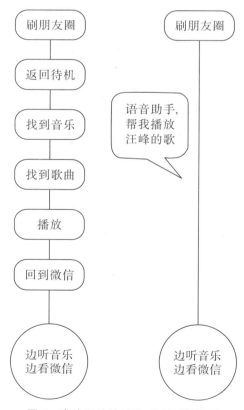

图 2　直达目的的设计（对比流程图）

要中断当前的操作。而有了 VUI 帮助，就简单多了，只需激活语音系统，命令其播放某音乐即可完成操作，整个过程非常快捷。此时如果语音独占了整个屏幕界面，就无法体验这种顺滑了——你同样需要中断当前的浏览，等待音乐的开启。

中兴手机的语音助手就采取了一种非常明显却不独占界面的提醒方式——当用户通过语音命令或其他手段激活语音助手时，除了"叮"的一声提示音，还会在屏幕顶端呈现一个悬浮提示，同时在声波动画上面还有"请说语音指令"的提示词（图3）。而悬浮提示之外的屏幕区域仍然是可以随时进行触摸操作的。

图 3　中兴语音助手与苹果 Siri 界面

注：左 1 为中兴语音助手的 Logo，体现了语音与触摸的结合。右 1 为苹果 Siri 界面。

当然并不是任何情况下都不能界面独占。在一些情况下，比如需要用户检查确认时，或者不建议用户进行其他操作时，可以采取界面独占的形式。此时利用 GUI 的肯定明确，可以加快交互进程。例如，当你要打电话给一个拥有多号码的联系人时，仅仅通过语音呼叫名称是无法明确呼叫对象的，还需要指明具体是哪个号码。此时，为了效率更高，可以给出一个全屏界面，把所有号码列出，并表明序号，你只需瞄一眼，就可以告诉语音助手拨打哪一个号码，或者快速用手触摸目标号码即可。

4.2　示能与引导

在现实世界里，我们能够看到物体的边界和示能。在 GUI 世界也一样，看到滑块就会去滑，看到图标就会去点，人们已经有了一些约定俗成的示能和边界。这就像是去图书馆，根据图书馆的地图说明去寻找图书，看到地图就明白图书馆里什么区域有什么书，或者该通过什么路径找到洗手间。但你不会在地图上寻找如何回家，因为地图有它的示能和边界，明确告诉你它的信息和功能。语音交互就好像是你去问一个人，附近的洗手间在哪里？哲学类的图书又在哪里？你希望碰到的人都像职业的

图书管理员，对图书馆的一切都了如指掌（图4）。所以最重要的是，让语音助手成为无所不知的"图书管理员"，在产品上尽可能地扩大知识和能力边界。

图 4　图书管理员与图书馆地图

4.2.1　示能

根据产品，尽可能大地设计语音交互的范围。这包含功能定义和语料设计两方面的示能。

以手机产品为例。通过语音能够进行全功能、全流程的操作，比如打电话、发短信、拍照片、启动或关闭应用、更改设置、新建或关闭闹钟和日程提醒等。结合云功能，还能进行讲笑话、查天气、查新闻、订餐、订车等其他服务。功能做得越全面，消费者长期使用的可能性越大。

语料设计也非常重要。同样一个操作，每个用户说话的方式是不同的。比如播放音乐，你可以说"打开音乐""播放怒放的生命""播放汪峰的歌""给我来首歌吧"等祈使句，也有人说"能播放汪峰的歌吗"之类的疑问句，语料设计越全，用户尝试成功的可能性越大。

4.2.2　引导

在以 GUI 为主导的今天，利用一切可以用的视觉、听觉提醒，做好语音交互的引导，让用户在尝试中获得更高效率，是我们设计时需要认真做好的。

首先，在视觉提醒上，除了普通的帮助之外，还可以有场景化的处理，从而给用户智能的使用体验。比如，当用户左右滑屏时，若没有其他操作，那说明他可能是在找应用图标。此时，友好地提醒他可以用语音快速找到，既能引导学习，又不过于打扰。这就是基于场景的语音引导设计。再如，当用户在音乐模块翻来翻去时，系统就会提醒他可以

尝试说出歌曲名或歌手名来寻找想听的歌，甚至通过哼出曲调来选择；当用户在图库模块找图时，系统就会提醒他可以尝试说出诸如"给我看上个月在无锡拍的照片"这样一句话；当用户在联系人模块上下翻动时，系统可以提醒他通过语音快速拨号；等等。这些都是尝试性引导。如果能够让用户尝试并成功解决他们的问题，用户会逐渐习惯并爱上语音交互。

其次是语音提示，主要是在首次使用或者出错时。比如，当用户第一次启动驾驶模式时，系统就会告知基本的操作方法，如如何激活、如何命令等。当手机没有完全听懂用户指令时，需要让它根据听到的部分词汇去猜测用户的指令，然后通过缩小范围的设问句形式问出来，或者在承认没听清的同时，再给用户一次引导"没有听清，您可以这样说××××，或者××××"。

引导做得好，最重要的是提醒时机的选择和提醒内容的设计。时机选择和场景理解准确是前提，提醒内容则需要选择触摸操作十分繁复而语音操作却十分简单的任务，这样才能快速提高用户对语音交互的兴趣和黏性。

图 5 为中兴手机语音交互的不同引导界面。

图 5　中兴手机语音交互的不同引导界面

4.3　消除尴尬

尴尬是一种情绪，相对比较权威的定义是：当个体违反了社会习俗（有时代和地域特征）而引起了预期外的社会关注（要有观众）时，会激发个体做出一些可能会取悦他人的顺从行为（自认为不好

意思）时的情绪体验。

引发尴尬的通常有：糟糕的表现（唱歌跑调）、身体笨拙（红毯摔倒）、认知错误（认错人）、不恰当的行为（衣着不当）、对隐私的无意侵犯（误入房间）、惹人注目（突然成为被关注的焦点）等。语音操作时经常会有以上的一个或者多个问题，所以很多人会觉得使用语音操作是一个比较尴尬的事。

结合设计经验和案例，笔者认为消除尴尬最重要的就是避免糟糕表现、避免不恰当行为、避免过于惹人关注这三点。

4.3.1　避免糟糕表现

避免糟糕表现，主要是提高语音交互技术，改善目前的一些问题。比如，唤醒不成功：不论你怎么呼唤，手机就是无动于衷；误唤醒：正在跟他人聊天，手机突然说"在，有什么可以帮您的"；识别不成功："对不起，我没有听懂您在说什么"或者命令 A 却执行了 B；操作无法完成：网络差、本地音乐库没有这个音乐；等等。硬件改良、算法优化去改善以上问题不是本文讨论的重点，在此不再赘述。

然而设计也可以在一定程度上改善此问题。比如，根据场景进行智能判断限定范围，或者用选择性问句限定答复范围，就像"接听还是挂断""确认还是取消"等。实验证明，超过八成的受访者会沿用问句，而不是新增语料答复，这就大幅度地降低了识别的难度。

4.3.2　避免不恰当行为

避免不恰当行为，对操作提出了更加自然的要求，这就需要增加其他自然交互的技术。比如语音拨打电话的操作，就是一个利用接近感应、陀螺仪和语音交互共同合作消除尴尬的典型案例。以往的语音交互，你需要先说"你好中兴"或者"Hello Siri"，得到反馈后，再说"打电话给某某"。即使成功率很高，也没有多少人在公共场合操作，因为会感觉非常尴尬。中兴手机的智能语音拨号就完全避免了这种尴尬——你只要把手机放在耳边，手机就会问你"打给谁"，你答复"王老五"，"王老五"的号码就拨出去了。

当然，行为是否恰当具有强烈的社会和时代属性，旧时恰当的长袍马褂放到现在就像演戏，如今使用蓝牙耳机打电话搁在古代就会被认为是疯子在自言自语。今天语音交互的一些不习惯，将来可能会成为主流，交互设计师更多的工作将会从视觉逐步转到语音上来。

4.3.3　避免过于惹人关注

避免过于惹人关注，对于语音交互来说是有难度的，因为在对机器说话时，无法避免会被别人听到——即使真的无人关注，也很难让你觉得自在。

简言之，缩短激活语料、暗号指令和采用更自然的交互过程都是行之有效的方法。

首先，缩短激活语料可以明显降低关注度。当用户通过语音激活智能终端时，通常需要一句话的反馈，比如"在，请说语音指令"等。当众激活，很难避免成为关注焦点。这种语料设计适合放在驾驶助手之类的私密场合使用的工具上。然而其他的操作就不是这样了。比如进入地下车库，用户想打开手电筒为大家照明，这时候快速有效才是要点，只要通过"叮"的一声，或者震动一下，在丝毫没有引起关注的情况下，就可以迅速用语音打开手电筒。

暗号指令也是一种比较好的方式。用户可以通过录制自己对某些应用的启动口令来设置暗号，当需要时快速启动。比如用"准备出发"来启动地图应用，用"开灯"来打开手电筒等。

采用更自然的交互过程，上述利用接近感应、陀螺仪和语音交互共同合作拨打电话的案例能够说明，在此不再赘述。

4.4　场景智能

语音识别和语义理解通常会分门别类，就好像专业技术人员也有分工一样。因为语音交互不是菜单内选择，它有无限的可能性。但在移动智能终端的有限条件下，把这种无限转化为有限，基于场景限定识别内容，可以大幅度地提高智能终端的理解能力，这就是场景智能的概念。

例如，你可以在音乐模块提前设定足够多的音乐知识，比如歌手名、组合名、歌曲名等，也可以在联系人模块提前设置所有联系人的名字，这都可以让终端在模块内变得更加"聪明"，同时语义的理解容错率也可以大幅度提高。

4.5　复杂操作与连续命令

因为语音交互具有不分层级直达目的的优势，所以非常适合用来进行复杂操作和连续命令，做好这样的设计，可以大幅度地提高用户的黏性。

比如，"给我看上个月在无锡拍的照片""提醒我明天早上9点跟客户开会""设置5分钟以后的闹钟"等，都属于复杂操作。在GUI体系中，你需要打开图库，设置根据地理位置排序，然后打开"无锡"，再滑到上个月的时间点。设置日程和闹钟也一样，都需要进入某个应用并进行多次点击操作。语音交互的操作可以大幅度地提高效率。

连续操作是指指令和内容一起发出，比如"帮我翻译，请问去机场怎么走""发短信给老婆，今晚加班，不回家吃晚饭了"等。这一类的操作，不仅提高了效率，而且给用户更加智能的感受，因为这让用户觉得手机更像一个真正的私人助理，而不是机器。

4.6　可随时中断

人与人在交流时，是可以随时中断的，机器也需要做到。但实际上很多产品在设计时没有考虑此项功能。比如，收到短信后，语音助手开始朗读，用户随时都可以中断或切换到下一条。播放音乐也是如此，在播放A曲目时，随时可以被要求"切歌"或者"暂停播放"。

4.7　可学习性

可学习性也是人们对于智能产品的一个基本要求，使用产品的时间越久，产品对用户的"了解"就越多，使用起来也就越顺手。

技术上的可学习性主要体现在对用户的口音、语音、语调的适应性上，这里针对交互设计主要讨论如何让产品越来越了解用户。

比如，你发出指令"导航去公司"，如果是第一次使用，手机不可能知道用户公司在哪里，就会问"请问公司在哪里"，你回答后，它就不会再提问了。这就是最简单的可学习性的体现。

在设计语音助理时，需要规划好一个关于用户的数据库，如地理位置：家住哪里、工作在哪里等；生活习惯：作息如何、运动如何等；工作性质：是否常出差，出差去哪里等。

其实不仅仅是语音交互的设计，语音助理应该能够透过智能终端的各种模块去了解用户，不仅包括日程、闹钟等本地应用，淘宝、京东等第三方应用也需要去了解，这样的语言助理才能够真正懂得用户所需。

4.8　情感化

情感化是智能终端交互设计的一个遥远的梦，一直很美好却从未被接近，因为人工心理的成熟度远比人工智能差得多。就跟本文很多的设计理念和原则一样，基于目前的技术能力，用设计的方法让产品用起来感觉更好，是设计师主要思考的问题。

虽然暂时无法做到真正的情感化，但通过丰富和灵活的语料设计，带有拟人味道的自定义项，可以带来接近情感化的设计。

以语音激活为例。就像人与人的对话一样，你需要叫一个人，得到"哎"的一声反馈后才开始有真正的交流。机器也是这样，需要激活的操作。很多智能语音助手需要一个固定的指令来激活它，比如"Hello Siri"或者"你好中兴"，这显得非常刻板。如果可以让用户给语音助手录制姓名，就像给一个新养的宠物起名字，就亲近多了。

情感化的设计通常有行为灵活性、决策自主性、思维创造性等特点。在笔者的一个专利设计中，就把这个起名字的过程做成了多种主题方案——你可以选择命名的主题方案，整个互动就可以在一个主题内智能和有趣地展现出来。调研发现，人们命名一个语音助手，最喜欢的几个主题是宠物、奴才、帝王和人名（女人或男人）。根据这些主题做好设计后，用户可以感受到不一样的快乐体验。比如，用户把语音助手命名为"三德子"并选择了奴才的主题，当他喊出"三德子"时，激活提示一会儿是"奴才在"，一会儿是"皇上吉祥"，这一定是一个非常有趣的体验。

5 结语

语音交互是一种更加自然和亲切的交互方式，虽然在当前技术条件下，人工智能和人工心理还没达到很高的程度，但在未来，语音交互一定会替代图形交互成为主流的人机交互方式。

同时我们也需要了解，语音交互对比图形交互有优势也有缺陷。在目前的技术条件下，为了能让更多用户习惯使用语音交互，设计师必须要扬长避短地设计出更加美好的用户体验。减少界面独占、示能与引导、消除尴尬、场景智能、复杂操作与连续命令、可随时中断、可学习性和情感化就是笔者总结出的行之有效的八条设计原则。尤其是前面三条，阐释了中兴手机语音交互的核心差异性亮点背后的设计思考。

当然，这几条设计原则是针对目前智能产品的计算能力、网络速度以及语音识别技术的现状而提出的，有着技术发展的局限性。同时，由于所涉及的产品形态单一，这些设计原则本身也一定有些片面，还需要继续发展完善，期待同行专家能够提出不同意见，共同研究提高。

参考文献

[1] 诺曼. 设计心理学 [M]. 北京：中信出版社，2015.

[2] 亚里士多德. 范畴篇 解释篇 [M]. 方书春，译. 北京：商务印书馆，2003.

[3] 孙艳华，马伟娜. 尴尬情绪的研究述评 [J]. 健康研究，2009，29（16）：484-391.

[4] MICHELLE N S，JAMES W K. 情绪心理学 [M]. 周仁来，译. 北京：中国轻工业出版社，2015.

锁屏杂志轻设计、轻体验

高 澍

（维沃移动通信有限公司（Vivo），广东深圳，518000）

摘 要：在智能手机高度发展、普及的今天，手机作为一个生活必备品，已经成为人们日常生活中不可缺少的一部分。而锁屏作为点亮手机屏幕后展现的第一个画面，在整个手机系统的展示中占有先机。本文讲述的是如何结合锁屏的特点，在锁屏这个特殊的界面，提供给用户真实的杂志阅读体验，在用户使用手机的碎片化时间中，更好地满足情感需求，带给用户更有价值的信息和视觉感受。本文提到的设计方法，可以给移动设备上的 App 设计提供一些参考。

关键词：锁屏杂志；用户体验；情感化设计；智能推送

1 前言

智能手机发展到今天，人们已经无法离开手机。手机系统已经是一个成熟完善的系统，锁屏是其中一个重要且特别的组成部分。为什么说它重要、特别呢？锁屏是用户点亮手机屏幕后看到的第一个画面，可以看作是手机的大门。对于锁屏的作用，单从功能上讲，它起到一个安全防护的作用。安全包括两个层面：一是操作的安全，二是个人信息的安全。有了锁屏界面，可以有效防止手指在屏幕上的误操作。试想，如果没有锁屏界面的保护拦截，每次拿出手机，你都不知道它会停留在哪个界面，不知道自己已经偷偷地打出去多少个电话了。此外，现在手机里面包含大量的私人信息，除通讯录外，还有个人账号信息、银行卡信息、个人财产信息等，有了锁屏界面，用户需要解锁后才能进入系统，可以有效地保护私人信息，避免信息泄露。虽然 Android 系统提供"无锁屏"这种功能，但是基本很少有用户使用这种模式，大部分用户还是都会启用锁屏。锁屏界面除了地位重要外，还有它独有的特点，我们能够结合它的特点，提供给用户哪些功能，以进一步满足用户的情感化需求呢？本文介绍的就是在锁屏界面上提供真实的杂志阅读体验的一种设计方法。

2 锁屏的场景分析

一个用户每天会解锁屏幕多少次？这是一个很古老的话题了，各家提供的数据不尽相同（表1和表2）。

表1 360《中国智能手机依赖调查报告》

用户类型	每天解锁次数
一般手机用户	122 次

表2 苹果公司

用户类型	每天解锁次数
iPhone 用户	80 次

我们就按照每天平均解锁 100 次，一天使用 12 小时来粗略计算，用户不到 10 分钟就会解锁屏幕一次。用户点亮屏幕显示锁屏界面的需求是非常多样化的，其中仅有一部分需求会进一步引发解锁的动作（图1）。

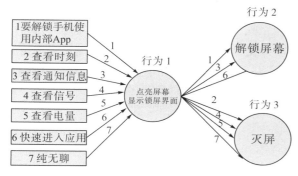

图1 显示锁屏界面的需求

从图1我们可以看出，7 个需求中只有 3 个会触发解锁。单纯的锁屏界面的显示将远远大于每天解锁 100 次这个频率。锁屏界面具有非常高的上镜率，这是值得我们深入研究的一个方向。除了高频出镜率，锁屏界面相对于其他手机应用场景还有很多特点（表3）。

表3 锁屏界面相对于其他手机场景的特点分析

特点	描述	启发
高频	锁屏界面的显示具有高曝光量	便于抢占入口，具有先天优势
短停留	用户不会长时间停留在锁屏界面，往往几秒，最多十几秒。锁屏界面仅是一个过渡性的短暂停留的界面	不适合做长时间沉浸式的操作，要从视觉上迅速抓住眼球

续表3

特点	描述	启发
被间断性访问	被阶段性激活并显示，访问具有非连续性	不适合做内容很有连贯性的显示，每次点亮屏幕时内容不要强关联
用户的专注度不高	被显示时用户不会非常聚精会神	不适合做需要高专注度的操作

3 锁屏杂志的切入点和产品定位

锁屏的基本功能无疑是显示时间、显示通知等，这些肯定是需要第一优先级满足的。除此之外，我们还可以结合上述锁屏的独有特点，为用户提供进一步的功能，以更好地满足用户的情感化需求。

锁屏壁纸的展现是一个很好的切入点。在点亮屏幕的一刹那，呈现的壁纸内容如果能给用户带来一些兴趣、快乐、兴奋和喜悦，那无疑会给枯燥的锁屏带来一些亮点，赋予锁屏以生命，可以很好地抓住用户的眼球。同时壁纸是可以自动变换、自动更新的。这里向锁屏的情感化设计迈进了一步。

但是如果仅仅是不停地变换壁纸，那就貌似变成了壁纸欣赏，用户会感觉置身于茫茫的壁纸库中。我们进一步希望能够将这些壁纸变得有序、有组织，壁纸之间是有关联、有逻辑的，用户可以知道壁纸从何而来，一张静态的图片背后有哪些故事。这里我们会很自然地想到杂志。我们真实生活中的杂志很多配有图片和对应的文字。同时，杂志的图片往往也比较有视觉冲击力，适合放在手机屏幕上。杂志对内容的组织是非常有序的，每种杂志会聚焦在一个主题，这正好可以满足我们对锁屏壁纸既要变换又要有组织的要求。于是，我们希望能够在锁屏上提供一种杂志阅读的功能体验。

从内容上讲，虽然杂志阅读的内容上有些关联性，但并不是强关联。每次点亮屏幕看到的杂志内容并不依赖于上一次点亮屏幕看到的杂志内容。可想而知，电子书就不适合显示在锁屏上面，因为每次点亮屏幕的时候，早已不记得上次显示的是什么内容了。

从阅读消耗的时间上讲，杂志本身就是在闲暇之余随手翻翻的。而移动设备——手机，使用的最大特点就是利用碎片化时间，并不要求用户有大把的时间，十分专注地来做这件事情。这也正和我们前面提到的锁屏界面的显示场景相契合。

从种类上讲，杂志种类是很丰富的，如自然风景、摄影类的杂志，可以给锁屏提升视觉体验，提升美的感受；体育类杂志，可以满足体育爱好者的需求，跟进各种赛事进程；新闻类杂志，可以及时了解各地新闻动态；旅游类杂志，让用户在手机上面就可以欣赏各地美景，激发对生活、自然的热爱。这些都可以赋予锁屏界面新的生命。

4 锁屏杂志提供阅读轻体验的方法

说到这里，我们怎样在锁屏上提供一种杂志阅读的轻体验呢？

为什么说是轻设计、轻体验呢？

第一，因为锁屏杂志完全不同于应用市场上专门的杂志 App，要轻很多，设计上面要非常的轻量级。杂志 App 和锁屏杂志的对比见表 4。

表 4　杂志 App 和锁屏杂志的对比

差别	杂志 App	锁屏杂志
核心功能	杂志阅读是主要目标，是 App 的核心功能	杂志仅仅是辅助功能，主体功能仍然是显示系统时间、显示通知等，杂志不能喧宾夺主
目标性强弱	用户的目标性明确，要看杂志时才会主动地点击进入 App	在锁屏界面显示的时候顺便浏览，杂志阅读的目标性不强，闲暇时间浏览
被访问步骤	要"解锁—进入 launcher 界面—点击杂志 App"进入	显示锁屏界面的时候第一时间显示，快速访问

第二，锁屏杂志需要很好地还原日常生活中真实的杂志阅读体验，使得用户在使用锁屏杂志时，可以从生活中真实的场景进行自然迁移，没有任何学习成本。这种平稳过渡给用户带来的使用感受是轻快、无负担的。除了很好地映射生活场景外，我们还可以提供优于线下的阅读体验。

4.1 回归纸质杂志的自然阅读

现实生活中，杂志是一种纸质读物，具有杂志名称，并且会定时更新，一个周期后会有新的期刊登出。杂志名称通常代表着一定的主题，比如旅游类杂志、汽车类杂志等。所以我们的锁屏杂志也是以某本杂志的某个期刊来组织展现的，一个页面会从属于某本杂志的某个期刊，页面上会显示对应的杂志名称。整个壁纸的显示自然是杂志的大图，并且会配有简单的文字，介绍当前这张图片的相关信息，让用户更多地了解图片背后的故事。当一本杂志有新的期刊发布的时候，手机会更新到新的期刊，而且这种更新并不需要人工参与，免除了去报刊亭买新期刊或者是人工递送期刊的过程，显得更加智能且做到无痕更新。图 2 为锁屏杂志展现

方式。

图 2　锁屏杂志展现方式

（默认页，主体显示图＋时间信息/杂志页，显示图＋文字）

说到这里，其实市面上有很多厂家都提供类似的杂志锁屏功能，最早推出的是华为。大家在杂志页的显示、组织方式及杂志的订阅方式以何为单位，处理是不尽相同的。下面以华为和小米为例可以看出我们设计的区别（图 3），我们意图更加贴近自然阅读的习惯。

图 3　不同厂家之间的区别列举

在翻页的交互方式上，生活中的纸质书本一定是左右翻页的，映射到手机屏幕上，我们很自然地使用左右滑屏的手势操作来实现左右翻页。

当用户手捧一本杂志翻页的时候，他会很容易从纸张的厚度上感觉到当前翻到第几页了，对阅读的完成度是有预期的。其实这正是我们交互设计中所谓的导航的概念，用户可以明确地感知"我在哪里"。对应的，在我们的锁屏杂志中，要向用户提供导航，告知用户"我在哪里""我要到哪里去"，让用户能够明确地感知到读到杂志的哪一部分，而不仅仅让用户感觉是在无穷无尽的壁纸海洋当中，这样很容易迷失。于是，在锁屏杂志中，我们想到使用页面指示 Bar 并配合一些渐隐的动效来表现当前页面在整本杂志中的前后位置关系。动效需要轻、柔，避免喧宾夺主，翻页的瞬间也可以给人愉悦、轻盈的感觉，这也吻合轻阅读的设计初衷（图 4）。

图 4　阅读时的页面导航

（底部指示 Bar 同时会通过透明度的变化来表现动效）

4.2　切换杂志更便捷

整个锁屏杂志力图提供给用户一种真实的阅读感受。在现实生活中，当用户看完一本杂志后，会去挑选接下来看哪本，于是在锁屏杂志上，也提供了手动切换杂志的功能，在锁屏界面可以通过"切换"按钮，列出手机上面已经订阅过的杂志列表，点击杂志名称即可快速切换至对应的杂志，比现实生活中一本本地去翻阅杂志显得更加方便、快捷（图 5）。

图 5　切换杂志示意

4.3　订阅杂志更易用高效

生活中，我们通常在报刊亭购买杂志。报刊亭的杂志种类繁多，让人目不暇接。我们的锁屏杂志，也力求提供给用户更多的选择空间，有丰富的杂志源可供订阅。当然这与电子杂志的供应商资源有关联。在锁屏杂志上，对杂志的订阅检索可以做到比线下购买更好的体验，因为在移动设备上使用列表或者宫格可以高效地展现杂志资源，也可以通过简单的文字介绍快速了解杂志内容。在锁屏杂志设计初期，因为可订阅的资源还比较有限，可以采用简单的列表来实现订阅的展现界面。当可订阅的杂志越来越多，后期版本迭代时改为商店类 App 的形式来提供订阅界面，引入了分类、最新、热门、已订阅的概念。分类是可以更好地方便用户检索；热门可以直观地展现大众喜爱的杂志内容；最新可以第一时间了解新杂志的推出情况；已订阅用来管理自己订阅的杂志列表，一目了然。锁屏杂志的订阅体验可以超越现实生活的订阅体验，使得杂志的挑选订阅变得简单而有趣。图 6 为订阅杂志线

下和线上的对比。

图 6　订阅杂志线下和线上的对比

4.4　智能的推荐杂志

在报刊亭购买杂志时，如果要店家推荐，少不了要对话几轮，诸如"你喜欢什么类型的杂志"等。在锁屏杂志上，除了用户主动地手动订阅杂志外，我们还可以通过大数据的分析，对用户进行智能杂志推送，比线下的导购更加智能。随着大数据的发展，用户数据的采集已经日渐成熟。在很好地还原用户肖像、用户喜好后，可以更准确地向用户进行适时的推送。用户订阅的杂志种类是很容易获取的，从每个用户的订阅可以分析出个人的喜好。当有新的杂志上架，可以结合用户的喜好，有选择性地向用户推送他可能喜欢的杂志（图 7）。

图 7　不同的用户类型喜欢的杂志类型举例

推送是有技巧的，下面分别从频率、准确性和推送方式进行分析。

（1）频率：我们需要控制好推送的频率，要很好地控制推送的次数。过多的推送只会引起用户的反感，进而使得用户对锁屏杂志产生反感。因此，推送的频率必须严格控制，比如即使对用户喜好非常了解，一周最多也只能推送一次，保证用户看到的杂志大多数都是他自己真实订阅的。

（2）准确性：准确性是另外一个关键因素。推送的准确意味着推送的杂志确实是用户需要的、喜欢的、最能够贴近他实际需求的。我们可以结合数据分析，尽量还原用户肖像，绝对不可滥用推送。

一个最简单的推送算法可以基于用户已订阅的杂志的种类进行分析。首先，用户自己订阅的杂志总数 N 需要大于 5。N 小于 5 说明该用户不是一个锁屏杂志的重度用户，难以把握用户的典型喜

好。其次，将杂志大体分为9类。用户自己订阅的杂志可以对应到九大类别中，得到每类的订阅情况，每个分类的订阅数用 N_1，N_2，…，N_9 表示，则订阅的总数 $N = N_1 + N_2 + \cdots + N_9$。可以简单地计算 N_1/N，N_2/N，…，N_9/N 的比例，当比值大于80%时，可以认为用户是对此类杂志有明显喜好的，进而可以加推这类杂志（表5）。

表5　杂志类型和订阅数量举例

种类代码	T1	T2	T3	T4	T5	T6	T7	T8	T9
种类名称	时尚	体育	新闻	艺术	娱乐	旅游	美食	汽车	生活
单个用户订阅数	N_1	N_2	N_3	N_4	N_5	N_6	N_7	N_8	N_9

但是上述算法仅仅参考了订阅量这一个单一的维度，参考数据比较有限。同时，用户的爱好其实往往是多样性的，对杂志种类非常专一、喜好非常单一的用户其实并不是典型用户，大多数用户可能会有多种喜好。那么如何优化推送算法，使其更加符合用户的实际需求呢？

我们可以更加深入地分析用户的行为。用户行为可以分为对杂志的订阅行为和对杂志页的消费行为两种（图8）。

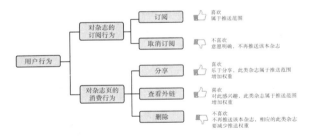

图8　和推送相关的用户行为归纳

由图7可以看到，我们可以从不同的用户行为捕捉到用户心理，进而从多维度影响推送算法。用户对杂志的订阅行为仍然是一个最重要的推送影响因素，这在整个推送算法中占有很高的权重，按照70%的权重影响比例来计算。N_1/N，N_2/N，…，N_9/N 都乘以70%得到每个类别在这部分的分值。对于对杂志页的消费行为的挖掘，可以作为推送的次要影响因素，按照30%的权重影响比例来计算。同时，用户每一次对杂志页的消费行为，计数为1次。正向的消费行为，如分享和查看外链，对应的杂志类型的计数器会被加1；反向的消费行为，如删除行为，对应的杂志类型的计数器会被减1。这样可以得到一位用户对于每一类杂志

的消费行为数值 M_1，M_2，…，M_9。可能有些类别的 M 值为0，表明用户对这类别的杂志没有发生过消费行为（表6）。

表6　杂志类型和用户消费行为数量举例

种类代码	T1	T2	T3	T4	T5	T6	T7	T8	T9
种类名称	时尚	体育	新闻	艺术	娱乐	旅游	美食	汽车	生活
消费行为次数	M_1	M_2	M_3	M_4	M_5	M_6	M_7	M_8	M_9

这里，$M_1 + M_2 + \cdots + M_9 = M$，可以得到用户对杂志页的消费行为次数的总和 M。进而可以按照前面提到的订阅数量 N_1/N 类似的计算方式，分别计算 M_1/M，M_2/M，…，M_9/M 的比值，再乘以消费行为这部分的权重30%，就可以得到每类杂志在消费行为这部分的得分了。

每类杂志的订阅行为得分和消费行为得分的总和，即是该类杂志的推送分值。如对于 T1 类杂志，得分 $Z_1 = (0.7 \times N_1/N) + (0.3 \times M_1/M)$。我们可以得到 Z_1，Z_2，…，Z_9 这一系列得分，以此作为推送的判断条件。当 Z_1，Z_2，Z_3 遥遥领先且分值接近时，我们可以一次推送三本不同类型的杂志；当仅仅 Z_1 远高于其他分值时，那么我们甚至可以推送类型 T1 的多本杂志。具体推送的策略可以在服务器后台动态调整。

此外，推送后还要注意监测用户对推送的反应，如果对于近几次推送的内容用户一直不订阅，则意味着用户对推送功能可能不喜欢，这时可以动态延长推送的时间间隔，在一段比较长的时间内不再进行推送。

推送算法是不断迭代的，我们仍然在摸索改进，通过不断的算法优化，可以更好地提高推送的准确性。推送算法是推送的重点，直接影响着推送质量。

（3）推送方式：要做到不打断、不破坏原来的使用感受。我们经常会有这种 App 的使用经历，用着用着突然弹出一个对话框，生硬地告知用户要升级应用了；或者直接发送一条应用通知。其实我们可以将推送巧妙地融合在用户正常使用锁屏杂志的过程中，甚至使得适时的推送不被用户察觉，在界面上通过细微的差别区分表现推送的内容，进而引导用户订阅或者取消订阅。我们把它叫作沉浸式推送或沉浸式体验。这种沉浸式体验可以很好地吻合轻体验的初衷。从图9可以看到，锁屏杂志的推荐页面和普通页面之间的差别，只有在图标上面多

了一个小小的"荐"字。这种差别是非常微小的，既不打断平时使用，又可以起到推荐的作用。

图9　推送方式举例

4.5　进一步的贴心服务

在锁屏杂志上，我们也可以做一些功能延展，进一步地提供一些服务给用户。比如在图片详情部分，除了简单的文字说明外，还可以提供一些用户可能用到的操作入口，即前面提到的外链，用户点击后可以查看更多的内容。例如一个旅游杂志，在介绍了非常美丽的旅游资源后，可能用户会被触动，产生"世界那么大，我想去看看"的想法，于是，可以在锁屏杂志上面点击外链，直接提供一些旅游产品的订阅信息，以帮助用户快速实现旅游计划。这是一种轻体验，推荐得自然不生硬，将用户想要的产品"轻轻地"带给他。

5　锁屏杂志的数据验证及用户反馈

以上列举了锁屏杂志的轻体验的几种设计方式。当然一切设计都要经得起用户的测试和考验，在试用和迭代过程中不断优化。我们可以利用各种数据分析平台对数据进行分析，进而观察、总结用户的一些使用习惯，以进一步验证并完善我们的设计。

以锁屏杂志提供的一些常用功能操作为例，可以通过对 Avatar 平台的事件数的统计观察，总结各个功能被用户使用的频率特点，进而对功能进行取舍筛选，以及优先级排序。例如，锁屏杂志会提供切换、订阅、分享、删除、亮屏翻页这五个功能按钮（图10）。

value 详情	
value	事件数
切换	35623
订阅	26412
分享	9563
删除	1564
亮屏翻页	935

图10　Avatar 平台一周的数据采集举例

从数据我们可以看出用户对各功能点击的频次，看出哪些功能是用户使用相对频繁的，从而使我们将优先级最高的功能摆放在最重要的位置上。大家比较公认的视觉焦点的顺序是从上到下、从左到右的。那么对于锁屏杂志，如果是横向一字排开提供各项功能按钮的话，我们会按照从左到右重要性依次降低的顺序来摆放功能按钮。当然，上面提到的通过数据采集来帮助我们排列按钮顺序也并不是完全绝对的，它只是给我们一些参考和帮助，界面布局上还要考虑这个产品主要的核心功能和产品的主要诉求。比如，虽然从数据上面看，"订阅"这个功能没有"切换"的使用频次高，但是"订阅"是锁屏杂志的最核心功能，所以我们仍然会把"订阅"摆放在第一重要的位置上。

类似地，如果功能的数据采集反映出某个功能被点击的次数非常少，那么这时我们也应该思考一下这个功能存在的必要性，是不是可以直接去掉该功能。

与此同时，有了数据采集，我们也可以很方便地管理后台的杂志资源，可以清晰地统计出每种杂志的订阅数量（图11）是上升趋势还是下降趋势。杂志受欢迎的程度也直接影响着在杂志商店的列表中显示的位置顺序，比如是否可以出现在最热推荐榜上。杂志被订阅的次数也可以在用户订阅查询杂志的页面上显示出来，以便给用户一些参考。杂志资源本身也可以引入优胜劣汰的竞争机制，订阅数量太少的杂志将慢慢被剔除，同时我们再去引入更优质的杂志，其目的都是更好地服务用户。

图11　一周内杂志资源订阅数据参考

锁屏杂志还处于一个刚刚起步的阶段，截至目前，累计的用户数量大概在 50 万左右。上线后，我们也陆续收到了一些用户的评价和反馈（图12），这些反馈有些是肯定的，也同时暴露了一些易用性的问题，这都是我们改进的方向。后续我们会更多地结合用户反馈的意见，以及各类数据分析，不断地迭代，去提升产品的用户体验，将锁屏杂志做得更加易用、轻盈！

图12 用户反馈截图

6 结语

本文从锁屏这个特殊的场景出发，剖析了锁屏界面的高曝光率等特点，阐述如何结合锁屏的特点，提供锁屏杂志这个功能，以进一步地提升用户的情感需求。在整个锁屏杂志的设计过程中，围绕着如何在锁屏上提供杂志阅读轻体验这个核心目标，打造一个更真实的杂志阅读感受，并从阅读、切换、订阅、推荐等多个维度阐述了一些设计思考。同时，也列举出一些采集数据信息方便理解。

当然，锁屏杂志后续也面临着一些问题。当开始使用后带给用户的新鲜感逐渐消失时，如何能够一直抓住用户眼球而保持一个持久的吸引力，这将是后续值得探讨、重点发力的一个问题。同时，锁屏杂志除了提供杂志浏览的功能外，如何挖掘更多的亮点为产品"保鲜"也是需要深度思考的问题。

最后，希望本文能够给 App 设计提供一些设计参考。

参考文献

［1］诺曼. 情感化设计［M］. 付秋芳，程进三，译. 北京：电子工业出版社，2005.
［2］360 手机发布中国智能手机依赖调查报告［EB/OL］. ［2016 － 03 － 25］. http://news. imobile. com. cn/articles/2016/0325/165816. shtml.

如何将复杂系统的信息以可视化方式呈现给用户

何 欣

（华为技术有限公司 SPO 资料部，陕西西安，710000）

摘 要： 当我们新买了一个玩具、一台家电或者使用一款新的软件，难免会有不知道如何操作的时候，除了动手去慢慢琢磨，还可以从哪里获取相关信息呢？看说明书？看演示视频？还是打售后电话？信息体验也是产品体验中必不可少的一部分。本文要阐述的正是如何将复杂系统的信息以可视化方式呈现给用户，从而更好地帮助用户使用产品。

关键词： 信息；可视化；图形化

1 信息类型的发展

不同的信息类型带来的体验不同，信息传递从文本时代到读图时代、视频时代，再到富媒体时代，资料当前涉及的信息传递类型多种多样，已成熟应用的如图1～图6所示。

图1 纸质文本

图2 电子版文本

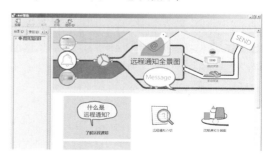

图3 图形化资料

图 4　视频类资料

图 5　动画类资料

图 6　工具化资料

不管是线上还是线下，应用最广的当属文本资料和图形化资料，而开发图形化资料比开发文本资料要多耗费数倍的投入，那么如何才能更好地进行信息可视化，这是本文要重点讨论的。

2　信息可视化

为什么要做信息可视化呢？

正所谓文不如表、表不如图。据英国《每日邮报》报道，通过对随机选取的 40 多万条微博进行对比分析发现，附图片的微博更易被转发，比纯文字微博的转发率高出 94%。用户更喜欢直观、有冲击力的图片和视频，因为观看富媒体信息要比阅读文字带来更多的愉悦感，也更节约认知成本。

我们将信息图定义为数据、信息或知识的可视化表现形式，主要适用于包涵大量而复杂的信息，但又必须进行清晰、准确的解释和表达之下的场景。

2.1　图形化资料的类型

华为公司的网管系统作为一种复杂的支持大规模网络管理的电信级网管系统，它的子系统及功能繁多，涉及的资料手册有几十本，用户使用及获取信息的场景更是类型繁多。信息可视化对于网管系统来说，第一步也是最重要的一步，就是如何分类。

根据使用场景的不同，我们将图形化资料做了如下分类与定义。

2.1.1　技术导图

技术导图是为了方便用户了解学习产品使用，偏技术，既可嵌入光盘、PDF 本地浏览、打印、Web、移动端推送宣传，也可作为内容源制作画册、彩页、宣传海报。技术导图可能会印刷，也可能不印刷，具体根据实际使用场景来确定。

技术导图的特点是以技术为主，宣传为辅，色彩清新，主要解释概念和术语。

标题常用样式为：一张图看懂××，图说××，图解××；绝对不包含第××期、××来了、带你××等词汇。

在尺寸方面，既可长版也可横版，一般以长版为主。根据尺寸和主要使用场景可分为以 Web 浏览为主的长版技术导图（颜色模式 RGB，宽度 960 pt或 780 pt）和以印刷为主的长版技术导图（颜色模式 CMYK，尺寸以 210 mm×285 mm 切图）。

2.1.2　海报

海报是为了方便用户了解产品使用。如果海报是纯技术海报，那么技术导图与纯技术海报两者没有本质区别，只是叫法不同而已。一般我们所指的海报是以 Web、移动端推送宣传，印刷张贴使用，并可作为内容源制作画册、彩页。海报通常会印刷。

海报的特点是以宣传为主，技术为辅，色彩绚丽。宣传技术类海报大多是以漫画、大话形式出现的。

标题可包含第××期、××来了、带你××等词汇。

在尺寸方面，既可长版也可横版。如果海报进行印刷，通常根据印刷、制作工艺和尺寸可分为以下几种类型：

（1）易拉宝：80 cm×200 cm，需购买易拉宝展架，成本高于 X 展架。

（2）X 展架：60 cm×160 cm，需购买 X 型展架，成本较高。

（3）打印：适配 A4、A3 打印。

2.1.3　挂图

挂图是为了方便用户了解、学习产品使用，印刷后赠予客户挂于办公场所使用，常用于硬件家族介绍、产品介绍、方案介绍。挂图制作成本较高，如果内容经常变动，不建议制作挂图。

挂图的尺寸较大，制作精美，制作周期长，数量少，不适合 Web 浏览，一定会印刷。在尺寸方面，常见和推荐为横版，以 1.2 m×0.8 m 左右为宜。

2.1.4 画册

画册是为了方便用户了解、学习产品使用，通常是由技术导图和纯技术海报印刷装订成册的形式出现的。一般画册都会进行彩色印刷，单本画册页数较少，可制作彩页。一般画册以印刷 A3、A4 尺寸为主，源文件需要预留装订留白。

2.1.5 彩页

彩页分为技术彩页和宣传彩页。技术彩页是用于用户快速了解、学习产品使用，通常由技术导图和技术海报印刷制作而成。

宣传彩页用于展会、出访，配合宣传资料亮点使用，通常单独制作。

彩页一般都会进行彩色印刷，页数较少，印刷数量大，通常 500 张以上制版印刷，500 张以下采用打印形式。

在尺寸和样式方面，技术彩页以印刷 A4 尺寸为主；宣传彩页以印刷折页较为常见，工艺上常采用风琴折。

2.2 图形化资料的易用性

每一类资料都有自身的限制，随着可视化的信息图越来越多，用户在体验上存在的最大问题就是图片相较文字无法进行搜索。用户使用资料的场景大多是按关键词搜索，找到需要的信息后可直接复制粘贴使用（图7）。针对这一点，我们也做了研究与尝试，初步实现了信息图的可搜索性。

图 7　图形化资料可搜索样例

2.3 图形化资料的系列化和模板化

随着图形化资料的发展，单点资料的信息图渐渐丰富为系列化的信息图，但随之而来出现一个问题，就是如何保证同一系列的图形化资料的风格一致。对用户而言，统一主题、风格、配色等是系列化资料最舒服的阅读体验因素（图8）。

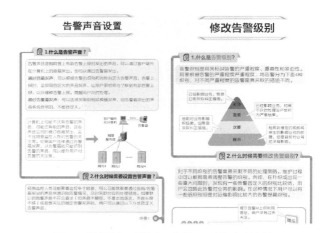

图 8　使用统一模板开发的系列化资料样例

系列化资料具备的标准化特点有：相同的大主题、相同的配色方案、统一的模板（模板化）、相似的内容结构，每一期资料内容都是在这些标准化特点之上再进行自由发挥的。

由于涉及的内容专业性较强，同一系列的图形化资料一般由多个人共同完成，因此，信息图的模板化需求也就应运而生。

信息图由主题、版式、颜色、图文内容四个方面组成（图9），除主题外，其他都可以通过模板来进行统一。

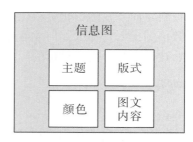

图 9　信息图组成

图形化资料设计模板包含了颜色搭配和推荐、信息图版式、图文内容所遵从的图元样式、尺寸、字体大小，以及模板样例。

3　信息获取体验

在信息获取体验上，除了常规途径，我们能做的就是不断思考，发现在用户使用中如何更合适地传递资料信息。

2015 年，我们部门做了一个系列的图解资料，按照例行动作进行了线上交付，并发布到了各个渠道（用户支持中心、社区、邮件、微信等）。为了真正让资料信息传递到客户手中，我们又推出了电子版的告警贺岁台历，在用户方造成了一定反响。用户主动地反馈促进了信息的使用体验改进，借此机会我们继续推出了实物版图解台历，并且在访谈用户的时候赠送给了用户。用户拿到后赞叹不已，表示非常实用，并且还发来了感谢信。可见，合适的资料形式结合合适的渠道，才能真正发挥信息的真正价值。

新常态下的金融创新
——通过用户体验思维进行互联网规划

黄　政　　钟思骐

（倍比拓管理咨询有限公司，上海，200240）

摘　要：在竞争日益激烈的互联网金融领域，如何建立可持续的差异化竞争优势始终困扰着从业者，而用户体验往往是被忽视的一个战略武器。本文首先分析了用户体验对互联网时代金融企业的三大价值，然后讲解了用户体验由"点"到"线"的演进过程，指出了真正创造商业价值的用户体验策略不仅关注 UI 的美观和易用，更强调在战略定位下通过使用情境的规划和串联满足不同类型用户的需求，并介绍了用户情境规划方法论，最后提出了用户体验 3.0 的概念，展望了以创造真正忠诚的用户为目标、以净推荐值为重要指标、以创造服务闭环为手段的用户体验的未来。

关键词：互联网金融；用户体验；情境规划；顾客忠诚度

1　引言

在"普惠金融""大众创业万众创新"和"互联网＋"等政策的大力支持下，互联网金融毫无疑问是当前我国最炙手可热的领域之一。传统的金融企业加速互联网化，其竞争对手不再限于同业，还包括争相涉水金融服务的纯互联网公司。大大小小的网上平台和移动 App 如雨后春笋般出现，覆盖了支付、网络借贷、股权众筹、基金、保险、信托和消费金融等各大业态。互联网金融已经不是蓝海，高度同质的平台或产品充斥着市场，从何处切入才能够建立可持续的差异化竞争优势，从而赢得并转化宝贵的用户，是从业机构苦苦思索的难题。

在各种各样的良方中，用户体验（User Experience，UE/UX）往往不是第一个进入传统金融企业高管脑海中的词，许多高管对它的认识仍停留在保证页面"美观"的层面。但是在美国等互联网市场发展成熟的国家，用户体验能带来的商业价值已经受到广泛认可，以致许多风险投资公司的大佬都在关注用户体验。Battery Ventures 的合伙人 Roger Lee 就在福布斯杂志上撰文宣称"现在硅谷最受欢迎的求职者，不是大数据科学家、App 工程师或是数字营销专家，而是用户体验设计师"。设计师摇身一变成为成功的企业创始人或高管的例子越来越多，例如 Slideshare 的创始人之一 Rashmi Sinha，Twitter 的 Biz Stone，以及毕业于久负盛名的罗德岛设计学院、共同创办 Airbnb 的 Brian Chesky 和 Joe Gebbia。用户体验也是《哈佛商业评论》的热点话题，其中一篇最新文章证实了以用户体验设计为战略中心的公司，在过去十年里的股东回报达到了标准普尔指数的 2.28 倍。

从根本上来说，用户体验是指用户在与企业线上线下所有触点中建立起来的整体感知（perception）。在线下时代，糟糕的用户体验就已经困扰着金融服务业。例如根据 Datamonitor 的调查，38％的消费者认为他们的银行并不是把客户放在第一位，29％的人不认为他们与银行的互动是积极体验，甚至有 25％的人不明白他们的银行提供的产品和服务。因此，互联网金融时代的来临为传统金融企业改善用户体验和品牌形象提供了绝妙的契机。

许多从业机构已经开发了多个线上平台和 App，但是用户吸引和转化率仍不理想。我们认为，这大多还是因为企业高管未能从战略高度认识用户体验的意义和作用。用户体验不仅仅是指令页面美观、易用，结合互联网用户的共性和金融服务用户的特性，它对互联网金融还扮演了以下三种重要角色。

1.1　激发用户信任和减轻用户疑虑

我们之所以总是强调用户信任对互联网金融的重要性，是因为不同于消费决策，金融决策与用户未来的金钱利益直接挂钩，是非常敏感且影响深远的决策。然而，绝大多数普通人极度缺乏独立做出合理金融决策的能力，令他们在以自助服务（self-service）为特征的互联网金融平台上极易产生焦虑感。他们因此不仅寄希望于平台本身帮助或引导他们做出决策，同时又渴望获得充分的、容易理解的信息来感到这些决策是可靠的。当各个金融平台提供的产品大同小异时，它们在场景化引导机制以及信息沟通策略——用户体验设计的核心上的差异，这将是决定用户是否被吸引和被转化的关键。

1.2　培养乐意宣传品牌的忠诚用户

在这个选择过剩的时代，人们越发依赖其他用户的评论与亲朋好友的推荐来选择品牌。麦肯锡的研究表明，消费者在主动评估产品阶段有37％的触点是用户之间的口耳相传，远高于品牌主导的市场营销活动。企业必须认识到，仅拥有高满意度的用户并不够，只有提高用户中"宣传者（advocator）"的比例，才能创造理想的商业结果。根据以往的经验，愿意主动宣传品牌的用户是被打动的用户，他们不仅通过理性的评估对品牌满意，还因为一些"善解人意"的意外体验而对品牌产生"死心塌地"的情感，这种从理性到感性的升华只能由卓越的用户体验实现。

1.3　打造品牌第一印象和吸引大批早期用户

对互联网金融创新企业而言，平台的用户体验将是其传达给用户的第一印象，直接关系到早期用户的数量和未来流量，从而几乎决定着平台的生死存亡。

在明确了用户体验的战略价值之后，本文将首先对用户体验的涵义做出更明确的界定，再详细说明传统金融企业应如何从用户体验出发来进行互联网规划。

2　用户体验的演变：从1.0到2.0

根据研究，用户体验以及围绕用户体验的互联网规划，主要经历了两个阶段的演变。

传统的用户体验设计关注人机交互界面（User Interface，UI）的易用性（usability），即将网站或App页面做得"漂亮""赏心悦目""好用"，这也是目前大多数中国企业的认知。这个层次的用户体验关注的是一个个"点"，即一个个页面，与之相关的互联网规划也是由"点"入手，即一个个平台。此时，企业往往出于追逐潮流或为了应对同业竞争的压力，把平台建设本身作为目的，导致在思考用户体验时，通常局限于改进页面的美观度和易用性。我们把关注UI易用性提升的用户体验阶段称为"用户体验1.0"。

用户体验1.0适用于当互联网市场处于从无到有的萌芽时期，此时的竞争一靠抢占市场先机，二靠平台易用性。然而当市场进入者越来越多时，同类平台遍地开花且同质化严重，各平台易用性都普遍改善（正如当前的互联网金融市场），此时再仅仅关注易用性已不足以创造竞争优势。这个时期的

互联网规划需要将重点放在"规划"而非"互联网"上，将互联网视作解决商业问题的一种手段而非目的本身。在动手建设或改进平台之前，企业要首先思考各平台的战略定位。各平台的用户体验设计应在战略定位的指导下，将满足目标用户特定使用情境下的需求作为目标。每一个使用情境都是"由点成线"，是由许多线上线下的触点（touchpoint）串联成的用户旅程（user journey）。我们将关注用户情境规划的用户体验阶段称为"用户体验2.0"。

图1总结了用户体验1.0和2.0的区别。

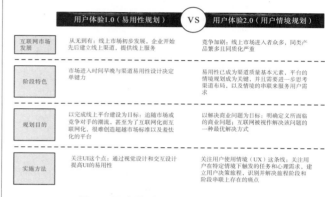

图1　用户体验的演变：1.0和2.0

案例分享：某银行通过用户情境规划实现线上理财平台成功改版

银行A是某大型商业银行之一，主打个人金融业务，因此其线上理财投资平台是一个战略重点。然而令其苦恼的是，虽然使用人数众多，但该平台的用户黏性指标及成交量始终低于预期。经调查发现，虽然该平台提供了大量财经资讯，但几乎没有人会认真阅读，大多用户只把它视为交易/申购的平台，匆匆而来、匆匆而去，很难与平台建立长久关系。

通过深入研究该理财平台用户的行为，识别了两类人群：高投资知识用户与低投资知识用户（图2）。前者对自身判断有很高信心，倾向于浏览大量财经信息；而后者由于对自身判断没什么信心，倾向于浏览易读资讯，并且在决策过程中依赖于平台的不断辅助。进一步发现，当前市场上的其他理财网站基本都定位为针对高投资知识用户，缺乏适合低投资知识用户的平台。

高度信心者示意图	低度信心者示意图
对于自身评断基金资讯的信心程度高，倾向浏览大量财经信息	对于自身评断基金资讯的信心程度低，倾向浏览易读资讯及仰赖他人意见

行为特征

- 浏览新闻与投资报告，自行判断潜力市场
- 决定市场后，依自身投资理念选择产品
- 通过比较与观察清单功能自行最终判断

- 仅浏览易读资讯，无法决定市场方向
- 因对市场信心不足及不会挑产品，而无法自行完成投资决策

图 2　某银行理财平台人群分析

因此，建议银行 A 将该理财平台重新定位为"针对中、低投资知识用户的理财信息与交易平台"。进一步地，将该目标分解为三个子目标，即增加造访人数、增加资讯浏览次数与浏览页数、提高申购转换率，并针对中、低投资知识用户，为每个子目标规划了线上和线下的解决方案。这些方案的细化通过研究这类用户的体验旅程并识别现有旅程中的痛点来进行（图 3）。例如在"了解产品"阶段，由于资讯易读性差且信息量过于庞大，现有平台难以帮助这类用户快速筛选信息并形成观点。为此，建议借由个别市场将各种资讯分类，让用户能快速找到有兴趣的市场并在短时间内可以大量浏览单一市场信息，促使用户能快速生成对该市场的观点。同时，若对该市场产生兴趣，能流畅地进到该市场向下的产品列表。

找寻有获利潜力市场	选择表现好的基金	了解产品	最终决策
欲借由他人分析结果了解： 1.目前已投资的基金是否应当如码或是赎回 2.若想投资新基金，有哪些市场具备发展潜力	哪一基金可以为他带来收入	不知如何深入了解该文件产品，以猜测该支基金未来可能走向	若产品符合心中条件，但投资动机能够强烈，则会直接申购，否则会想先保留该产品，观察一阵子

图 3　中、低投资知识用户申购决策旅程

通过基于用户研究和市场调查的战略定位，并针对目标用户设计差异化的沟通策略，最终帮助该理财平台大幅度地提升了用户黏性（访问次数、单次浏览页数和单次浏览时长分别增长 2.4、3.0 和 2.5 倍）和最终交易量。

3　以用户体验 2.0 为中心的互联网规划方法论

下面我们将具体谈谈企业应该如何从用户情境规划出发，对现有平台进行评估并制订改革方案。

理想的用户情境规划要经历以下四个阶段（图 4）。

图 4　用户情境规划的四个阶段

3.1　阶段 1：建立用户互联网旅程

建立用户互联网旅程是用户情境规划的第一步，目的是从一个宏观的角度把握用户的整体行为。具体来说，企业需要通过初步的用户访谈以及内部部门访谈，对潜在/已有用户进行分群，定位目标客群，再分析目标客群的需求阶段及各阶段的典型行为，最后梳理他们在各阶段与企业的全通路（线上、线下）接触点。

虽然具体的用户旅程因企业业务类型和目标人群等因素而异，但任何旅程都可以看作一个通用模型的实例化。图 5 展示的通用模型结合了市场上的研究结果及项目经验，包括用户视角和企业视角以及两者的联系。

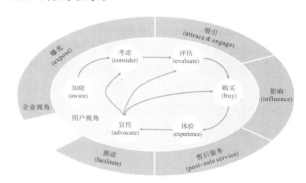

图 5　通用的用户旅程模型

从用户视角来看，用户旅程是由知晓、考虑、评估、购买、体验和宣传六个阶段构成的环路，相对应地，企业有五个阶段的目标。企业在各阶段的行为不仅是对用户行为的反应，同时也会塑造用户在该阶段以及以后阶段的行为，从而有可能改造用户旅程。

在用户旅程中，有以下三个阶段尤其需要互联网金融企业注意。

3.1.1　评估

在发达的互联网时代，用户可以以极低的成本通过异常丰富的渠道搜集品牌与产品信息来辅助决策，其中除了由企业主导的渠道（如官方网站、App）之外，第三方渠道（如第三方网站和论坛）以及用户主导的渠道（如微博、微信朋友圈）占据越来越高的重要性，因为其他用户和亲朋好友的评论相比品牌自身的宣传，往往会给用户更加真实和可信的印象。如前所述，互联网金融企业面临的信任问题尤其严重，因此必须对第三方渠道以及用户主导的渠道引起重视，甚至将它们也纳入品牌积极参与和建设的范围中来，定期评估企业在这些渠道的投入产出情况。

3.1.2 体验

过去人们曾以"漏斗"来形容用户旅程。环路与漏斗的关键区别，在于强调不应把购买行为的完成视为用户旅程的终点，而应把它看作未来购买的起点。企业若不能提供良好的售后体验，将对用户黏性和忠诚度造成很大的负面影响，这点在互联网时代尤其突出。与线下时代不同，互联网时代用户享受售后服务的成本很低，允许他们以较高的频率接受售后服务，从而使得产品的体验与服务的体验变成不可分割的整体，这对企业来说同等重要。互联网金融企业由于产品的虚拟性，在提供哪些以及如何提供售后服务方面有很大的创新空间。

3.1.3 宣传

企业在用户宣传阶段的行为将同时影响老用户的保留与提升和新用户的引流与转化，其重要性再强调也不为过。如果企业主动为用户提供评论机会、积极回应用户反馈并在其基础上不断改善（即很好地完成"推动"的角色），将不仅能有效发挥用户评论对"知晓""考虑"和"评估"阶段用户的影响，还将有可能缩短老用户后来的"考虑"和"评估"时间，甚至令其直接进入重复购买。可以大胆地说，最具竞争力的企业的新标准，是能够将用户重复购买旅程缩至最短的企业。

具备以下两个特征的企业尤其需要重视用户宣传：一是其产品和服务高度依赖用户信任（如互联网金融），二是其目标用户的重复购买能力受到外因限制。在以往的项目经验中，提供早教产品的企业是同时满足这两个条件的典型。因为早教产品只针对特定年龄阶段的儿童，因此即使是忠诚的老用户，也不可能永远重复购买下去。同时由于年轻母亲的特殊心理，她们普遍习惯在购买前进行大量咨询和研究，在年轻母亲群体中寻找共鸣，只购买被广泛认可和推荐的产品。鉴于这两点，早教企业必须在鼓励和利用用户宣传方面大量投入，把它作为关键绩效指标（Key Performance Indicator，KPI）持续追踪。

3.2 阶段2：了解现状

在建立好用户旅程并明确企业在各阶段要达成的目标后，企业可通过以下三步了解当前拥有的数字化平台在用户旅程各阶段的表现：首先，将企业现有的平台与用户旅程阶段进行匹配；其次，根据企业在用户旅程各阶段的目标，为各平台定义

KPI；最后，分析各指标的当前及历史表现情况，定位关键转化障碍。这个阶段通常需要企业内部数据（如商业和客户数据）和外部数据（如 Google Analytics、百度统计、SimilarWeb）的共同支持。

图6是对各阶段对应平台进行评估的总体框架，其中的重点和难点是围绕各阶段目标并结合各平台特点定义相关的KPI。为此，建议企业首先列举各平台为实现阶段目标所需要解决的关键问题，再针对各问题定义KPI。作为示例，图7列举了"吸引"阶段企业各平台要解决的问题和相应的KPI，图8则展示了某网站"曝光"阶段各渠道的绩效分析结果。

图6　通用的数字化平台评估框架

图7　用户旅程各阶段数字化平台详细评估示意——"吸引"阶段

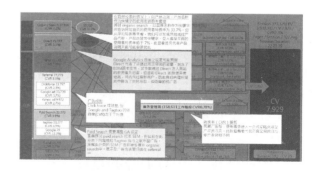

图8　某网站"曝光"阶段各渠道绩效评估示例

3.3 阶段3：深入诊断

通过了解之前的现状会发现一系列表现不佳的KPI，其中一些指标可以快速确定原因并加以修正（例如在"售后服务"阶段网站对用户留言和投诉的回复率低、用户满意度差），但另一些指标还需要从用户角度作进一步深挖来诊断原因。例如，发

现"吸引"阶段用户在热门着陆页的平均访问时间短、平均浏览页面数少，那么具体是什么原因导致的呢？这时仅观察着陆页的 UI 设计是不够的，还需分析用户来到着陆页之前和使用着陆页过程中发生的事情。要得到对这些问题的答案，一个很重要的工具是用户观察（图9）。通过用户观察能重现目标用户的真实使用情境，有助于发现用户体验过程中的关键问题。

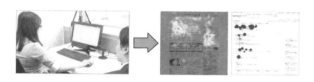

图9　用户观察与眼球热点图

3.4　阶段 4：速赢方案和实施路径

这是用户情境规划的最后一个阶段。通过前面的诊断，企业会针对关键转化障碍确定若干待解决的核心问题。由于资源限制，一次性解决所有问题往往是不实际的。建议按照将产生影响的大小和实施复杂度对核心问题进行优先级分类（图10），优先选择影响大且实施难度小的问题入手，规划并实施速赢方案（quick win）。

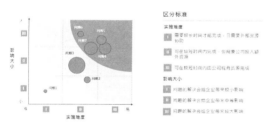

图10　对核心问题进行优先级分类

4　用户体验 3.0

从 1.0 到 2.0 体现了用户体验从点到线的延伸，将用户旅程完整地串联起来。然而随着互联网的进一步蓬勃发展，层出不穷的线上平台都在积极完善用户情境，仅仅关注线上平台的完善就很难做到脱颖而出了。根据长期的市场观察以及以往项目的经验，在此提出"用户体验 3.0"的概念。用户体验 3.0 将 2.0 的"线"进一步发展，演变为"环"的形态，进入顾客体验闭环管理阶段。在这个阶段，线上和线下触点无缝连接，不同平台和渠道的服务紧密结合；企业所要追求的不仅是用户的满意，更是高度自动化、个性化以及智能化的服务，以达到感动用户的目的。我们所探讨的"用户感动"并不是不可捉摸的抽象词汇，而是用户从理性评估到感性的升华，是用户忠诚度培养中的里程碑。本文曾探讨过宣传者在商业成功中的重要性。

真正忠诚的用户会自发成为宣传者，自发进行重复购买，并为企业带来更多的潜在客户，使企业获得不断发展壮大的内生动力。

我们一般将满意程度较高以及持续消费时间较长的客户定义为忠诚客户，可是这样遗漏了真正忠诚用户的两个关键要素——钟爱和信任，而钟爱和信任只能从令客户感动的服务中产生。过去，业界常用 CSI（满意度指标）来衡量服务，而在用户体验 3.0 时代，我们提倡用感动指数 NPS（推荐度指标）来衡量。NPS 是 Net Promoter Score 的缩写，由贝恩公司（Bain & Company）研发注册，具体计算方法如图 11 所示。用户在 0～10 分的区间里对自己愿意推荐公司服务的程度进行打分后，将推荐者（9 分或 10 分）比例减去反对者（≤6分）比例即为 NPS 指数。贝恩公司的研究显示，推荐者、被动者（7 分或 8 分）与反对者在保留率、价格敏感度、全年消费增长速度、服务成本及口碑营销等方面存在明显差异，这将最终在各类顾客的全生命周期价值上反映出来。在公司层面，该研究以北美银行业为对象，发现 NPS 分数的高低能在很大程度上解释各银行存款增长率的差异。

图 11　NPS 指数计算方法

虽然 NPS 还未被高度广泛的运用，但是在经营成功的企业中，培养真正忠诚的用户这一理念是共享的。本文接下来将引用富国银行（Wells Fargo）的例子来仔细阐述。

成立于 1852 年的富国银行的盈利方式虽然较为保守，但是以准确的自我定位和先进的用户体验策略创下了开业 160 年零亏损的记录。富国银行旗下业务主要分为三大块：小区（零售）银行、批发银行和财富管理。在反复评估市场效益以及自身战略优势后，富国银行选择小区（零售）银行作为发展的主力。2000 年以来，小区银行给集团带来的收入一直高于 50%。

在此定位之下，富国银行首先对小区用户进行了分类，得到四大类并且构建了人物志，使银行内部对不同客群的需求和痛点达成共识，以便提供个性化的服务。其次，为了更好地服务客户并培养忠诚度，富国银行对不同渠道的定位和功能进行了规划设计。以在线渠道为例，富国银行提供在线入口服务、在线理财服务平台以及移动设备 App 三种渠道。其中，在线入口服务提供常用的基础服务（账户管理、账单支付等）及反馈功能，而在线理财服务平台提供高附加值的理财服务，允许用户通过输入自己的相关信息来得到一份定制化的理财解决方案，以及估算自己一个月的总支出等。最后，移动设备 App 着眼于提升便捷性，帮助用户在碎片时间便利地享受银行服务。这三个平台与商店式设计概念的零售分行、专人服务等线下策略相辅相成，为用户创造了一个良好的闭环服务体验。最

后，富国银行还组建了拥有 500 名员工的用户体验团队和"创新新兵训练营"，他们所做的工作就是研究在用户体验的闭环中是否有任何创新举措能够带来进一步的改善。现在，使用富国银行产品的家庭平均每户持有 6.14 个富国银行的产品。

我们相信，为消费者服务是企业存在的根本目的，随着互联网市场的不断发展和服务意识的深化，以培养真正忠诚的用户为目标的用户体验3.0，是企业终将实现的未来。

从安全到安全感　谈用户需求洞察

姬晓红　徐昊娟

（中兴通讯股份有限公司，上海，201606）

摘　要：本文从研究目的分析、研究方案设计，再到研究分析和用户需求洞察，全面介绍了安全研究项目中，如何从安全认知到安全感意识、从浅层的手机安全问题到深层手机安全感的理解及期望，一步步洞察出用户内心的安全和安全感需求，为新品开发的产品需求设计、卖点设计提供参考，也为用户需求洞察研究带来启发。

关键词：手机安全；安全感；用户需求；需求洞察

从安全到安全感的研究，主要目的是洞察用户对手机安全的认识到底处于什么阶段、达到了怎样的层次，对安全感的意识主要体现在哪些方面，从而分析、识别哪些安全方面的痛点可以作为购买驱动力，并最终转化为产品需求、新品卖点。

本文着重介绍了研究过程中洞察用户需求的方法、分析手段和一些经验与心得，并分享了部分研究成果，希望能给研究手机安全或需要洞察用户需求的相关人员以启发和参考。

1　研究设计

好的研究设计离不开对研究目的的充分解析，需要先清楚通过本次研究要得到什么内容、获取什么信息，最终得到怎样的结果，然后根据研究目的再来设计研究方法。

在本次安全研究项目的前期阶段，我们主要针对项目的要求和研究目的的分析，对安全项目的规划、研发、设计、市场等相关人员进行了内部访谈，充分了解他们对研究结果的期望，梳理出研究框架（图1），并据此设计了研究方案（图2）。

图1　研究框架

图2　安全感用户需求洞察研究方案设计

根据内部项目需求，本次研究方案考虑了南北用户的生活习惯及文化差异，区分了不同年龄层次用户使用手机的习惯，以及使用新、老手机的用户和使用不同品牌手机的用户在安全认知上的区别；并设计了座谈会结合深访的方式，在用户需求心理

上做深度挖掘。

2 研究分析和需求洞察

2.1 用户对手机安全的认识

虽然人们知道的提到通过手机行骗的手段越来越多，用户也经常听闻通过手机被骗的案例，或者有过手机遗失、信息被盗的经历，但在购买手机时，却很少有用户考虑过手机安全的问题(图3)。

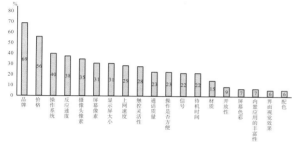

图3　消费者购买手机时最主要的考虑要素

18~28岁的年轻消费者更是认为安全手机不适合他们使用，而是适合有一定社会地位的人，如商务人士、政府官员、金融人士、国家领导人等。30岁以上的消费者因经历或者听说的安全事件较多，在被特别问及手机安全问题时，会认为安全手机和自己也是很相关的（图4）。

图4　消费者眼中安全手机适合的人群

关于手机内的安全软件，用户认为安全软件是过程利益点，是为了帮助消费者更安全、更放心地使用其他功能（图5）。

图5　消费者眼中的手机安全软件

总的来看，在平时购买、使用手机的过程中，用户是少有主动想到手机安全问题的，对手机安全的认识比较浅，对怎样提升手机的安全也了解不多且很少关注。但是在用户的潜意识当中，尤其是在接触到手机安全事故时，他们对手机安全是有需求的。

2.2 用户的安全感意识

尽管平时购买、使用手机的过程中，用户鲜少

考虑手机安全问题，但从用户与手机的关系中，却可以体会到亲密关系背后隐藏的深层次的安全感。

用户跟手机的关系，如同家人、配偶、兄弟、密友一般（图6），甚至有些用户觉得手机就是自己不可或缺的一部分。只有在充分信任、彼此毫无芥蒂的情况下，才能建立这样紧密的关系。这种关系是以安全感为基础的，用户不会觉得手机对自己有危害，在自我防范意识当中不会提防来自手机的威胁，这就是安全感！

图6　用户和手机的关系

安全会给人带来一些负面、压抑的联想，而安全感更多给人正面、温暖的感觉，我们分析了用户对"安全"和"安全感"的意识差异（图7）。

图7　安全和安全感之间的差异

那么安全感是怎么产生的，安全的感觉又来自哪里？在访谈中我们发现，家是让所有用户觉得有安全感、归属感的地方，家就是他们的港湾（图8）。用户把和手机比喻成家人，可见其对手机潜在的安全感需求。我们不能从表象上、从用户购机时是不是考虑安全需求、从用户口头对手机安全的浅层表述来判断手机安全对于用户的重要性，即便用户并没有感知到。我们要用敏锐的观察和科学的研究分析手段来洞察用户真实的心理需求。

图8　消费者觉得有安全感的场景或场所

2.3 用户对手机安全问题的理解

针对手机到底存在哪些安全问题，用户的理解

各有不同（图9）。有的安全问题用户亲身经历过，有的则是听闻。不少问题是比较常见的手机安全隐患，比如手机被盗、遗失，导致信息找不回或者隐私泄露；手机通讯录、相册等被偷看；更恼人的是通过手机被恶意刷取消费、账号密码泄露导致钱财被窃。另外，手机辐射的问题一直以来也被普遍关注。总的来看，手机安全问题的核心集中在隐私泄露、钱财损失、身体受害三个方面（图10）。

图9　手机安全问题分类

图10　手机安全感的核心

2.4　手机安全的诊断及解决措施

亲身经历过手机安全问题的用户对手机安全的重要性感受真切，会通过自己的方式想办法避免这些问题，或提高手机的安全性。比如一个通讯录被偷看的用户提到："现在我自己有一套加密的方式来给通讯录加密，就是电话簿你可以打开，但是你根本不会知道谁是谁。"

这些解决安全问题的方式有时候很有效，也非常具有针对性，但毕竟只有发生过安全问题的用户本人或周围知情的人能意识到，广大没有碰到此类安全问题的手机用户并不知道怎样去解决和避免，而且遇到安全问题的用户着重考虑的也是解决、避免发生过的这一个安全问题，还有很多其他方面的手机安全问题并不能被全面判断和预防。因此，我们研究了用户对手机安全感的诊断方法和解决措施（图11），在新品开发时整合成产品需求提供参考，以便提前为用户充分考虑各类手机安全问题，提升用户的手机安全感。

图11　手机安全的诊断方法

研究中发现，手机外观好会增加用户的安全感。用户会从手机的材质、手感等方面，来判断手机是否安全。"首先要看外观质量，手机摸起来要有手感，还有手机外壳的材质等。""我会看手机的外观材质，掂起来重不重，有没有分量，看看它的后面，不管是壳还是别的什么，做的材质要好。"

另外，对手机品牌的信任也会增加用户的安全感。"咱们拿到一个手机看不出它的安全性，只能靠对品牌的信任度。""我觉得是靠周围朋友对这个品牌的口碑，如果都觉得用得好，我就认为是安全的。"

用户也会从手机的特征来判断手机是否安全，比如是否有指纹识别、解锁方式是否安全等。"像苹果5S有指纹识别功能，而且从Home键上就能看出来，我就觉得这个手机是安全的，别人就不可能打开我的手机。"

目前，用户解决手机安全问题的措施匮乏，不同年龄段的用户对安全问题的解决方法趋同，主要通过手机安全App。个别安全意识强的用户会提及"双保险"，即同时使用两个手机验证。另外，也有个别用户提到，解决手机安全问题的措施还有把资料备份到云端、设置双重解锁密码，甚至每个应用都设置一个密码，比如文件加密、照片加密、通讯录加密，成为名副其实的密码控（图12）。

图12　手机安全问题的解决措施

3　手机安全感的理解及期望

那么用户对手机安全感到底是如何理解的呢？

什么样的手机会给用户带来安全的感觉？在理性的手机安全问题分析之后，我们对用户的手机安全感进行了深入探索。

研究发现，对于几乎形影不离的手机，用户产生的安全感与来自亲人的安全感如出一辙：与手机在一起如同和亲人在一起生活一样放松，相互帮助、相互尊重各自的隐私，同时又各自独立。在用户的潜意识里，安全感就是手机无辐射、不会对身体造成直接或间接伤害、不会泄露隐私、可以自动防范病毒，甚至能主动启用老人、儿童安全模式，能清理垃圾等，用户可以很放心的与手机朝夕相处，甚至忘记需要对手机进行安全保护，反而经常受到手机的主动保护和安全提醒，这会给用户带来很大的安全感（图 13）。

"驾驶助手"
"安全之家"
"手机清理"
"环境监测"
"儿童模式"
保护
"野外求生"
放松
"老人模式"
"防盗"
"手机加速"
健　康
"防辐射"
"人体健康监测"
"绿色通道"
私密
"隐私空间"
强 大
"安全App功能强大"
"专家队伍"

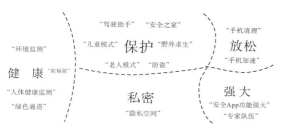

图 13　手机安全感的概念

在具体的手机安全功能方面，从硬件到软件的安全考虑，再到专业的针对安全问题的解决方案，用户对手机安全感的期望是全面而细致入微的，如同户外探险选择队员时，会不自觉地期望与一个经验丰富、身材高大而强壮的队友为伍一样。安全感强的手机会增强用户对手机品牌的信赖感（图 14）。虽然表面上，用户不会把安全作为选购手机的要素，但对一个品牌产生安全信赖感以后，用户会在潜意识里默认这个品牌的产品质量可靠、值得信赖。这不仅能提升手机的口碑，还会吸引持续购买的忠诚用户。

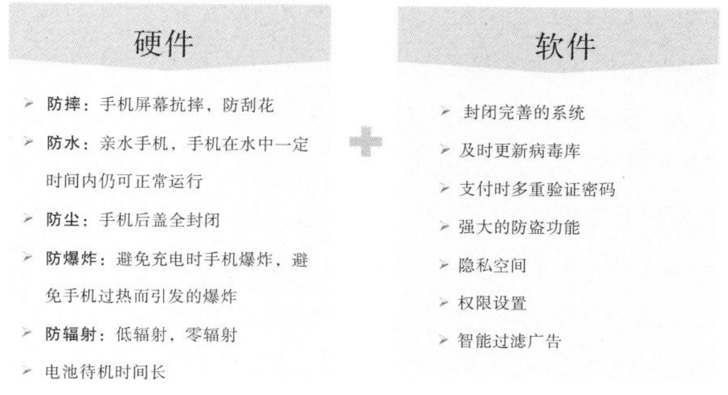

硬件
防摔：手机屏幕抗摔，防刮花
防水：亲水手机，手机在水中一定时间内仍可正常运行
防尘：手机后盖全封闭
防爆炸：避免充电时手机爆炸，避免手机过热而引发的爆炸
防辐射：低辐射，零辐射
电池待机时间长
软件
封闭完善的系统
及时更新病毒库
支付时多重验证密码
强大的防盗功能
隐私空间
权限设置
智能过滤广告

专属的身份识别	"我觉得安全手机应具有指纹识别功能，进入我的手机以及手机里面的程序，都需要指纹识别。"
可靠的硬件保障	"安全手机应该做到防水、防摔、防尘、防爆炸、防辐射，待机时间长。"
完善无漏洞的系统	"现在的安卓系统的手机，安全是最大的问题，漏洞太多，Windows 和 iOS 系统做得比较安全。"
自带专业的安全软件	"我觉得一个安全手机本身就需要自带安全软件，而且里面的功能要多样，不用我再去第三方下载，因为下载的过程中也会不安全。"
强大的防盗功能	"我觉得一个安全手机的防盗功能必须做好，比如说你坐公交车，或者在公共场合，陌生人摸了你的手机，它会发出警报，如响铃。"

图 14　用户对手机安全感的期望

4　结语

安全是手机未来发展趋势当中一个不可忽视的、具有长远意义的课题。本文全面介绍了从安全到安全感的研究过程中，如何从表面的用户安全认知、用户对手机安全问题的理解，洞察用户的安全感意识和其对未来手机安全感的期望，探索深层次的用户需求，挖掘到对研究项目有价值的信息，为新一代的产品开发、需求设计提供参考。

参考文献

[1] STEVE PORTIGAL. 洞察人心：用户访谈成功的秘密［M］. 北京：电子工业出版社，2015.

[2] 简明，黄登源. 市场研究定量分析：方法与应用［M］. 北京：中国人民大学出版社，2009.

[3] 戴力农. 设计调研［M］. 北京：电子工业出版社，2014.

[4] 袁岳，张军. 交互：实现产品互联网化的逻辑基础［M］. 北京：机械工业出版社，2015.

[5] SIMON H. Dynamics of price elasticity and brand life cycles：An empirical study［J］. Journal of Marketing Research，1979，16（4）：439－452.

在移动社交产品中进行互动设计需要考虑的三个因素

李 威 张 璇 张乙申

（奇艺世纪科技有限公司，北京，100000）

摘 要：伴随移动互联网的发展，各互联网公司竞相争夺用户在手机上的空闲时间，大力发展注意力经济。而社交应用一直是各商家不断尝试的一个重要产品方向。虽然腾讯的社交霸主地位岿然不动，但各家也从未放弃对于社交其他方向的尝试。行业的发展同样证明，市场需要不同定位、不同功能的社交应用。互动作为社交的一种表现形式，既是建立联系的手段，也是生发感情、牵引有效社交关系必不可少的重要环节。对社交产品来说，互动的效果会直接影响到业务的效果。在此背景下，本文从业务定位、业务发展阶段、设计与业务的咬合方式三个方面，探讨互动设计是如何对移动社交产品的发展产生重要影响的。

关键词：社交；互动；互动设计；互动设计效果评估

1 背景

随着移动互联网的快速发展，移动社交一直是各大互联网公司争相抢夺和不断尝试的一个领域，用户关系的沉淀意味着一切业务垂直拓展的可能性。当前市面上的社交产品琳琅满目，腾讯的社交霸主地位岿然不动，总有人认为有腾讯QQ和微信的存在，其他社交产品便无生存之境。但行业的发展证明，市场需要不同定位、不同功能的应用。我们看到，虽然微信如日中天，但陌陌、微博、same等社交产品仍然发展得很好。当前，其他公司想要建立微信那样的基础平台甚为困难。为规避直接竞争的劣势，各家产品都在探索和自身业务特点与资源优势紧密结合的社交发展之路。社交的好处是可以慢慢积累，逐步形成具备独特文化特征和用户群体特性的价值，价值形成之后，可进一步引导社交用户消费社交所承载的各类业务。目前，社交软件已经开始向着更深的领域发展，开始寻求适合自己的定位，并根据定位来设计自己的功能。从当前社交产品的发展来看，市场上出现了一些与众不同的社交产品，并且有可观的发展趋势。如以兴趣为中心而非以关系为中心的same，有意削弱用户关系。针对90后和95后生活和社交方式的same，没有关注功能，也无法导入现有好友关系，只有一份"最近联系人"列表。same用一个个频道、一个个状态场景打通信息流向，摒弃传统的人与人之间的关系模式，用户可以关注一切感兴趣的事物，而不只是人。same采用了极度扁平化的产品架构。当你在same看到一条有趣的状态，你只能进行三种动作：①表示同感；②以这条状态为引线直接向对方发起聊天；③单独把它分享给某一个最近联系人。这种策略使用户以兴趣为节点聚合，

而彼此之间的用户关系却如陌生人一般，也就不会被彼此之间不能相容的部分困扰，从定位上做到了"求同存异"。正如same的标语：和而不同。这种定位契合当下年轻人所追求的生活态度，探索出一条社交的差异化道路，很快聚拢了一大批年轻用户，为以后的多元业务拓展和商业化奠定了基础。除了same，越来越多的产品都在探索适合自身业务特点的社交产品。在此背景下，本文旨在通过多种社交产品的研究并结合自身实践的经验，建立一套适合社交产品互动设计的方法论以及互动设计方案的效果评估模型。

2 社交、互动和互动设计

在阐述互动设计之前，应先明确"社交"的概念。大多数人看到"社交"二字，都会认为是交朋友，其实不然。广义而言，社交指的是人与人之间的互动和交流。要达成有效社交，必须要满足一定的前提条件，即社交用户间，在空余时间下，有共同的兴趣、话题，且彼此间有交流的意愿。换言之，形成社交的前提条件是，必须是在合适的时间、合适的地点，将合适的信息以合适的方式传送给合适的人。综观人的社交行为可以发现，一切交往动机都源于需要，社交的本质和目的是为了满足需求。正如百度百科给出的社交定义：社会上人与人的交际往来，是人们运用一定的方式传递信息、交流思想，以达到某种目的的社会活动，而这某种目的指的就是满足需求。在这个过程中，朋友关系只是顺带的，两个人之所以能够成为朋友是因为某一件事让他们之间建立了联系，比如一起学习、一起参加活动等。在不断的联系中产生了情感，生发了感情，这是在互相满足需求的过程中发生的。所以社交的正常顺序是，先建立联系再成为朋友（从陌生人转

化熟人），而不是先成为朋友再建立联系。因此，好的社交产品应该是能让两个人建立某种联系。社交需要彼此有需求，需要通过某件事建立联系。需求是建立关系的基础，因此社交是需要理由的，人与人之间的交流需要有一个理由，比如彼此感兴趣的话题。当有了共同话题，要在用户彼此间愿意主动交流的前提下，才能谈交朋友。交朋友只是一个用户在满足自身需求过程中的产物，而不是社交的根本。

什么是互动？"互动"就是指一种相互间彼此发生作用或变化的过程。相互作用有积极的过程，也有消极的过程，而过程的结果有积极的，也有消极的。显然消极的过程以及消极的结果都不是我们的追求。笔者认为，互动应该是一种使对象之间相互作用，从而在彼此间产生积极改变的过程。关键词是"相互作用"和"积极"。日常生活中的互动是指社会上个人与个人之间、群体与群体之间等通过语言或其他手段传播信息而产生相互依赖性行为的过程。线上的互动应该是线下日常生活中互动的延伸，而不是改变。互动是社交过程的一种表现形式，是建立联系的手段，是生发感情的工具，是建立有效社交所必不可少的重要环节。对社交产品来说，互动的效果直接影响到业务的发展。

为什么要谈社交产品中的互动设计？一个社交产品的好坏，往往有很多衡量指标。常见的衡量指标包括日活跃用户数、用户留存（次日留存、7日留存和30日留存）、新增用户数和用户回访率等。作为一个社交产品，主要是为了满足用户获取信息或相互沟通的需要。互动率是衡量一个社交产品活跃度的核心指标，互动设计的优劣直接影响到这个指标。创新而适度的互动设计，一方面可以拉动新用户的增长，另一方面可以提升老用户的留存。通过拉新和留存，最终影响的是整个产品的用户黏性。此外，优秀的互动设计可以为用户提供丰富的玩法，提升用户在社交产品中的活跃度，拉长用户在该社交产品中的停留时长，使用户可以更充分地消费产品中的服务和内容，为产品业务的发展和商业化过渡提供了更多机会。

3　不同社交产品定位下的互动设计

目前，市面上的社交产品按用户关系维度可二分为强关系社交和弱关系社交。如 QQ、QQ 空间以及微信等属于强关系社交产品阵营，而陌陌、微博、same、贴吧、豆瓣等属于弱关系社交产品阵营。同时，分属两个阵营的这些社交产品，又有着各自的产品定位。每个产品的标语都体现了它们的产品定位的差异。例如，QQ：每一天，乐在沟通，体现了其基本的 IM 沟通特性。QQ 空间：分享生活，留住感动，体现了作为一个私人生活状态分享和记录的特性。微信：微信是一个生活方式，更多地代表了一个更高层次的需求。微信通过社交为线索拉动生活方式中的各类场景，突出了其在熟人关系中构建多样化生活方式的特性。微博：随时随地发现新鲜事，体现了强媒体特性。陌陌：总有新奇在身边，体现了其新奇、探索和不可预知的特性。same：和而不同（因为小众，所以有趣），体现了其挖掘用户差异化诉求的特性。不同的社交产品为了保有自身的市场竞争地位，必然会采取的不同定位。而不同的产品定位，预示了它们所采取的不同策略。随之而来的是，不同的策略需要不同的互动设计方式来满足。在这个前提下，不存在最好的互动方式，只有最合适的互动方式。

如上所述，同是社交产品，不同的企业却有完全不同的业务目标，这根本上是因为不同企业所拥有和依赖的资源各不相同。在此基础上，各家必然会寻找对自家业务拓展最有利的市场定位和业务目标，实现差异化竞争。同质化的业务方向最终会产生优胜劣汰。在各自的业务目标下，于是产生了方向各异的产品策略。

比如，微信属于强关系（熟人）重沟通属性的社交产品，微信最开始的策略就是导入 QQ 的熟人关系，拉动微信的用户管理建设。微博则是弱关系重媒体属性的产品，定位是社交媒体。社交媒体（social media）是指互联网上基于用户关系的内容生产与交换平台。社交媒体是人们彼此之间用来分享意见、见解、经验和观点的工具和平台，平台上聚集的有熟人，但更多的是互不相识的陌生人（单向关系或完全陌生）。微博是通过公众人物（名人效应）拉动大规模用户入驻的，和微信截然不同。此外，社交媒体应该是大批网民自发贡献、提取、创造新闻资讯并传播的过程。有两点需要强调，一个是人数众多，另一个是自发地传播，如果缺乏这两点因素中任何一点，就不会构成社交媒体的范畴。针对以上社交媒体的特性，微博也采取了符合其产品策略的互动设计，比如评论的互动行为。微博采用针对内容展现所有用户发表评论的互动方式，并且用户可以点赞其他用户的评论。与此同时，微博默认不会隐藏非好友关系的评论。这种全民参与式的互动设计，一方面营造了一种人数众多的氛围；另一方面，评论数据的热度成为自发内容传播的一个重要依据。此种全民参与的评论互动方式设计，以及此设计带来的后续影响，完全契合并服务于微博建立在用户关系基础之上的媒体属性的产品定位。与此形成鲜明对比的是微信。微信作为一款强关系社交产品，着重强调其用户关系的社交属性，而不强调媒体属性。与此产品定位相伴的是，在微信的生态圈子中，用户是不可以点赞其他用户的评论的。同时，微信隐藏了非好友关系的评论，只展示熟人关系的评论。此种互动设计方式在于维系熟人关系，保证用户关系的可持续性，完全区别于微博依赖于互动数据展示的传播媒体属性。表1为微信与微博互动设计对比。

表1 微信与微博互动设计对比

互动设计	腾讯微信	新浪微博
评论	好友关系可见	所有人可见
赞	好友关系可见	所有人可见
push	熟人消息 push	媒体资讯＋私信 push

4 不同社交产品发展阶段的互动设计

除了业务定位对互动设计方式的影响，业务所处的不同的发展阶段也对互动设计方式有重要的影响。在产品发展的初级阶段，没有任何用户基础，需要从零做起。除了业务的差异化定位之外，在互动设计上要遵循"吸引力"原则，在低成本互动的基础上，设计新鲜好玩的玩法，甚至可以采用一些非常规的玩法。在体现差异化产品定位的基础上，迅速激活新用户并保证新用户留存。而在产品发展的成熟期，此时已经有了一定数量的种子用户基础，需要进一步丰富玩法，以扩大用户基数。在互动设计上要遵循继承性原则，即同样的功能在不同地方体现出来的模式有类似之处，新老版本的升级在设计模式上既要有改变也要有继承。在初级阶段，尝试将一些玩法在种子用户中实验，把不好的玩法淘汰掉，好的玩法沉淀下来，在继续发展的过程中，就不能再无限制地尝试新玩法，而是要考虑在种子用户已经接受的互动形式的基础上去演变进化。例如 same 在初期退出的一个频道"你发照片我来画"，一开始只提供发照片和免费画像的入口。即如果想被画，则任意用户都可以发一张自己的照片到频道里；如果想画别人，则可以点击"我要画像"入口，系统会随机选择一张图片给用户来画。被画者和画者在系统随机的匹配中建立联系，被画者享受不确定的惊喜感，画者则享受随机和免费绘画的付出感和获得被画者、其他用户点赞的虚荣誉感。但是随着用户加入的越来越多，画手对比普通用户数量的增加相比较少。为了留存画手、进一步吸引更多用户，则需要增加对画手进一步的激励，

并且需要强化优秀画手对普通画手的引导性。于是，same 推出了"画手认证"频道，被认证的优秀画手获得了一定的定价权，可以通过绘画来获得少量的盈利。对于普通用户而言，也可以选择自己期望的绘画风格，以获得更直接的满足感。

综合上述不同产品策略和产品不同发展阶段的两个维度，进一步对比微博和 same 在互动设计手法上的差异。产品消息提醒包括桌面 logo 的消息提醒、界面入口消息提醒和弹出式消息提醒。从产品定位而言，same 的消息提醒设计得更为活跃，这是源于 same 的目标用户群体特征和特定的社区氛围。分众年轻化的兴趣部落，采用活泼的互动形式更能引发目标用户的情感共鸣。但从产品发展阶段而言，same 还是一个较新的产品，还未占据主要的市场份额，吸引新用户并使新用户清晰地记住产品的逻辑和特点是其重要目的，所以在功能引导上采用清晰的点对点的方式。从桌面 logo 的信息提醒点击进去，直接进入消息页面，里面包含着重点的私信和运营通知类提醒信息，没有采用多点信息提醒的互动形式。而新浪微博从产品定位上讲，重要的是其媒体化的属性，因而采用更为保守的大众化互动形式，符合官方权威的定位（采用传统的红点提醒），且从 logo 点击进去后是新浪微博首页。首页中包含多重维度的消息提醒，需要用户甄别哪一类消息提醒是自己需要看的。从产品发展阶段而言，新浪微博已经具有较大的市场份额和权威性认知，并且各类功能已被用户熟知，因此，可以在一定程度上强势主导用户的行为。表2为 same 与微博互动设计对比。

表2 same 与微博互动设计对比

互动设计	same	新浪微博
消息提醒	①App 内全局 push 提醒（图1）（促进用户活跃）；②单通道消息提醒（图1）（红点），新产品业务，消息引导的功能指向要足够清晰，教育用户认知每一个功能代表的含义	多通道消息提醒（图2）（红点），突出信息的丰富性（强势产品姿态，用户已经很熟悉这个产品，不会迷惑）
评论	不公开或限制公开（符合产品社交定位的策略）	完全公开（媒体属性的体现）
群人数	显示在线人数（促进用户活跃）	显示关注人数（体现媒体属性）

续表2

互动设计	same	新浪微博
打卡	有打卡并引导二次互动（促进用户活跃）	无打卡

same

图1　App 内全局 push 提醒（右上角）和
单通道消息提醒

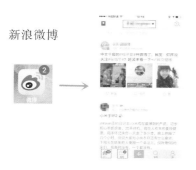

新浪微博

图2　多通道消息提醒

5　设计与业务的咬合对互动设计的影响

　　前面从产品定位以及产品的不同发展阶段两个维度分析了互动设计的基本原则，并设置了互动设计方案的有效评估维度。除了以上两个因素外，一个好的互动设计方案的诞生，还要依赖有效的互动设计在项目中的咬合程度。在流程上，互动设计师也要以全局参与的角色进入整个产品的发展过程。业务在不同发展阶段的定位决定了社交产品的属性，而互动的设计要紧紧围绕业务的不同发展阶段

进行定位服务。互动设计手法本无优劣之分，但其对业务的促进程度却有高低之分。因此，在设计流程上，互动本身的设计流程不是核心，对于外部业务层和产品层的咬合才是关键。正确的业务方向和产品目标是成功的基础，要确保在设计过程中充分理解业务定位和产品策略的目标，才能设计出合适的互动方案。同时，设计师最好参与到业务定位和产品策略的制订过程中，始终作为全局参与者。

6　互动设计的效果评估

　　以上是进行互动设计时需要着重考虑的会对移动社交产品发展产生重要影响的三个因素。那最终如何评价互动设计的效果呢？什么样的互动设计方案对移动社交产品来说是一种有效的互动设计方案呢？根据由浅入深的影响层次，笔者认为可以从以下几个方面进行评估：第一，与互动设计方案直接相关的直观互动功能数据的变化，如评论、点赞、分享等功能数据的变化。好的互动设计方案，最基本的是要带来与其直接相关的功能点的数据的变化，进而刺激联动产品模块数据的良性增长，因此，此维度的评估属于单纯的互动方案设计所带来的单纯的功能点的数据增长。第二，与直接相关的互动功能相关的联动产品模块数据的变化。例如，点赞功能的数据往往会参与到内容或优秀用户排名中，因此除了要衡量点赞数据的增长之外，还要衡量因点赞数据变化而带来的内容排行或优秀用户排名变化所产生的用户行为数据。第三，互动设计方案对整个产品KPI的影响。此维度的评估是基于前两个维度的评估数据的。每个产品的发展都会有产品自身发展的KPI，一切产品和设计的工作都是为了达成最后的产品KPI。对于以上三个维度的评估，也可以理解为从点到线到面的一个影响层次。一个好的互动设计方案，必然要对产品的终极目标产生有效的影响。

体验地图在物资申请领取流程优化中的应用和价值

刘　丹[1]　甘凌之[2]　康洁立[3]

（1. TCL集团股份有限公司，广东深圳，518000；2. 深圳市云之梦科技有限公司，广东深圳，518000；
3. 腾讯科技（深圳）有限公司，广东深圳，518000）

摘　要：在众多企业中，物资的申请领取是非常常见的流程，同时也是出现问题较多的版块。整个流程涉及多干系人协同操作、跨部门合作、多流程流转、线上线下跨平台操作等，很容易出现信息流的不通畅，导致整个流程受阻，效率低下。体验地图是一种了解用户与产品、服务、系统之间复杂的交互和体验的工具，十分适合解决上述问题。本文以物资申请领取流程为研究对象，详细介绍了绘制体验地图的步骤和方

法，并结合物资申请领取的实例讲解体验地图在复杂信息流任务乃至工业 4.0 中的应用。

关键词：体验地图；物资申请领取流程；流程优化

1 用户体验地图

1.1 体验地图基本概念

Shostack G. Lynn 在 1984 年发表的论文 "Designing Service" 中首次将服务和设计结合起来。1991 年，Stuart Pugh 在著作 *Total Design* 中提到了 service design 一词。由此，服务设计的理念得到了广泛的关注和发展。体验地图则是服务设计发展过程中最为经典和成熟的方法论。

体验地图是一种了解用户与产品、服务、系统之间复杂的交互和体验的工具。它旨在定位和描述完整服务过程中每个阶段中用户的所做、所思、所想、所感，并将这些信息用图形化的方式表现出来。在如今强调体验的时代，用户对产品的体验都是由多个因素、多个场景、多个接触点构成的，如果单从具体的某个产品功能或环节出发，割裂地去看体验问题，很难获得全局视角并带来全局体验的提升。而通过体验地图，则可以获得一个全局的视角和蓝图，产品相关人员可以直观地了解用户在使用产品全流程和各个单独模块中的体验，从整体来规划用户的体验。

体验地图着眼于大局，聚焦用户体验，立足于从用户的角度去探究体验的内在机制。体验地图的基本思想在于以用户的视角来审视整个服务过程，这个过程可以是跨界的、存在不同交互体的过程，也可以是单一产品内的服务流程。同时，体验地图依据情境及时间变化描述用户的行为、心智模型，以及正面和负面的情绪体验，进而识别服务优化和创新的机会点。

1.2 体验地图绘制方法

从体验地图的最终成果来看，它仅仅只是一张可视化的体验图表，但完成这张图表涉及多种方法论，如访谈、观察、文献研究、竞品分析、可用性测试、脑暴工作坊等。Adaptive Path 公司将体验地图的绘制分为如下四个阶段（图 1）。

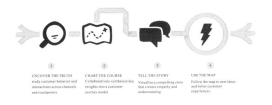

图 1 体验地图绘制步骤

1.2.1 第一阶段：资料收集

开展定性、定量研究，收集资料，分析信息，了解用户对完成整个任务的认知、行为、情感、体验，为构建目标用户的用户画像做准备（图 2）。

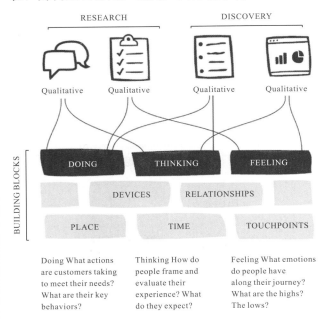

图 2 资料收集与生成体验地图

1.2.2 第二阶段：绘制成图

体验地图是以第一人称的视角绘制的，在绘制地图前应合理定义用户画像，描述清楚绘制的对象，除了描述人口学特征外，还需要描述这类人与产品相关的特征。同时，定义用户在完成该任务时的心理状态。

（1）划分任务阶段。将整个任务根据用户的实际体验划分成几个阶段，提炼每个阶段中的核心目标。

（2）描述各阶段行为模式（接触点、渠道、路径）。描述各个阶段中用户的行为、行为路径、接触点、痛点、爽点、场景、渠道。行为是指用户在操作或服务流程中的行为方式。行为路径是指用户在产品或服务流程中的行为轨迹。接触点是指用户在操作过程中的关键界面、关键节点、关键功能等。痛点是指用户体验较差的地方；爽点则与痛点相反，是指用户反馈体验非常好的地方。场景展示了整个体验背后的场景和目的及物理环境、设备和平台的限制、体验发生的物理空间。渠道是指用户进行产品操作或接受服务的来源和信息连接体。

（3）描述各阶段心智模型（想法、思维过程、情绪体验）。描述各个阶段、接触点里用户的思考及情绪体验。情绪体验可通过李克特量表进行评价。

（4）提炼洞察和机会点。

1.2.3 第三阶段：形成体验地图

在第三个阶段里，更多的是通过可视化的方式将已经填充好信息的体验地图进行润色和可视化，传递更多的情感色彩。在绘制地图的过程中，希望尽可能多地卷入相关的不同角色，如产品经理、项目经理、技术人员、设计师、用户研究人员、市场研究人员等，不同角色会从各自视角发现更多的内容和可能性。

1.2.4 第四阶段：使用体验地图

经过前三个阶段，一幅体验地图绘制完成，开始进入到使用阶段。使用时体验故事讲述者的角色，将整个过程讲述给相关人员，并进行讨论，获得新的洞察，以促进相应问题及方案的落地转换。

从体验地图的整体流程来看，体验地图将多种用户体验方法进行结合，通过第一阶段的工作把握了对应产品或服务的总体原则，第二、三阶段描绘了产品或服务中的用户旅行，将用户各方面的信息点与场景、任务相结合，并以可视的方式展现出来。通过用户体验地图，可以了解全局，确定改进方向，获取机会点，明确设计原则。

2 用户体验地图在优化物资申领流程中的应用

2.1 项目背景

在实际的工业流程中，各部门间物资的流转是最常出现的环节，同时也可以被看作是最基本的服务体验。在传统的工业企业中，会分部设立具体的生产部门和物资储备部门。前者倾向于根据各生产部门所需进行物资管理，生产部门中的个体按照个人的需求发起物资的申领；后者根据整个公司的物资情况进行管理。企业为了提高生产部门的生产效率和物资流转的规范性，建立了企业级庞大的数据资源库以及标准的物资申领系统及规则。

然而，无论企业在物资流转过程中以怎样的方式进行规范化的连通，信息对接的过程中仍存在巨大的问题。首先，在此业务流程中最严峻的问题是数据信息对接滞后，信息不准确。在企业内部，生产部门和物资储备部门通常是分开运营的，各自有各自的运作方式，物资流转的过程中存在不同环节、不同部门、不同个体之间的数据对接，会出现生产部门给物资储备部门输出物资计划后，物资储备部门在物资采购、线下运送过程中发生了与计划存在偏差的事项（如物资损坏、原料不合格、物流

延迟等的情况），虽然物资储备部门会根据企业及仓储的整体实际情况进行调整，但是这些信息并没有在第一时间输入至生产部门。这样的场景会导致物资仓储管理系统与生产部门及个体使用的系统之间存在很大的偏差。

在物资流转过程中，另一个严重的问题是线上对接出现阻碍时对线下渠道的强依赖。当信息无法及时反馈时，企业中应对这种情况的措施只能是生产部门及申领者个人根据自己的申领情况线下追踪物资仓储部门的信息。进行线下运作虽然能够避免信息不对称的情况，但是很大程度上降低了企业运作的效率。

究其本源，企业部门建立的管理系统仍是一个个的信息孤岛，互相都不知道对方的具体任务项和具体的事件进度。当中间某个部门的处理环节出现特殊情况，其他部门无法及时获知，只能待最终问题出现，任务无法进行时，才开始寻找问题的根源进行处理。这样的情况充分反映了目前传统工业行业存在严重的信息不对称的情况。

2.2 项目思路

目前，传统的工业行业中最基础的物资流转业务流程涉及多个环节和多个角色。物资的需求方，即生产部门的个体，是整个环节的关键角色和流程的触发源头，他需要在多个系统中进行操作，通过线上、线下多个渠道获取信息。由此可见，物资的需求方在整个流程中成为主要的业务服务体验者。

根据实际业务情况，企业中物资需求方主要是生产部门中的研发人员。如何让研发人员高效地申请到物资，并让他们在这种跨平台、多环节中得以提高效率，是项目的核心目标。基于物资流转业务流程环节多、跨平台的特点以及存在着各环节信息不对称的问题，在进行用户体验研究和设计的过程中必须从整个业务流程的全局出发，考虑研发人员在每个环节中的体验情况以及造成信息不对称的关键原因。

用户体验地图能够从全局出发，清晰地梳理出用户在整个服务体验流程中的节点、触点、行为、动机及情绪，发现每一个阶段对接过程中存在的症结，洞察问题的关键点，从而洞悉用户痛点及优化的机会点，进而找出更有效的优化方案。因此，用户体验地图可以很好地解决工业体系中多环节、多途径、多端口流程体系中的问题。

本文将以有物资需求的研发人员作为目标人群，着眼于需求者在整个物资流转的业务服务体验，收集整个体验过程中的任务信息及用户体验情况并进行梳理，从全局出发挖掘整个业务流程中的

痛点，发现机会点。

2.3 项目方法及实施

2.3.1 深度访谈

通过访谈收集物资需求方及业务场景资料，分析信息，了解用户完成整个任务的认知、行为、情感、体验。在整个物资申请流程中，申请人均为特定部门的研发人员，用户类型单一，用户角色较为清晰。本次研究共访谈了6名有物资需求、并申领过物资的研发人员。访谈提纲如下：

（1）您是否申请过物资？

（2）您申请研发物资的频率如何？

（3）您申请研发物资的过程是怎样的？您认为这个过程分为几个环节或阶段？

（4）您在每一个环节需要完成的任务有哪些？您的最终目的是什么？具体操作是怎样的？（触点、渠道、交互对象、场景）

（5）您对申请物资每一个环节的满意度是怎样的？

（6）当您体验到不愉快时，对不愉快程度评分

（1、2、3、4、5分）。

（7）当您觉得不错时，开心程度评分（1、2、3、4、5分）。

2.3.2 生成体验地图的具体步骤

梳理、分析访谈收集的信息，构建可视化用户体验地图。具体步骤如图3所示。

图3 生成体验地图的具体步骤

2.4 项目结果

根据生成的物资申请用户体验地图（图4），可以清楚地看到整个流程、四个阶段中的基本信息，包括痛点、情绪状况以及洞察点。

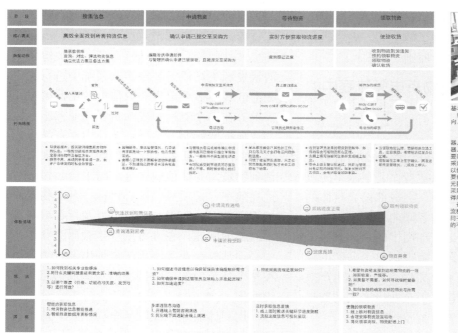

图4 物资申请用户体验地图

总结四个阶段存在的痛点，核心问题在于以下四点：①信息查询不智能；②信息沟通渠道单一；③信息反馈缺失；④领取物资不便捷。

从整个业务流程来看，物资申请流程无完善的线上系统支撑信息即时对接，难以形成闭环，从而导致目前各个阶段信息对接不准确、不及时，研发人员与不同环节、不同角色之间信息不对称。因此，在完善研发人员申请物资的服务体验时，为他

们提供高效、便捷的线上系统是关键。

基于用户体验地图的发现与分析，进行用户体验设计，优化整个线上流程。概念设计主要为用户提供线上工具，保证所有核心环节可在线上完成，不同环节之间的数据可在此系统中实现无缝对接，同时用户可以在线上实时查看进度信息，消除信息不对称的情况。

3 项目结论

在优化研发人员物资申领流程过程中使用体验地图这种方法，能够有效地帮助用户体验研究和设计，以用户的视角来审视体验过程，在实际操作中帮助所有参与者在地图中选择和精确定位用户的体验值，触发创意和发掘新观点。体验地图通过一张可视、易懂、好看的可视化地图呈现了一个整体视角，方便研究者和设计者从全局观察产品的优势与缺陷，了解用户在与产品、服务、系统交互时的体验和关系，从而使各方可以从全局定位体验关键点，评估现状，寻找潜在机会点。

另外，在制作体验地图时，产品、设计、用户研究人员均参与到整个过程中，用户体验研究过程中各个角色的参与感强，互相之间可以进行跨部门无边界思考，促进洞察内容的内化。除了用户的操作、痛点信息之外，体验地图还能协助团队精准锁定产品引发强烈情绪的时刻，同时找到最适合重新设计与改进的地图节点，覆盖到用户的情感需求。

研发人员物资申请流程是工业4.0时代中最基本的业务流程，体验地图在这一业务流程优化的过程中发挥了明显优势，使用户体验研究的结果更有价值，研究结果落地性更强，产品设计更合理。在传统的工业领域，存在着比物资申请流程更复杂、涉及环节和角色更多的业务流程，体验地图在工业领域的应用极大发挥了它的价值。因此，在工业4.0时代使用体验地图，能够有效地促进传统领域与互联网的融合，实现用户体验的价值。

参考文献

[1] STUART PUGH. Totally design：Integrated methods for successful product engineering［M］. Addison：Wesley Pub（Sd），1991.

品牌个性研究在动漫角色塑造中的应用

毛创奇　杨　杰　赵吴骏

（腾讯公司社交用户体验设计部用户与市场研究中心，广东深圳，518057）

摘　要： 动漫一直以来深受消费者喜爱，尤其是近两年来，"动漫IP"成为经常被媒体提及的热点词。我们好奇动漫为何如此火热，动漫角色为何会吸引消费者，消费者对目前的动漫角色有怎样的感受，这些感受的分布是怎么样的，以及我们如何去塑造消费者喜爱的动漫角色等。带着这一系列问题，我们尝试将品牌个性研究的方法运用于动漫角色的塑造中，希望可以为动漫角色的塑造提供可行、有效的方法和依据。

关键词： 品牌；消费者人格；动漫角色塑造；个性设计

1 动漫角色塑造的重要性

动漫产业的核心是动漫角色的塑造，但我国塑造的动漫角色屈指可数，原因之一在于塑造的动漫角色缺少鲜明个性和创新。目前热门的动漫角色可以简单分为两类：一类是强内容型的，它们是有几十甚至上百集的剧情动漫，如火影忍者、名侦探柯南等；还有一类是弱内容型的，只依靠表情包或者图片来传播，如Line熊、阿狸等（图1）。但这些动漫角色有个共同点，即创作者在塑造这些角色的过程中，除了设计角色的视觉形象外，还赋予了这些角色丰富的个性。

图1　火影忍者、名侦探柯南、Line熊和阿狸

无论是动画还是漫画，都是通过故事来塑造角色的个性的，动漫角色个性可以推动故事情节的发展。我们认为，正是这些角色的个性，迎合了消费者的心理需求，引起了他们的情感共鸣，使得这些角色受到消费者的喜爱，从而带动了相关产品与相关商业活动。我们需要思考如何创作出让消费者认可的、具有个性、能引起共鸣的动漫角色。

2 品牌个性与消费者人格的关系

在品牌建设方面，品牌印象（Brand Reputation）和品牌定位（Brand Positioning）对于消费者来说是比较抽象的，企业通常会借助品牌故事和故事中的人物来进行阐述。品牌人物能与消费者建立持久的情感联系，让消费者快速识别，并留下深刻印象。消费者对于品牌人物个性特征的印象称为品牌个性（Brand Personality）。品牌个性能体现品牌的差异化，使消费者能够区分该品牌与其他品牌（Herskovitz，2010）。同时，品牌个性反映了消费者对该品牌价值观的理解，会影响消费者对该品牌的认可度。因此，品牌个性设计对于品牌而言是至关重要的。

如何去表述品牌个性呢？常用的方法是让消费者用形容词去描述品牌或品牌人物，将这些形容词作为对品牌——这一抽象概念的一种量化统计，以便更为具体地了解大部分人对该品牌的认知。在此基础上采用拟人的方式，通过人物性格来表述品牌个性。

在品牌个性的研究中，较为著名的是 Aaker 根据心理学中人格的"大五"模型（Aaker，1997），包括外倾性（Extraversion）、神经质（Neuroticism）、开放性（Openness）、宜人性（Agreeableness）和尽责性（Conscientiousness），对美国品牌进行的研究，其归纳出五个品牌个性维度：真挚（Sincerity）、刺激（Excitement）、胜任（Competence）、精致（Sophistication）和坚固（Ruggedness）。进一步研究发现（耿聪，2010），品牌个性与消费者人格存在相关性：品牌个性中的真挚与消费者人格中的宜人性相关；胜任与宜人性、尽责性相关；坚固与开放性、宜人性相关。消费者人格大五模型与品牌个性的大五模型如图2所示。

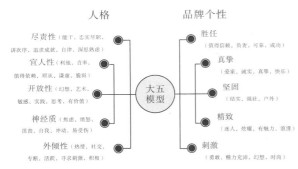

图2 消费者人格大五模型与品牌个性大五模型

另外，很多心理学的研究表明，消费者的人格会影响其的偏好。有研究者提出自我形象与产品形象一致理论（Self-image/Product-image Congruity Theory）（Sirgy，1982），该理论认为，消费者在感知到产品所代表的形象时往往会对自我形象进行判断，消费者总是购买那些自认为与自我观念一致的商品，而不去购买那些与自我概念相矛盾的商品。该理论说明，消费者会将自己的人格特征与产品的品牌个性进行比较，并倾向于选择人格特征与品牌个性相一致的产品。举例来说，一名积极奋斗的热血青年在选择动漫作品时，相比天真可爱的樱桃小丸子，可能更倾向选择冒险励志的海贼王

（图3）。因此，动漫角色的个性需要与消费者的人格特征一致。

图3 樱桃小丸子和海贼王

3 动漫角色的个性塑造

如何将动漫角色的个性塑造与消费者性格偏好联系起来呢？通过上述的论述，我们得到两个重要的结论：品牌个性与消费者人格有着密切联系，会影响消费者对该品牌的认可度；消费者偏好与之人格相似的动漫角色（图4）。

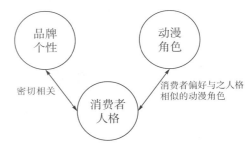

图4 品牌个性与动漫角色的关系

因此，我们采用品牌个性研究的方法，对消费者喜爱的动漫角色进行研究，探索这些角色带给消费者的印象，得到动漫角色的个性维度，以便更好地迎合消费者不同的人格特征及自我形象。研究流程如图5所示。

图5 研究流程

3.1 收集热门动漫角色及消费者的印象

首先，我们在全国4个城市（北京、上海、广州和成都）对3类目标消费人群（初高中生、大学生及社会新人、幼童家长）进行了9场焦点小组调查活动，每场8人，共72人。我们通过问卷对目标人群进行了筛选，问卷共20题，规避了具有研究人员相关属性的消费者，筛选出动漫爱好者（会购买动漫衍生品）；在此基础上，对年龄、职业和收入等进行了配比，性别方面我们根据经验选择了更多的女性用户。焦点小组围绕消费者喜爱的动漫

角色个性进行了深入的讨论，包括消费者喜欢哪些动漫角色，如何接触到这些角色，这些角色是如何打动他们的，留给他们的印象又是什么，能否产生情感共鸣，喜爱和讨厌的角色特质等。我们得到的消费者喜爱的动漫角色和对这些角色的印象如图6和图7所示。

图6　消费者喜爱的动漫角色

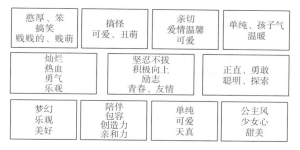

图7　动漫角色给消费者的印象

3.2　提炼动漫角色的个性维度

在调查访问焦点小组的基础上，我们进行了一次工作坊谈（由1名资深品牌研究人员、1名资深市场研究人员、2名动漫爱好者组成），对消费者提到的动漫角色留给他们的印象的关键词进行了分类讨论和总结分析，最终得到了4个重要的个性维度：可爱、超能、趣味和努力。其中，可爱维度主要包含萌（纯粹的可爱）和憨（有点傻、有点笨的可爱）；超能维度包含身体体格的超能、智力的超能和借助装备的超能；趣味维度包含搞怪（有趣味，让人看了开心）和小坏（有明显的小缺点但仍旧充满趣味）。具体个性维度如图8所示。

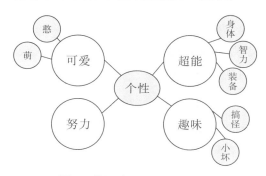

图8　热门动漫角色个性维度

对于趣味维度中的小坏，消费者能否容忍甚至认同动漫角色这样的缺点，我们进行了进一步的研

究分析。我们发现社会心理学中有个"犯错误效应"，即小小的错误反而会使有才能的人更具有吸引力（Aronson，1966）。Aronson也给出了两种解释：一是能力非凡的人给人的感觉总是不安全、不真实的，人们对这样的形象不是真正的接纳和喜欢，而是有距离地敬而仰之；二是人们通常喜欢有才能的人，且才能与被喜欢的程度呈正比。但是，如果一个人能力过于突出，以致对方感到自我价值受损，事情就会向反方向发展。而一个犯小错误的能力出众者则降低了这种压力，也赢得更多的喜爱。

在心理学解释的基础上，我们认为消费者之所以喜爱小坏的动漫角色，可能是由于发现自身的不足在热门动漫角色上也有体现，从而引发了共鸣。例如，在漫威电影中，美国队长是完美的化身，受人喜爱；但略带自负、爱显摆的钢铁侠同样受粉丝追捧，也许就是粉丝发现钢铁侠与自己有同样的小缺点，更符合自我形象，因此更加喜爱（图9）。

图9　漫威复仇者联盟角色图

3.3　动漫角色个性可视化

我们得到4个描述动漫角色个性的维度后，通过腾讯问卷系统对消费者发放了定量问卷，让消费者分别从这4个维度对热门动漫角色进行10点评分。我们共回收了1584份问卷，对各动漫角色的得分进行数据分析后，通过雷达图的方式，将热门动漫角色的个性分布进行可视化。

个性分布雷达图可以让我们更直观地了解动漫角色的个性构成，可以用雷达图来检测该动漫角色在消费者心目中的受欢迎程度。通过雷达图，我们可以对动漫角色进行对比分析，检验其是否存在问题。如图10所示，左上角的雷达图表示该动漫角色最突出的个性是超能，其次是努力；右上角的雷达图表示该角色的主要个性维度是趣味，其次是可爱；左下角和右下角的两个雷达图对应的动漫角色，没有鲜明的个性特色，说明消费者对这些角色的认识和喜爱程度不够。上方两个雷达图表明该动漫角色是能够被消费者喜爱的，而下方两个雷达图的动漫角色则存在一定的问题，没有鲜明的个性去吸引消费者。

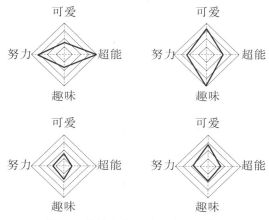

图10　个性分布雷达图的几种类型

　　此外，从焦点小组访谈中我们发现，角色的个性越多元化，消费者越喜欢。在雷达图上，我们也发现，部分动漫角色具有两个主要的个性维度，且其在雷达图中的面积越大，表明该动漫角色会越受消费者喜爱。雷达图中的分值代表了消费者对该角色这一维度的评价和印象。如图11所示，哆啦A梦的主个性为可爱（9分）和超能（9分），柯南的主个性为超能（9分）和努力（8分）。

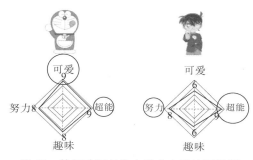

图11　热门动漫角色个性分布雷达图举例

　　这些热门动漫角色的个性分布雷达图，实际反映出了消费者对动漫角色的心理需求，设计师可以根据这些需求去塑造角色。在此基础上，还可以采用相同的方法将设计师创造的新角色的个性进行可视化，与热门角色的个性分布雷达图进行对比，检验该角色目前的个性设计、评估角色与消费者喜爱的角色之间的个性差异，以便帮助设计师更好地迎合消费者不同的心理需求。

　　我们还根据个性分布雷达图对热门角色进行主个性分析，得到了动漫角色的个性对应分析图（图12），对应分析图表明了各角色间的差异，距离近说明个性差异小，距离远说明个性差异大。通过个性对应分析图，可以了解目前热门动漫角色个性分布的整体情况，指导动漫角色个性的差异化塑造。

　　此外，我们还发现了一个有趣的现象，目前市场上还没有广泛受到认可的主个性为努力－可爱型和趣味－超能型的动漫角色（除去各维度都突出的角色），这或许是动漫人物个性创新的一个方向。

图12　动漫角色主个性对应分析图

4　个性维度及分布图的应用——以 QQ family 为例

　　QQ family 是腾讯社交网络事业群的社交用户体验设计部创立的品牌，由消费者熟悉的 QQ 和另外 5 个不同形象的卡通成员（babyQ，Dov，Oscar，Anko，Qana）组成。目前 QQ family 主要通过表情包及漫画的渠道进行传播。

图13　QQfamily 成员形象

　　按照上述的研究方法，我们获得了 QQfamily 成员的个性分布雷达图（考虑到数据的敏感性，未展示这些雷达图）。我们将热门角色和 QQfamily 成员的个性分布雷达图进行对比，检验 QQfamily 成员目前在漫画中的个性和故事设计，评估 QQfamily 成员与消费者喜爱的角色之间的个性差异，以便帮助设计师更好地迎合消费者不同的人格特征及自我形象，让更多的消费者可以找到与自己性格相一致的 QQfamily 品牌形象。图14 是我们分析了 QQfamily 和热门角色的个性分布雷达图后，结合个性对应分析图对 QQfamily 角色塑造提出的建议。

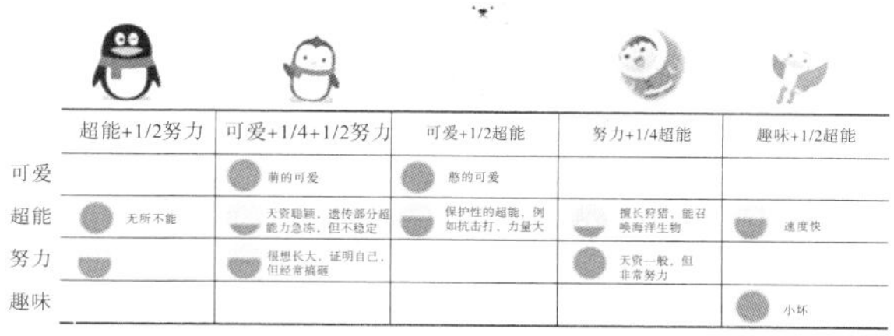

图 14　QQfamily 角色个性塑造举例

5　展望

我们通过品牌个性研究的方法对热门动漫角色的个性维度进行了研究，发现了消费者人格特征与动漫角色个性间的情感连接，得到了动漫角色的 4 个个性维度；采用雷达图的方式，将热门动漫角色的个性分布进行可视化；通过动漫角色间的比较分析，帮助设计师进行动漫角色的个性塑造，让动漫角色更好地被广大消费者认可。

在此基础上，我们认为个性维度在应用上还有以下几点可以继续挖掘：

（1）我们的 4 个维度标准可以用来评价市场上已有的动漫角色。由于各动漫角色创作于不同的年代，我们可以通过比较这些角色的个性分布差异，推测出消费者对动漫角色的偏好的时间规律，进而创作出新的迎合消费者未来偏好的动漫角色。

（2）在本研究中，我们将品牌个性研究用于 QQfamily 中多个成员的个性塑造。我们认为该方法也同样适用于单个动漫角色的塑造，将已经创作的单个角色与热门角色比较分析后，发现个性差异，对照分布图，重新定位角色的个性设计。同时，我们建议在不同个性维度的选择上，进行多个特征的组合，让角色个性更加多面、丰满。

参考文献

[1] HERSKOVITZ S, CRYSTAL M. The essential brand persona：Storytelling and branding［M］. Journal of Business Strategy，2010，31（3）：21−28.

[2] AAKER J L. Dimensions of brand personality［J］. Journal of Marketing Research，1997：347−356.

[3] 耿聪，陈毅文. 大学生消费者人格与品牌人格的关系［J］. 人类工效学，2010，16（1）：20−23.

[4] SIRGY M J，DANES J E. Self − image/Product − image congruence models：Testing selected models. Advances in Consumer Research，1982，9（1）.

[5] ARONSON E，WILLERMAN B，FLOYD J. The effect of a pratfall on increasing interpersonal attractiveness［J］. Psychonomic Science，1966，4（6）：227−228.

用户参与式设计，如何有效启动用户

商冲晨　祝正文　韩　玥　黄渊蓉　吴　静

（烽火通信科技股份有限公司用户体验开发部，湖北武汉，430000）

摘　要：用户参与式设计作为引入国内不久的用研方法，没有形成一套成熟的实施流程。在设计过程中常会出现用户无法准确地把设计想法转化成设计界面的窘境。因此，如何启发用户的设计思路，降低用户设计的门槛，引导用户不偏离设计方向，是优化用户参与式设计的关键所在。本文通过实际项目，阐述了有效启动用户设计的方法：如何找准合适的用户，邀约用户的电访技巧，优化参与式设计流程（前期进行访谈和卡片分类），提供充足的设计元素等，以便最大限度地启动用户设计。

关键词：用户参与式设计；有效启动；卡片分类；设计元素

1　用户参与式设计概述

1.1　概念

用户参与式设计概念在 1970 年斯堪的纳维亚岛上第一次被提出，叫作协作设计（co-operative design）。实际上是将用户和设计团队分为两组分别参与设计过程，但并不是直接合作。该方法在美国运用后，为了把用户和设计团队的关系区别开，改名为参与式设计（participatory design）。随着科技的发展，参与式设计逐渐被引入软件开发过程中。由于大多数软件是面向终端用户的，整个开发过程需围绕用户展开，因此在开发过程中，设计团队邀请目标用户共同参与设计，在用户设计的过程中了解用户对软件的需求并共同找出解决方法。

用户参与式设计强调用户的参与性，用户不再是被动地接受访问，选择已有的方案，而是成为团队的一分子，在设计师的引导下，真正地进行设计。通过产品设计过程，设计团队也可以充分了解用户的真实需求和期待。

1.2 形式

常见的用户参与式设计形式有一对一用户设计、焦点小组式用户设计和征集用户设计方案三种。前两种形式比较类似，都需要用户研究人员与用户当面交流，启发、引导、全程陪同用户进行设计。而征集用户设计方案是指产品人员通过说明产品设计目的和要求（比如征集闪屏设计稿），直接收集设计方案。这种方法收集的设计方案只能看到最终设计稿，不能获取用户设计过程中的思路和想法，多用于品牌设计、运营设计。本文主要论述焦点小组式用户设计。

1.3 适用范围

用户参与式设计的目的并不是获取用户最终的设计方案后直接拿来使用，而是通过用户参与式设计观察用户的思考过程，关注维度，探测用户对该产品（或该界面）的理解和需求，从而更好地理解用户的认知过程及其背后的原因。

因此，用户参与式设计特别适用于产品初期或重大改版期。在需求分析、信息架构、交互设计阶段，通过用户参与式设计，梳理用户对产品功能的理解，认知逻辑，真正做出以用户为中心的设计。

1.4 有效启动用户的重要性

用户参与式设计相对于访谈、问卷、可用性测试而言，对用户的脑力要求更高。访谈、问卷、可用性测试是用户被动地说、被动地做，而用户参与式设计需要用户主动思考，动手设计，这需要耗费用户大量脑力。

用户参与式设计作为一个流入国内不久的用研方法，还处于尝试阶段，没有一个成熟的实施流程。在活动的过程中会出现用户不知道如何设计的窘境，这是因为用户常常缺乏专业设计背景，难以准确地将想法转化成具体设计成果。

因此，用研人员如何启发用户设计的灵感，通过引导降低用户设计的门槛，这点显得尤为重要。

启动用户设计的过程需要用研人员不断总结技巧方法。本文根据平时工作中所做的用户参与式设计项目，对有效启动用户参与式设计的实战方法的技巧展开论述。

2 有效启动用户设计之"招募与邀约用户"

由于用户参与式设计需要用户耗费大量脑力，故在招募用户时，需要对用户有一定的要求。

2.1 用户条件

2.1.1 深度用户

对产品进行创造性参与式设计，需要用户对该产品有深刻的理解，即用户使用产品（或竞品）的时间较长，使用频率较高，使用功能较多，并且认为产品存在问题。如此，他们对产品的认知会更全面、深刻，对产品设计更有热情，用户设计时更能展开全局思考，避免偏颇。

招募用户时，可根据前期用户画像结果，制订参与式设计需要覆盖的各类典型用户。在甄别用户时，了解各类用户的使用行为，或从后台数据查看用户的真实行为，检验其是否是深度用户。

2.1.2 思维活跃，对产品优化有见地

用户参与式设计是一个主动建构产品的过程，需要用户不断开动脑筋，边想边做，因此需招募思维活跃的用户。同时，在用户参与式设计的过程中，需要用户主动表达对产品的理解、诉求和期待。因此，用户需要善于表达，对产品优化有深入思考，才能更有效地通过设计来表达想法。

在甄别用户的电话访谈中，可询问用户对本产品的使用感受、痛点和产品建议。在双方交流中，可以评估用户的思维活跃度、表达能力，从而筛选出主动表达意愿强、语言表达能力强、思维敏捷的用户。

2.2 邀约用户

在邀约用户时，可以提前告知用户本次活动的内容和形式，建议用户提前"备课"，梳理其对产品的使用痛点及优化建议。用户带着想法和建议来参与设计，能提高在场设计的效率。

由于用研人员在邀约用户时进行了由浅入深的访谈，不仅能初步判定用户的表达能力、思维活跃度，还能对用户的痛点、建议有一个基本把控。同时，在电话访谈中，用户不仅能梳理对产品的想法和思路，还能在结束电话访谈后进一步思考产品的问题，这有利于用户设计思路的整理和形成。

3 有效启动用户设计之"前期启动"

让用户设计前期，需做一系列"启动"工作。第一，需让用户明确需要设计的界面其属性是什么；第二，确定该界面的所必备元素（即功能和内容）；第三，如何设计能让该界面更易使用。

我们以 YQ 产品（企业级移动客户端）用户参与式设计"首页"项目为例，阐述用户设计"前期启动"工作的实际操作细节。项目背景：产品需做一次大改版，不仅增加新模块和新功能，还需对产品信息架构和"首页"进行重新改版设计。项目组在首页设计时存在分歧，设计师需要把控用户需求，进行有理有据的设计。因此，启动了用户参与式设计"首页"的用研项目。

产品的"首页"设计涉及产品整体的信息架构布局。首先需确定产品底部 Tab 功能，进而确定底部第一个 Tab，从而对首个 Tab 界面（首页）进行设计。因此，在用户设计前期，需启动用户梳理其对各模块、各子功能的理解和从属关系的认知；帮助用户确定首页的属性、必备元素（子内容和子功能）。这一步可通过"卡片分类"的方法完成。

然而，为保证用户"卡片分类"结果的信度和效度，需让用户对产品各模块、各子功能的理解和需求有正确的认知。在"卡片分类"前期，可通过访谈了解用户使用产品的真实行为、场景和感受，以有效启动用户对各功能模块的需求优先级判断。

因此，在用户设计前期，我们增加了两个环节——产品使用情况访谈和卡片分类（图 1），以有效启动用户设计。下面以 YQ 用户参与式设计首页项目为例，对有效启动用户参与式设计的实战技巧展开论述。

图 1 用户设计前期启动环节（访谈和卡片分类）现场

3.1 产品使用情况访谈

用研人员询问用户与产品的日常使用连接触点，了解用户的使用场景和行为，从而唤起用户对产品的真实使用需求。同时，在阐述各使用触点时，分析使用中的优点和痛点，以启动后续参与式设计的思路和方向。图 2 为产品使用情况访谈提纲，图 3 为产品使用触点。

图 2 产品使用情况 　图 3 产品使用触点
访谈提纲

为了帮助用户理解该任务，主持人首先进行了示范，创建了自己一天会使用产品的时间轴。接着鼓励用户根据日常实际使用情况，绘制自己在每个时间节点使用的产品功能和内容，以便收集用户的真实需求。

此部分最后一个问题："用一个人物来形容产品，你觉得它是谁？"这个问题旨在了解用户对目前以及期待中的产品的整体感知及产品风格的感知。一方面能帮助用户梳理对产品设计和功能上的认知，另一方面也有利于设计师把控用户对产品设计风格的期待。

3.2 卡片分类

接下来，用研人员邀请用户对重要模块卡片进行优先级"排序"（也允许"包含"归类）。因上一访谈环节对用户梳理了产品使用场景和行为，有效启动了用户对产品各功能模块的理解和需求强弱层次。因此，用户在完成模块卡片排序任务时，将感到更为轻松。

卡片分类环节分为 3 步：卡片理解（针对新增功能模块的卡片）、卡片排序（针对大模块的卡片）和卡片分类（针对子功能的卡片）。

首先，在用研主持人的引导下，6 名用户分别阐述自己对新增模块（卡片）的理解和需求程度。讲述完后，用研人员解释新增模块的真正功能作用，以便让所有用户的理解达到统一。

然后，6 名用户对各大模块卡片进行"排序"（也允许"包含"归类）。这个过程能有效帮助用户梳理功能需求层次和排序的逻辑思路。排序完成后，用户逐一讲述排序理由，让设计师了解用户卡片排序背后的原因。

接着，请用户对各个子功能卡片进行分类。将子功能归入上述各大模块，并阐述归类理由。这一过程能帮助用户厘清对各子功能、模块的认知和逻辑，形成初步的产品信息架构。

最后，请用户选定一个大的模块作为产品"首页"，并确定"首页"需具备的元素（子功能）。这一过程决定了之后用户对产品首页的设计内容和方向。

用户卡片分类结果如图 4 所示。4 名用户将资讯作为第一重要的功能模块，因此在首页设计中，资讯成为首页设计的主要内容，且用户设计大功能导航栏的顺序也遵循了卡片分类的优先级顺序。通过卡片分类，用户能厘清对产品各功能模块的认知理解和需求层级，初步构建了产品的理想信息架构。这个思考过程能有效启动用户对首页的设计。

图 4 用户卡片分类结果示例

4 有效启动用户设计之"设计过程"

4.1 提供设计思路

　　用研主持人提供设计思路（图5），以启发用户进行首页设计。首先，根据卡片分类结果，确定"首页"模块，思考其属性。不同属性的首页，具有其特定的设计风格特点。接着，参考卡片分类结果，确定首页需包含的元素（子功能）。最后，可根据主持人提供的设计素材进行首页设计。在设计过程中，需考虑首页的易用性。接下来，便进入具体的设计操作环节。

图5　用户设计"首页"的思路启发
（摘自用户参与式设计活动脚本）

4.2 提供设计素材

　　为了给用户提供设计灵感，降低设计门槛，用研人员会准备充足的设计素材（图6）。一般这些材料可能是剪刀、便签、笔等手工课上常见的工具，也可能是与界面有关的纸面模型。素材需适用于没有专业背景和各年龄层的用户。

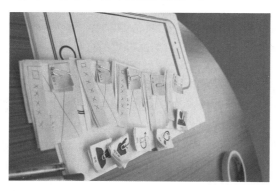

图6　用户设计素材

4.2.1 提供充足的设计元素

　　普通用户一般没有专业设计背景，对于平时手机上看到的功能图标只有一个模糊的认知，当没有提示时，很难主动回忆起具体的设计元素。因此，用研人员需提供可能会用到的设计元素材料（图7）。

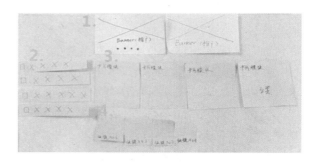

图7　部分提供的设计元素

　　（1：Banner，2：feeds信息流，3：卡片模块，4：快捷入口等）

　　为了便于用户理解这些设计素材，用研人员可对照市面上常用的App，结合实际界面，逐一介绍各功能模块的含义和一般使用条件，帮助用户理解。

　　设计元素需要前期专业人员进行讲解。在讲解的过程中，容易使用户的设计思路形成固定模式，因此需注意引导的语言尽量不包括个人主观观点。

4.2.2 实际产品界面素材

　　有时用户难以准确表达自己想如何设计某个功能点。为了帮助用户更准确地表达设计想法，用研人员可以准备一些不同类型的产品客户端界面，并打印下来（图8）。当用户遇到设计瓶颈时，可从实际的产品客户端界面上寻找灵感。让用户剪下想引用的设计元素，用到自己的产品设计中。提供的实际产品客户端界面需尽量多样，覆盖不同类型的产品，否则容易局限用户的设计思维。本方式建议只在用户觉得难以设计和遇到瓶颈的时候使用（图8）。

图8　用户设计思路与参考元素启发
（摘自用户参与式设计活动脚本）

4.2.3 Plastic icon

Plastic icon 是指用图标表示的一些 App 界面上普遍使用的功能 icon（图 9），里面包含了常用手势（如左滑、右滑）、常用功能（如删除、搜索）和常用图标（如菜单栏、帮助）。用户通过使用在其他软件中看到的相似图标和经验，可以更好地梳理自己设计中的功能呈现方式。

图 9　Plastic icon

4.2.4 手机模型纸

用户面对一张空白的纸，往往不知道从何下手。为了打破用户刚开始的畏惧和紧张心理，可以准备印有手机模型的纸（图 10），作为用户设计的起始界面。

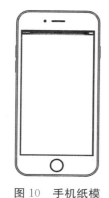

图 10　手机纸模

这样，用户面对的不再是一张空白的纸。通过手机纸模界面，可唤醒用户的设计目标，让用户联想到平时使用手机软件的体验。用户在手机模型的

基础上进行设计，相比于在白纸上剪剪贴贴，设计环境会更加专业，能帮助用户迅速进入到移动客户端设计师的角色中。

5　总结与展望

用户参与式设计强调用户的参与性，用户不再是被动地接受访问，而是把自己当作团队成员，在设计师的引导下，进行真正的产品设计。在该过程中，更加强调用户对产品的主动性。在用户设计过程中，通过询问用户当时的所思所想，设计团队可以充分了解用户的真实需求和期待。

而如何调动用户的积极性，启动用户的设计思路，降低用户的设计门槛，引导用户不偏离大的设计方向以及能把控设计进度，是优化用户参与式设计的关键所在。目前可以通过找准合适的用户，提前告知活动内容和形式，优化参与式设计流程（前期进行访谈和卡片分类），以及提供充足的设计元素来最大限度地启发用户。然而，本文所介绍的实操方法里仍存在不足，如提供的设计元素和竞品界面元素有限，从而局限用户设计等。未来可以在上述维度上继续探索启动用户设计的技巧和方法，在实践中不断尝试，总结经验。

参考文献

[1] https://en. wikipedia. org/wiki/Participatory_design.

[2] http://www. uxpassion. com/blog/participatory－design－what－makes－it－great/.

[3] http://www. usabilitybok. org/participatory－design

[4] http://www. qualitative－research. net/index. php/fqs/article/view/1801/3334.

[5] MULLER M J. Participatory design：The third space in HCI [J]. Humancomputer Interaction Handbook Chapter，2002.

"空状态" 的产生与设计

王金栋

（中兴通讯股份有限公司，四川成都，610041）

摘　要：空状态界面是经常被设计师遗忘的部分，很多时候设计师都是从主流程中的主要界面来开始自己的设计任务的，之后才会考虑一些特殊情况下的特殊界面，而且主要精力都会投入主界面的设计，在其他界面不会投入太多的时间。但空状态的设计往往是两款相似产品能够拉开差距的地方，空状态界面一般会在三种情况下出现，而每一种出现的场景体验都会影响用户的去留。好的空状态界面的设计主要从三个方面来体现：一是引导说明；二是情感化与差异化；三是操作引导。

关键词：用户体验；交互设计；User Interface；人机交互

1 定义

空状态是指在动态信息界面中，当没有任何信息资料显示时所展现出的空白画面。

空状态界面给人的感觉是临时性的、微不足道的，但并不要被"空状态"这个名字所迷惑。这个看似简单、表达内容有限的界面设计，其实是与用户对话的一个重要机会。好的空状态设计在引导性、愉悦性和保留用户等方面的潜质对于产品体验在细节当中的成败有着不可忽视的作用，它是使用户着迷的有趣的服务的关键。

2 空状态的产生

2.1 产品初体验

如果用户第一次使用你的产品，那么空状态界面可能是你抓住使用者的一大机会。此时空状态界面可以诱发用户去操作，帮助用户理解屏幕互动可能产生的价值。第一印象往往是很重要的。我们在设计过程中对于每个界面都要力争做得完美，里面的内容和图片也是深思熟虑的结果。但对于实际产品，最主要的一点是要看用户在空状态界面下是否能停留足够长的时间，在操作过程中是否激发了他对你设计的产品的兴趣。

图1是一款扫描软件的主界面，扫描软件的用户需求主要是想将纸质的文档转化为电子文档保存。主界面呈现给用户的是一个空状态界面，设计过程中空状态界面充分考虑了用户的需求，在右下角添加了扫描按钮，并配文字加以引导说明。如果用户在使用过程中能够快速掌握使用技巧，并解决自己的需求，那用户便会有一种满足感，留下这款软件的可能性也会增大，这是好的空状态界面带来的成果。

图 1

Quettra 曾做过一个用户实验，收集分析了1.25亿移动设备用户的 App 留存率状况，研究结果有些令人担心。平均下来，App 在被下载之后的前3天时间里，日活跃用户数量下降了 77%，

30天内，下降比例达到 80%。如此低的存留率是怎样造成的呢？粗制滥造、没有实际使用必要是主要原因之一，但这并不是全部。

用户会尝试多个同类 App，然后在接下来的3～7天内决定其中哪些是不合适的。对于合适的 App，一旦用户决定保留超过7天，那么将会比较长久地存留下去。

在产品的初次体验期，最主要的是产品能够解决用户的问题，但当大家的功能点都一样时，我们可以通过空状态体验的优化来提升用户的参与感，提高脆弱的忠诚度，这也是空状态界面存在的意义。

2.2 完成任务

空状态界面第二种出现的情况就是用户完成任务时。在设计过程中，这些空白状态的界面可以激发用户进一步操作、体验产品。如当所有音乐都下载完成，提醒用户快去听一下下载完成的歌曲；读完一篇感兴趣的文章，可以给用户推送一些同类型的文章。

如果用户完成了任务，那么说明他们在使用你的产品（图2）。因此，空状态界面应该为用户所想，替他们做些事情，这样可以保持他们对产品的兴趣。

图 2

2.3 任务出错或失败

空状态第三种出现的情况是当用户在操作过程中遇到出错或失败的情况时。空状态界面设计可以给用户一些提示或建议，继续进行操作，切勿让用户觉得无路可走。设计师在设计过程中应多为用户考虑，在设计中应该让空状态界面成为用户的指明灯。

图3是一个网络断开时的空状态界面。设计师在设计这个空界面时添加了一些幽默的词汇，这是一个转移用户注意力的好方法，可以有效降低用户在遇到出错或失败时候的消极情绪。

图 3

图 4 是另外一种转移用户注意力的方式，虽然设计师对空状态的信息没有做太多的设计，但却将公益活动和空界面结合在了一起。失踪儿童信息的加入也会引起社会对这一块的关注，空状态界面此时成为正能量传播的一个途径。

图 4

3 空状态的设计

3.1 引导与说明

在操作过程中，空状态界面可以起到引导用户的作用，防止用户遇到空状态界面后不知所措，产生负面情绪，空状态界面的引导可以让用户找到产品的操作方式，帮助用户更好更快地了解产品。

初次体验流程中的空状态界面可以告知用户接下来会发生什么，帮助他们建立预期。很多时候 App 的引导页就是用来做这个的。但引导页是可以跳过的，当用户跳过了引导页，即便有心去看，也很难在进入 App 环境后还能记得住各种特色功能和操作。因此，空状态界面可以作产品初体验的一个重要组成部分来设计。

好的空状态设计可以体现出以下几个方面的信息（图 5）。

（1）功能描述：帮助用户更好更快地了解产品。

（2）操作流程：引导用户操作。

（3）产生结果：告知用户会发生什么，帮助他们建立预期。

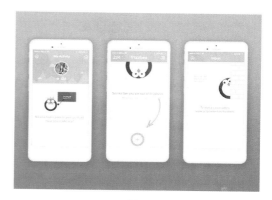

图 5

通常我们可以通过两种方式传达以上信息，一是言简意赅的文案，二是通过示例内容告知用户这里产生数据之后会是怎样的形式，为其建立更直观的预期。不管哪种方式，都要提供必要的引导信息，让用户知道空状态下需要怎样操作才能获得相应的内容。

3.2 情感化与差异化

引导只是推动产品与用户进行沟通的方式之一，用户做出是否花费时间去探索一下产品的决定只是一瞬间的事，初次体验流程当中的任何一点细节都会影响用户做出决策。

良好的第一印象是由多方面因素构成的，不仅包括可用性，也包括产品的个性化、情感化。空状态下可以呈现一些形式新颖、超出预期但仍与产品概念相关的内容，通过恰当的形式博用户一笑，传达自己品牌的定位、格调、特质。

当前 App 时代，遍地是免费的产品或低价的优质产品，用户往往会在若干同类产品中快速探索和比较。每款产品都应该从以下三个方面来入手。

（1）品牌化：通过恰当的方式强化品牌元素的呈现。

图 6 是百度糯米和 UI 中国网站中的空状态界面，界面中主体设计元素一个运用的是百度糯米吉祥物的形象，另一个是添加了自己 logo 的标示，这两种设计方法都是品牌化的表现形式。

中国移动　　　　2:58PM

< 电影会员卡

您还没有会员卡，赶快去办理吧~

开通更多会员卡

图 6

（2）差异化：通过有意义的方式展示设计创意，体现专业和幽默色彩，创造正面情绪环境。在愉悦性方面，产品设计目标就是以恰当的方式引发用户的正面情绪，使用户在最短的时间内感受到各个产品的差异。

图 7 的空状态界面的设计中加入了俏皮的图像，这些配图能让用户在明白当前状态的同时，会心一笑，从而弥补空白界面带来的失落感，甚至可以带给用户一些正面的情绪。

图 7

③人性化：展现产品或业务的人性化、个性化。

图 8 是一个吃药计划的 App，设置好之后，用户每天按照时间表来按时吃药。当天计划完成后，列表会显示为空，上面会有一个大大的笑脸，并加了一句话"今天的用药计划完成咯，明天再见吧"，这种情感化的表达确实比空白状态或者单纯的几句话要来得更加贴心。

图 8

3.3　操作引导

判断一个空状态界面设计是否真正成功，还要看产品能不能通过空状态引发用户填充空白的欲望，引导他们进入实际的操作流程。

设计过程中可以将空状态界面设想成某种登录页，在保持最小化设计原则的同时，构造场景氛围，通过必要的文字说明功能特色，然后使用一目了然的视觉元素引导用户进入使用流程。

具有强引导性的空状态界面一般包含以下三方面的组成元素。

（1）激发性：使用具有激发性的语言或图形元素，如"让我们开始吧"。激发性的设计要符合产品的目标用户特质，而不是随意喊出一套怂恿之词。

（2）说服性：言简意赅地阐述价值主张，让用户知道与产品进行互动之后将得到怎样的收益。

（3）引导性：一目了然地提供功能入口，使用显而易见的指令元素，或是通过某种视觉元素将用户的注意力引导到指令元素上。如果没有特别的需求，那么在这里只需要提供一个最核心的功能入口，不要让用户花费时间去思考和选择。指令元素要具有良好的交互性，外观和点击区域等在设计时都要考虑到。

4 结语

我们日常的多数设计工作都集中在那些充满了各种数据内容与功能、需要仔细权衡布局的界面上，这也是界面设计最具挑战性、最令人兴奋的地方。但是想想看，对于很多类型的产品来说，在界面与用户之间实际上还隔着一层空状态，能否让这个状态更好地发挥承接作用，让用户真正进入体验流程，是需要设计师重视的地方，因为相同功能的产品之间差距就存在于这个地方。

参考文献

[1] 诺曼. 情感化设计［M］. 付秋若，程进三，译. 北京：电子工业出版社，2005.

[2] 诺曼. 设计心理学［M］. 梅琼，译. 北京：中信出版社，2003.

[3] 董建明. 以用户为中心的设计和评估［M］. 北京：清华大学出版社，2003.

Start with Why
——快速查找联系人的设计与研究

王利娜

（中兴通讯股份有限公司，陕西西安，710114）

摘　要：手机发展至今天，已经成为人们生活中的必需品，我们可以用它聊微信、看视频、听音乐、玩游戏……然而手机有别于其他电子产品，其最核心的功能依然是通信。中兴 Axon 天机系列属于高端商务旗舰机，对于这样的产品来说，通信功能的稳定、快捷尤为重要。

关键词：Start with Why；快速查找；智能；高效

1 Start with Why

人脑是由约 140 亿个脑细胞构成的重约 1400 克的海绵状组织。脑在构造上按部位的不同分为前脑、中脑和后脑三大部分，分别具有不同的功能（图 1）。前脑是脑最复杂的部分，语言、阅读、音乐、思维、计划等都是由前脑负责的；中脑是视觉和听觉的反射中枢，其主要功能是控制人的感觉并指导人做出对应的处理措施；后脑的主要功能在于控制呼吸、消化、身体功能及安全。

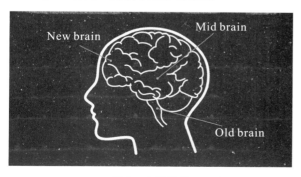

图 1　人脑构造

笔者借对人脑的介绍想要说明，逻辑很重要，但是逻辑不能引导我们做出伟大的 UX（用户体验）设计，其原因就在于一个产品给人的感觉远比清晰的逻辑更重要。在做一个产品时，不能只看产品支持哪些功能，或某些功能点看起来还不错，就在自己的产品中也对应地增加相同的功能。以手机为例，iPhone 是业界公认的体验较好的手机，从逻辑的角度出发，各个厂家只需要看 iPhone 做了哪些新功能，就把这些功能也纳入自己的产品，甚至比 iPhone 再多做一些功能，就可以达到甚至超过 iPhone 的水平了。但事实上并非如此，原因就在于任何产品都需要先了解其本质，从 Why 开始。

我们只看到了苹果公司的"我们生产很棒的电脑，它很漂亮且易用（We make great computer，It's very beautiful and easy to use）"，但是我们没看到"我们要颠覆人们的使用习惯，而生产漂亮的、简单的、易用的产品是我们怎么来颠覆现有使用习惯的方式（We believe that we're challenging against the present and thinking it differently.

Designing products beautiful, simple and easy is how we're challenging against the present)"。用 Start with Why 的方式来理解，则是为什么（Why）＝Challenging against the present；如何做（How）＝Design products beautifully, simply and easily；做什么（What）＝Apple computer（图2）。人人都知道自己该"做什么（What）"，有些人知道自己"如何做（How）"，仅有极少数人明白自己"为什么（Why）"要这样做。而只有从"为什么"出发的人，才最有可能改变一切。

图 2　Why, How, What

2　方案设计

2.1　痛点分析

中兴 Axon 天机系列手机的定位是商务人士，商务人士的特点可以总结为人多、事多、责任多。具体表现在：人多，认识的人很多，交际圈比较广；事多，工作繁忙，要处理的事情很多；责任多，家庭、工作都要兼顾。对于商务人士来说，如何做到面面俱到值得深度挖掘。通过前期的调研及用户反馈，笔者总结了基础通信模块用户在使用过程中的五大痛点，其内容具体如下：①查找联系人不够高效；②来电识别的准确性问题；③通话中来电手忙脚乱；④交换的纸质名片保存到手机太麻烦；⑤从通知类短信中找到有用的信息比较困难。

2.2　方案设计

2.2.1　提升方向

针对上述五大痛点，组织了专题 Workshop，共20多人参与，分为3个小组，经过2天的讨论，确定了基础通信的关键词、提升方向和提升点。下面用 Start with Why 的方式进行说明。"为什么"，MiFavor 基础通信的关键词是"更懂我"，即：MiFavor knows what I'm doing and what I need now。"怎么做"：我们的方向是简单、高效、智能。具体表现为简单、无须过多的装饰，从界面到操作都很简单；高效，提升使用效率，为用户节约时间；智能，以使用场景为出发点，显示真正需要

的内容。"做什么"：一切新增功能都以场景为出发点，在原有设计的基础上做提升。

2.2.2　设计方案

下面以"查找联系人不够高效"为例，展开阐述。普通用户的联系人列表共200～300个联系人；而商务人士的联系人远比普通用户多得多，一般都有上百乃至数千个联系人，找个人需要15秒甚至更久。中兴 Axon 天机系列手机目前支持的搜索联系人的方式有：联系人列表，手动上下滑动查找；联系人列表，字母条快速查找；输入姓名或号码搜索联系人；收藏常用联系人；拨号盘手动拨号码；拨号盘智能匹配联系人及号码；通话记录；群组等。现有查找方式对于普通用户基本够用，然而对于有上百乃至数千个联系人的商务人士来说，还不够快捷。以有 3500 个联系人，使用最常用的字母条搜索联系人梁震为例，2016 年百家姓排名中李姓占 7.94%，刘姓占 5.38%，而李姓 7.94%×3500＝278，刘姓 5.38%×3500＝188，要找到同为 L 开头的梁震真的很不容易。

怎么提升呢？是限制联系人列表条数，最多只能存 500 个联系人；还是强调键盘搜索，在联系人列表界面默认显示输入法面板；或者是学 iPhone 把拨号盘和通话记录拆分为两个 Tab，收藏的联系人单独作为一个 Tab 来显示？显然，这些都是不能解决问题的。要提升查找联系人的效率，从本质来看，主要有以下两个方面：一是内容呈现，诸如联系人一般都是怎么存的，联系人中什么内容最重要，常用联系人和一般联系人有什么区别等；二是查找方式，诸如用户在什么情况下用查找，用户为什么不常用搜索，用户是否接受新的搜索方式等。以此为思路，该产品的设计团队出了大量的设计草图，经过第一轮筛选，最终挑选出如下 5 个方案。

方案1：邂逅惊喜——朋友就在眼前，不用费力查找。

总有那么一些联系人不是每天都有联系，但是在所有联系人中，联系频率比其他联系人高。需要联系时，在最近的通话记录中找不出来，而联系人列表也因为人数众多，不能快速找到。

设计方案：去掉无效信息，优先显示常用联系人。具体方案为：

（1）联系人列表界，面用户点击字母条上的某个字母，则提供以该字母开头的最近频繁联系的 3 个联系人（图3）。

（2）联系人列表界面，用户在字母条上滑动停止后，则提供滑动停止字母开头的最近频繁联系的 3 个联系人。

（3）用户点击相应的联系人可以直接发起呼叫。

（4）最近频繁联系的联系人少于 3 个，则有几个显示几个；如果某个字母开头的所有联系人近期都没有联系过，则不显示最近频繁联系人。

图 3　使用频率最高的 3 个联系人

方案 2：姓名地图。

列表形式，每行只能显示一个联系人，如果一屏可以显示更多的联系人，则会增加滑动效率，从而提升查找效率。于是，从常用的查看电子地图的方式联想到了姓名地图。

设计方案：联系人列表界面分为 3 种显示形式，即列表形式显示联系人姓名，宫格形式显示联系人姓名，宫格形式只显示联系人姓。宫格显示姓名，滑动效率可提高 3 倍；而宫格仅显示姓，则某个字母开头的联系人特别多时，可以提升查找速度，例如 L 开头的联系人中，李、刘姓特别多时，采用这种方式可以更快找到 L 开头的其他联系人（如梁震）。具体方案为：

（1）通过双指捏合或者点击切换按钮的形式，可以快速在正常列表、宫格显示姓名、宫格显示姓 3 种视图之间切换（图 4）。

（2）宫格显示姓界面，用户点击某个姓，则显示宫格形式姓名界面，且缩放列表界面以用户点击的姓所在的行为初始位置开始显示。

（3）联系人列表界面进行切换视图操作，用户退出该应用后，下次再进入时依然显示上次退出联系人应用前的视图样式。

图 4　姓名地图

方案 3：智能标签。

商务人士的重要特点之一就是联系人众多，要记清楚每个人的姓名不是一件容易的事，有时候想找一个人，可能只想到了他是哪个城市哪家公司的。如果通话中再来电，则需要根据当前通话以及新来电的联系人对象来决定处理方式。在联系人模块中，对传统的公司进行备注是支持的，但问题是输入太麻烦，对于同一家公司的多个联系人，保存第一个人时，在输入了公司名称后，其他人还需要反复输入。

该产品的设计团队设身处地从商务人士的角度出发，设计了"智能标签"的方案，打通联系人模块已有的各个字段，包括归属地、群组、公司、职务、备注等，自动生成智能标签，并以此为基础，打通多个模块的多个功能点，如联系人置顶、短信置顶、白名单、来电响铃等，形成了智能的连贯体验。其智能化主要表现在以下几个方面：

（1）自动生成归属地标签。

（2）自动获取批量导入的联系人中的已有信息生成标签，通过简单拖拽即可在列表界面快速赋予联系人标签，满足用户导入联系人后的批量添加需求。

（3）添加自定义标签，一次输入，多次使用，减少用户的输入需求，降低使用门槛。

（4）可多标签复合搜索，更易定位联系人。

（5）设定标签后，还可设定标签所拥有的特殊权限（优先权），让标签真正具有强大的"以人为本"的管理功能（图 5）。

图 5　智能标签

方案 4：语音搜索。

近 5 年来，语音搜索量激增，VUI 已成为主要的交互方式之一。谷歌语音搜索量较 2008 年增长了 35 倍以上，较 2010 年增加了 7 倍以上。语音搜索正在侵蚀搜索份额，在美国，Android 上语音搜索占 20%；在中国，百度上的语音搜索占 10%，必应任务栏上语音搜索占 25%，Siri 每周处理超过 10 亿条语音请求。相比于 GUI，VUI 更便捷，也更高效。

设计方案：联系人列表及拨号盘界面，增加语音搜索按钮，只要说出联系人姓名或号码，立即显示要找的联系人（图6）。

图6　语音搜索

方案5：常用联系人推荐。

虽然用户联系人列表中会存有上百乃至数千个联系人，然而一段时间内，高频联系的人数一般在6～8名。通过对部分用户通话记录的分析得出，常用联系人不仅与呼出频率相关，还与时段有关，不同的高频号码，呼出时段有所区分。更有用户的呼出号码统计显示，少数几个号码占据了70％的呼出量。

设计方案：根据呼出频率及时段，显示最常用的6个联系人。具体方案为：

（1）在通话记录界面最顶部，显示最常用的6个联系人的姓名及头像（图7）。

（2）点击常用联系人姓名及头像区域，呼叫此联系人。

（3）拨号盘默认为收起状态。

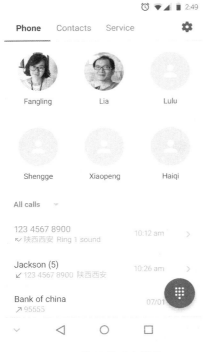

图7　常用联系人推荐

3　可用性测试

3.1　测试方法

测试目的：在产品的早期阶段对设计方案进行快速验证。

调研方法：定性研究—可用性测试。

具体形式：屏幕纸原型，即将已制作好的效果图搬到手机屏幕里。

对象：真实的商务用户。

测试人数：6人。

地点：外出约访。

测评人员：UE、UI设计师，需求工程师。

在设计方案完成后，迅速采用定性研究的方法，进行低保真原型的测试。屏幕纸原型可以给被测者带来更完整的产品体验，提供更为真实和有价值的反馈数据。其具有制作过程简洁、成本低、更改快速、效率高等特点，可对整体布局、交互流程进行快速测试，在设计初期进行优化改进，极大地提高效率。

测试前，设计及UE团队进行沟通，确认好每个方案的测试用例及关注的问题点，并将5个设计方案所对应的典型界面效果图分文件夹拷贝到手机内，同时邀请了6位真实的商务用户参与测评。6位用户的联系人数量均在1000人以上，日常通话数量及时长都比较多。测试过程中有两名主持人，一名主持人引导测试流程，另一名主持人模拟操作实际系统的行为，把效果图变成一个有功能的原型，当用户要执行某个操作时，主持人就从手机中找出下一个界面所对应的效果图。测试过程中还有一名记录员，观察及记录用户操作过程中遇到的问题及主观评价，该产品的UI设计师和需求工程师也一同作为观察员参与整个可用性测试。

3.2　测试结果

经过调研内容确认—调研方案确认—招募目标用户—评估内容整理—预测试—执行测评—整理结果等步骤，经过1周的努力，测试结果如图8所示。

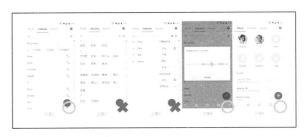

图8　可用性测试结果

方案1：邂逅惊喜——朋友就在眼前，不用费力查找。6 位用户均表示查找最常用联系人非常重要，索引条也是常用的操作，目前的设计能减少查找时间；当前界面没有头像会更加简洁一些，如果设置了头像，在联系人详情或者呼叫界面能看到即可。建议保持该设计方式。

方案 2：姓名地图。仅能索引到姓，名字中的第二个字不能索引，没有规律的话，半天找不到想要的联系人，检索效率不高。另外，此方案仅限于只保存姓名的情况，如果名字前保存其他信息，只能看到名字前面的信息，而看不到联系人的真正信息，不方便查找。此方案对用户帮助不大，建议舍弃。

方案 3：智能标签。6 位用户均不使用手机群组功能。用户觉得给重要联系人打标签的功能没用。自己手机的重要联系人不会专门去打标签，其原因如下：一是担心安全隐私；二是设置麻烦；三是担心其通用性，如换个手机这些信息也随之丢失等。来电联系人重要等级划分，不会在手机上区分，智能标签的权限设置太细，不同联系人的重要性不能仅通过标签来体现。用户觉得添加标签太麻烦，对于标签权限的分级不感兴趣，建议舍弃。

方案 4：语音搜索。6 位用户均表示通过语音仅一步就可以快速找到联系人，很快捷。但是在公共场合，不方便使用语音。虽然语音有使用场合的限制，但其效率和易用性优势显著，建议保持此设计。

方案 5：常用联系人推荐。对比传统的安卓系统的通话记录以及拨号盘的交互界面，用户整体上认可该新设计，并认为该界面加入频繁联系人的头像之后更加生动，新颖性更强，操作更加便捷。进入该界面，默认收起拨号盘，所有用户都认为该设计不错。建议保持此设计。

3.3 方案选定

通过低保真原型测试，在软件开发之前，快速地对设计方案做了验证，节约了软件开发的人力及时间。对用户评价颇高的 3 个设计方案，即方案 1：邂逅惊喜——朋友就在眼前，不用费力查找；方案 4：语音搜索；方案 5：常用联系人推荐，继续完善并投入开发，在 Axon 天机 7 上率先得以体现（图 9）。期待更多用户能尽早体验到此设计。

图 9 方案展示

4 结语

智能手机通过近 10 年的快速发展，给我们的生活带来了非常多的便利，如今手机已成为我们生活中的必需品。而各个手机厂家及设计公司，也都逐步建立起了自己独特的设计方法及流程。此文通过"快速查找联系人"这一最常见的小案例，和大家分享 Start with Why 的思考方式、Workshop 的设计方法以及用户研究的重要性。期待通过越来越多终端人的努力，给人类的生活带来更多便利。

参考文献

[1] 脑[EB/OL]. http://baike. baidu. com/view/66716. htm.

[2] SIMON SINEK. 从"为什么"开始，乔布斯让 Apple 红遍世界的黄金圈法则 [M]. 苏西，译. 深圳：海天出版社，2011.

[3] 新一代人机交互模式：语音交互产业将进入爆发期 [EB/OL]. http://www. ocn. com. cn/keji/201607/boooz07090550. shtml.

[4] ALAN COOPER, ROBERT REIMANN, DAVID CRONIN. About Face 3 交互设计精髓 [M]. 刘松涛，译. 北京：电子工业出版社，2008.

基于支付产品体验问题的服务设计

王立芳　席平亚

（中国电信集团客服运营支撑中心，上海，200040）

摘　要：本文对服务微设计概念和设计流程提出了自己的想法，阐述了某支付产品的体验问题和服务微设计案例，通过利用故事版、服务路径、问题卡片三种方法进行服务微设计，解决支付流程中的服务体验问题，以提高翼支付在第三方支付行业中的竞争价值。

关键词：第三方支付；支付流程；服务体验；体验创新

1　引言

近几年，随着互联网金融的兴起，传统的支付业务发生了明显的变化，第三方支付机构迅速在市场上崛起。以支付宝、财付通为首的第三方支付公司，无论从交易规模、支付模式，还是支付场景和基于支付数据的增值服务等方面，都给支付市场带来了重大的金融革新。根据中国人民银行 2016 年 6 月 7 日发布的数据显示：一季度，电子支付业务保持较快增长。其中，移动支付业务 56.15 亿笔，金额 52.13 万亿元，同比增长 308.08％ 和 31.05％，移动支付业务笔数涨幅明显。

为实现中国电信在"互联网＋"背景下的战略转型，中国电信在 2011 年 3 月注册成立天翼电子商务有限公司，电信第三方支付产品——翼支付也进入了第三方支付行业大军。随着苹果公司的 Apple Pay 与三星的 SAMSUNG Pay 相继落地中国，第三方支付市场竞争愈演愈烈，第三方支付体系也日趋完善。翼支付今年重点推出的逢"5"五折活动，即将每月的 5 日、15 日、25 日定为翼支付电信日，电信用户活动日内使用翼支付在其线下合作商户消费即可享受 5 折优惠。同时，翼支付还不定期推出回馈活动，如近期有"全国娇兰佳人满 50 立减 20 元""北京、天津棒！约翰满 100 立减 50 元""全国友宝上线，北、上、广、深 1 元购"等丰富的线下支付活动，以及电信用户专享的"飞牛网满 85 减 15""易果生鲜满 40 减 20"线上优惠活动，满足了用户多种消费习惯。但根据各应用市场 2015 年的统计结果，翼支付在第三方支付行业中下载量活跃度排名第三，但与排名第一的支付宝份额相差甚远。在近 3 年的日常工作中，笔者通过实施用户体验测评，发现不少翼支付服务体验问题，但一直未给出解决方案。

针对上述具体背景，本文聚焦翼支付支付流程中的各项服务内容，梳理、感知缺失问题，采用故事版、服务路径、问题卡片三种方法进行服务微设计，以提升服务体验为目标，为翼支付服务体验提升提供有力保障，以提高翼支付在第三方支付行业中的竞争价值。

2　服务微设计概念、流程和方法

2.1　服务微设计概念

1984 年 Shostack G. Lynn 在《哈佛企业评论》发表文章"Designing Service"，标志着服务微设计的起源。2009 年，Birgit Mager 教授定义服务微设计是使得为人提供的服务有用、可用、有效率和被需要，服务微设计不仅要从受众（用户）的方面去考虑可用性问题，还需要从服务提供者的角度来考虑关于他们的可用性问题。2010 年英国设计协会定义服务微设计是"使得为人提供的服务有用、可用、有效率和被需要"。

结合目前的工作，经过 3 年的探索，对服务微设计概念提出优化，服务微设计是发现感知缺失后，针对感知缺失问题进行用户服务触点的创新设计。

2.2　服务微设计流程

事前把握用户期望，事中监测服务质量，事后解决工作问题。服务创新介于事前、事中之间，其在工作中的切入环节如图 1 所示。

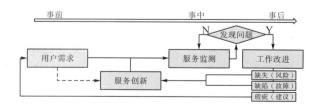

图 1　服务微设计在工作中的切入环节

经过理论学习及大量的实践，摸索总结出一个服务微设计工作流程，共计 3 步：第一步，头脑风暴，启发大脑；第二步，线上线下调研，找准切入点；第三步，从方法库挑选合适方法进行服务微设计。

2.3 服务微设计方法概念

2.3.1 故事版

故事版源于电影摄影，它通过一系列图纸或图片进行用例展示，组成叙事序列。服务故事版展现着每一个触点的表征以及触点和用户在体验创造中的关系。

2.3.2 服务路径图

服务路径图是一个有导向性的图表，用以展现在不同的接触点上用户和服务的相互关系。

2.3.3 问题卡片

问题卡片是用来引导和提供动态交互内容的像销钉一样的实体工具。每个卡片可以包含一段感悟、一张图片、一幅画或者一段描述，以及任何能够为问题提出新的解释或者能将假设导向不同观点的内容。

3 翼支付支付流程服务微设计案例

3.1 头脑风暴，启发大脑——电信营业厅微创新

大众用户的头脑风暴会：首先在服务微设计前期开展头脑风暴会议，主题为电信营业厅微创新。会议收集到 10 个典型的电信微设计案例：厅内引导分流、低零余额提醒、线上预约、等候体验区环境优化、宽带绿道、复杂业务后置、高峰期客流动态管理机制、原号复通、自助终端异地增值业务办理和业务办理规范动作。小小的微创新不起眼，但是也解决了用户的一些小的感知缺失。通过电信营业厅服务流程的头脑风暴，结合近期体验工作，明确服务微设计主题——翼支付的支付流程。

3.2 线上线下调研，找准切入——翼支付的支付流程感知缺失调研

针对翼支付客户群开展线上线下调研：明确创新业务为翼支付后，选择了支付流程为主要创新内容。我们开展了线上线下调研，发现体验感知缺失的问题，设计定量与定性调研，确定问卷调研、用户访谈、用户观察和任务走查 4 种主要的方式。

问卷调研主要采用电信 UE189 调研平台，在集团相关微信公众号、易信公众号、App 等中进行推广，抽样样本主要为电信用户，通过信度效度控制与删选，最终共收集 1831 份有效样本。调研内容为使用行为、使用意愿、选择原因、竞品对标支付宝 4 个方面。

用户访谈主要针对 60、70、80、90、00 代典型电信使用翼支付的用户进行访谈，专门设计访谈提纲，包含目的、对象、人员、时间、内容（包括使用频率、使用方式、使用网络三个方面）、准则

和问题。用户访谈结论作为问卷调研的定性调研结论输入，如图 2 所示。

图 2　用户访谈

同时针对翼支付线下支付流程，采用用户观察和任务走查两种方式进行调研，主要体验内容为宣传口径、消费支付、立减额度、消费提醒、客服感知 5 个方面，如图 3 和图 4 所示。

图 3　用户观察

图 4　任务走查

调研主要发现 9 个结论，结论 1、2 来源于问卷调研，3~9 来源于用户访谈、用户观察和任务走查结论。

结论 1：26.14% 的用户期待便捷的直接支付方式。

支付方式中，期待提交订单后直接支付占 26.14%，熟人间手机或微信转账分列第二和第三，分别为 24.96% 和 23.18%。分析认为，用户仍比较期待既有的支付方式能够得到等大限度的发展。对于新兴的支付方式如近场支付、微信支付等，用户都抱有较大的期待（表 1）。

表 1　用户期待的支付方式（样本 1328 份）

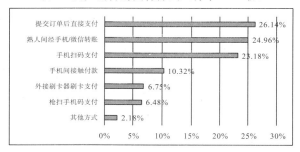

结论 2：多功能、高质量、低费率、服务广的服务是用户所期待。

调研结果显示，用户认为支付操作便捷性是最需改善的问题，提高支付操作便捷性排名第一，达 22.50%。提高交易安全性、支付方式多样化、拓展服务应用范围紧跟其后，占比分别为 19%、13% 和 12.5%。分析认为，用户关注重心从顾虑资金安全转变为享受操作便捷性的快感。除此之外，用户认为交易安全性、支付方式多样化都需要改善。未来为用户提供多功能、高质量、低费率、服务广的服务是支付的发展方向（表 2）。

表 2　电信用户认为最需改善的问题（样本数：1328 份）

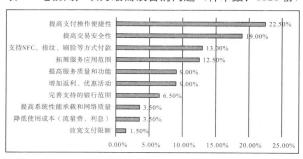

结论 3：6 位任务走查用户反映只能用翼支付余额付钱，余额不足需先充值，不能使用翼支付绑定的信用卡和储蓄卡支付，十分不便捷。对标支付宝等产品余额不足时，可以使用信用卡和储蓄卡支付，方便用户，用户感知良好，如图 5 所示。

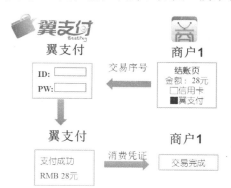

图 5　翼支付现有支付流程

结论 4：6 位观察用户均表示，用户忘记支付

密码后，线下营业员不知晓找回密码流程，用户感知较差。

结论 5：6 位观察用户均表示未开通翼支付，线下营业员不知晓开通流程，用户感知较差。

结论 6：6 位观察用户均表示对返现的钱不知晓使用范围，线下营业员也不知晓，用户感知较差。

结论 7：6 位任务走查用户反映 App 中订单查询与收支明细功能重复，用户分不清区别。对标竞品支付宝，详单只有一个，方便用户查询消费后明细，如图 6 所示。

图 6　App 中订单查询与收支明细功能重复

结论 8：6 位任务走查用户反映 App 中订单项中无线下消费订单，收支明细没有正负标识，感知较差，如图 7 所示。

图 7　订单中缺少线下消费订单，收支明细中无正负标识

结论 9：6 位任务走查用户反映回执小票中关键信息不突出，如消费商户、消费金额、消费时间、翼支付账户等关键信息显示不明显，如图 8 所示。

图 8　翼支付消费后的回执小票

3.3　从方法库挑选合适方法进行服务微设计——翼支付体验感知缺失服务微设计

针对最大的用户群（中青年技术男）进行以用户为中心的服务微设计。

3.3.1　服务微设计方法论 1——故事版

针对第 4、5、6 条调研结论（用户忘记支付密码后，线下营业员不知晓找回密码流程；用户未开通翼支付，线下营业员不知晓开通流程；用户对返现的钱不知晓使用范围，线下营业员亦不知晓），我们通过故事版服务微设计方法，同邀请的中青年技术男一起讨论、解决以上问题（图 9），用故事版表现支付服务流程中的不同视角与假设，整个服务有支付前、中、后三步。对每个步骤增加主动提醒、互动交互和告示提醒等环节，通过插画形式展现，用于解释客服服务的流程和服务面向最终用户的沟通（图 10～12）。

图 9　故事版服务微设计讨论会

图 10　支付前场景故事版

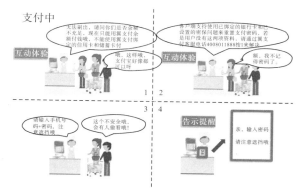

图 11　支付中场景故事版

图 12　支付后场景故事版

主动提醒：在用户选择支付方式前，客服主动提醒，告知"现在只能用翼支付余额付钱，不能使用翼支付绑定的信用卡和储蓄卡支付，请保证余额充足"，避免用户在支付时才发现余额不足或不能用信用卡及储蓄卡支付。

互动交互：遇到用户不知晓 App 开通方式、不知晓可使用的支付方式、忘记密码等场景时，客服要首先倾听，然后引导用户做相关的操作。

告示提醒：因现在支付流程需要支付密码，可增加告示牌，提示用户注意遮挡密码。

3.3.2　服务微设计方法论 2——服务路径图

针对第 1、2、3 条调研结论（用户普遍期待新的支付方式；多功能、高质量、低费率、服务广的服务是支付用户期待的；只能用翼支付余额付钱，余额不足需先充值，不能使用翼支付绑定的信用卡和储蓄卡支付），我们了解到，用户有两个重要的需求：第一，支付流程方便快捷；第二，支付过程安全可靠。我们选择服务路径图作为服务微设计方法，在整理服务流程时挑选支付前和支付后两个环节（图 13），一对一访谈了中青年技术男代表（图 14），最后将原有的 5 步服务流程：①发送结账页；②触发交易；③输入用户名/密码；④支付成功；⑤支付完成提醒，现改为 6 步：①发送结账页；②触发交易；③判断余额是否充足；④扫码支付；⑤支付成功；⑥支付完成提醒。服务涉及对象从翼支付、商户两方变为商户、翼支付、银行三方。整个流程主要改动为余额不足后可使用银行卡支付，支付方式改为扫码支付，改动后的流程与原支付流程如图15所示。

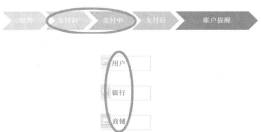

图13　整体服务路径图

图14　服务路径服务微设计访谈现场

图15　原支付流程与创新的支付流程

3.3.3　服务微设计方法论3——问题卡片

针对第7、8、9条调研结论（App订单查询中，无线下消费的订单；App收支明细没有正负标识，分不清转入还是转出；小票回执关键信息不突出），我们通过采用问题卡片服务微设计方法，画出售后服务流程，列出触点，并把对应的问题卡片分派到各触点上使各触点存在的问题一目了然（图16）。走查问题卡片，画出服务流程，发现流程问题，最后为每个问题划分类型（绿、蓝、黄色）和设定优先级（1~10级），如图17所示。再从多个解决方案中选择五个措施：①合并App界面中的订单查询和收支明细功能；②明细中增加线下消费订单；③标注正负符号表示收入或支出；④筛选并重新编排消费回执小票中的关键信息，精简内容，首先展现用户最想看到的关键信息，再展现用户售后需要的商户关键信息，增加LOGO、客服联系方式和活动宣传；⑤增加用户的体验，增加小票的趣味性，将回执小票反面设计为西瓜，从而解决了调研中反映的问题，提升了用户支付后的体

验（图18~20）。

图16　问题卡片对应的服务流程及触点

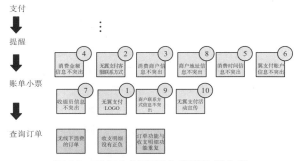

图17　对每个问题划分类型和优先级

图18　账单界面

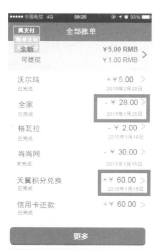

图19　消费明细界面

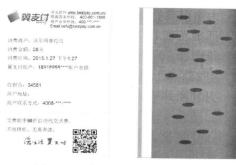

图 20 消费回执小票正面、反面

4 结语

本研究成果已被翼支付公司采纳并作为更新升级的参考。据统计分析，采用新的支付方式后，支付过程产生的投诉量明显下降，此类投诉第二季度较第一季度环比下降 10%。同时，研究成果也将继续优化，将服务体验设计嵌入电信产品的核心生产、运营、推广，推动服务体验工作的创新与发展。未来，服务微设计将作为实现卓越服务体验的重要手段。

同时，希望本文能在服务微设计领域，为业内产品经理提供体验设计方案，对提升各产品的服务体验起到积极的作用。

参考文献

[1] LYNN S G. Designing Service [J]. 哈佛企业评论，1984.

[2] VERTELNEY L，CURTIS G. Storyboards and Sketch Prototypes for Rapid Interface Visualisation [J]. CHI Tutorial，1990.

[3] BILL HILLINS. Service Design [J]. Total Design，1991.

小学生接送产品解决方案
——接送宝的产品设计

王向荣　林胜师　徐　磊　余　珺　姬晓红

（中兴通讯股份有限公司，上海，201508）

摘　要：本文通过对国内家长接送孩子上学、放学这一现象进行调查和研究，发现接送小孩现在已经成为一个社会问题，并且催生出了一系列后遗症。本文通过对不同人物在接送小孩上学放学这个活动中所扮演的角色和产生的作用进行阐述和探讨，挖掘出了场景和用户痛点。通过智能终端构建基于地理位置的熟人社交互助平台，以此最大限度地优化家长的时间调配，增加人与人之间的亲密度与信任度，并且将个人诚信机制引入其中，以提升社会人际活动的次数，将小家变为大家。

关键词：智能终端；深度访谈；社交；接送；和谐社会

1 背景

当下有一种独特的现象——"校门堵车"，引发这一现象的原因就是：几乎每个家庭都会接送孩子上下学。

"上班前先送孩子去学校，下班后急着去学校接孩子"这种情况现在已经越来越普遍，学校放学时间一般都早于家长下班时间，很多人因此影响到正常的工作。有人选择由家里的老人接送，但老人一般不会开车，这就让接送孩子的交通安全和便利性存在隐患。还有一些人选择"晚托班"等家政机构，但从业人员素质和机构的良莠不齐使得家长也难以放心。

在现有的方式之中，并没有一个令人较为满意的解决方案。因此，我们尝试利用智能终端，通过基于地理位置的熟人社交方式来解决这一问题，并希望借此来恢复人与人之间原本应该存在的信任，逐渐构筑一种良性的社交生态。

2 用户洞察

2.1 定量研究

研究对象：通过发放互联网问卷的定量研究的方式，回收到 286 份有效问卷。图 1 为设计方案进展规划。将学龄前儿童的家长分离出来单独分析发现，这部分父母一般没有与孩子联络的需求，因为孩子身边一般都有大人陪伴，或者家长可直接联系孩子的老师，其中有部分家长表示联系孩子的老师会有不好意思的感觉，而这部分家长中仅有极少数的人给孩子配置了手机或者智能手表来保持联系，没有人表示没有和孩子联络的需求。由此分析，这部分家长是比较关注自己孩子的动态的，但是他们的孩子通常是有家里大人看护或者是在学校有老师照看，因此，他们更愿意直接与孩子的当时监护人取得联系。

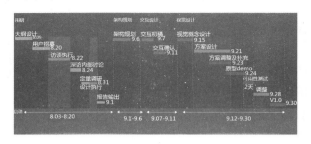

图1　设计方案进展规划

将适龄儿童的家长分离出来单独分析发现，这部分的父母与学龄前儿童的父母最大的差别在于手机和手表已经成为他们之间联系的重要工具，有32％的手机使用率和11％的智能手表使用率，而有这方面诉求的家长占28％。由此可知，希望建立和已经建立起与孩子行之有效的联系方式的家长占71％，而联络老师和联系其身边看护人的比率则明显低于学龄前儿童的家长，6％的家长没有和孩子的联络需求（图2）。

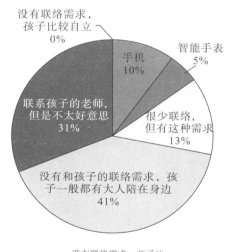

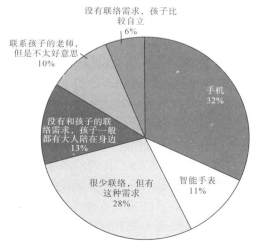

适龄儿童

图2　学龄前与适龄儿童家庭沟通诉求的解决方案

本次调研发现，学龄前儿童的家长认为智能手表可以帮助他们确定孩子所在的位置、监听孩子的环境、检测孩子的健康数据，但是还有35％的人认为智能手表华而不实，没什么实际用途。

由此可见，学龄前儿童的父母更关注孩子的健康和安全，如孩子身体发育、是否被欺负等情况，对联系功能方面并不在意。

通过本次调研发现，适龄儿童的家长理解的智能手表排在前四位的功能是定位、联系、监听和路径复查，由此也可以发现他们更关注孩子在什么地方，以及孩子去了什么地方，因为这部分孩子相对具有一定的自理能力，放学通常是自己回家或者有自己的活动安排，如去同学家玩、春游等，因此实时通信和定位、监控成为父母关注的焦点，而由于目前多数学校不允许学生带手机上课，智能手表开始成为家长关注的新产品（图3）。

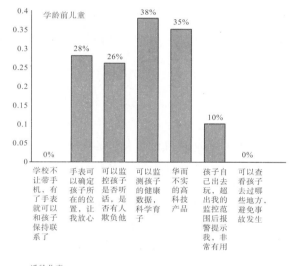

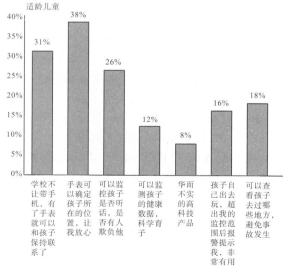

图3　学龄前与适龄儿童家庭对智能手表的态度

2.2 定性研究

通过本次网络定量调研发现，被接送孩子的年龄段主要集中在 6～10 岁，主要为小学生群体。因此，我们的智能终端和产品针对的人群锁定了这个群体。此后，我们针对该群体的生活行为习惯及日常生活场景设计了深入访谈的大纲。

该产品在用户研究阶段将采用定性结合定量的方法进行用户日常行为场景的挖掘及需求的判定，然后通过定量问卷调研的方式对需求痛点和问题的解决方式进行验证。由于每个家庭的日常生活方式存在差异，因此采用半结构深度访谈的形式进行实地深度访谈调研。

调研地点：上海

用户研究概要：

（1）深访 6～10 岁小学生的家长，了解家长的接送行为及习惯，针对家长在接送孩子过程中遇到的问题和家庭状况从多维度进行洞察。

（2）深访 6～10 岁的小学生，针对小朋友日常生活、上学放学的场景，探索其行为及心理活动的轨迹，探索其需求及痛点。

（3）通过深访的方式了解家长对智能手表及其他电子产品的认知及接受情况。

在设计阶段，我们会根据调研的结果进行需求的梳理和规划，并以概念草图、界面流程图及原型制作的方式展开产品的设计。同时，在 DEMO 阶段再次引入用户的参与，进行可用性测试，验证我们设计的行为方式是否与用户的思维模型相一致，进一步提出需要改进的地方。图 4 为用户调研现场。

图 4　用户调研现场

通过本次调研我们发现，目前家长接送孩子上学、放学主要有四种方式：15% 的家长选择自己接送，夫妻双方轮流协调时间接送孩子，或者是家中由全职妈妈负责孩子的接送；8% 的家长选择找人代接送或者临时有事情会选择找人帮忙；45% 的家长选择让自己的父母帮忙接送孩子，这部分人群当中仅有 42.3% 的老人有自己的独立住房，不与子女合住；32% 的家长选择了用晚托班来解决接送孩子放学的问题（图 5、图 6）。

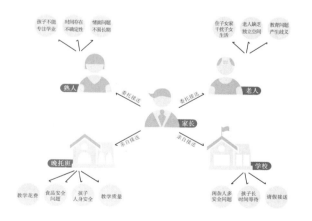

图 5　适龄儿童接送状况分布

图 6　适龄儿童接送状况

2.3 多维度用户洞察研究

在调研问题设计环节，我们针对产品的功能、交互方式、使用态度三个维度设计了半结构性的大纲，并且进行了深访调研。

2.3.1 功能维度

2.3.1.1 痛点梳理

（1）孩子上学没人送。因为上学时间和家长的上班时间冲突，目前大部分小学生都是就近上学，然而家长的尴尬在于单位不是就近分配的,所以大人一般只能在早走的时候把孩子送到学校,孩子也得和大人一起早早出门。

(2)全职母亲的出现。部分收入相对丰腴的家庭的母亲选择了辞职,当全职太太,她们负责孩子日常生活的一切问题。然而她们非常苦恼的是空余时间相对较多,长期保持这样的生活使她们感到无趣,因为这部分家庭的全职太太基本都是受过高等教育的人群,除了几个比较集中的时间段有相对明确的事情要做外,其余时间经常处于漫无目的的状态,也缺乏一个正常的社交环境。

(3)放学时间与下班时间冲突。放学时间一般都在下午15:30—16:00,而大人一般要17:30才会下班,且到学校仍需要至少20分钟左右的时间,通常有些大人会先去接孩子,接到单位后再加班一会儿,把工作做完再回家。

(4)找人帮忙代理接送。这样的情况并不普遍,主要因素为找人不容易,同时也不好意思经常让某个人帮自己接送孩子。

(5)父母与子女观念上的差异带来的痛苦。有些家庭会选择让家中老人接送孩子,但两代人经常在生活习惯和教子方法上发生冲突。父母喜欢对子女指手画脚,而且父辈相对溺爱孙辈,这让子女感到苦恼。

(6)老人没有自己的社交环境。帮自己子女接送孩子的老人不远千里来到大城市,然而他们却要面临生活环境的不独立、社交圈子的局限,造成很多老人在家庭中也表现出一定的负面情绪。

(7)晚托班引发新问题。目前也有人选择付费给晚托班,让其帮助自己接送孩子。然而目前市面上的晚托班缺少正规机构的资质认证,开设存在诸多问题,例如,南通、上海、西安多地的晚托班出现过大面积学生食物中毒的恶性事件。此外,晚托班人多,难免照顾不周,聚集后就会出现管理问题,增加意外发生的风险。例如,杭州等地的晚托班就发生过小孩之间发生纠纷造成有的孩子受到伤害,但是由于晚托班的不作为,造成两家家长大动干戈,最终闹上法庭。与此同时,许多晚托班打着辅导功课的幌子,其实促使了孩子大面积抄作业行为的发生,而这些非正规的晚托班为了保证表面上的稳定和安全,放弃了对学生学习的管理。

2.3.1.2 从场景到切入点

(1)下班后家长不能够准时接孩子放学。

(2)上班前希望孩子多睡一会,但自己又要早起去单位,无人送孩子上学。

(3)放学后家长在门口找不到自己的孩子。

(4)临时约定需要提前告知孩子。

(5)想知道放学后孩子为何还没出来。

(6)了解孩子的当前状态。

(7)孩子出去郊游或上培训班时带个智能手表方便联络,以防万一,适当时候可以告诉家长自己的位置,几点来接,以及临时事件的应急处理。

(8)被老师留堂后(次数很多),家长只能被动等待,不能对等待时间有一个大概了解。

2.3.1.3 家长主要关注的内容

(1)准点接送孩子上学、放学,能够合理地安置孩子。

(2)历史活动轨迹。家长想在空余时间看看孩子当日有没有去一些不安全的地方,孩子回家路上是否贪玩,有没按时回家等。

(3)孩子实时定位。

①家长接孩子时,人太多,找不到孩子,需要借助定位工具的帮助。

②家长不在孩子身边时,想看看孩子在哪,例如,家长在上班,想看看孩子是否已经到家;孩子出去郊游,想知道孩子到什么地方了。

(4)孩子外出活动,接送时间不确定,能够及时沟通,合理安排。

(5)安全性及认证方式是否可靠。

2.3.2 交互方式维度

结合用户的类型和情景,提炼出以下典型用户场景。

场景一:陈莉今早突然接到通知;晚上有紧急项目必须要加班,而老公此时又在外地出差。她想到孩子没有人接,只好拿起电话想找个熟人帮她接一下孩子,但找了很久也不知道谁能帮她这个忙。她想到近期用的专车软件似乎也能接送孩子,她就想通过这个软件试试,可是有些不放心专车司机。另外,为了能实时看到孩子的情况,陈莉想给孩子买个手机或者智能手表,以帮助她监控孩子的行踪。

场景二:小明平时都由妈妈接送,最近妈妈由于工作忙,不能送他了。妈妈找了一个专职的车送他上、下学,陌生人的接送让小明有些害怕。而且每次到学校,小明的妈妈都会给他打来电话问自己是不是平安到达。

从上述场景来看,可以挖掘到以下几点:用户在突然有事时需要快速找到一个能帮助自己接送孩子的人,而且最好是用户已经熟知的模式。基于此,在接送孩子时应向一定数量的人发起请求,而发出请求和得到响应这个过程也应该简单并被用户所熟知。因此可以参考现有打车软件的基本模式进行设计，将请求和响应设计为发送订单和抢单。

用户对于安全非常重视，其深层需求是希望建立以熟人为核心的社交群，因此软件的业务功能最好是建立在熟人圈上。但此功能应该是为业务服务的，不应以社交为主，其层级不能暴露在前端。

对于产品的另一个使用者儿童来说，软件的载体是智能手表或手机。智能手表的操作必须简单且有效，避免冗余的操作、不轻易引起误操作。

2.3.3 使用态度维度

目前，目标群体的家长都听说过智能手表，他们最基本的认识是：这是一个通话产品，可以定位，可以互发短信，对一些亮点功能并不知晓。46%的家长对智能终端解决孩子的接送问题表示很感兴趣，但比较质疑产品的易用性和安全性。我们基于熟人及同小区、同学校的信息构建的社交平台，正是针对其安全性所做出的设计。

3 设计呈现

3.1 产品信息架构设计（图7、图8）

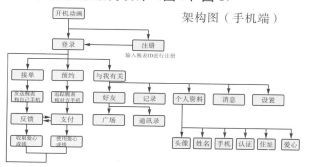

图7 产品信息架构图（家长端）

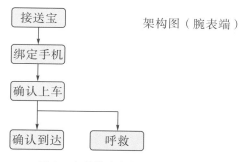

图8 产品信息架构图（儿童端）

接送宝建立在临近社群的基础上，在这个社群中，所有的使用者都有共同的特点：孩子在同一校区，家住得很近。这样在天然上就保证了使用者属于同一族群，安全性较一般的打车软件高。在使用时是一对多或者多对多的关系，这样可以实现在有需求时向多人求助，以便得到帮助；而软件又设计了奖励机制——帮助别人后可以免费且优先得到别人的帮助，这可以保证每个家长充分利用自己的空

闲时间主动帮助他人，从而提高产品使用率。

产品的定位基于"熟人"，这一"熟人"并非一开始就熟悉，只是位置和关系的"熟"，比如有可能是同一学校的家长或同一小区的邻居。接送宝希望通过接送这一互相帮助的业务，来恢复人与人之间本该有的信任和理解。这样，小到产品来说可以提高用户黏性，大到社会来说可以构建一个和谐的环境，最终达到无须接送宝，孩子也可以安全上、下学（图9）。

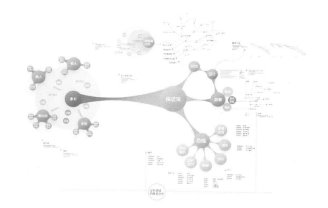

图9 接送宝生态展示

3.2 用户界面设计

（1）A先生因有急事需要在次日找人送孩子上学，他打开了接送宝App，由于以前帮其他人送过孩子，所以他有一些"爱心点"可以免费使用。A先生选择了接送地点和时间就下了单（图10）。

图10 下单界面演示

（2）等待了片刻，有位王先生愿意帮助A先生送孩子，A先生联系王先生确认了明天送孩子的事宜（图11）。

图11 确认接单界面演示

（3）第二天，A 先生将孩子送到王先生的车上。王先生按照约定的时间把孩子送到学校，一路上 A 先生都可以通过 App 和孩子手上的智能手表来跟踪孩子的行程（图 12）。

图 12　接送路线界面演示

（4）王先生把孩子送到后，孩子通过智能手表向爸爸报了平安，王先生也收到了相应的奖励（图 13）。

图 13　确认送达界面和手表界面

（5）A 先生加王先生为好友，他们通过这个小社群进行了一些简单的互动（图 14）。

图 14　接送包生态圈内交流广场

3.3　可用性测试

作为用户体验设计师，在整个产品设计周期内我们都坚持以用户为中心的原则，但是产品是否真的代表了用户最真实的诉求仍然需要通过可用性测试对结果进行验证。因此，该阶段我们需要再次招募目标用户来完成我们的案例，以发现产品的不足，从而进行优化。

在可用性测试部分，主要分 4 个维度：①造型的美观度；②造型的舒适度；③UI（用户界面）的易用性；④UI 的美观度，力求在发货前让产品能够到达最佳的状态。其中关于造型的测试应当在样机模型制作时就展开，因为量产的硬件产品生产成本较高，该过程需要提前在正式版本前进行，为后续的产品开模、加工预留好时间。

后续进行产品测试版本发布会时，我们会组织用户进行发货前的可用性测试，针对产品的实际场景与解决方案的匹配度、产品的易用性、界面的视觉效果，招募 9 组家庭进行验证。

4　结语

本研究关注孩子处在上小学阶段的都市家庭的需求，帮助他们以更高效、更具有人性关怀的方式接送孩子上学、放学。

通过用户研究和产品设计，遵循以用户为中心的原则，用产品设计改变人际关系；不仅能为忙碌的上班族提供和谐、美好、稳定的人际交往平台，还能协调配置每个人的时间，利用闲暇时间、顺道时间等不同的碎片化时间来形成新的社交方式，盘活熟人间的关系，增进和谐社会。

参考文献

[1] 丹尼尔·卡尼曼. 思考，快与慢 [M]. 胡晓姣，李爱民，何梦莹，译. 北京：中信出版社，2012.

[2] STICKDORN M, SCHNEIDER J. This is service design thinking: Basics, tools, cases [M]. Wiley, 2011.

[3] 李晓珊，郑子云. 公共交通类 App 产品的功能与用户体验设计研究 [J]. 装饰，2014（10）：96—97.

[4] 李晓珊. 儿童移动应用软件的用户体验设计 [J]. 包装工程，2012，10（1）：81—85.

智能投影仪的人机交互设计研究

徐 磊 王照祥

（中兴通讯股份有限公司，陕西西安，710114）

摘 要：随着移动设备的发展，智能投影仪作为一种新型终端设备已经进入人们的生活。作为一种承载了智能操作系统和投影设备的终端系统，智能投影仪有着区别于传统影视设备的场景和使用模式，随之而来也会带来全新的用户体验。本文通过研究分析现有家庭智能终端的使用场景和交互方式，在此基础上创造性地提出了双入口、双内容的设计模式，并将此设计模式应用于大尺寸屏幕智能投影仪的人机界面设计。

关键词：智能投影仪；交互设计；用户体验；轻商务；娱乐终端

1 引言

投影仪一直以来都以商用、教学使用为主，家庭安装为辅。传统投影仪的优点很明显：可以接驳多种媒体设备、投影尺寸大。但传统投影仪安装位置固定、不便携带、必须依赖外部媒体设备等问题一直限制着其使用场景和市场发展。

随着移动设备的发展，新型智能微型投影仪渐渐走进了人们的生活。智能微型投影仪自身就是一个智能系统，无须外接其他设备，而且便携性高，适用于多种场景。因此，智能投影设备越来越受到人们，特别是年轻人的青睐。但是现有的智能投影仪也存在一定的问题，诸如投影仪的流明不高、操作复杂等。基于此，兼具高流明、大尺寸屏幕、便携性的智能投影仪研发和设计就具有了市场前景。本文以此为基础，着重阐述大尺寸屏幕智能微投的人机交互设计特点。

2 相关产品分析

从功能上来看，智能投影仪可以分解为智能电视加投影仪，这几个设备的交互有些天然有冲突，有些却又有共性。因此在设计阶段需要先从相关产品来进行分析。

2.1 智能电视分析

智能电视作为现在接受度最高的智能家庭设备，已经融入了广大消费者的生活。智能电视一般都采用全开放平台并搭载操作系统，消费者可以安装第三方App，既能获取海量的影视资源，还能体验诸如体感游戏、视频通话等服务。

我们可以将智能电视看为一个远距离（2 m左右）多人共享的大屏幕设备。与智能电视的交互都是基于这个前提进行的，就目前的设备来看，合理的交互需要注意以下几点。

2.1.1 操作

电视的操作方式有几种：一是传统遥控器，其特点就是双低——学习成本低、操作效率低。二是遥控App，这种遥控一般带有触摸功能，但这种触摸功能并不能高效地进行操作。三是语音输入，语音输入是很多厂家喜欢推的卖点，但是目前语音输入的识别性较差，且无法即时反馈。四是手势控制，其好处在于学习成本非常低，初期体验的愉悦感和参与感强，但是长期使用疲劳感强，文字输入无法完成。

2.1.2 聚焦

这是智能电视交互的一个显著特点：界面上始终有一个控件处于聚焦（Focus）的状态。这与手机不同，对于手机来说，一个铺满了按键的App或是相册等内容可以通过点击来选择想要触及的东西。而对于智能电视来说，必须有一个控件是被默认选中的。这是由于人与电视屏幕不会直接产生接触，都是使用遥控器来完成操作。

2.1.3 可视性

这里的可视性包含两个层面的意思：一是字体大小，由于距离的原因，电视界面的字体和图画必须保持足够的大小才能让用户看清楚；二是控件聚焦状态必须要明显（图1），现在常见的聚焦状态形式有外边框高亮显示、图形放大效果、图形抽离、高反差显示等。

图1

203

2.1.4　文字输入

电视的文字输入对于使用者来说是一件非常痛苦的事情，这是因为现有的输入模式与手机端的输入法类似，即屏幕弹出全键盘，但是电视的输入效率却低下很多，因为用户通过操作遥控器来移动光标，每选择一个字母后点击确定，这样输入一个字需要使用按键进行多步操作，特别是对于汉语的输入会显得异常烦琐（图2）。

图 2

2.1.5　内容排布

智能电视的一个显著优势就是拥有海量的信息。如何排布这些内容是一个很关键的问题，搜索固然是一个可行的方案，但是正如上一条所述，由于文字输入的问题，在电视上搜索的效率也是非常低下的。各个厂商也都在尽量避免过多地使用搜索功能。一般都会在首页将内容分为大的门类，大门类下又有小门类，形成树形结构，用户可以层层点击进入（图3）。

图 3

2.2　投影仪分析

投影仪作为一种传统的设备有其天然的优点：投影尺寸大小灵活，只要有白色背景就可以投影。但因为投影仪并不便携，使用场所局限性很大。

现在出现的智能投影仪，可以很方便地让使用者带到任何场所，这样就极大地丰富了投影仪的使用场景。但目前市面上的投影仪由于输入问题无法解决，流明也不高，所以优势不能完全发挥（图4）。

图 4

3　投影仪使用情景分析

3.1　家庭

中国家庭目前仍然是以客厅为中心。虽然随着时代的发展和科技的进步，每个人都已经使用了智能手机和 Pad，但家庭聚拢的方式仍然是大家围坐在沙发上。现代家庭的设计，客厅依旧保持着以"沙发—电视"为核心的风格。因此，当人们围坐在沙发上时，电视往往是打开状态的——即便是每个人都不看电视（图5）。

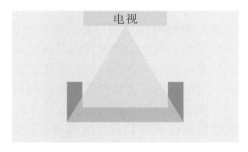

图 5

这种习惯表面上看是由于人们长久以来形成了以电视为中心的习惯。但其深层的原因是：人们都是由于一个共同的目的聚在一起，或是聊天或是游戏或是吃饭等。电视能成为中心就是因为电视的大屏幕可以被多人共享，而且在一定范围内，电视尺寸越大，人们就越能沉浸其中。从这点来说，投影仪可以在同等观看距离下获得更大的尺寸。如果流明更高一些，投影仪是完全可以取代电视作为客厅中心的。

投影仪除了可以取代电视作为客厅用品外，还有一个特点就是可以满足一些特殊用户的特殊需求。比如一些用户希望躺在床上使用，侧卧观影或平躺观影，这些更加丰富的场景正是投影仪所擅长的。

3.2　商务

无论是商务谈判还是方案演示，投影仪都是必不可少的工具，其核心是通过大屏幕共享信息内容。一般都是业务人员自带笔记本，然后连接到对方的投影仪上。智能投影仪由于自身就是一个搭载系统的平台，而且方便携带，因此用智能投影仪取代传统的笔记本＋投影仪成为可能。

3.3 户外

当人们外出聚会时，集体观影一般是不易实现的。智能投影仪虽然可以实现户外应用，但由于现存的设备流明偏低，使用感受并不佳。

4 大屏幕智能投影仪的设计

4.1 特征分析设计

投影仪的一个主要特点就是大屏幕。在这种前提下，无论何种使用场景，人与投影仪的影像之间都必须保持一定的距离。但投影设备却距离人较近，此时人如果要与影像进行交互，则必须通过遥控器来进行，这种模式为：人—遥控器—（投影设备）—影像（图6）。

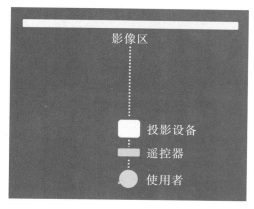

影像区

投影设备
遥控器
使用者

图6

此种模式下，遥控器的操作与影像的交互成为关键。这种交互的实质是：远距离非接触式交互。远距离决定了影像区不可能有细致的内容，否则将阻碍操作。非接触式最常见的控制方式为五维键控制聚焦区（Focus）——上、下、左、右、确定。这种交互方式移动的是焦点（Focus）或者说是"鼠标"，其焦点移动方式可以是正向移动，如选择图片，也可以是反向移动，如滚轴。这与Pad和手机的操作方式是不同的。加上在遥控器模式下并不存在长按滑动等操作，因此很多移动端的交互方式在这里会失效。

由于采用上、下、左、右的操控方式，因此在界面特别是Launcher上采用宫格或者卡片类型的划分是较为合理的，但这种方式也限制了显示的内容，使内容排布还是需要以分类为主。这种用遥控器操作的好处在于学习成本很小，但输入文字的成本非常巨大。面对这一问题，有不少现成的解决方

案，比如第三方投屏App，但这种投屏类的App并没有考虑到物理遥控器与移动端设备的交互差异。

对于现有的智能投影仪来说，操作的局限会带来使用场景的限制。如果投影仪加入屏幕，我们就可以解决这些问题。这时投影仪可以被定义为可投影的移动设备。如此就可以重新定义交互模式，也会带来更加丰富的使用场景。现有的智能投影仪还有一个局限：如果不进行投影，则设备本身将无使用价值。加入大屏幕的设计可以将投影仪变为一个娱乐终端，即使在不投影时也可以进行操作和使用。

但由此带来的问题就是如何兼顾移动设备和智能电视这两类完全不同的设计模式。同时，还要考虑有遥控和无遥控两种操作方式。

4.2 整体结构

首先，我们应当考虑投影仪内容的呈现方式。以现有平台为例，有两种内容的呈现方式：一类是以内容分类为入口，另一类是以App为入口。第一种以广电的机顶盒为例，所呈现的全部是分类后的内容，如影视、儿童电影等。无疑这种分类的逻辑层级是混乱的，比如一部儿童电影并不知道应该归于哪类。第二种以小米为例，但小米并不在Launcher上直接呈现App，而是将内容和App都做成了卡片（图7）。由于TV的横向移动比纵向移动成本要低，所以在横向移动第二屏会呈现App。也就是说，小米的Launcher采用了双入口，但用户并感知不到双入口的存在。

图7

对于投影仪，移动应用也是一个很重要的功能。因此以App为入口似乎显得也很重要，但是站在低水平用户角度分析，他们打开投影仪当然是希望直接看到内容的，包括那些自己观看过的路径。综合这两点，设计出了一种内容和App双入口的呈现方式：内容区上方为内容分类卡片，用以推送适合用户的内容和浏览记录；内容区下方放置必需的App，并增设Dock区域用来放置自定义

App（图8）。

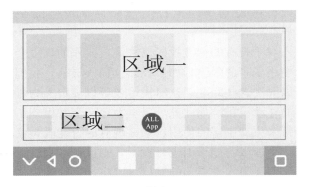

图8

因为是大屏幕的设备，所以在设计时应兼顾Pad的操作方式：将Android的三个按键暴露给用户，以便用户在手持时方便操作。同时增加了Dock区，用户可以将自己常用的应用放置于此。为了避免底部栏对用户屏幕的侵蚀，增加了收起键，以便用户随时切换屏幕状态（图9）。

图9

4.3 Launcher 的设计

Launcher 的设计采用分类式卡片设计，区域一内放置特色内容，如游戏、视频、办公内容等，区域二放置预制应用和 All App 入口（图9，图10）。这样的好处在于需要预制或者特色的内容将更醒目地展示给用户，同时这种设计既便于用手点击又便于用遥控器操作。预留的分类式卡片可扩展性强，不同的定制客户可以设置不同的展示内容。

图10

对于 All App 入口的设计，如果采用滑动进入的方式，那么将对使用遥控器的用户造成巨大困扰——五维键无法实现滑动的动作。因此，在此处仍旧设计为聚焦状态的按键。

4.4 Shortcut 的设计

因为屏幕尺寸大，同时考虑投影仪的使用场景基本不存在单手操作的情况，所以在设计时将屏幕一分为二，左侧区域为消息区，右侧区域为快捷开关区（图11）。这样可以在最大程度上利用横屏的优势。

图11

在消息区内，可显示5条完整的消息，如果有更多的消息则可以通过上下滑动屏幕来进行阅读。删除一条消息采用向右滑动，原因如下：消息区位于屏幕左侧，当消息多于5条时就需要用手指滑动该区域来阅读；当使用者用左手滑动时，则在向上滑动时会有向左滑动的趋势，此时有可能会造成误操作。因此将删除定义为右滑，而左滑则出现"不再提醒"这一需要二次确认的按键。

消息区的底部有一键清除按键，此按键设计为固定状态，不随消息减少而移动。因为消息有可能随时增加，如果恰逢操作消息时，按键位置发生变化，则会对正常的操作流程造成破坏（图12）

图12

4.5 All App 的设计

All App 界面采用 4×8 图标宫格布局（图13），对于高级用户来讲，内容的推送已经远远不能满足，或者他们需要使用更多的第三方应用。此时不需要再进行突出内容，以更加接近 Pad 的模式展现 App 更能方便用户找到自己所需要的应用。此外，这种形式的学习成本也更低。

图 13

4.6 调焦环的设计

投影仪有一个区别于电视的功能：需要调焦和形状矫正。以弹出框的形式模拟投影仪的调整面板不但更符合用户的习惯，而且也不会占用宝贵的屏幕资源。对于调焦，传统投影仪采用的是调焦环，从这点上来说，采用滑块似乎更加符合用户的习惯。传统的调焦环是带有阻尼的物理旋钮，这种设计能更加方便用户进行细微操作。但是滑块并不具备此功能，在界面操作上只有点击才符合微调的要求。因此，投影设置的悬浮框界面采用了按键形式（图 14）。

图 14

5 结语

智能投影仪在人们的日常生活中出现的频率越来越高。市面现有的智能投影设备在解决文字输入问题上做得并不好，而且交互界面大都是照搬电视已有的模式。本文在所述的新一代的智能投影设备上率先使用了大屏幕，解决了现在投影仪使用场景有限、文字输入体验差的问题。在界面上也重新审视了现有的模式，创新性地设计了双入口、双内容的模式，希望能在智能微投领域带来更好的用户体验。

当然，这种设计也绝非是最佳解决方案。随着体感技术的进步，相信未来的智能投影设备会有巨大的交互突破。

参考文献

[1] Designing for Android TV[EB/OL]. [2016-03-06]. https://developer.android.com/design/tv/index.html.

[2] Apple TV Human Interface Guidelines [EB/OL]. https://developer.apple.com/tvos/human-interface-guidelines/.

[3] THERESA NEIL. 移动应用 UI 设计模式 [M]. 王军锋，郭偎，武艳芳，译. 北京：人民邮电出版社，2013.

[4] 李乐山. 工业设计思想基础 [M]. 北京：中国建筑工业出版社，2001.

通过数据采集的方式验证和提升体验设计的实用方法

徐旭玲

（联想移动通信科技有限公司，上海，200000）

摘　要：现今，在移动互联网的设计和运营过程中，数据分析起到了非常重要的作用。在产品规划上线时，需要规划好数据系统，才能获取有效的数据采集，从而更好地进行运营或设计。比起邀请用户来做一些调研测试，用户的行为数据采集是一种更客观的低成本、高效率的方式。本文主要以联想手机中的"主题中心"应用为案例，阐述了如何通过用户数据采集分析来验证和提升体验设计，即通过分析需要采集的数据，在系统中进行布点，最终将这些死的数据灵活运用，发现设计中的问题，从而更好地引导应用的体验设计。

关键词：用户体验；大数据；体验设计；数据关联

1 用户行为和数据采集

1.1 用户行为和用户行为分析

所谓用户行为，简单地说就是用户在使用一个产品对发生的所有行为，包括浏览、搜索、预览、点评、购买、下载、支付、停留时间，甚至是翻页、滚动等。只要用户有所点击，就产生用户行为。而用户行为分析，就是将用户行为的数据通过各种方式方法进行研究，其目的是了解用户的行为习惯，从而发现产品存在的问题，有助于产品的正向发展，提高业务转化率。

1.2 数据采集

数据采集就是在应用侧，将用户行为有目的地进行布点采集，并根据目的进行行为分析，从而发现设计或运营中的问题。这种方式非常通用且有效，其主要优点如下：

首先，用户行为的数据是系统记录的，是非常客观的数据，能真实地反映用户行为。在很多调研过程中，特别是需求调研，用户往往表示什么都想要，但是实际上产品出来后用户使用得很少。数据采集的分析可避免这个问题，它是用户操作行为的真实反映。

其次，数据采集可以进行比较可信的定量问题分析。定量调研往往遇到的很大的一个瓶颈就是样本量是否足够。数据采集作为记录用户使用数据的方式，可以收集可观量的数据，很好地反映出定量问题。

最后，数据采集研究也是一种非常经济又快速的方式，只要掌握方法，就可以随时输出。

2 数据采集系统

2.1 数据采集的方式

数据采集系统以 Avatar 采集为主要方式，就是在页面的各处进行埋点，用户只要进行点击就会统计次数，如点击界面的某个按钮的次数、跳转到某个界面的次数等。

独立数据统计是最简单的一种计数统计方式，即有一次算一次，没有相关的联系。这种方式多适用于统计页面点击率、转化率（如业务的购买、下载等），能够非常直观清晰地反映出统计结果。这类独立的数据统计在技术上非常简单，门槛较低，

很容易被使用。

关联数据分析是另外一种相对比较复杂的方式。这类数据需要动作和动作关联，分析两个或多个动作之间存在的关联，其实就是挖掘动作之间的联系。通过这种方式，能够对用户行为进行预测，发现数据之间存在的互相关系。这种关联的数据对于产品的设计分析更加有效，能够分析出部分流程方面的问题。这类数据系统需要专门的用研分析，根据产品的特点和需要了解的问题，分析布点的位置，再进行数据采集。由于这种数据分析具有复杂性，所以其数据采集没有那么普及。

此外，互联网的产品还有很多的数据，比如业务运营平台的数据（业务的下载量、购买量等，主要记录业务的经营状况）对于用户的行为分析比较难以有直接的关系。因此，我们所说的用户行为数据还是以前两种数据为主。

2.2 数据采集分析

采集了很多的数据，但如何才能好好地利用？对于移动互联的产品，如果去问是否有采集用户数据？回答一般都是有。如果继续问你们怎么利用这些数据？答案可能就会不够理想。这些数据采集之后大多不了了之，没有很好地发挥价值，实在可惜。

对于数据采集分析，我们认为非常重要的一点就是要明确目标。是为了提升用户体验？还是为了提高用户人数？或是为了提升收入？我们只有明确了目标，才能去反向地推理怎么去利用行为数据来达到我们的目标。

本文以联想手机的"主题中心"应用为例，浅谈应该如何进行数据分析，指引产品在上线时如何进行布点，指引产品设计。

3 主题中心的用户行为分析

3.1 分析的产品

这里我们列举的是"主题中心"应用，是联想手机的一款产品。"主题中心"是一个集合手机界面主题、壁纸、铃声、字体设置等的应用，用户可以自行地下载或购买，可以装扮自己的手机界面或设置铃声（图1）。

图1 主题中心界面

之所以选择这个产品，是因为它是一个非常典型的应用，涉及的用户行为非常多。我们希望能通过这个产品的特点梳理用户行为数据分析的思路。

3.2 分析的范畴和目的

本次研究的目的偏重设计，有如下几条：

（1）通过用户行为研究了解影响用户购买的可能因素。

（2）发现核心流程、产品设计上的问题。

当然，数据分析有一定的局限性，我们本着这些目的进行详细的用户行为研究，以说明如何为产品体验设计提供有效的数据采集。

3.3 研究的具体内容

有了研究目的之后，本着产品特点就可以很容易的明确研究思路（图2）。

基础数据分析　　购买影响分析　　流程通畅分析

图2 研究思路

根据以上的研究思路，即可开展详细的研究。

（1）基础数据分析。主要是研究用户对产品的浏览量和对常规模块的点击，以了解用户的偏好，以及界面所提供功能的合理性。根据主题中心的特点，主要有以下几类：

①各类产品的点击数。主题中心的产品主要有主题、壁纸、字体、铃声（图3）。我们需要统计这四类产品用户的点击数（表1），就可以很清晰地看到用户的偏好。

图3 主题中心的产品内容

表1 产品的点击数统计

	主题	壁纸	字体	铃声
点击数（首页）	A1	A2	A3	A4
点击数（本地）	B1	B2	B3	B4

从这些数据可以清晰地看出用户对产品的偏好，点击数差异越大，越能说明产品的偏好倾向。我们先来看一下截取的部分周期的数据（表2）。

表2 产品的点击数统计示例

	主题	壁纸	字体	铃声
点击数（首页）	237376	222859	221535	222387
点击数（本地）	136969	56698	37513	82526

由表2所示的数据我们可以看到，对于首页上的产品分类的点击，数据比较均等，没有明显差异。而在本地的数据上，主题点击数非常高，铃声其次，均远远高于壁纸和字体。对于这样的数据结果，我们需要考虑其是否是由其他的影响因素造成的？单一的数据可能会受到一些其他因素的影响，这些影响我们需要剔除。比如，在这个案例中，我们需要考虑两方面的影响：一个是默认页的影响，查看首页主题A1的数据是否受到了默认页的影响（用户进入应用后首先接触的就是默认页）；另外一个是其他入口的影响。有时数据采集入口统计不能区分数据入口，比如本地的铃声界面B4，手机端一般还有手机系统侧的入口，假若没有区分入口，这个数据也会受到影响。这两种数据都有可能会影响统计结果，且往往无法区分，因此我们需要进行全面的考虑，需要多维度地进行分析验证，从而使研究结果变得可靠。

以上关于本地产品点击数的统计中，主题（136969）较高，其次是铃声（82526），然后是壁纸（56698）和字体（37513）。除了铃声受到多入口的影响之外，本地产品的用户偏好已经非常明显，即对主题的关注度很高，对字体的关注度较低。因此，设计者或运营者可以继续在主题上增加更丰富的内容吸引用户，而在字体上需要创新以吸引用户（在明确用户需求偏好不会增加的情况）。这类问题可以根据具体情况再做分析。以数据作为支撑，后面的运营就会有方向。

②各类产品的购买情况。购买量分析不仅分析产品偏好，也是一种可以辅助验证之前提到的浏览量偏好的数据（表3）。

表3　产品的购买量统计

	主题	壁纸	字体	铃声
购买量	C1	C2	C3	C4

有了点击数和购买量这两类数据，就可以分析用户对产品的偏好情况。可以将数据分析的结果直接作为设计或运营的参考。

③界面核心功能的点击数。除了业务产品统计之外，我们还需要对核心界面的功能进行统计。如图4所示，主题中心首页界面的核心功能包括推荐、小店、搜索、个人，其点击数见表4。

图4　主题中心首页界面

表4　首页核心功能点击数

	推荐	小店	搜索	个人
点击数	D1	D2	D3	D4

这类统计相对比较独立，从用户的点击数可以看到用户对这些功能的偏好。因为这类数据不属于主体的业务，而是辅助的功能，其结果可以直接引导设计方向。比如根据用户的点击数调整其放置的位置，如点击数很少，就可以考虑将其放在二级目录中或者取消等。

（2）购买影响分析。主要是研究用户购买产品的影响因素，比如入口方面的进入情况、界面的浏览有效性、是否查看了评论等。这类分析很多不能只靠单纯的、独立的数据，而是需要关联数据进行

分析，也就是分析两个动作或更多动作之间的关系。

①浏览/购买商品的入口统计。这里的统计主要分析各个入口浏览量和最终购买的关系，是一个典型的关联数据的分析。我们不仅需要知道各个入口的浏览量，同时也需要了解这些入口的浏览量最终促成了多少购买量。这种分析的目的在于查看哪种入口更有效，即转化的购买量最高。

我们以主题中心为例，需要找出应用内浏览"主题"的所有入口，如图5所示。

图5　浏览主题的所有入口

整理入口，统计出入口点击数和最终购买量的关系（表5）。

表5　入口点击数和最终购买量的关系

入口点击数	最终购买量
首页浏览 E1	F1
更多－热门 E2	F2
更多－最新 E3	F3
搜索－输入关键词 E4	F4
搜索－点击分类 E5	F5
搜索－热门 E6	F6
Banner位置 E7	F7

为了数据的严谨，我们还需要反过来统计主题购买的入口来源的数据，这样的相互验证才能更好

地反映它们之间的关系，并发现可能遗漏的入口方式。表 6 为购买量的入口分布统计。

表 6　购买量的入口分布统计

购买数	入口来源数
所有购买量 G1	首页浏览 H1
	更多—热门 H2
	更多—最新 H3
	搜索—输入关键词 H4
	搜索—点击分类 H5
	搜索—热门 H6
	Banner 位置 H7
	其他 H8

这样的分析结果可以让设计者和产品经理一目了然地知道需要在哪些入口上发力，做出对应的设计和运营策略。

②页面滚动浏览的有效性。页面滚动浏览也是一个很重要的因素，界面上的主题内容很多，用户浏览过都会进行滚动操作，哪些行数内是相对浏览量较高或者购买量较高，这些都需要我们进行统计。

同样的，我们需要统计浏览情况，包括滚动行数和最终购买量（表 7）。

表 7　浏览滚动的行数和预览次数、最终购买量的关系

编号	滚动行数	滚动次数	预览次数	最终购买量
1	滚动到 10 行	I1	J1	K1
2	滚动 10～20 行	I2	J2	K2
3	滚动 20～30 行	I3	J3	K3
4	滚动 30～50 行	I4	J4	K4
5	滚动 50 行以上	I5	J5	K5

通过分析以上数据，可以让我们的设计布局更加合理。

③用户购买产品的其他影响因素。除了上述一些影响因素外，还有一些其他因素也可能会影响用户的购买，比如用户是否查看评论、产品是否有收藏标记等。对于这些数据的分析，也具有举足轻重的作用，以上操作可以让用户更加了解产品，促进用户的购买（表 8）。

表 8　购买和其他因素的关系

	其他因素
购买总量	点击查看评论的数量 L1
	有收藏标记数量 L2
	其他 Ln

（3）流程通畅分析。主要研究核心流程的使用

是否通畅，以解决用户使用体验上的问题。这类分析也是关联数据分析的一种典型方式，需要跟踪更多、更复杂的关联动作，才能更好地反映出整个流程的问题所在。就"主题中心"应用而言，我们以购买流程为例，找出其中的问题。

分析购买流程，我们首先需要了解购买转化率，即点击购买数和成功购买量的关系（表 9）。

表 9　购买转化率

点击购买数	M1
成功购买量	M2

如果购买转化率（M1/M2）很高，就说明购买流程非常通畅；如果购买转化率很低，就说明流程上存在问题。

图 6 就是从点击购买到最终购买成功的全流程，我们需要详细罗列整个过程，然后在各个点上进行数据统计，以便找出问题所在，再结合人工验证就可以很快找到问题了。在我们分析的案例中可以看到，在点击购买以后还会存在很多的动作，比如联想账户是否更新了、充值是否成功了等，这些都可能会导致最终购买失败。有了主观分析，加上客观数据，问题就可以非常清晰，容易解决了。

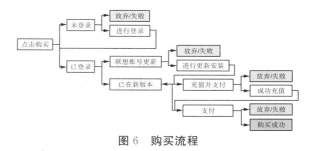

图 6　购买流程

4　结语

本文讲述了用户行为数据应该如何开展分析，围绕"主题中心"应用的"主题"内容，从基础数据、影响购买因素、流程通畅等方面进行分析举例。因为篇幅的关系，我们只做了少部分的分析，旨在和大家一起梳理思路。不管目的是辅助设计，还是为了更好地运营，在大数据中挖掘更丰富及有价值的内容是未来成功的关键；同时人和行为数据的建立，优化各种数据关联和算法，都是未来发展的重点。我们需要从数据收集、数据挖掘、数据应用、数据运营着手，脚踏实地地做好每一步。

设计中的"贪心算法"

徐源源

（中兴通讯股份有限公司，上海，201203）

摘　要：贪心作为人普遍存在的心理，在每个人的思维和行动中都或多或少地得以体现。很多时候，如何辨别用户"贪心"带来的结果偏差，获得更为精准的用户需求是用户调研结果分析中的一个必备课题。如果在某些使用场景中，"贪心"是用户群体的普遍心理，则必须在用户使用场景的分析和其后的用户体验设计中得到充分尊重和考虑。在计算机科学的五大常用算法中，有一种算法被称为"贪心算法"（又称"贪婪算法"），虽然看似与用户体验并不相关，但提炼其基本算法思路，也可以在特定场景下提供一种很好的解决思路。

关键词：贪心算法；用户调研；设计

1 "贪心"的用户需求的确存在

笔者最近在规划设计极限省电功能时，对于用户需求存在一定的困惑：极限省电的目的是在低电量的情况下尽量延长待机时间，但却必须限制功能的使用。也就是说，最好的节电效果产生在只保证用户通话的基础上。即使是在极限的情况，用户是否能接受这样严苛的限制？如果不能接受，那么功能限制到什么程度才能既满足用户基本体验又享受到省电的效果呢？

随后进行了快速的小型定量研究，在微信群中发布问卷，包括以下问题：

Q1："超长待机模式"是将屏幕灰阶（黑白）显示并限制功能使用（只保留基础通信功能），对于该功能您是否会考虑使用呢？（例如在低电、紧急等情况下无法及时充电时，您可以启用该模式节省更多电量）

此问题回答为"是"的用户转入 Q2，回答为"否"的用户则结束调研。

Q2：在上述"超长待机模式"下，您希望保留哪些功能？_____

这里用户可以填入他们希望保留的功能。

最终共收集到 68 份调研结果，统计结果如图 1 和图 2 所示。

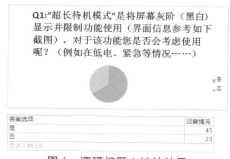

图 1　调研问题 1 统计结果

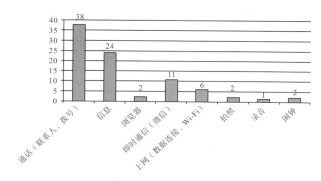

图 2　调研问题 2 统计结果

从初步的数据统计中可以看出，在 68 位用户中，有 66.18% 的用户在 Q1 中的回答是在紧急等情况下会考虑使用该超长待机模式。而在 Q2 的回答中，保留基本通信功能的占到了绝大多数。

那么，是否可以得到结论，只要我们按照之前的规划做了极限省电模式的设计，在这种模式中限制用户使用其他功能，只提供基础的通信功能，就能获得 66.18% 的用户的认可呢？仔细分析一下原始调研数据，发现情况似乎并不能那么乐观。

对于 Q1，我们提供了这种模式的说明，并且让用户选择是否需要这种模式。此题选择"否"的用户可以认为是清晰地了解到了此种模式将会带来的使用体验上的限制，与能在此种情况下获得更长待机时间这一优点相比，限制让他们更难忍受，于是取舍之下选择了"否"。但必须认识到的是，如果能够减少体验限制，同时达到省电的效果，这部分用户显然也是不会拒绝的。

而 Q1 中选择"是"的用户，显然对于尽量延长待机时间有着更为强烈的需求，但他们是否完全认清了这种为了省电带来的体验限制呢？从 Q2 的回答中其实可以看出，相当一部分用户较为"贪心"，既想省电，又不想过于被限制。

对于 45 位在 Q1 中回答为"是"从而转入 Q2 的用户中，只需要基本通信功能的用户其实只有 23 位（图 3）。有 22 位用户提出了其他需求（图 4）。

除以上外，信息
联系人，拨号
电池显示
通话功能
无
通话
电话，短信
电话，短信
电话
电话 短信
短信和通话
短信和通话
通话，手机当然是通话功能
基本接听电话，发信息
通话，短信够了的
截图上的电话，信息就可以了。也就紧急时用下
基本网络通畅
电话，信息，一般不用，紧急时候还是可以用下
电话
一般不用，以上电话，短信，联系人，三个就行了
一般不用
通电话
通话、信息

图 3　Q2 详细回答节选 1

除以上外，即时通信
除以上外，导航，微信
除以上外，即时工具，短信、电话
除以上外，SIM 卡的数据连接
短信，拨号，微信
电话，短信，4G
通信和上网
电话，微信，拍照
除以上外，微信
电话，短信，微信，邮箱，照相，录音，WPS
除以上外，微信
保留 2G 电话信号，其他一律关闭！闹钟切记
越多越好
打电话，无线
打电话，信息，浏览器
都保留
图片色彩不下降
微信，电话
通话、微信
打电话、信息、浏览器
除了图片上的，闹钟

图 4　Q2 详细回答节选 2

其中，提出保留"电话，短信，微信，邮箱，照相，录音，WPS""越多越好""都保留""图片色彩不下降"的用户，显然在 Q1 的回答中产生了"贪心"的念头，并未充分考虑会受到体验限制的弊端，单纯追求"节电"这一结果。希望保留"即时通信""微信""浏览器"等功能的用户的回答，反映的是他们也不希望最常用的社交或者娱乐功能被限制的心态。因此，可以将这 68 位用户分为三类，基本各占三成（图 5）。

不接受"极限省电"	接受"极限省电"接受限制	接受"极限省电"不喜欢限制
23 人	23 人	22 人

图 5　结果分析

在前期规划中，极限省电只能让用户使用基础通信模块的预设，其实只能满足 68 位用户中 23 位（Q2 中仅需要基础通信的用户）的真正需求，占到总数的 33.8%；其余的 45 位用户或明确表示不

喜欢过于被限制（Q1 中回答"否"的用户），或虽然希望达到省电效果，但又希望能尽量保留更多功能（Q2 中需要更多功能的用户），其实都表达了即使在低电状态下，也存在对于功能使用的"贪心"。

根据这个结果，我们需要及时调整规划与设计方向。

2　在此场景的设计中使用"贪心算法"的原因

在电池和充电技术尚未成熟到让用户感觉电量永远够用的前提下，使用功能的多少和频度与电池的使用时间之间永远存在矛盾，几乎可以说是两个极端的维度（图 6）。

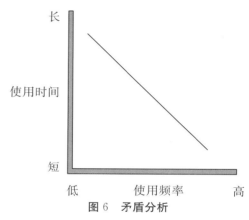

图 6　矛盾分析

根据用户调研结果，仅仅满足某一维度的需求显然是不够的；同时，对于使用频率来说，各个用户也存在着一定的差异性。用户在各个使用场景下的需求不一样，很难穷举。也就是说，此时用户真正需要的是一种当前使用看似不受限制，但最终又能比较省电的效果。这与计算机科学中"贪心算法"的基本理论是较为符合的。

"贪心算法"又称"贪婪算法"（Greedy algorithm），是指在对问题求解时，总是做出在当前看来是最好的选择。也就是说，开始并不从整体最优上加以考虑，所做出的仅是在某种意义上的局部最优解。贪心算法没有固定的算法框架，算法设计的关键是贪心策略的选择。

贪心算法是一种对某些求最优解问题的更简单、更迅速的设计技术。它是一种改进了的分级处理方法，核心是根据题意选取一种量度标准，然后将多个输入排成这种量度标准所要求的顺序，并按这种顺序一次输入一个量。使用贪心算法的特点是一步一步地进行，常以当前情况为基础，根据某个优化测度做出最优选择，而不必从整体出发考虑各种可能，因此它省去了为找到最优解而必须耗费的

大量时间。它自顶向下，以迭代的方法相继做出贪心选择，每做一次贪心选择就将所求问题简化为一个规模更小的子问题，通过每一步贪心选择，可得到问题的一个最优解。

如图7所示，贪心算法将一个问题分成子问题，将问题的求解过程看作是一系列的选择，每次选择都是在当前状态下的最好选择，即局部最优解；每做出一次选择后，所求问题会简化为一个规模更小的子问题，继续分解并选择当前看起来是最优的解，从而通过每一步的最优解逐步达到整体的最优解。

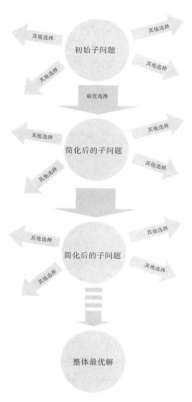

图7 贪心算法思路

其实，贪心算法是最接近人类日常思维的一种解题策略。在解决一些日常问题时，我们本能地怀着对目标最直观、最简单、最高效的思路，虽然它不能保证求得的最后解一定是最佳的，但是它可以为某些问题确定一个可行性范围。

举一个阐述贪心算法理论时常用的例子，假设提供数目不限的面值为25美分、10美分、5美分、1美分的硬币，一个小孩购买了价值少于1美元的糖，并将1美元交给售货员。一般来说，售货员都希望用数目最少的硬币找零。

假设小孩购买了34美分的糖果（需要找给小孩66美分），则一般找钱的方式是：25＋25＋10＋5＋1。

也就是说，在选择每个问题的解决方法时，都选择在数值范围内可使用的面值大的硬币，从而剩余金额就越少，使用的硬币数量也越少（图8）。

图8 找零钱案例

当然，作为专业的计算机算法，其应用场景或者运算方式具有更为专业和复杂的解读。但在用户体验设计中，也许通过借鉴其基本概念和核心思想，就可以给某些看似很纠结，并且很难用单一标准衡量的用户体验场景设计（比如本文中的极限省电的策略设计）提供一种较为特别的思路。

3 极限省电设计中如何运用"贪心算法"

按照贪心算法的思路，我们首先需要确定初始子问题，由于设计的目的就是省电，因此我们将初始子问题设定为"如何才能省电"。这一问题可以有如下答案：①进入黑白功能机模式；②仅关闭某些费电项目。

对于此问题的回答，最贪心的最优解莫过于进入黑白功能机模式了，因为这样的模式无疑是费电最少的（遥想功能机时代，虽然电池容量远不如现在，但待机一周往往毫无压力）。

完成第一步的选择后，出现了一个子问题。毕竟用户使用的是一个现代的智能手机，虽然因节电的需求在此模式下会回退到功能机模式，但不可避免也会在基础通信功能需求之外产生使用其他软件的需求，因此第一步简化后的子问题设定为"临时要用哪个功能"。这一问题可以有如下可选答案：①手动退出功能机模式，用想用的应用，然后为了省电又再次进入功能机模式；②在功能机模式下，添加想用的应用，使用后如果不用了就再次删除此应用；③按照普通状态的使用习惯，想用就用。

对于此问题的回答，最贪心的最优解显然是③，因为使用步骤是最少的，而且也不需要用户改变任何原有的使用习惯。

上一步选择完成后，再次出现一个子问题，即若用户在上一步中使用的应用过多，就必然会导致电量耗费过多，这就又会与省电的初衷背道而驰，因此第二步简化后的子问题设定为"如何解决使用应用过多导致电量耗费过多"。这一问题可以有如下可选答案：①不管当前前台状态如何，检测到电量耗费到一定值，直接强制再次进入黑白功能机模式；②不影响当前前台应用的使用，检测到电量耗费到一定值，处理其他费电项目。

对于此问题的回答，最贪心的最优解显然是②，因为一般用户即使是为了省电，也不愿意当前正在使用的场景被生硬地打断。

上述步骤可以用如图 9 所示的简图表示。

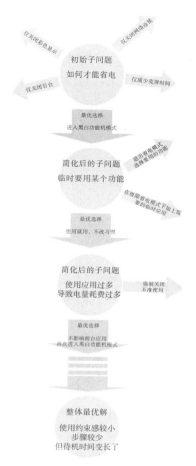

图 9　极限省电案例

按上述思路，最终的极限省电设计实现后如图 10 所示。

图 10　极限省电界面示意

当用户选择进入极限省电模式时，手机将最大程度满足用户此时最贪心的需求，将手机转入类似黑白功能机的状态，即关闭所有费电项目（彩色显示、网络连接、降低亮度、关闭振动等）和清除所有后台程序、冻结除基础通信外的所有应用。因为即使是功能机，基础通信功能还是必须得到保障，以实现手机作为通信工具的基本功能。

此时，因为绝大多数应用处于冻结状态中，不会占用任何系统资源，即此时相当于系统中仅安装了通话和短信两个应用，自然能达到省电的效果。但此时对于功能模块的入口显示仍然保持原有状态，这是为了在后面一步的选择中，让用户在最少步骤和不改变原有使用习惯的基础上解冻和使用其他应用。

当处于极限省电模式时，虽然允许用户随时解冻想要使用的应用，但检测到待机电流超过一定阈值时，仍然需要采取一定的管制措施。这时需要保证前台应用的不间断使用，除了冻结当前前台应用、通话、短信应用以外的所有应用，还会关闭所有与前台应用无关的硬件。

这样，通过保证在当前状态下做出最好选择，即局部最优选择，最终得到的整体最优解是，在让用户尽量少地感受到限制和保证原有使用习惯的基础上，最大限度地保证电池的最长使用时间。

4 总结与建议

用户体验设计，特别是具有一定创新性的体验设计，不仅要符合用户使用习惯，也需要满足用户的各种需求，其中不乏普遍存在的"贪心"心理。其往往会让设计效果的评价，或者说是功能最终被认可的前景存在较大的不确定性。比如本文列举的极限省电，如果单一以省电作为评价标准，制订过于严苛的功能限制，真正满足的也许只有三成的用户。而以"贪心算法"的思想改进后的流程设计，对于三成能接受严苛限制的用户来说，省电效果没

有区别，自然能够接受，并且通过提供便捷的使用策略，还争取到了即使在省电模式中也希望使用一些其他功能的另三成用户。虽然省电的效果会稍打折扣，但这个折扣的程度是由于用户的使用强度造成的，对于用户来说是容易理解并符合他们直觉的结果。对于一开始就不接受极限省电功能的三成用户来说，如果他们在某一天的特殊情况下试用之后发现其实限制感并不是那么难以忍受，使用仍然较为自如，同时也能节约一些电量，也许就会慢慢改变态度。

如果在设计实践中您也遇到类似的场景，某个设计在几个标准之间存在难以调和的矛盾从而无法决策，不妨也试试"贪心设计"的思路，从原点问题出发，按照本能做出最佳选择，再提出由此产生的下一个问题，做出当下的最佳选择。即使最后得到的结果不是科学概念上的最佳结果，但也能提供一个可行性的范围。

参考文献

[1] 王晓东. 算法设计与分析课件[EB/OL]. [2011−10−28]. http://wenku. baidu. com/view/aeed905ebe23482fb4da4c3c. html.

[2] 杨劲松. 贪心算法[EB/OL]. [2016−08−25]. http://wenku. baidu. com/link?url=LqtiD _ 0UBOyWQemCATpqgHTF5XeKyrvss22hAff17Fct4rQgr _ HTw22DHuhjAbUFyuw1WkmnJhOQAfucTatcASyQ7IQmUiQdjnQJGCrmIdO.

[3] THOMAS H C, CHARLES E L, RONALD L R. 算法导论 [M]. 殷建平，徐云，王刚，等，译. 北京：机械工业出版社，2012.

理智与情感的美好交互

徐昊娟　顾　雷　高　峰　严　华

（中兴通讯股份有限公司，上海，201606）

摘　要：本文介绍了如何从理智的角度出发，经过一步步的逻辑分析与推导，找出新产品设计的方向与优化点，如何通过实实在在的旧品研究和场景研究，推理出灵感来源，最后从情感的角度实现设计、润色产品，让智能微投新品的用户体验更方便、实用，让交互更美好。为智能家居生活、商务、工作、旅途带来便利，更为教育事业做出应有的贡献。

关键词：智能微投；场景研究；用户体验；交互；智能家居

有时候灵感并不是说来就能来的，也不常是听闻什么或触动什么，就能油然而生，带出完美的视觉盛宴与体验感受。实实在在摆在眼前的动人设计，经常让人忘记设计之前的漫长磨砺，忽略多彩丰富的情感展现背后淡定冷静的理智分析。本文着

重介绍一款智能微投新品的诞生以及美好的交互体验是如何一步步推导而成的。偏情感的设计灵感或许有天赋，但理智的逻辑分析人人都能学会，希望本文介绍的方法能提供寻找设计灵感的方法和手段，以供参考。

1 理智的出发点

每当一款产品的设计完美结束，下一代新品的设计需求就会摆在设计师面前。如何在下一代产品的设计中有新的突破？上一代产品已经花了设计师很多心思，下一代产品该如何进一步创新？未来的用户需求会是怎样的？

当你的设计很好地匹配了当前用户的需求，用户会站在体验要求更高的位置对你的下一代产品展开更高的期望。如同爬山时，以为眼前的山是山顶最高峰，好不容易爬到山头才发现，有更高的远峰等着你去攀登（图1）。设计创新超出了用户的期望，在给用户带来体验惊喜的同时，也会为产品带来意想不到的成功。如何实现超乎想象的设计，展现意外的美好交互体验，通常是设计师们极力追求的目标。

图1 用户需求的山峰期望

2 理智分析与逻辑推导

在做新一代智能微投产品的设计时，我们从已有产品和用户使用场景两个方面着手进行了研究（图2），力图找出下一代新品用户需求的新高峰，并分析了哪些潜在的用户需求能实现，哪些方面在设计上有可能带来超乎想象的体验惊喜。通过对已上市微投产品的分析，我们找到了优化的解决方案（图3）。

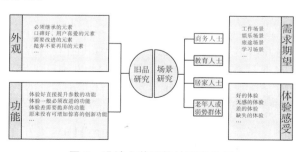

图2 设计之前理智的研究分析

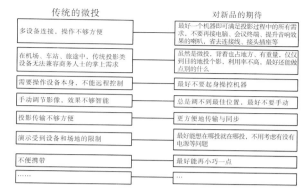

图3 旧品研究结果之一

根据对商务人士、居家人士、教育人士、老年人及弱势群体实际工作、生活场景的研究（图4），分析使用智能设备的经验与需求，为下一代智能微投的理想应用场景提供设计灵感。

图4 场景研究结果之一

3 情感的来源

从理智地分析结果，回归情感的设计理念。融入用户体验过程中的心情、感受，从用户的角度思考，设计结果该带来怎样的情绪感受，从而确定设计方向、明确设计内容。

一方面，从产品角度考虑体验情感的提升（图5）。另一方面，从应用场景考虑用户在工作、生活中实际使用微投的情感（图6）。

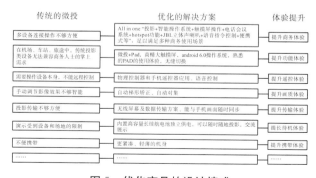

图5 优化产品的设计情感

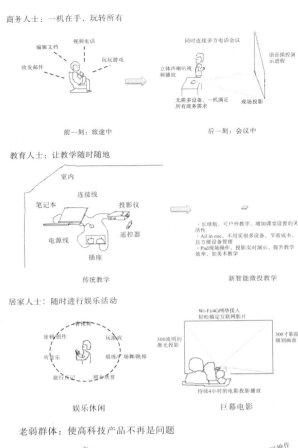

商务人士：一机在手，玩转所有

前一刻：旅途中　　　后一刻：会议中

教育人士：让教学随时随地

传统教学　　　新智能微投教学

居家人士：随时进行娱乐活动

娱乐休闲　　　巨幕电影

老弱群体：使高科技产品不再是问题

像操作熟悉的智能手机一样

图6　优化应用场景的设计情感

综合所有分析结果，最终确定新一代智能微投产品的总设计理念：一切归繁于简！

4　美好交互

有了设计方向和设计内容还远远不够，最终交互的产品如果只是解决已有的体验需求，仅仅做一些改进优化，无法给用户带来体验上质的提升，则不能称之为美好交互。细节体现服务，细节彰显品质，为了给我们的用户贡献一份美好的全新智能微投交互体验，在细节设计上设计师注入了很多情感和心血。

细节①：外观更简洁。

市面上少有投影＋平板二合一的产品，我们希望新的智能微投产品能成为大众的新生产工具，所以在 ID 设计上"一切归繁于简——简洁温和，有熟悉感"是我们贯穿始终的理念，我们希望用恰到好处的设计来中和差异化产品的距离感和陌生感（图7）。

图7　简洁的设计

细节②：呼吸灯的设计。

新微投的呼吸灯不是简单的一个点，而是与 Power 键合在一起，具有一定的形状，布局更简洁大方，亮灯的感觉也更柔和、美观。

细节③：镜头盖的形状。

在先前的微投产品设计中，在整机的前部有一个有趣的跑道型的元素，将投影的光学镜头、对焦摄像头和 LOGO 归纳到一起，增加了视觉的重心（图8）。在新产品的设计中，将这一特征进行了移植和继承，有延续同时也有差异，延续是形态的相似，差异是功能的提升。同时，除了镜头盖，散热孔的排布也被设计成了接近跑道的形态，使左右之间呼应统一（图9）。

图8　原来产品的跑道型设计

图9　新产品的跑道型设计

细节④：通风口的形状。

在散热孔的开孔形态和散热效率之间找到平衡是一个难点。散热孔多并且大，散热效率高，但是外观难看；散热孔小并且少，外观好看，但是散热效率低。道理很好理解，但是具体的执行不容易。造型的不断调整，不断开会讨论开孔的位置和大小来满足 ID 的要求，以达到最佳的效果考验能力的同时，考验的也是设计师不懈的坚持和对美好交互的态度。

细节⑤：滑动的镜头盖、接口塞以及在任意角度都可以固定的支架。

这三点对用户使用体验的提升非常有帮助，滑动镜头盖也是投影的开关；接口塞将凌乱的接口遮蔽，可使整机更为简洁，该处使用磁石连接，也方便开启（图10）；支架满足不同用户在不同使用环境对角度的要求。

图 10　接口塞

细节⑥：全金属。

高性能铝合金作为整机的骨架，需要通过20多道工序的CNC精加工。不仅内部保证了结构强度，还使外部呈现出细腻的金属光泽和质感，两条高亮的切角也强调了金属的特质、丰富了细节效果。

细节⑦：微弧曲面。

微弧的曲面设计经过层层的推敲和讨论，既考虑舒适的握持感，又要考虑曲面的视觉质量，还要考虑结构设计的可靠，三者缺一不可（图11）。

图 11　微弧曲面的一角

2016年2月23日，在西班牙巴塞罗那召开的世界移动通信大会上，这款智能微投产品大放异彩，其在科技与想象力融合产品上的创新得到了国际权威机构的高度肯定。在由国际权威科技媒体Chip Chick评选的"MWC2016十佳智能设备"榜单中，这款智能微投荣获"最佳移动配件"称号。此外，这款产品还被China Daily评为"七大最佳中国科技产品第一名"，被CNR评选为"MWC2016十大平板"。作为公司2016年度旗舰先锋产品，这款智能微投作为集合平板电脑和投影仪功能于一身的跨界产品，采用了8.4英寸、2K分辨率AMOLED触控屏幕，内置12100毫安时超大容量电池，可连接Wi-Fi和4G LTE网络，运行最新的Android M操作系统。同时，该产品搭载了两个JBL音响和HARMAN微型麦克风，还可外接USB摄像头，具有领先的语音会议、影音播放、互动白板以及视频通信等功能，满足了用户商务办公和娱乐休闲的需求。Chip Chick评价道："如果你有任何关于户外的娱乐计划，那么这款智能微投一定是你必不可少的产品。"

5　结语

拥有美好交互的产品总让人体验愉悦，但背后的设计历程并不是那么顺畅美好的。好的产品设计不仅需要有天赋、有灵感、有经验、有水平，更多的是需要设计师脚踏实地的付出，从理智研究分析，一步步进行逻辑推导，追寻激发情感的火花，到最终确定总的设计理念，明确设计方向，清晰设计内容，并在细节上实现美好交互，获得让用户愉悦的完美体验，都要经历很大的过程。

本文详细阐述了新款智能微投设计历程中的方法和心得，介绍了前期理智研究的方案和分析方式，描述了设计情感产生的技巧，最后解读了如何在细节上实现完美交互，希望能给有相关设计需求的人一点启发和参考。

参考文献

[1] 布朗. IDEO，设计改变一切 [M]. 侯婷，译. 沈阳：万卷出版公司，2011.
[2] 戴力农. 设计心理学 [M]. 北京：中国林业出版社，2014.
[3] 董英. 设计之下 [M]. 北京：电子工业出版社，2014.
[4] 胡玉立. 企业预测与管理决策 [M]. 北京：中国财政经济出版社，1995.
[5] LILIEN G L. Individual choice behavior [M]. New York：Wiley，1995.

产品语义研究的实际应用
——ZMET 在语义研究的应用

严文娟

（维沃移动通信有限公司（Vivo），广东深圳，518000）

摘　要：随着市场研究和用户研究的深入，为视觉设计进行的研究已不再局限于简单的可用性测试、概念测试、座谈会等。不管是感性工学还是情绪版都致力于为视觉设计提供更多的参考，让设计更加科学、有据可循。本文介绍的产品语义/形态语义研究及其应用，结合投射技术、聚类分析等也致力于为视觉设计提供更多有效、准确的参考。

关键词： 形态语义；符号；形态/元素；投射

1 产品语义研究的定义和对象

语义学是关于概念形态意义的抽象原理的研究，是一门研究形态意义的学问。产品形态语义学是在符号学理论的基础上发展起来的。符号学指出，一切有意义的物质形式都是符号。从设计的角度来讲，产品语义研究的主要内容是视觉形态、图像与识别，即象形符号语言的意义。从目前的市场产品可以看出，好的产品造型能通过视觉符号简单、明确地说明产品的特征，避免因为文字和语言障碍造成用户的困扰，笔者相信视觉设计也是一样的。从企业的角度出发，产品（视觉）是他们与用户沟通的主要媒介，正如法国著名符号学家皮埃尔·杰罗所说："在很多情况下，人们并不是购买具体的物品，而是在寻求潮流、青春和成功的象征。"笔者赞同该观点，也认为用户所使用的产品是代表其个人特征的符号。这就是一个循环。

如图1所示，产品形态语义研究的对象是符号，这些符号既可以是产品的形态/元素构成的符号，也可以是人使用产品想要表达的符号。这些符号既联系了人与产品，也实现了企业与用户的联系（图2）。功能是用户购买一个产品最基本的需求，但是仅仅满足使用需求是远远不够的，若企业能够很好地将用户需求的符号运用到产品（包括视觉）设计中，产品就会变得好用并且获得用户心理上的认可，从而提高了其对产品的忠诚度。

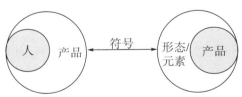

图1 产品形态语义研究的对象

图2 符号是用户与企业的桥梁

2 产品语义研究的研究方法

本文介绍的三个语义研究方法为情绪版、感性工学，以及萨尔特曼隐喻诱引技术。

2.1 情绪版

情绪版是在用户研究领域比较广为人知的一种方法。有一篇各大网站都在转载的文章——《情绪版操作流程新思考》，里面对情绪版的定义为：Mood board（情绪版）是指对要设计的产品以及相关主题的色彩、图片、影像或其他材料的收集，从而引起某些情绪反应，以此作为设计方向或者形式的参考。情绪版帮助设计师明确视觉设计需求，用于提取配色方案、视觉风格、质感，以指导视觉设计。情绪版的具体操作流程如图3。

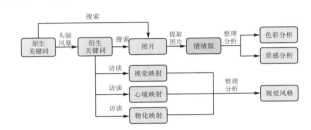

图3 在安卓客户端视觉风格研究中情绪版的具体操作流程

笔者认为这里的"原生关键词"就是符号需要表达的设计感觉，也就是语义，通过一系列的解构可获得最终的形态/元素，包括色彩、质感、视觉等内容。在笔者看来，这就是从符号到形态/元素的研究，最终可指导视觉设计师进行视觉创作。

2.2 感性工学

感性工学也是工业设计研究中一个比较常用的方法，它主要着眼于探讨人与物体之间的相互关系，将客户对已存在的或自己心里的产品或概念的意向、情感和要求转译为设计方案和具体的设计参数。笔者认为，感性工学是从形态/元素到符号/语义的研究，设计师运用到产品设计上，可让用户感知到产品表达的符号含义。

2.3 萨尔特曼隐喻诱引技术

萨尔特曼隐喻诱引技术（Zaltman Metaphor Elicitation Technique，ZMET）是一种以图像为媒介，结合深度访谈法、凯利方格法（Kelly repertory grid technique）、抽丝法（Laddering）与影像合成等多重技术，挖掘潜藏在人们内心的深层需求与隐喻的研究方法。

在传统的以文字为中心的定性研究方法中，消费者往往无法精确地说出自己的意图与期望。有许多的想法和感觉，是消费者难以用文字精准表达的，也有许多的想法是消费者意识不到的，它们都深藏在消费者的潜意识中。ZMET 以图像为媒介，可以挖掘消费者内心深层的、潜意识的想法与感觉。笔者认为，ZMET 特别适合运用到产品语义研究中，尤其是符号/语义转化为元素的时候。ZMET 可以挖掘到用户内心深处代表语义的元素以及对某个语义诉求的深层次原因。

典型的 ZMET 的运用有四个主要步骤(图 4)。

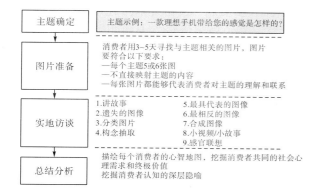

图 4　ZMET 的实际操作步骤

ZMET 是投射技术的深入运用，在实际执行中，对图片的访谈也结合了投射技术。投射技术是现在市场研究定性时比较常用的一种方法。投射技术是通过向被访者提供一种宽泛的刺激情境，使其在不受限制的情形下自由反应，进而分析和探究被访者隐而不显的想法或个性特质。在需要挖掘被访者内心深处的想法或者希望引导被访者进行深度思考的时候，我们需要使用投射技术。它可以用某些具体的方法使受访问者将其对于人、事、物或情境的感受、观点、动机等投射到其他人、事、物或情境上，从而间接得到受访者的信息。这些信息往往是人们在正常的、非刺激的环境下可能不愿意讲或者难以表达的想法。将这些信息运用到形态语义的研究中十分适合。我们知道，一个符号或者关键形容词，不管是用户还是设计师都很难直接说出需要什么样的元素或形态来表达，或者一个形态或元素是否能够代表想表达的符号和感觉。我们通过投射技术可以将表达符号的元素通过图片或者图片里的形态投射出来，也可以去检验设计师所选择的形态或者视觉元素是否真的符合最初定义的方向。

3　产品语义研究的实际运用

3.1　从语义/符号到形态/元素研究的实际应用

3.1.1　研究主题确定

在过往的研究项目中，我们发现"科技感"与"手机"是强相关的词语，在同设计师们沟通后发起了科技感研究项目。我们认为，电子产品必须具备科技感，但究竟什么是科技感，以及哪些元素、形态能够代表科技感等问题需要我们进一步探讨。图 5 是具体的流程。

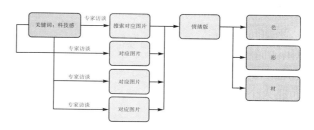

图 5　科技感研究实际操作流程

3.1.2　用户招募及准备

首先，我们定义了"科技感"这个词，让我们的访谈对象花 5～7 天时间思考，他们认为的科技感是什么样的，并用 5～7 张图片来表达，图片的内容不受限制。因为内容比较感性，我们选择的访谈对象是偏专家型的用户，即类似于杂志图片编辑之类偏图文专家的用户。当他们按要求找到图片后，我们进行了一对一的深访，使用图片投射和情绪版的方法去找"科技感"的具体体现，以提供给视觉设计师及工业设计师参考。

同时，项目组也让设计师找到他们认为有科技感的图片。

3.1.3　访谈执行

项目组一共做了 9 个深访，每一个用户的访谈基本上要花 2～3 个小时，访谈按照 ZMET 的 9 个步骤进行：先让用户选一张图片讲故事——"找图片的过程中，看到图片里面有什么"，然后慢慢深入了解为什么找这张图片来代表科技感；图片里有什么元素代表科技感；生活中是否有其他产品也有同样的元素，是否拥有或者非常喜欢这样的产品等。在访谈结束以后对每一张图片进行分类，选取代表以及回想有没有找到的图片和相反的图片，进行五感的联系。

3.1.4　总结分析

项目组除了寻找到跟科技感相关性强的衍生关键词，如未来感、高品质等，也通过心智地图找到了用户对科技感的诉求——提升自己的品位/格调，科技产品也需要人性化关爱、为生活带来便利等(图 6)。

通过此次研究我们发现，产品的颜色为纯色(尤其是银色)，可以打造透明的感觉用以体现科技感，还可配以亮色的点缀及白色呼吸灯的运用。造型流线型、设计简约并有精致的做工、新材料如碳纤维的运用，这样的产品在消费者看来是有科技感的产品。

此外，颠覆现在手机外观的形式（如何穿戴设备），也是有科技感的体现。

科技感能满足他们怎样的诉求？

◆提升自己的品味／格调，美化外在形象。有科技感的产品首先必须外观时尚，设计简约、精致并有一些个性化的元素；同时也要有一定未来感／超前性的体现，以带来炫酷的感觉

◆科技感并非高高在上，而是应该贴近消费者，能体现人性化的关爱，也能为生活带来更便利。体现为有好的手感、方便携带操作，以及与健康管理相关的可穿戴设备的结合等。

◆科技感意味着更高品质的产品和厂家／品牌更高的社会责任感，新材料的运用既能在产品的抗摔、耐磨、防水等性能上有突破，同时也比较环保。

图 6　科技感诉求

在执行 ZMET 访谈后，我们也拿出了设计师准备的图片让用户进行解读，看设计师的理解是否与用户的理解一致（图 7）。将设计师的理解与用户的理解形成一个闭环，这样非常有助于设计师加深对科技感的认知，从而使其在进行设计的时候更好地使用和选择元素／形态。

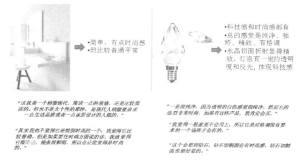

图 7　验证设计师的假设

以上这个案例就是我们如何将语义（关键词）转化为形态／元素的过程，这一方法为设计提供指导和参考。

3.2 从形态／元素到语义／符号研究的实际应用

接下来笔者将介绍如何将形态／元素转化为语义（关键词），这个案例是关于桌面壁纸研究的。

3.2.1 研究主题确定

研究背景是了解用户喜欢的壁纸类型，为内置壁纸及官方下载壁纸提供参考数据。

3.2.2 研究方法确认及资料准备

因为壁纸很难做用户研究，所以我们选取了下载量排名前十的桌面壁纸类 App，下载了其中排名前十的壁纸进行分析研究，去看用户究竟喜欢什么类型的壁纸。

图 8 为研究思路介绍。我们找到 100 张壁纸以

后，去掉了一些动态壁纸，将壁纸进行了简单的分类，跟设计师们一起讨论，将明显不需要研究的对象去掉，将剩下的 25 张最具有代表性的壁纸进行编号，然后进行分析研究（图 9）。

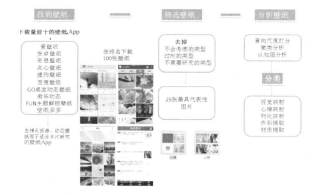

图 8　壁纸研究思路

图 9　壁纸编号

3.2.3 数据分析

我们对这 25 张壁纸进行了意向尺度打分、聚类分析和认知图分析。

数据获取的方法：我们将工业设计的 80 个标准词加上设计师提供的与这些图片契合的词汇一起进行两轮打分，每一轮由 30 个用户组成评分小组。

第一轮中用户需要快速勾选与图片相关的词汇，去掉无关联的词汇，得到与这些图片最相关的 26 个词汇；第二轮进行意向尺度打分，每张图片对应的每个词有 0、1、2 三个分数可以选择，0 分代表完全没有这个感觉，2 分代表图片和词汇语义很契合。

在两轮打分后，对数据进行聚类分析，将所有的图片分成 6 个类别，分类结果如图 10 所示。得到的最具代表性的图片是在分类词汇得分情况最好的图片。通过每一分类中的代表词汇，也找到了最适合这些图片的形容词：亲切、愉快、舒适、青春、浪漫。

图 10　分类结果及代表词汇

聚类分析后我们将所有的图片按照相似度投射到认知图上，发现大部分的图片集中在一个区域，这些图片有明显相同的特点：暖色调、主体突出（图 11）。

图 11　认知图结果

从形态到语义的研究到这里就结束了。研究者对壁纸项目进行闭环设计，在找到相关的语义后可以进行元素的分析；对每一大类图片进行情绪版的分析，又可找到具有代表性的色调和材质（图 12）。

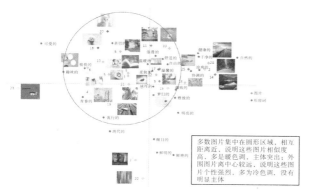

材质提取

图 12　元素分析结果

依照此案例，同样的外观也可以以此思路进行转化，将外观和语义进行对接，服务于外观设计，比如科技感研究项目，从而可以对外观进行形态到语义的验证。

参考文献

[1] 戴端. 产品形态设计语义与传达 [M]. 北京：高等教育出版社，2010.

[2] 晓千. 情绪版（Mood board）操作流程的新思考 [EB/OL]. [2011−12−15]. http://ued.taobao.com.

[3] 罗丽弦，洪玲. 感性工学设计 [M]. 北京：清华大学出版社，2015.

[4] 高力群. 产品语义设计 [M]. 北京：机械工业出版社，2010.

[5] 沈志远. 大正市场研究 [EB/OL]. [2011−11−20]. http://wenku.baidu.com/link?url=ipyUFG _ 5N7co0 OlDk5dl2JDUwYTnMl5v0qT7knJ5QHKe76Py5yG7b8c 5UdeJQCwAZoMzFELfxsFP39OlI _ EmGwTICmbcCQ wiwebUbRKr9Ue.

[6] 林斤伶. 应用 ZMET 技术探讨 iPod 使用者心智模式及产品设计 [D]. 台北：世新大学，2013.

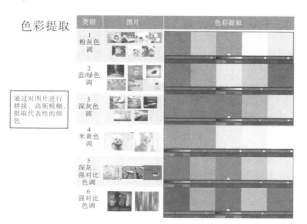

如何打造高可用性的政府应用

——12345政府热线用户体验设计方法

余惟嘉　马　克

（中国电信江苏鸿信系统集成有限公司，江苏南京，210000）

摘　要： 12345政府热线是连接政府与市民的桥梁，同时也是电信行业应用建设中的一个重要产品。让政府部门快速有效地为市民解决生活中的问题，人民群众更好地监督各职能部门，是12345政府热线作为综合服务平台的使命，也是我们持续提升产品用户体验需要达到的目的。笔者将分享在12345政府热线综合服务平台（以下简称"12345热线"）上结合设计思维做的体验设计。

关键词： 设计思维；需求洞察；政府应用

1　背景

信息化大潮席卷全球，新经济时代已经到来。信息技术正在深刻改变着我们的生活和工作方式，这种改变使政府的管理和服务面临着新的机遇和挑战。市民服务热线实行"一号对外、集中受理、分类处置、统一协调、各方联动、限时办理"的工作机制。市民拨打12345热线电话后，电话首先由呼叫中心热线受理员接听。热线受理员接听群众来电后，对能直接解答的咨询类问题，依据知识库信息直接作答；不能直接解答的咨询类问题及求助、投诉和建议，则及时转交相关区（县）的部门办理。相关区（县）的部门及时妥善处理来电事项并回复市民，同时将处理结果反馈给市民服务热线。

从以上信息我们可以看出，政府应用与公众应用的不同点在于用户类型比较多，且每类用户对应的业务流程都有一定的专业度。如何才能做到站在用户的角度思考，洞察用户需求显得格外重要。设计思维（design thinking）正好给我们提供了一种思维方式，从用户的角度去定义产品，从设计者的角度提出设计方案，并且在整个过程中，用可视化的方式来表达思路，同时关注可能产生的社会影响。

2　目标用户需求洞察

2.1　目标用户分类

通过前期走访结果我们发现，12345热线的使用人群主要有话务员、预审员、督察员及成员单位四类。

其中，话务员、预审员、督察员统一由话务中心管理；成员单位来自各政府机关相关办事机构，具体如下：

（1）话务员为电信或政府自建服务体系的话务员，是一线工作人员。

（2）督察员来自电信或政府自建服务体系，负责疑难问题审核、话务质量管理等工作。

（3）预审员负责问题处理结果的预审核、话务员工作单登记的准确性审核。

（4）成员单位负责解决及回复问题，接受话务中心监督，同时承担知识库的建设任务。

由于绝大多数话务中心并没有设立预审员岗位，通常由话务员兼做预审员的角色，因此我们最终将12345热线的主要目标用户锁定在话务员、督察员及成员单位三类角色上。

2.2　目标用户画像

我们基于12345热线既定的三类典型用户，通过深度访谈、用户观察等方法对每个角色进行挖掘，丰富形象，得到更广泛、深入的信息。

（1）话务员：平均年龄28～32岁，约4年工作经验，大专学历占整个话务员群体的60%，本科学历占40%。话务员均为女性。每周上班40个小时，工作实行三班倒。主要工作流程：接电话、记录、查询知识库、回复问题、疑难问题转报、派单。每个月平均会接到1000个以上的咨询投诉电话。

（2）督察员。平均年龄35～40岁，约5年工作经验，90%以上为本科学历，均为女性。每周上班40个小时。主要工作流程：日常话务中心内部管理、处理疑难问题、汇总话务数据并提交至政府成员单位。

（3）成员单位。平均年龄40～50岁，约8年工作经验，基本为本科以上学历，其中男性约占75%，女性约占25%。每周上班40个小时。主要工作流程：编写知识库、处理话务中心派单、查看问题数据统计。

2.3　用户痛点分析

通过前期对典型用户进行深入调研，我们设计出了基于不同用户的客户旅程图（图1～图3）。依据功能体验的不同阶段发掘相应的用户使用步骤、探索用户情绪，梳理出用户在不同阶段的痛点和机会点。

话务员是整个平台的输入源头，其工作强度比较高，因此提升话务员的使用体验非常必要。话务员的核心痛点如下：

（1）希望实时了解当月自己的工作量情况。

（2）原有软电话点击区域过小，容易发生误操作。

（3）知识库搜索不精确且匹配度低，目录不便查找。

（4）希望收藏自己关注的知识条目。

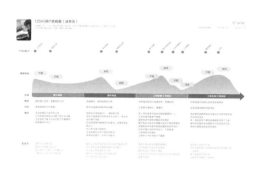

图 1　话务员的客户旅程图

督察员的核心痛点如下：

（1）初次登入系统后希望看到整个话务团队的实时工作情况。

（2）原有座席监控界面呈现不够友好，流程轨迹较长，用户普遍觉得既费时又费力。

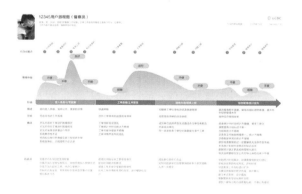

图 2　督察员的客户旅程图

成员单位的核心痛点如下：

（1）满意度统计指标过于单一、办结率统计不精确。

（2）工作数据展示纬度单一、统计不精确，缺乏更直观的图形化展示。

（3）无法对超时及待办工单进行数量预览、提醒。

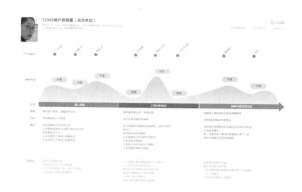

图 3　成员单位的客户旅程图

通过总结我们发现，用户在使用 12345 热线时所产生的痛点主要分为以下几个方面：

（1）软电话界面容易发生误操作。原有拨打界面构成缺乏规律性，功能分布混乱，没有秩序感，容易发生误操作，阻碍通话流程的程度较高。

（2）知识库搜索效率低下。主要体现为知识库设计过于隐蔽、不易被发现，违背了话务处理的高效性原则；搜索结果匹配度较低且查询结果呈现区域过小，导致浏览吃力且耗时过长；用户无法关注某一特定知识条目并加入收藏夹，所有浏览都是一次性行为，再次寻找需要耗费大量时间和精力。

（3）入口信息呈现高度同质化。对于不同角色的用户，系统呈现的首页相同。话务员反映公告条数有限制，过期后就无法访问，从而无法实时了解自己当月的工作量情况；督察员反映不能在显著位置实时看到座席分布情况；成员单位反映超时工单和待办工单缺乏提醒，影响问题处理的时效性。

（4）缺乏有效的数据分析及展现。平台只对数据进行传达，没有对数据进行分析。缺乏多维度数据统计及数据深入分析，导致政府部门在汇总工作数据环节需要耗费大量时间和精力。

3　为政府及用户设计的 12345 热线

3.1　从头脑风暴到原型设计

通过以上对用户痛点的分析，我们进行了一系列的头脑风暴，主要针对三类用户的痛点进行发散，并提出解决方案。参与者包括研发团队成员、设计团队、用户代表。我们请用户代表参与到我们设计中，请每位在场人员基于原有系统提出两或三点最希望改善的地方，并给出设计方案。

根据头脑风暴的结果，结合产品实际情况，我们做出一个设计方案，然后用网页做出一个产品原型。

3.2　原型可用性测试

我们请用户代表对原型进行可用性测试。由于时间原因，原型只做了一些关键页面，但是也足以让我们发现一些主要问题，比如不同角色的用户关注的重点信息是不同的，一些按钮的摆放容易引起误操作；在搜索的时候希望有关键字提示等。这些问题都表明了用户希望最大程度提升工作效率的意图，因此我们在最终方案里始终坚持这一设计目的。

3.3 确认设计方案

根据原型可用性测试，我们确认了设计方案，最终的设计方案重点关注以下五个方面。

3.3.1 软电话重构：提升通话任务的可操作性

原有系统的软电话曾一度让用户很烦恼：软电话与浏览器兼容性差，话务员容易发生误操作。这主要体现为误挂断、误强插、误拦截。软电话是话务员、督察员使用频率最高的功能之一，肩负着与百姓良好沟通的重任。

我们对不同角色用户日常的拨打习惯进行了梳理，并重新设计了软电话的界面。新设计的软电话在功能上拥有较高的独立性，主要表现为我们对现有软电话的功能按照用户权限以及用户使用的流程进行了重新分组。新设计的软电话在交互上具备了清晰的逻辑感，重新分组后的按钮排列更理性和有序；同时视觉层次的设计更人性化，符合用户长时间作业的标准（图4）。

图4 软电话界面

3.3.2 效率搜索：解决用户快速获取信息的痛点

话务员、督察员及成员单位在处理疑难问题的时候，90%以上都会搜索知识库。搜索是获取新的服务知识的快而有效的方法。

通常情况下，用户快速寻找搜索入口，输入关键字，找到想要的信息，落实到工单详情，最终通过电话反馈给来电百姓，时效要求比较高。

原有知识库设计过于隐蔽，不易被发现，违背了话务处理的高效原则。我们在首页以常驻形式重新设计了知识库的入口。通过重新设计知识库入口，用户可以随时访问知识库，提升了话务问题处理的效率，也间接提升了知识库的利用率。除此之外，在搜索条件输入界面中，关键字会根据时间、被搜索次数自动排序。用户自己搜索过的、大部分用户都在搜索的热门关键字可成为提高话务员查询效率的高速入口（图5）。

图5 首页及搜索界面

3.3.3 话务排名统计：建立激励的工作体制

原有系统对话务统计信息的管理是非常封闭的，甚至管理员都无法获得。这种现象导致了用户无法了解自己准确的工作情况。由于工作量直接和他们的收入和绩效挂钩，话务员希望能够清楚地了解自己在整个话务团队中的排名情况。

为了建立更好的激励体制，我们设计了排名体系，通过展现工作量统计及实时排名得分，营造激励体制，帮助话务员全身心投入到话务工作中（图6）。设计这种激励体制包含两个动机：一是帮助话务员实时了解自身工作量，通过排名和计分帮助话务员了解自己在团队中所处的位置；二是利用用户的竞争心理，在高强度的工作中加入一点趣味，激励话务员更努力地工作。

图6 话务员排名统计界面

3.3.4 优化监控中心：为督察员提供简洁高效的管理体验

监控中心为督察员提供全天24小时的、灵活的监督和管理渠道。通常督察员点击监控中心，然后选择座席分布表，即可对话务中心进行监管。座席分布表可显示话务员上、下线情况，是否通话，是否呼叫，当前呼叫时长的信息并具备通话音频监听等功能。

原有监控中心界面信息过于繁杂，在视觉上和操作上会对督察员构成强烈干扰。

重新设计后的座席分布表去除了多余信息，减轻了浏览疲劳，最终将核心信息呈现在分布表上（图7）。督察员可以清晰地看到整个话务团队的在线、离线情况，座席呼叫状态等。在监测到话务员回复有异常时，允许督察员中途实现通话插入，进行实时三方通话，为防止意外情况的发生而做出了全面保障，同时也为督察员充分管理整个话务团队提供了实时的依据。新的座席分布表可支持 100 个席位，并可实现分组化管理。为督察员快速实时管理话务中心提供了有效的解决方案。

图 7　监控中心界面

3.3.5　只呈现重点：符合政府职能的贴心设计

在原有系统中，用户需要经历多个步骤才能看到过期或即将到期的工单：工单查询—工单历史查询—根据时间查询—时间筛选。既没有到期推送，查看又烦琐。

对此，我们重点设计了工单状态、处理统计及监督统计准则。重新设计后的工单类型分为全部工单、待办工单、超时工单及已超时工单时，且均配备提醒计数球。当后台产生待办、超时或已超时工单时，计数球会模拟自由落体加速度产生跳跃效果，帮助用户快速发现异常工单并及时处理掉。趣味化提醒强化了用户的认知，为用户提供了友好而直观的体验（图 8）。

图 8　工单展现界面

此外，在提醒导航下面我们加入了适用于政府的统计报表，并进行图表化呈现。主要包括以下几个方面：

（1）工单总量统计。主要为成员单位月累计工单量统计。

（2）满意度统计。通过明确满意度的构成形式及评判标准，在满意度综合统计的基础上继续细分，主要有一次办结满意度统计和两次办结满意度统计两种方式。

（3）超时率统计。政府成员单位的办件超时统计。其中超时又细分为已超时和严重超时（标准为超时 48 小时以上）。

（4）办结率统计。对办结节点、办结时长、办结满意度进行综合评定。

4　方法总结

此次，我们将设计思维的方法贯穿于整个 12345 热线平台用户体验的设计过程，得到如图 9 所示的设计方法模型。

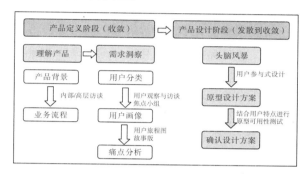

图 9　政府应用设计方法模型

整个设计过程分为两大阶段：产品定义阶段和产品设计阶段。

由于政府应用大多数都有一定的政治背景和业务流程，因此在开始之前，我们需要找到客户方的项目负责人对项目进行深入了解。在理解产品之后，我们开始进行需求洞察，一共分为三步：第一步，用户分类，由于政府应用的用户一般有多种角色，因此我们在做调研的时候，需要将用户按照不同类型进行招募和研究。第二步，用户画像，我们一般采用用户画像的方式来收集用户调研结果。第三步，痛点分析，以故事版或者客户旅程图来梳理分析用户痛点。

在得到产品定义之后进入设计阶段，我们根据结果进行头脑风暴。通常我们会让用户也参与进来，以帮助我们把握重点。得到原型设计方案之后，我们会再请用户进行原型可用性测试，观察用户对原型的使用情况，并结合访谈进行改进。此外，我们还应注意到用户的使用特点，例如 12345 热线中的话务员和督察员，由于需要长时间使用系统，系统应该具备一定的激励体制和趣味性，使用户的疲劳得到缓解。我们应在不断地修正之后得到最终设计方案。

5　引申和思考

从以上案例我们可以看到，与传统设计方法不同，设计思维方法注重从用户角度去做产品，是一个从收敛到发散再到收敛的过程；而贯穿整个过程的是用户的深度参与以及视觉化工具的分析传达。这种方式能够帮助我们毫不费力地站在用户的角度去思考，并且比较容易把握住重点，也就是用户真正关注的地方，从而从根本上改善产品的用户体验。

公司自 2009 年来，一直为政府建设各类应用，感触颇深。从最早的网上权力阳光系统，到 12345 热线综合服务平台，再到地税应用，我们渐渐发现，政府也在加快信息建设的步伐——从以往的没有专人维护，到现在将公众反馈纳入政府考核指标，政府已经意识到信息化手段在社会监督中的重要作用。打造政府应用与公众应用最大的不同在于，政府应用的用户群体类型相对复杂，且职能相差甚远；每一类用户类型所需要的操作流程也完全不一样。这就需要用户研究人员深入理解政府各相关职能单位，了解每类用户对应的业务流程以及工作中遇到的痛点。而随着大数据技术的发展，政府希望对沉淀在各类系统中的民生数据能够进行深入挖掘和分析，以对政府的决策起指导作用。如何分析、如何展现，是符合政府需求和公众需求的，这也将是我们需要持续研究的重点课题。

参考文献

[1] 艾尔·巴比. 社会研究方法 [M]. 11 版. 邱泽奇，译. 北京：人民邮电出版社，2009.

[2] 戴力农. 设计调研 [M]. 北京：电子工业出版社，2014.

[3] KUNIAVSKY M. 用户体验面面观 [M]. 北京：清华大学出版社，2010.

[4] DONALD A N. 情感化设计 [M]. 付秋芳，程进三，译. 北京：电子工业出版社，2005.

互联网产品运营设计分析研究

余邹蓓蕾

（广东欧珀移动通信有限公司，广东东莞，523000）

摘　要：互联网时代，各类产品都开始关注运营内容。本文通过对运营设计进行分析研究，重点介绍了确立数据指标和拆解视觉设计维度，以给提升运营设计提供一种分析思路。

关键词：运营；产品；设计；研究

1　导言

在互联网 2.0 时代，区别于 1.0 时代的工具型产品，我们开始更多地关注用户体验、用户需求，运营这个岗位应运而生。通常，在互联网公司的业务部门工作内容涉及产品、开发、运营、设计。广义上，运营主要是围绕产品进行人工干预，他们主要的工作方向有拉新、留存、促活。拉新，是指给整个产品或功能页面带来新用户。留存，即一段时间内留下的用户，不同性质的产品留存计算的方式有很大区别，如手机游戏，有次日、7 日、15 日、30 日留存，不同时间节点和细分程度主要依据产品自身的特性去衡量。促活，顾名思义是促进活跃用户，如 UC 浏览器在早期的版本中专注于搜索功能优化，而在近两年的版本中逐渐增加新闻资讯、小说等信息流内容，猜想是为了改变用户原有对搜索引擎的工具型使用方式，增加用户黏度和使用时长，促进活跃用户。此外，还有构建用户模型、流失沉默用户召回、用户激励体系构建、个性化标签定制等运营方法。

概括而言，如果把运营本身看作一种体验，那么其主要需要融合三方面的内容：用户需求、产品定位、运营目标。以它们为基础制订整个运营体验主题，通过公司内部的产品、运营、设计、开发等不同触点进行一体化设计（图 1），营造符合产品调性和运营目标的体验形象，从而达到运营本身的目的。整个运营流程中不同触点需要相互配合（图 2）。

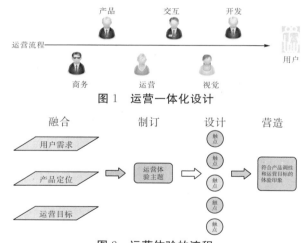

图 1　运营一体化设计

图 2　运营体验的流程

在互联网产品中，特别是移动应用上，运营的形式主要可分为 Banner、闪屏、激励广告（积分墙）、视频广告、H5 页面、弹窗、Push 类通知栏推荐等。根据产品特性，运营内容的目的主要可以分为下载类、购买类、展示类、活动类、导流类等。常见的运营活动方式包括：测试、投票、评选、抽奖、填字等。总的看来，运营本身是依托在产品架构上进而展现的。例如在应用宝中，运营内容通过首页的轮播图设置入口。产品本身的信息架构制约了运营的交互形式，所以运营中的视觉设计相较交互而言更为重要。

从本质来说，运营设计也属于营销，所以它与广告设计有很多相似之处。通常情况下，运营设计需要配合产品定位、产品内部框架结构、运营活动安排、文案输出、时效性等因素。其中视觉设计与用户访问运营内容的深度和用户黏性有很大关系，对运营转化率有很大影响。比如，用户进入产品后首先会被闪屏、Banner 等视觉图片所吸引，如果这几个页面对用户没有吸引，就会导致客户流失。所以视觉设计是运营最重要的一环，在后文中将详细展开讨论。

2 研究内容及方法

2.1 研究内容

本文的研究内容是互联网产品的运营设计，分析重点是运营指标的确立和运营视觉设计分析维度。该研究不仅适用于日常运营项目调研，也可以辅助运营、产品、设计师进行实际分析，积累案例分析结果，以便更好地指引后续的运营设计。

2.2 研究方法

本文采用的是针对运营设计的分析型研究方法（图3）。首先，与日常的用户调研一样，与需求方进行沟通了解基本信息，这里的需求方干系人可能是运营、设计师或老板。前期的沟通主要是为了明确分析的主要方向和重点，也借此机会获得干系人对分析的重视和支持。

图3 运营设计研究的主要步骤

其次，在沟通需求之后，展开信息收集的工作。对需求方的数据进行搜集和整理，包括各类运营指标如 PV、UV，以及通过不同渠道获得的用户反馈。这里的指标会受产品运营内容埋点的影响，埋点越完整，收回的数据信息也就越全面。

收集好需求之后就可依据各产品和各类不同形式的运营中数据指标的差异，将同类型数据归类，并依据模型测算转化率。模型在后文中将详细展开论述。这里需要注意的是不同产品的特性决定了转化率的计算方向和范围。

最后，将测算后转化率不同的运营视觉设计，按照四个维度进行拆解，挖掘设计中影响转化率的原因，并提供总结和建议。

3 数据指标与模型

在前期分析研究需求之后，数据收集和整理将成为影响整个分析结果的重要一环，而我们也需要根据产品特性、后台算法区分数据。例如，有一些是偏运营类的产品，像电商、应用商店、游戏；还有一些是半运营类的产品，像社交平台、用户原创内容（UGC）。另外，在互联网的浪潮中，某些工具类产品也在慢慢加入运营类的内容，像浏览器、天气预报 App 等。

获取数据时，需要了解哪些方式可以获取与运营内容相关的数据和用户反馈。这些数据可能会分散在不同部门的同事手中，也可能需要登录系统后台查看，或者从客服那里获取。

运营类分析指标体系经过概念化操作后划分为五个方面：总体运营、用户行为、用户价值、经营环境、营销活动。每个方面均作为单独一级的指标体系，在一级指标下再根据研究内容的不同设计二级指标（表1）。

表1 一、二级运营指标

序号	一级指标	二级指标
1	总体运营	流量指标
		业绩指标
2	用户行为	一般行为指标
		购物行为指标
3	用户价值	用户指标
		新用户指标
		老用户指标
4	经营环境	外部竞争环境指标
		内部购物环境指标
5	营销活动	市场营销活动指标
		广告投放指标
		对外合作指标

3.1 总体运营指标

总体运营指标包含流量指标和业务指标两部分。流量指标也可称为运营基础指标，通常产品运营都会涉及，业绩指标以购买类的产品如"大众点评"为例，也适用于电商等以销售为主的产品。如果是像手机助手类的应用平台，这里的业绩指标就应该替换成运营内容页面的下载率或者转化率(表2)。

表2　总体运营指标

二级指标	三级指标	指标含义
流量指标	浏览页面数	在一个统计周期内，独立用户访问该运营内容时，打开的页面数量
	访问次数	在一个统计周期内，独立用户访问该运营内容的次数
	访问人数	在一个统计周期内，运营内容的独立访问用户数
	人均单次浏览页面数	人均单次浏览页面数＝Average（统计期内该用户浏览运营内容页面数/访问运营内容的次数）
业绩指标	订单金额	在一个统计周期内，用户完成下单的订单额之和（以网上提交订单为准）
	订单数量	在一个统计周期内，用户完成下单的订单数之和（以网上提交订单为准）
	访问到下单的转化率（次数）	在一个统计周期内，运营内容下单的次数与访问次数之比
	访问到下单的转化率（人数）	在一个统计周期内，运营内容提交订单的用户数与访问用户数之比
	客单价	客单价＝订单金额/订单数量

3.2　用户行为指标

在用户行为指标中划分了很多细的指标，一般指标适用于所有的运营内容，购买指标也如前文中的业绩指标一样，适用于购买类产品的运营内容。研究运营内容时可根据内容的差异去衡量用户的一般行为指标。具体用户行为指标见表3。

表3　用户行为指标

二级指标	三级指标	指标含义
一般行为指标	访问次数	在一个统计周期内，独立用户访问该产品的次数
	注册用户数	在一个统计周期内，访问运营内容后，完成会员注册流程的用户数
	浏览页面数	在一个统计周期内，独立用户访问该运营内容时，打开的页面数量
	人均单次浏览页面数	在一个统计周期内，用户每次访问的平均浏览页面数
	人均月度有效浏览时间	在一个统计周期内，平均每个用户访问某一运营内容的有效浏览时间
	跳出率	在一个统计周期内，用户仅访问一页，即离开产品的访问数与产品总访问数之比

续表3

二级指标	三级指标	指标含义
购买行为指标	下单次数	在一个统计周期内，运营内容上用户提交订单的次数
	放入购物车次数	在一个统计周期内，运营内容上用户点击放入购物车和立刻购买的次数
	在线支付次数	在一个统计周期内，运营内容上完成购物流程、成功在线支付的次数
	访问到放入购物车的转化率（次数）	在一个统计周期内，运营内容放入购物车的次数与访问该产品的次数之比
	访问到下单的转化率（次数）	在一个统计周期内，运营内容下单的次数与访问该产品的次数之比
	下单到在线支付的转化率（次数）	在一个统计周期内，运营内容在线支付的次数与下单的次数之比

3.3　用户价值指标

用户价值指标和用户行为指标的差异主要通过用户特质进行区分，包括新、老用户的访问数，获得成本，转化率等与运营内容相关的数据指标。具体用户价值指标见表4。

表4　用户价值指标

二级指标	三级指标	指标含义
用户指标	访问人数	在一个统计周期内，运营内容的独立访问用户数
	访客获得成本	获得一个新用户需花费的营销、宣传等成本之和
	访问到下单的转化率	在一个统计周期内，运营内容提交订单的访问数与该产品的总访问数之比
新用户指标	新用户数量	在一个统计周期内，独立访问并且产生第一次购买的新用户之和
	新用户获得成本	获得一个新用户（第一次购买产品的访问者）需花费的营销、宣传等成本之和
	新用户的客单价	在一个统计周期内，新用户每笔订单的平均金额
老用户指标	老用户数量	在一个统计周期内，完成购买两次及以上的用户数之和
	消费频次	在一个统计周期内，产生消费行为的平均次数
	最近一次消费的时间（天数）	最后一次购买行为距离统计时的天数
	消费金额	在一个统计周期内，老用户完成在线下单的订单额之和
	活跃的老用户数	在一个统计周期内，登陆次数超过规定阀值的老用户数之和

3.4 经营环境指标

经营环境的指标包括外部和内部经营环境。经营环境指标与业绩指标有很多重叠的数据，但是计算方式和划分维度有所不同，可以根据具体需要进行删减。具体经营环境指标见表5。

表5　经营环境指标

二级指标	三级指标	指标含义
外部竞争环境指标	市场占有率	在一个统计周期内，运营内容交易额占同期所有同类型运营内容整体交易额的比例
	市场扩大率	在一个统计周期内，运营内容占有率较上一个统计周期增长的百分比
	网站排名（按照订单金额）	在一个统计周期内，运营内容交易额在所有同类运营内容中的排名
	访问人数占产品整体用户数量的比重	在一个统计周期内，运营内容独立访问用户数占同期整体产品合计独立访问用户数的比重
	产品使用排名（按照访问人数）	在一个统计周期内，使用该产品的独立用户数在所有同类产品中的排名
内部购物环境指标	浏览页面数	在一个统计周期内，独立用户访问该产品时，打开的页面数量
	访问人数	在一个统计周期内，运营内容的独立访问用户数
	访问到放入购物车的转化率（次数）	在一个统计周期内，运营内容放入购物车的次数与访问该网站的次数之比
	访问到下单的转化率（次数）	在一个统计周期内，运营内容下单的次数与访问该网站的次数之比
	下单到在线支付的转化率（次数）	在一个统计周期内，运营内容在线支付的次数与下单的次数之比
	订单数量	在一个统计周期内，用户完成下单的订单数之和（以网上提交订单为准）
	订单金额	在一个统计周期内，用户完成下单的订单额之和（以网上提交订单为准）
	支付方式多样性	在一个统计周期内，产品支持的支付方式的种类和数量
	配送方式多样性	在一个统计周期内，产品支持的配送方式种类和数量
	商品种类多样性	在一个统计周期内，产品展示的商品种类和数量

3.5 营销活动指标

在导言介绍的运营一体化流程中，商务是整个运营体验最开始的一个节点。其实，互联网产品可以分作多种类型，有些产品的运营内容是自家衍生的，并没有商务的角色，另外一些是与其他商家合作而产生的运营内容。在这种情况下才会出现营销活动的指标，这些指标主要用于评价产品的商务及其与其他商家的合作。具体营销活动指标见表6。

表6　营销活动指标

二级指标	三级指标	指标含义
市场营销活动指标	新增访问人数	单一活动期间，运营内容新增的独立访客数量
	总访问次数	单一活动期间，访问运营内容的独立用户访问该产品的次数之和
	订单数量	单一活动期间，用户完成下单的订单数之和（以网上提交订单为准）
	访问到下单的转化率（次数）	单一活动期间，运营内容下单的次数与访问该产品的次数之比
	投资回报率（ROI）	单一活动期间，产生的交易金额与活动投放成本之比
广告投放指标	新增访问人数	单一广告投放期间，运营内容新增的独立访客数量
	总访问次数	单一广告投放期间，访问运营内容的独立用户访问该产品的次数之和
	订单数量	单一广告投放期间，用户完成下单的订单数之和（以网上提交订单为准）
	访问到下单的转化率（次数）	单一广告投放期间，运营内容下单的次数与访问该产品的次数之比
	投资回报率（ROI）	单一广告投放期间，产生的交易金额与活动投放成本之比

表6归纳的维度并没有完全概括所有营销活动指标，比如说在"大众点评"抢外卖红包的运营活动页面中"领取红包"按钮的点击率。所以，我们需要根据产品和运营内容具体问题具体分析，而不仅仅关注固定的一些指标。运营的方式不断拓展，如现在很火的微信营销，研究者重点是要关注这些运营内容对业务价值的影响。

3.6 数据模型

运营活动本身需要切合产品的用户需求，甚至细分到不同运营内容的目标用户。所以，数据模型也主要以用户习惯为依据，以应用宝中保卫萝卜3的下载为例（图4），用户关注之后，产生对运营活动的访问行为，用户下载保卫萝卜3，参与运营内容互动（新人注册、每日抽奖、升级领奖），提升在应用宝整体产品中的活跃度。整个体验中，每个体验触点都会产生不同的数据指标。也就是说，数据模型主要是根据运营内容的体验流程形成的。

图 4　应用宝中保卫萝卜 3 运营页面

　　源引自艾瑞的广告价值模型，综合广告和运营的相似性，再贴合运营内容本身的特性，形成运营价值模型，引入可统计的三类数据。以应用宝中保卫萝卜 3 的运营内容为例，主要运营指标分为三大部分，活动曝光量、页面转化率、消费金额（表 7），各自对应不同的内容。

表 7　应用宝中保卫萝卜 3 运营数据

模型	内容
活动曝光量	首页广告 Banner 或其他渠道运营内容的点击率
页面转化率	运营内容互动（新人注册、每日抽奖、升级领奖）用户数、下载软件的人数、页面浏览量等
消费金额	用户因为运营内容下载游戏后在游戏中的消费金额，即在游戏运营周期中与平日差异的游戏收益值

4　视觉设计研究维度

　　运营设计研究的最后一步，是通过对数据指标的测算设计运营内容，将内容中囊括的视觉设计按照维度拆解后进行分析。这里提供的维度从视觉要素的各方面进行划分，即视觉设计四要素，分别是色彩、图形、字符、版式。它们基本上能涵盖视觉设计的主要因素，而运营内容本身也是通过不同视觉设计形式向用户展现的。

4.1　色彩

　　英国心理学家格里高曾说："色彩感觉对于人类具有极其重要的意义，它是视觉审美的核心，它深刻地影响着我们的情绪。"在视觉传达过程中，色彩是第一信息，用户对色彩的感知和反射往往是最敏感和最强烈的。色彩分为色相、明度、纯度三方面。

　　色相是指色彩的相貌，即我们通常说的冷、暖色，不同国家、种族的人对相同颜色有不同理解。例如，醒目的红色早在互联网时代之前就被很多实体商家运用在促销活动中，所以用户对用红色来传达的营销信息已经形成共识，而京东网上商城本身的图标是红色，它发起的"双 11"整体运营活动主色调也是红色，既贴合产品也符合用户的习惯认知。所以，运营活动的基准色、运营产品特性、用户群体等相关因素在设计时都需要考虑。色彩是分析运营设计的重要维度。

　　明度是指色彩的明暗程度，适合用于表现物体的空间感，也能用以突出重要信息。在视觉设计中，最重要的一条原则是在同一个画面中，即使色彩不同，在亮度上也需要有对比。通常会先在 PS（photoshop）里面对图像做黑白或者去色处理，再去处理重点信息与背景之间的关系，突出需要用户关注的内容。特别是画面中有比较小的字符时，国际标准组织（ISO）建议文本亮度和背景亮度之比至少为 3∶1，可以以这个标准去衡量色彩明度，帮助分析运营设计。

纯度是指色彩的纯净度、浓度、饱和度等。目标用户年龄偏小的产品中，经常会看到高纯度色彩的使用，如QQ，而微信的色彩就相对沉稳。游戏画面中也会有色彩纯度的差别，出自网易旗下的"大话西游"和"梦幻西游"在游戏画面的设计上也存在明显的区别，梦幻西游整体颜色更偏粉嫩，大话西游无论是角色还是场景使用的颜色纯度都更高。

4.2 图形

视觉传达设计是一个把概念（理念）视觉化、形象化、信息化的过程，通过视觉形象（图形语言）设计，刺激视觉传达信息接受者，使视觉传达信息接受者能迅速解读或产生联想，从而认识视觉形象（图形语言）所表达的语言信息。图形、元素的选择和设计也是运营设计需要重点考虑的内容，这些更需要和产品运营本身的受众联系起来，不同属性、特征的用户对一些图形、内容的感知和偏好差异很大。这些需要在日常的业务当中积累，或者参考用户画像提供的数据支持。如果是作为大型运营活动的输入，也可能需要专门的用户调研提供支持。

4.3 字符

中国文字博大精深，汉字及其各种艺术表现形式在视觉传达中都充分体现了其独特的信息传递功能。当然，很多运营设计内容中不仅有汉字，还会出现英文，甚至一些符号文字。在设计过程中，字体、字形结构、文字的编排都是符号研究中细分的分析角度。

在分析中，结合产品、用户、运营本身等从多个角度去解读字符也非常重要。比如说运营产品本身针对年龄偏大的用户，在设计中使用二次元的文案，字体使用喵呜体、幼圆体肯定就不合适。

4.4 版式

版式是画面色彩、图形、文字的编排或设计形式。在做分析时，因为版式与色彩、图形、字符的维度有重合，所以本文主要关注狭义的版式，即构图。

人在阅读的时候，有自然的浏览习惯，从左到右、从上到下、从左上到右下。人的最佳视域一般是在画面的左上部和中上部，画面中上三分之一处是最引人注目的视觉区域，也就是我们通常说的黄金分割所在的区域。所以在运营设计中，需要重点突出的信息在构图上也应该处于引人注目的位置。

在做运营设计中的视觉研究时，应遵循色彩、图形、字符、版式等分析维度的基本规律，通过对大量运营设计分析结果的积累和学习，归纳出适合

产品的一些设计特征，以帮助形成运营设计的风格版式和规范。

5 案例分析

5.1 美图秀秀的社交类运营

2014年11月，美图秀秀的"微笑挑战"运营活动以微信公众号为运营重点。活动目的是增加品牌曝光，增加微信订阅粉丝数。活动成果为微信增粉较日常提升400%以上；参与人数比预估人数多8倍。"微笑挑战"活动以圈出10个好友的方式，利用用户朋友圈的关系链进行传播（图5），奖励是某电商B2C提供的实物和优惠券。在活动开始前两天，进行了小批用户放量，参与人数低于300，活动第二天通过微信推送"有奖征集"后，参与人数当晚迅速上升到6000人以上。

#微笑挑战#我接受大家的微笑挑战！让微笑传递下去，左边放上点你的人的照片，右边放上自己的照片。点十个人继续传递微笑。被微笑刷屏是件好事！😊

11月27日 下午2:45

图5 美图秀秀"微笑挑战"运营活动

这次"有奖征集"运营中有两处设计显著提高了转化率和分享率。第一个是上传成功页提示文案增加了更为明确的分享引导（图6），提高了15%的分享率；第二个是调整设计方案将"关注"放在活动页面的顶部（图7），使关注转化率提升了近30%。

图6 美图秀秀有奖征集

图 7 　美图秀秀调整后的微信运营设计

　　从设计角度分析，这次运营的形式不是传统意义上的广告类运营，它"嫁接"在社交平台上，受微信本身产品架构和逻辑的限制，但是还是可以从设计的维度来探讨这次活动有哪些好的地方提升了转化率。以前一处设计为例，从色彩方面来说，分享的图片外周为一个半透明的黑色遮罩，黑白对比让用户的目光更能集中在用户的照片上；从图形方面来看，给用户照片增加一圈白色的圆角矩形边框，还原了现实中照片本身的质感；从字符和版式来看，点击分享按钮后出现的引导字符"分享给好友，可以解锁获奖秘籍喔""秘籍来了，投票不止一次哟，可以一天一次"使用的是手写体，猜想是与美图秀秀的目标用户有关，年龄偏小的一些女性用户都很喜欢自定义系统字体，同时模特照片的选择也是很符合新时代的审美标准。

　　这是一类依托于社交平台的运营活动，设计相对简洁。从营销的角度来看，社交类运营是目前很流行的一种运营方式，需要加以关注，但使用该方法时对自己产品本身用户要多一些了解，才能更好地预估并判断哪种类型的社交平台适用于自己产品的用户，再结合运营内容和形式设计，从而达到提升活动质量的效果。

5.2　淘宝的电商类运营

　　谈到电商类运营，相信大家都会想到"双11""双12"这些比较大型的平台活动，甚至很多新闻、报道也会盘点历年各大电商平台的成交额等数据。这种类型的运营活动往往都自成体系，有较多的策划点，甚至还有很多针对不同类型用户而产生的会场，这些都是一整个系统的设计，是基于平台本身的后台数据，综合以往用户的购买行为设计的结果。用户甚至在慢慢被电商培养出一种消费习惯。这些点涉及的面太广，本文单就小型活动来分析电商类的运营案例。

　　淘宝的销售额＝流量×转化率×客单价。七大基本指标包括销售额、销售量、PU、UV、转化率、客单价、PV/UV。2010 年 12 月，淘宝网的"零号男"运营活动、冬"潮"达人兑换专场有

150 万的淘金币发放量。低至 4 折的 MR. ZERO "零号男"冬季产品兑购使活动期间转化率提升 126％，店铺 UV 增加 2.4 倍，PV 增长 2.6 倍，总交易额增长 5 倍，店铺浏览回头客数量提升 200％。

　　这次活动是首例品牌用户与淘金币的合作。在活动前，店铺对 VIP 客户进行活动告知并发放 1000 淘金币。从活动预热 Banner 看（图 8），设计者对 150 万、兑换、活动时间的字符信息采取了红色高亮处理。从活动页面来看（图 9），设计的版式中左侧是商品类目，包括品牌男装的专题页入口，右侧从上至下分别是头图、VIP 卡发放区、折扣兑换区、竞拍区、活动发布区。在头图的设计上，标题中突出 4 折的信息，左上是视觉的首先接触点，有助于唤起用户的关注。产品图采用角版（抠底）的方式，运营重点商品用红底白字高亮品名和价格。这次运营活动不仅提高了活动转换率，开创了品牌合作的新模式，后期还吸引了中国移动、西门子等更多的合作用户。

图 8 　淘宝零号男运营活动预热 Banner

图 9 　淘宝零号男运营活动页面

5.3 萌江湖的手游类运营

2013年，卡牌手游"萌江湖"开展对酒运营活动期间，充值比例明显增高，用户活跃度上升15.65%，玩家比例上升66.84%，新玩家增长37.58%，游戏时长增加6.82%，登录次数增长4.17%。这种运营活动是在游戏本身的安装包（APK）上推出的，它主要是刺激玩家玩游戏的动机性行为。

从活动页面（图10）设计来看，它延续了萌江湖产品的形象，以暖色调为主，画质优良，延续了游戏的中式古典风格，画面中突出对酒活动，以领取时间段作为区分，在页面上给出提示信息；由游戏中角色给出对酒场景的引导语，给玩家一种场景带入感；页面底部是游戏主要功能导航，页面顶部是游戏内的其他一些运营活动。

在游戏内，运营活动推广形式主要有弹屏、活动公告和游戏内置活动公告。通过对酒活动可放大用户体验和时间因素，最终达到拉新、促活跃、拉回流、增收入的目的。

图10　萌江湖对酒运营活动

6　结语

本文提供了对互联网产品的运营设计的分析研究方法。首先，明确研究的主要方向和重点；其次，对运营指标、数据进行搜集和整理；再次，将同类型运营归类，并依据模型测算转化率；最后，将测算后转化率不同的运营设计，按照设计分析维度进行拆解，挖掘设计中影响转化率的原因。

在案例分析中，笔者抽取行业内一些较为成功的运营活动案例，结合数据和分析展开讨论。在实际工作中，建议在做研究之前先积累同类型产品的不同案例，比较转化率或运营活动效果，再通过数据挖掘对比来进行分析，会更加科学合理。这里需要注意的是，视觉设计会对运营活动产生很大影响，也需要综合活动策划的目的、节点、方式、用户、渠道等进行综合性的评估。

参考文献

[1] 劳拉·里斯著. 视觉锤：视觉时代的定位之道［M］. 王刚，译. 北京：机械工业出版社，2013.

[2] COLIN WARE. 设计中的视觉思维［M］. 陈媛嫄，译. 北京：机械工业出版社，2013.

[3] 电子商务网站运营诊断指标体系报告［EB/OL］. ［2010－09－06］. http://news. iresearch. cn/Zt/123380. shtml.

[4] 大众点评O2O广告价值模型［EB/OL］. ［2014－07－30］. http://www. iresearch. com. cn/Report/2226. html.

[5] 产品运营：美图秀秀的运营推广案例分析［EB/OL］. ［2015－01－14］. http://doc. mbalib. com/view/0f9df65fd7b5a4105480879eb846303b. html.

[6] 打造首席数据分析师如何运用数据经营和决策［EB/OL］. ［2013－02－01］. http://wenku. baidu. com/view/2859c721915f804d2b16c1a0. html?from＝search.

[7] 活动运营：借助数据释放游戏的潜力［EB/OL］. ［2013－09－11］. http://wenku. baidu. com/view/41037f127375a417866f8f70. html?from＝search.

驾驶环境中手机使用研究及设计

郁朝阳

（中兴通讯股份有限公司，上海，201203）

摘　要：本文首先对驾车过程中影响安全的因素进行了研究，并对用户在驾驶环境中使用手机的真实需求进行了调研。在此基础上，选择了合适的人机交互方式，以语音交互（VUI）为主、视觉交互（GUI）为辅的方式进行了驾驶模式的设计。

关键词：驾驶环境；驾驶者；语音交互；视觉交互

1 研究背景

至2015年年底，全国机动车保有量达2.79亿，平均每百户有私家车31辆。拥有机动车驾驶证的人数已超3.2亿。（来源：央广网）人们每天开车上下班，周末驾车出游已成为常态。人在车中的时间越来越长，人和车及相关设备的交互越来越多，如越来越多的人依靠导航到达目的地；在车中无聊时，会收听音乐、广播等。打电话、刷微信等日常生活中的动作也被驾驶者带到了驾车环境中，随之而来的是越来越多的安全问题。据中国警察网公布的2014年10月以前的交通事故统计结果，29.6%的致死事故是由开车接听电话、玩微信等引发的。

驾驶安全已成为目前热议的社会问题，同时驾驶者在驾驶中的各类需求，如使用导航、接打重要电话、听音乐等也越来越受到各方的关注。本文涉及的"驾驶模式"研究及设计意义在于探讨并解决人在驾驶环境中的安全和满足需求的问题。

2 文献研究

保证驾车安全中很重要的一个因素是驾驶者的注意力分配，即驾驶者有没有分配足够多的注意力在驾驶动作上，在驾车中的其他动作是否会影响到驾驶动作。美国国家高速公路安全管理局（NHT-SA）在实际的上路驾驶研究中发现，近80%的碰撞和65%的临界碰撞与驾驶者分心有关。研究结果表明，较为简单的视觉和听觉干扰并不会对驾驶者产生明显的影响；较为复杂的视觉和听觉干扰会对驾驶者产生显著影响，并且视觉影响显著于听觉影响。在驾驶过程中，驾驶者应尽量减少执行任务的次数。相应的，车载信息设备应尽量设定为声音或声音与图像并存的模式，避免单独采用图像服务，以有效保证驾驶安全性。

在开车时听音乐俨然已成为汽车文化的一部分。驾驶者普遍认为，与手机通话等其他分散注意的活动相比，听音乐的事故发生风险较小。驾驶经验对驾驶行为影响显著，新手比老手速度更慢、犯错次数更多。因此，建议驾驶者在选择音乐时选择自己不熟悉的语言及歌词的音乐，音乐节奏可视情况而定。另有研究结果表明，音乐在低复杂度的单调驾车任务中有积极作用。根据各阶段理论，如唤醒理论、动态模型理论、补偿控制理论的研究结果，合适的音乐可以使驾驶者处于较高的唤醒水平，有利于驾驶警觉的维持，但这取决于音乐的复杂性、驾驶情境及驾驶者的自我调控。由各类研究结果可以得出，适当的音乐对于驾驶有积极作用。

驾驶者智能终端使用行为调查结果显示，超过80%的驾驶者常用智能手机进行导航，说明对于导航类智能终端及应用程序的设计和优化具有相当可观的市场价值。本文将在用户研究的基础上，探讨手机中驾驶模式的App设计。

3 用户调研

在用户研究过程中，采用问卷和深度访谈相结合的方式，共回收198份问卷及6个深度访谈结果。从结果中可以看出，用户在驾驶的不同阶段需求也是不同的（图1）。

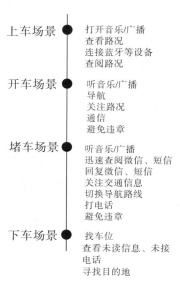

上车场景　打开音乐/广播
　　　　　查看路况
　　　　　连接蓝牙等设备
　　　　　查阅路况

开车场景　听音乐/广播
　　　　　导航
　　　　　关注路况
　　　　　通信
　　　　　避免违章

堵车场景　听音乐/广播
　　　　　迅速查阅微信、短信
　　　　　回复微信、短信
　　　　　关注交通信息
　　　　　切换导航路线
　　　　　打电话
　　　　　避免违章

下车场景　找车位
　　　　　查看未读信息、未接电话
　　　　　寻找目的地

图1　用户驾驶场景需求图

在这些需求中，最主要的是音乐和导航，其基本贯穿整个驾驶过程；最紧急的需求是接听电话，特别是一些重要人士的电话，接不接确实是让许多驾驶员头疼的问题。查询路况、修正行车路线的需求在道路日趋拥堵的今天，也变得也越来越明确，越来越重要。其余的需求是驾车过程中的非紧急、必要的需求，但是满足这些需求能很好地提高用户体验。

4 设计

基于以上的资料和用户调研，笔者决定设计驾驶模式应用，在保证安全的前提下满足用户在驾驶过程中使用手机某些功能的需求。

4.1 功能需求的确认

根据紧急性和必要性原则，我们将"导航""电话""音乐""查询""短信"以及"设置""帮助"功能纳入驾驶模式应用中。

4.2 选择合适的交互方式

在驾车时，驾车安全是最重要的，如何在保证安全的前提下满足用户接听电话、导航等需求呢？事实上，开车过程中用手操作手机是违反交通法规的。因此，语音交互就自然地成为驾驶过程中的首选交互方式。语音交互（VUI）有以下几个特点：

（1）直觉性。

说话几乎是人与生俱来的一种能力，因此使用VUI的门槛就会非常低。通过一定的培训，大部分的人都能使用语音命令与语音产品（如手机）进行沟通，甚至不认识文字或者对于产品完全陌生的新手用户也能快速地、熟练地使用语音产品。

（2）穿透性。

语音命令能够将产品信息结构扁平化，最大限度地简化步骤，将一个很长的任务流通过程通过一个语音命令很快地完成。以我们最熟悉的给联系人打电话为例，步骤如下：点亮屏幕—解锁手机—打开名片夹—找到相应的联系人—点击拨打按钮。正常的任务流需要以上5个步骤。如果使用语音命令，只需要"唤醒语"+"打电话给张三"即可完成。高效性和便捷性显而易见。

（3）互动性。

人机交互中很重要的一条设计准则是机器要给用户合适的反馈。在一般的VUI中，设备经常会用声音作为视觉的补充给用户反馈，即使只有简单的"滴"这样一个单音节词，也能提供很大的信息。而在智能化的VUI中，机器一般会提供更为简单清晰的语言反馈，如"第几个""正在呼叫"等。反馈的信息量更大，亲切度更高。

（4）隐私性。

听觉比视觉能更快更广地接收信息，因而VUI的信息隐私性比GUI（Graphic UI）差。这就意味着VUI的使用会更为严苛。如何既能让用户舒适地使用语音沟通而又不泄露用户的隐私，这也是产品设计时必须要考虑的问题。

（5）灵活性。

穿透性提供了用户在使用语音时的灵活性。用户在手机的任何界面，只需要使用语音命令，就能进行和该界面没有任何关系的操作。如用户在使用浏览器模块的时候想听音乐，只需说出语音命令"播放音乐"，就能完成原先需要在音乐模块才能完成的工作。灵活性的另一个表现是可以解放用户的双手和双眼，那就意味着用户可以较远距离地对语音产品进行控制。

从VUI这几个特点来看，驾驶环境使用VUI是非常合适的。首先，驾驶环境相对封闭，符合隐私性的要求；其次，驾驶中无法使用手操作手机，语音的穿透性及灵活性提供了在解放双手的前提下

操作手机的可能性。基于上述原因，我们选择了以VUI为主、GUI为辅的设计思路。

4.3 设计原则

与一般手机应用设计相比，由于使用环境的不同，我们归纳出了驾驶场景中特有的并需要遵循的设计原则。

4.3.1 GUI布局调整

GUI设计虽然是辅助，但也非常重要，特别是在导航这类长时间运行的任务中。在驾车环境中，用户一般都会将手机固定在操作台前侧的挡风玻璃上。根据我们对于驾车用户的访谈，0.8 m是平均的手机距离驾车者的距离。该显示距离远大于用户平时使用手机时与手机的距离。因此，整个界面的布局、字号、行高等都应该参照驾车环境进行调整。WQHD屏中普通模式与驾驶模式双行行高对比如图2所示。

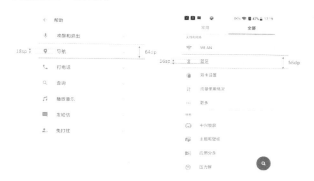

图2　WQHD屏中普通模式与驾驶模式双行行高对比图

除了查看手机的距离和一般手机使用的情况不同，我们还需要考虑到各种光线对于用户视觉的干扰。在白天、黑夜这两种光照条件非常不同的环境下驾车，我们的界面也需要依此进行调整（图3）。

图3　白天和黑夜模式设计图

4.3.2 必要功能的全语音流程

在整个驾驶过程中，大部分时间用户不能用手操作手机。为了保证安全，通过手部操作完成的功能不宜过多。因此，根据"必要性""紧急性"原

则，我们筛选了需要使用全语音（即所有流程都要用语音完成）的功能。筛选后，"导航""接电话""打电话""发短信""播报短信""播放音乐"需要用全语音完成。

下面以打电话为例来说明全语音交互过程（图4）。

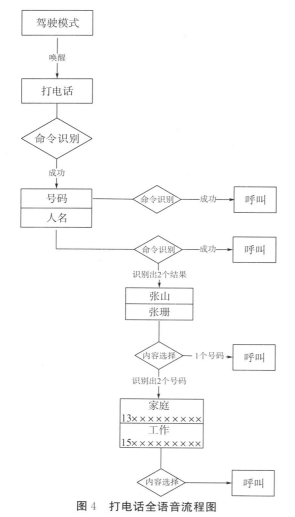

图4 打电话全语音流程图

从语音流程图可以看出，每一次交互的过程，都存在语音命令的判断。而由于存在联系人人名读音相近、联系人号码存在多个等情况，在做VUI设计时，需要考虑到每个交互节点的各种情况，并为每种情况做VUI设计及相对应的GUI设计。在驾驶模式应用的设计中，需要设计师调整自己的设计思维方式，先考虑VUI框架，然后再丰满相对应的VUI和GUI设计。

4.3.3 提供语音指令的开放性及明确的引导

说话是驾驶者最常用的沟通方式，每个人都有自己的说话方式。对于驾驶者主动发起的语音命令，应用应能识别，即识别主动发起的语音命令有"开放性"。例如，驾驶者要发起"打电话给某人"这个命令，他可以说"打电话给张山""给张山打

个电话""呼叫张山"等。而在该语音交互设计的后续阶段，如张山有两个号码，我们在让驾驶者选择时，应该有明确的引导词引导用户说出识别率高的指令。如系统问："打给张山，手机号码13××××××××，是吗？"我们要引导驾驶者说"是"或者"不是"。将引导词放在最后，用户将很容易学习。当然，在引导的同时，我们的语音命令库中同时应包括"对""好""确认"等用户常用的同义词，以确保整个语音交互流程能顺畅完成。

另一个"开放性"及"引导性"的例子是驾驶模式支持"一步式命令"及"多步式命令"。如图5所示，完成同一任务，驾驶者可以用一步式语音命令如"导航到中兴通讯""我要去中兴通讯"，同时也允许驾驶者只说"导航"，系统进一步引导性询问"目的地"时，驾驶者再说"目的地"。这样的设计能让初学者通过引导学习和熟悉语音对话及语音交互流程，同时也能使熟练者的需求得到快速满足。

多步式	一步式
U："打电话"或"呼叫"。 A："请问打给谁？" U："张山。" 进入呼叫流程	U："打电话给张山。" 直接进入呼叫流程
U："导航。" A："请说目的地。" U："中兴通讯。" 进入导航流程	U："导航到中兴通讯" 进入导航流程

图5 "多步式"语音交互和"一步式"语音交互

由此可见"开放性"和"引导性"是确保语音交互成功最重要的设计准则。

4.3.4 灵活处理语音的容错机制

容错性既指由于语音的不可见性导致用户说的指令并不在指令库中导致的语音识别失败，也包含由于噪声等原因导致的系统识别失败。语音识别失败带来的语音交互中断会导致非常不好的用户体验，因此我们在设计语音交互时应尽量避免。在我们的设计中，除了"开放性""引导性"两大原则外，我们还有"容错机制"，即让驾驶者有再次发出语音命令的尝试机制。

以打电话为例，驾驶者说："打电话给张山。"可能有两种识别失败的情况。第一种情况，整个识别命令都没有被识别，此时系统需要提示驾驶者再说一次命令，同时给予适当的引导，避免驾驶者说错语音命令再次导致识别失败。对于此，我们的设计是系统会反馈："没听清，请再说一次，您可以说'打电话给×××'或'播放音乐'"。第二种情况，如果系统识别清楚了打电话这个命令，但是没

有识别清楚打电话给谁。我们的设计是"请问您要打给谁?"明确地引导用户说出拨打对象,保证整个流程能继续下去。

当然,由于各种不可控因素,我们不能无限制地让用户重试下去,我们给驾驶者设置了两次重试的机会。从之后的用户反馈来看,两次是比较合适的。

4.3.5 本地和在线语音识别同时支持

本地与在线语音识别有两个大的区别:其一,本地语音识别由于涉及网络连接和上传这两个过程,识别速率非常快;其二,由于本地语音识别库有限,识别率相对较低。我们分析了驾驶模式中所有的语音场景,对于不同的场景采用了不同的策略,以发挥两种识别方式的优势,如接打电话,朗读短信、微信等,由于语音指令相对少,而所需要处理的内容都是手机已有的内容,我们采用了本地语音识别;与此同时,导航、查询这类需要有大量信息的任务,我们采用了在线语音识别。在不同的场景中,本地语音识别快和在线语音识别广的特点均可得到发挥。

4.3.6 提供适时的界面帮助

由于语音的不可见性,我们的语音交互设计要特别强调指引性。除了听觉的引导外,适时的视觉辅助提醒也是必要的,尤其对于还没有熟练掌握语音命令的初学者,视觉引导的帮助就显得尤为重要。在我们的设计中,界面提醒分为两部分。

在主界面中,如果用户唤醒了驾驶模式,页面中间会随机出现三个常用功能的语音命令,配合语音引导,给予用户适时提醒(图6)。

图6 主界面语音引导界面

在语音交互过程中,驾驶者每次需要说语音命令时,除了系统的语音指导,界面中下方也会出现在此时可说的主要的语音命令,并用大字号显示,驾驶者一眼就能看到。如在POI的选择流程中。除了系统语音引导"是要导航到××××"外,另有界面下方的文字版语音命令的提醒(图7)。

图7 交互过程中的语音引导界面

5 结语

本文通过分析驾驶环境中驾驶者对于手机使用的需求以及影响驾驶安全的因素,设计了以语音交互为主、视觉显示为辅的驾驶模式应用。在设计过程中,对于语音交互设计的各方面进行了探寻,意在给用户带来一种直接的、高效的交互体验。驾驶模式从三年前的第一个版本开始,至今已经迭代了超过200个版本,累积用户数超过180万。在目前迭代设计的过程中,驾驶者反馈了除了必要的沟通导航需求外的更多的语音交互的智能化要求,以及更多的提高驾车愉悦性的需求。驾驶模式应用的设计,也更多地转向提高驾车愉悦感,以打造安全、舒适又有乐趣的驾驶体验。

参考文献

[1] 吴志周,贾俊飞. 驾驶分心行为及应对策略研究综述[J]. 交通信息与安全,2011,29(5):5—9.

[2] 马琪,王赫鑫,詹一兰,等. 驾驶绩效与视觉听觉干扰[J]. 人类工效学,2014,20(2):72.

[3] 王抢,朱彤,朱可宁,等. 视觉与听觉次任务对驾驶人视觉的影响及差异[J]. 安全与环境学报,2014,14(4):49.

[4] 杨萌,王剑桥,夏裕祁,等. 背景音乐的节奏与歌词语言熟悉程度对驾驶行为及眼动的影响[J]. 心理科学,2011,34(5):1056—1061.

[5] UNAL A B,WAARD D D,EPSTUDE K. Driving with music:Effects on arousal and performance [J]. Transportation Research Part F:Psychology and Behaviour,2013(21):52—65.

[6] 马锦飞,常若松,陈晓晨,等. 音乐对驾驶警觉的影响及其理论模型[J]. 心理科学进展,2014,22(5):782—790.

设计思维在互联网证券业务中的应用

袁　媛

（厦门恒隆兴信息技术有限公司，福建厦门，361000）

摘　要：互联网金融已发展到 2.0 时代，互联网证券业务作为互联网金融的一个重要组成部分，从电脑网页、手机 App 等多方平台中不断吸收新科技的成果，在用户体验方面也提升到了个性化服务、运用新科技和多媒体、创造具体消费场景、顺应潮流制造热点等新高度。本文通过讨论互联网证券的新问题和新发展，归纳总结出了在互联网证券业务中的五大具体设计思维——数据思维、服务思维、顺势思维、场景思维、合作思维，并尝试探讨如何利用设计思维这一强大的头脑武器改造传统证券业务，创造出新的用户价值。

关键词：设计思维；用户体验；互联网证券

1　互联网证券业务需要设计思维

1.1　互联网金融大环境

从 2015 年 7 月我国首次发布互联网金融规范文件《关于促进互联网金融健康发展的指导意见》，到 2016 年 3 月博鳌论坛发布《互联网金融报告 2016：传统金融的互联网化》，期间的泛亚董事长疑似跑路、"e 租宝"被调查、大大集团事件、P2P 倒闭潮等，无不把互联网金融推向时代的风口浪尖。如果说粗放型发展的野蛮生长期为互联网金融的 1.0 时代，那么在行业监管加强和利好政策指导下的新时代，就可以称为互联网金融的 2.0 时代。

2016 年，互联网金融依旧发展迅猛，小企业继续在行业细分和做出特色上寻找竞争突破口，大企业也在大浪淘沙的环境中不断发挥优势、整合资源。

1.2　互联网证券小圈子

从互联网金融具体到互联网证券行业，当部分券商还在突破互联网金融 1.0 时代之际，一些走在行业前端的券商早已提前布局并顺利过渡到互联网金融 2.0 时代。总体来说，这些走在行业前端的互联网证券业务具有讲求个性化服务、运用新科技和多媒体、创造具体消费场景、顺应潮流制造热点等特点。

1.3　互联网证券业务需要设计思维

1.3.1　设计思维概述

设计思维是业内热搜的一个词汇，但笔者尚未找到权威的定义，在此综合概括大家公认的设计思维的一些要素：设计思维是一种创新的方法论，用诱导性逻辑解决问题，平衡用户、商业、技术三者的关系。设计思维作为一种方法论，不仅解决某个产品、某项具体服务的设计问题，更是一种策略机制，被广泛应用于经营模式、组织运作、工作流程、沟通教育等商业活动中。

设计思维从用户角度出发，以用户需求为解决问题的出发点，而非以商业或技术为出发点，综合运用可行的技术手段和有效的商业策略来满足用户需求；设计思维是数据驱动、结构性的分析性思维和实践性、人性化的直觉性思维相结合的新产物，常常运用思维发散和思维收敛的方法，以团队共同认可的协作方式，在允许团队分工角色重叠的状态下，开放、自由、刨根问底式地提出问题解决方案。设计思维的具体实施阶段见表 1。

表 1　设计思维的具体实施阶段

设计思维	探索→定义→设计→交付			
解决问题	用户是谁？他们的需求是什么？	产品、商业等方面的目标是什么？我们有资源吗？	如何设计出用户最喜欢的产品形态或问题解决方案？	如何评估开发框架？如何协作制订计划？
实现步骤	①现有产品分析/②产品分析/③数据分析/④用户调研、实地考察	①用户画像/②体验地图/③了解项目的目标、客户的背景/④获取产品的愿景/⑤绘制商业画布	①创意工作坊/②收敛决策/③制作原型	①技术显现/②故事卡/③评估点数/④排优先级

续表1

设计思维	探索→定义→设计→交付			
阶段成果	发现问题、确定用户范围；验证问题、缩小用户范围	锁定目标用户、准确定义需求；确定商业目标	发散思维、激发创意；收敛方案；设计原型	合理的技术框架；项目交付计划
阶段产出	用户观察和采访的文档、照片	用户画像、体验地图、商业画布	产品概念、设计原型	卡片墙、交付计划
思维要点	从用户需求出发而非商业策略先行	商业策略与用户行为相辅相成	创意设计阶段是发散与收敛的过程，是分析性思维和直觉性思维的碰撞	寻找团队认可的协作方式

1.3.2 互联网证券业务需要设计思维

在互联网金融2.0时代，股票牛市和熊市交替出现，甚至很长时间都处于"慢牛"状态，单凭市场红利开拓业务和用户恐怕很难支撑漂亮的业绩曲线。因此，互联网证券如何继续提升现有用户体验基础，深度改造传统证券业务，创造出新的用户价值，需要用好设计思维这把利剑。

2 互联网证券业务中的设计思维

通过互联网金融1.0时代的积累，国内的互联网证券业务经历了从无到有，从粗放发展到精耕细作。笔者从此行业的竞争环境、发展阶段、发展特点、营销方式、与用户的关系、与其他行业的关系等多个维度做了概括，并大胆地进行了未来行业预测和世界范围内的发展定位评估，详见图1和表2。

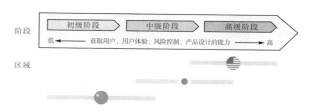

图1 互联网证券业务的区域性发展定位

表2 国内互联网证券业务的发展及未来预测

互联网证券业务	时期 互联网金融1.0时代	互联网金融2.0时代	未来预测
竞争环境	相对轻松	十分激烈	较为平稳
发展阶段	从无到有，追求创新	行业细分，以特色求生存	各具特色，行业兼并整合，逐渐形成鼎立格局
发展特点	形成以视觉设计和交互设计突破UI的"点"，其他方面尝试有成有败、积累经验	形成以线上线下互动、优化新功能、提升服务体验的"线"，后进企业以微创新追赶领先企业	以某优势业务或功能形成占据市场的"面"，尝试挖掘用户价值，其他业务功能嫁接开花
营销方式	用"接地气"的文案、做活动送钱来吸引眼球	打造品牌信任度和专业度，注入情感关怀，发展会员制	有特色的产品和服务套餐，智能化甚至极致的用户体验
与用户的关系	将线下用户引流到线上，开拓新用户	开拓和维护增量用户，探索激发存量用户活跃度的方法	培养用户忠诚度和黏性，尝试挖掘存量用户的附加值
与其他行业的关系	与互联网行业、其他金融行业在相互学习合作中竞争，共同进步	与互联网行业、其他金融行业产生显著的差别，在双方合作中占据主导地位	将互联网行业、其他金融行业等行业的优势业务功能真正吸收并自主研发

设计思维在互联网证券领域具体表现为数据思维、服务思维、顺势思维、场景思维和合作思维。其中，设计思维中数据驱动、部分结构性的分析性思维表现为数据思维；同时就设计思维的本质——以用户需求为解决问题的出发点来讲，其在互联网证券中具体体现为服务思维。设计思维作为一种方法论，最终要结合到具体项目中，而随着社会、政治、经济、科技的发展，项目实际情况也在不断变化，设计思维也要随着互联网证券业务的发展而更新，因此有了顺势思维；设计思维的实施过程中的

用户调研、实地考察、用户画像、体验地图、故事板等，都涉及用户场景，因此集合在场景思维中研究，后文讨论的场景都是与互联网证券业务相关的线上线下用户场景。设计思维本身就要求团队合作，联系到互联网证券业务，合作的方面已经超出简单产品团队之间的合作（详见 2.5.1），涉及金融投资业务、证券行业与其他行业之间的合作。

五大思维并不是平行等量发展的，就像手有五指，各有长短。五大思维的体量比较详见图 2。

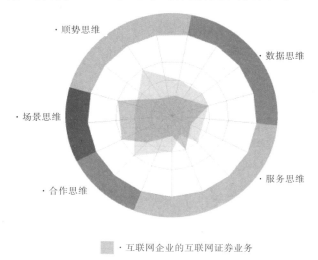

图 2 互联网证券业务中的五大具体设计思维

2.1 数据思维

自古以来，金融免不了与数据打交道，而互联网和大数据的发展给互联网证券业务带来了极大的便利和发展触点。目前，互联网证券储存了大量各种类型的数据，但数据的分析程度较浅、开发能力较弱，基本只是对某项指标数据的汇总、排名、收益进行简单分析等，存在市场数据收集不够全面、某些数据指标抓取不够实时、深层次分析推荐度不够智能、用户可读性接受度有待改善等问题，这与用户的期待值和需求度存在较大差距。如图 3 所示，数据较分散，缺乏分析，可读性较差。

成交时间	证券名称(代码)	类型	成交价格	成交数量	佣金	印花税	过户费	发生金额	可用资金
2015-02-05 09:52:58	中天城投(sz000540)	卖出	15.45	40000	618.00	618.00	0.00	616761.99	617054.82
2015-02-05 09:40:17	中铁二局(sh600528)	买入	15.90	154500	2456.55	0.00	154.50	-2459160.99	290.83
2015-02-05 09:33:25	内蒙君正(sh601216)	卖出	14.70	25400	373.38	373.38	25.40	372607.84	2459451.77
2015-02-04 14:23:07	中天城投(sz000540)	买入	15.51	10000	155.10	0.00	0.00	-155255.10	2086843.93
2015-02-04 14:13:36	中天城投(sz000540)	买入	15.60	10000	156.00	0.00	0.00	-156156.00	2242099.03
2015-02-04 13:36:33	中天城投(sz000540)	买入	15.90	20000	318.00	0.00	0.00	-318317.99	2398255.02
2015-02-04 11:06:06	闽福发A(sz000547)	卖出	19.03	100000	1903.00	1903.00	0.00	1899194.07	2716573.00
2015-02-04 09:59:11	闽福发A(sz000547)	卖出	18.39	44400	816.52	816.52	0.00	814882.94	817378.93
2015-02-04 09:45:32	内蒙君正(sh601216)	买入	14.17	25400	359.92	0.00	25.40	-360303.32	2495.99
2015-02-04 09:39:09	中国人寿(sh601628)	卖出	36.18	10000	361.80	361.80	10.00	361066.40	362799.29

图 3 某用户 2015 年 2 月 4、5 日对账单

“数据可视化”不论是在设计领域还是在互联网证券领域都备受关注。它是一个处于不断演变之中的概念，其边界不断地扩大。具体到互联网证券来说就是利用图形、图像处理、计算机视觉以及用户界面，通过表达、建模以及对立体、表面、属性以及动画的显示，对数据加以可视化解释。数据可视化能将冰冷的数据改为有温度、有人情味的图像，是提升用户体验的一个很好的方法，也是用设计思维改造互联网证券行业的一个具体表现。图 4 为数据信息简单罗列和数据可视化后的饼图。

图 4 左边的文字信息虽然清楚地说明了相关数据，但对数字不敏感的人来说，一串串的数字就是一串串的密码，一时半会儿无法理解其意义，比较容易产生厌烦情绪。右边的饼图让人轻松地掌握这堆数据之间的对比逻辑关系，对整体也有概括性的认知。

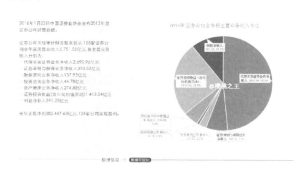

图 4 2015 年证券业协会季报——主管业务收入占比

再看图 5，左边的文字信息只简单罗列了 2015 年的相关数据，右边的柱状折线图则汇总了近 8 年的数据，将每个数据维度都进行了体量（柱状）和趋势（折线）上的分析，这是对数据的深加工。显然，数据可视化后的右半部分更符合用户期待。

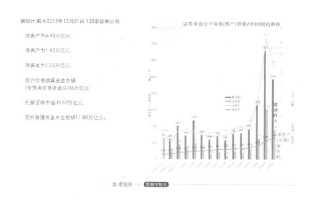

图 5 2015 年证券行业协会半年报趋势图

开户业务是互联网证券的重头戏，对用户来说也是一次重要的线上体验。各大券商一般都着力打造简洁优化的流程和清爽的视觉效果，如图 6 和图 7所示。

图 6 的 UI 设计中提示了网上开户流程的大步

骤和大步骤中的小分步，减缓了用户因为不熟悉开户流程造成的压力和焦虑情绪，将复杂的、专业性很强的内容转化成用户易接受、可操作的指示说明。表单中将必填项目用红框标出，用箭头提示本界面的操作流程，这都是设计师在工作实践中用心思考的结果。而图7的UI设计是手机开户中进行视频认证前的准备场景，为用户自主完成手机开户提供指导。界面结构合理、重点突出，其中准备事项用ICON表现，增加了开户过程的趣味性，这正是数据可视化的力量。

图6　某证券公司网上开户流程——完善资料引导界面

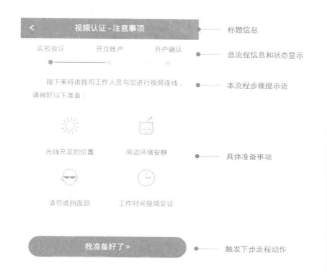

图7　某证券公司手机开户流程——视频认证准备事项界面

2.2　服务思维

互联网金融1.0时代已经将用户体验理念广泛植根于互联网证券行业，不过到了2.0时代，"以用户为中心"的核心思想将被深化和更加广泛地应用于行业的各个方面。

2.2.1　尊重用户已有习惯

互联网证券业务中，诸如投资顾问服务、理财产品购买服务等已经直接按照电商模式平移成形。这不仅节约了券商的业务开发成本，还尊重用户已经熟稔的电商操作习惯，在预期之内将取得良好效果。目前，大部分券商都设置了类似淘宝模式的网上商城，并且积极组建和优化移动端的掌上商城，

这与用户体验中"移动先行"的原则不谋而合。

2016年还有比较创新的现象，例如某证券公司拟推出提供投资顾问服务的"微店"，即在App端开设类似个人淘宝店一样的微店，为用户提供个性化的产品推荐和投资咨询服务，用户可进行售后评价，微店的收入将直接与员工收入挂钩。这些投资顾问淘宝店和微店的涌现，不仅有助于行业内部的投资顾问之间形成公平竞争环境，对普通用户来说也是很大的便利。

2.2.2　个性化服务

互联网证券在互联网金融2.0时代为用户提供了更为优质的服务，以期待自己平台用户忠诚度和活跃度的提升。纵观市场，大企业没有歇着，小企业更是铆足了干劲。比如几大主要互联网证券公司的移动产品，如华泰涨乐财富通、海通e海通财、同花顺、大智慧、东方财富等。同时我们发现，微信客服、股价预警、智能选股器（或称为诊股机器人）、投资理财图书馆、机器人投顾等智能化、个性化等新功能都在陆续出现和迭代升级。

针对小白用户的产品则更加优化了类似股民学校、股市学堂、模拟炒股、股票组合指南、庄家玩法破解等功能板块，具体可以在优顾炒股、牛股王、股票先机、炒股公开课、爱投顾等App中体验到。

针对高端用户推出的Level-2付费行情资讯，本来是证券行业早就有的业务，因为2016年各券商的移动互联网产品积累和优化到了一定程度，于是出现产品爆发，如华泰涨乐财富通、同花顺、益盟操盘手等都可提供该项服务。着力于美股或新近为强化全球市场业务寻求突破的一些App也在用户体验细节上不断优化，如同花顺K线预览指标可以自定义，交易宝支持普通话和粤语语音输入等。

2.2.3　解决安全性顾虑

互联网证券业务面临的是信息安全和资金安全的双重压力，目前已有的解决方案包括：①开户流程严格审查身份，网上开户需进行严格的视频验证；②开户时备案客户的电子签名；③移动端用户登录使用双验证码，即资金密码和通信密码；④电话操作流程设有输入身份证号码等信息确认措施；⑤线下营业厅提供可信的免费Wi-Fi和免费电脑供用户操作。

相信随着信息安全技术的进步和付费用户不断增多，安全定制Wi-Fi和保险理赔等方面都值得探索。

2.2.4　帮用户赚钱，而且更省心地赚钱

为了解决"帮用户赚钱，而且更省心地赚钱"

这个互联网证券行业最根本的用户需求，我们发现一些行业的新动态：时间维度上有针对非股市交易时间的资金理财产品，支持美股不浪费晚上投资时间等，市场数据维度上有智能选股、推荐度排名、大盘趋势分析等。当然，一些付费项目也给用户提供了很多便利。

2.2.5 开拓服务新领域

由于证券账户和银行资金的转账功能天然存在，互联网证券业务进一步开发了此功能的范围和内涵，比如融入话费、流量缴费和水、电、气缴费等生活领域。

2.3 顺势思维

2.3.1 符合法律法规监管

互联网证券受到国家法律法规监管较多，一方面能保护普通用户的权益，另一方面也有益于正规企业的健康发展。为了吸引用户量而做虚假宣传或者做假平台圈钱跑路最终都是要受到法律严惩的。近年来很多大案、要案给业内以警示，给用户以提醒。

2.3.2 新科技应用

语音输入虽是智能手机的常见功能，但是对互联网证券来说还是新功能。目前已知的有同花顺、e海通财等手机应用支持语音输入，交易宝支持普通话、粤语语音输入。

互联网证券与智能设备的结合已不仅仅局限于苹果智能手表了，平安公司开发了一款汽车附件（图8）——平安车载Wi-Fi产品，是对流量入口的新布局。

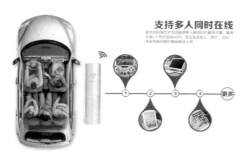

图8 平安车载Wi-Fi产品的电商平台照片

在未来，随着灯泡、耳机、音响、血压仪、体重秤、机器人等智能设备的发展，互联网证券行业中也将会有大腕入场。我们可以设想未来有一款可以关联诸如血压、体重等健康数据的智能炒股设备，提醒股价又关注健康。

以往有些股民是通过电视来收看大盘的，不过随着老式电视机和相关产业的衰落，这个习惯似乎已经绝迹。随着新型电视盒子、互联网智能电视的

发展，相信这又将成为互联网证券发展的新领域。

2.3.3 紧随社会热点

虚拟现实不仅是2016年资本市场的热点，也似乎给设计带来了一些影响，比较明显的就是视觉设计上立体风格、拟物化风格大行其道。

2016年6月10日，"欧洲杯"开战，业内盛传的"A股魔咒"也开始了。"A股魔咒"是指历史统计表明，历次"欧洲杯"期间，A股都表现不佳，历年欧洲杯期间上证指数涨跌幅如图9所示。

历年欧洲杯期间上证数涨跌幅

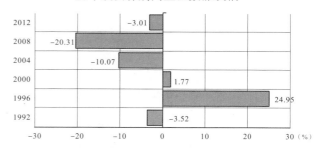

图9 历年欧洲杯期间上证指数涨跌幅

针对这种情况，海通证券策划了"燃情欧洲杯"活动，融合猜球赢大奖、开户享高收益理财等元素，大大活跃了存量用户，网络了新一批球迷用户，提升了品牌知名度和好感度。

这是互联网证券紧随社会热点的一个成功案例，未来是否也有类似"双11"购物狂欢节之类的人造商机，我们拭目以待。

2.4 场景思维

2.4.1 植入社交基因

由于去年社区理财App的爆发，各大互联网券商都加紧布局了自己的社交基因，或加入社区论股功能，或优化资讯、开展自选股等的社交分享功能，或提升微信订阅号、公众号的服务质量和视觉设计。

2.4.2 建立更加真实的专家讲座场景

专业的指导参考是券商的基础业务，以往的互联网化做的只是简单的研究报告分类打包，任用户拿去阅读，用户参与感不强，特别是年轻用户不感兴趣，现在这块引入多媒体进行较大的改革，比如用微语音、短视频、HTML-5配乐动效宣传等方式盘活用户，而且经常在午休、下班后等时间段投放，适应碎片化阅读趋势。例如华泰最先发起的"有声内参"就取得了不错反响，后续各券商又陆续开发跟进类似功能；又如投资顾问的视频直播功能，很多App如万得股票、大智慧、51炒股、炒股公开课、股票炒股大师等都已开发上线。

2.4.3 线下的优化

2013年，证监会正式出台《证券公司分支机构

监管规定》，传统印象中的一排排钢座椅、巨大的电子屏、喧闹的人群渐渐消失，券商营业部轻型化和去散户化形成一种潮流。这种做法适应了互联网金融时代的发展趋势，有效节约了券商的经营成本，但给部分职业散户，特别是慢互联网时代半拍的老股民带来了不少困扰。时至今日，普遍"瘦身"的券商营业部是否实现了与线上业务的良好配合？随着互联网证券线上业务的发展壮大，线下营业厅在下一轮改造中还有哪些值得优化？我们将另文再作探讨。

2.5 合作思维

2.5.1 证券业务各平台形成一个小宇宙

目前，互联网证券已有的平台为电脑网页、手机 App、微信、QQ、短信、电话服务、线下营业厅等。这些平台需要串联互动，形成威力十足的小宇宙，发挥出整体优势（图 10）。

图 10　证券业务各平台形成的小宇宙

2.5.2 金融投资业务之间的合作

股票与黄金、原油之间有着千丝万缕的联系，一般来说：①油价与金价关系呈现正相关关系；②油价与股价的关系则像"跷跷板"；③黄金与股票价格呈现负相关关系。因此，互联网证券业务也要全面综合地来看，因时机的差异选择不同的策略。

2.5.3 证券行业与其他行业的合作

互联网证券一改往昔的高门槛，正在亲近平民。消费支付功能已经覆盖话费、流量缴费和水、电、气缴费等生活领域，但相较于互联网巨头和支付宝、微信钱包、各大银行信用卡等，还是相对较弱的。为了增加用户的亲近感，互联网证券可以尝试多在具体消费场景出现，例如美食、购物、电影方面的优惠券活动，校园卡、公交卡的绑定等。

特别值得一提的是"信用经济"。央行 2015 年 1 月印发《关于做好个人征信业务准备工作的通知》。芝麻信用、腾讯征信等 8 家征信机构已开展

相关业务探索。目前，阿里旅行的"信用住"等已经有了初具规模的市场用户群。互联网证券也可以在征信方面思考如何介入，以发挥自己的特长。

3　做一个有设计思维的设计师

是否形成和具备设计思维是区别设计师和设计机器、设计工具的重要标准。

我们在遇到诸如数据成堆、事项复杂的问题时，要从用户角度出发，运用设计思维将问题"咀嚼消化"，转化为简洁易懂的设计符号和解决方案，并表现实践出来。即可总结为"问题输入—设计思维加工—解决输出"的一般公式。

我们要在日常生活和工作学习中，不断训练和改善自己的思维状况，真正用好设计思维这个强大的头脑武器。

愿设计思维在更多领域碰撞出耀眼的火花。

参考文献

[1] 谢惠茜. 互联网金融迈进 2.0 时代 ［EB/OL］.［2015 － 12 － 14］. http://mt. sohu. com/20151224/n432390473. shtml.

[2] 口袋财行：互联网金融 2.0 时代 ［EB/OL］.［2016 － 04 － 16］. http://finance. ifeng. com/a/20160406/14307997 _ 0. shtml

[3] 移动互联网金融催生证券经纪新业态 ［EB/OL］.［2016 － 03 － 31］. http://finance. sina. com. cn/roll/2016－03－31/doc－ifxqxcnp8239891. shtml.

[4] 唐婉莹. ThoughtWorks：从 1 到 100，设计思维提升产品体验 ［EB/OL］.［2011 － 04 － 07］. http://blog. sina. com. cn/s/blog _ 6ae8fd5e0102uzvp. html.

[5] 颜晶晶. 中国券商的网络化发展模式研究 ［D］. 上海：华东师范大学，2015.

[6] 钟思骐. 互联网金融：其实你也可以这样思考 ［EB/OL］.［2016 － 02 － 05］. http://dujia. cebnet. com. cn/20160317/101533705. html.

[7] 打新潮＋股指期权上市 炒股大赛高手换股应对 ［EB/OL］.［2015 － 02 － 09］. http://finance. sina. cn/stock/dszb/20150209/113821508502. shtml.

[8] 图解 2015 年度证券公司经营数据 ［EB/OL］.［2016－01 － 24］. http://blog. sina. com. cn/s/blog _ 53882aa70102w37y. html.

[9] 中国平安首款硬件曝光 做下一个小米 ［EB/OL］.［2016 － 12 － 31］. http://www. veryol. com/60858. html.

[10] 欧洲杯 A 股魔咒中？买个 10％ 理财产品压压惊 ［EB/OL］.［2016 － 06 － 16］. http://toutiao. com/i6296791182143914498/.

[11] "e 海通" 财开创券商互联网化新常态 ［EB/OL］.［2016 － 06 － 22］. http://invest. china. com. cn/quyu/

2016/zhihuichengshi _ 0622/63818. html.

［12］券商 APP 现新亮点华泰涨乐财富通"有声内参"引关注［EB/OL］.［2016-04-19］. http://news. xinhuanet. com/fortune/2016-04/19/c _ 128911155. htm.

［13］作别散户券商营业部裁撤现场业务［EB/OL］.［2014 — 07 — 04］. http://finance. ifeng. com/a/ 20140704/12659369 _ 0. shtml.

［14］原油黄金与股票之间不可不说的关系［EB/OL］.［2015 — 01 — 16］. http://gold. jrj. com. cn/2015/01/ 16082318712682. shtml.

［15］新华网，2015 年，影响互联网金融发展的 10 大事件［EB/OL］.［2015 — 12 — 28］. http://www. ithome. com/html/it/197263. htm.

儿童设计思维启蒙研究和实践

张惟贻

（翩和信息科技有限公司，上海，200000）

摘　要：本研究基于斯坦福大学设计研究所（Institute of Design at Stanford）所倡导的设计思维原则和方法，以协助儿童设计思维启蒙为研究目标，通过研究和剖析教育体制、家庭环境、亲子业态、未来趋势，深入观察和访谈家长和孩子，了解他们的需求和问题并记录过程。发现儿童的想象力、创造力被束缚，行动力被局限，从而变得缺乏自信的现况。

本研究结合儿童各阶段发展特质与儿童心理学，提出了适合家庭教育的儿童设计思维启蒙方法和实践内容。通过周遭和日常把儿童设计思维真正融入生活中去，从影响家长意识和思维开始，引导改变、给予启发，让家长懂得如何了解孩子的特质，为孩子营造自由创意空间，更好地激发孩子的想象力和创造力，赋予孩子发现问题、解决问题并进一步去创造改变的能力。

关键词：儿童设计思维；发现问题；解决问题；创造力；家庭教育

1　研究背景和目的

当今的国家政策、社会环境都在强调"设计"这一概念，这不仅仅是某个行业的热点和趋势，还是一种教育理念、一种学习能力、一种看事情的角度、一种思考的方法。对于出生于 20 世纪七八十年代的家长来说，其从小接受的教育使其对创意设计的认知非常有限，从而在对孩子的引导和培养方面显得不知所措，盲目疑惑。随着互联网的发展，事务型人才将逐渐被机器所替代，从长远看，机器迟早也能替代人进行逻辑思考，而少数人类难以被替代的能力之一，就是"创造力"。

美国的创新精神以及车库文化，已经将设计思维的培养从企业、大学，延伸到了中、小学。家长们开始意识到当前教育环境对孩子的影响以及未来环境对人才的要求。在现实环境里，当孩子进入现代教育系统，就进入了一种预设的价值判断标准。这个依托于工业化社会的教育系统有一套严格的学科等级制度，排在最前面的学科是数学和语言，然后是人文学科，艺术排在最后。它要求和鼓励逻辑性的思维方式、事实性的记忆、语言和数学技巧，它教育孩子如何正确地解决问题，而不是有创造力地解决问题。这个系统占据了孩子人生最初的 20 多年：幼儿园、小学、中学、大学，直至工作。一

旦这种思维方式被内化，变成习惯性的思维方式，代价必然是个体创造力的衰落。

家庭也常常在无意中扮演创造力杀手的角色。理论上，每个家长都希望有一个富有创造力的孩子，但现实世界里，创造力是一个复杂的概念，它往往伴有注意力涣散、不守规则的特点。也就是说，有创造力的孩子可能常常是麻烦制造者。经常成为麻烦制造者的孩子将遭到家长的呵斥，而不是鼓励。

本研究的目的是通过观察、记录、分析儿童的日常行为，如在想象力方面的表现、在创造力方面的行为、在语言和情感方面的表达，帮助家长去认识孩子的表现，去了解孩子"捣乱"的动机，去发觉孩子的创造力，去正视孩子的情绪情感，从而包容孩子的天性和直觉，给予孩子自由的创意空间，鼓励孩子从多个角度去观察、体验和探索，激发孩子的想象力和创造力。

2　教育体制，创造力被严重束缚

对大部分人的一生来说，创造力是一个不断下降的趋势。有数据显示，这个趋势从孩子进入幼儿园之后就开始了。学龄前儿童平均每天会问家长 100 个问题。有时候家长真的很希望孩子能安静下来。不幸的是，孩子进入中学后真的会安静下来，基本上都不再问为什么了，这往往也是孩子参与感

与动机感明显下降的时期。这是一个孩子心智成长或者社会化的自然反应，还是学校和家庭教育导致了创造力的下降？英国教育专家肯·罗宾逊在TED上做过一次演讲，主题就是"学校如何扼杀了创造力"。他讲了一个很有趣的故事：一个小女孩在上绘画课，老师饶有兴致地问她，你画的什么？她说，我画上帝。老师说，没人知道上帝长什么样啊。小女孩说，他们一会儿就知道了。童言无忌，孩子的世界没有规则、没有禁忌，所以创造力如花儿般绽放。

在国内，孩子从幼升小开始就需要进行面试和考试，从幼儿园阶段就开始接触知识灌输性的应试教育及各类特长培训等。现行应试教育的枯燥与种种弊端，使得孩子在儿童阶段就缺乏艺术、创意、动手能力的培养，如果从小就被束缚、被否定，那么将不仅仅影响孩子儿童时期的发展，孩子终身的学习能力也有可能受到限制。

本研究的被访者中有一些3~5岁孩子的家长，他们的孩子每周都会带一些绘画或手工回来，基本上就是在线框图案里填颜色，用材料做某样东西。从老师发给家长的照片来看，孩子们的作品大同小异。这样的教学方式，让孩子们的认知受到了一定的影响，孩子不是通过自己的印象和想象来绘画创作，而是按照成人规定的要求完成任务，所以在孩子心里，太阳、月亮、花朵、房子、彩虹等事物的形象就会被局限。孩子的世界和成人是不同的，所以不能用成人的审美和判断标准去衡量孩子的作品。成人需要关注的不是孩子画的像不像，而应该是孩子用什么方式表达自己的所看、所思。

日本著名教育专家、画家，鸟居昭美在其著作《走进孩子的涂鸦世界》中就分析了不同年龄段孩子自然绘画的形态和隐藏在其中的宝贵信息。每个年龄段的孩子呈现出来的画面各不相同、各具特点。绘画是孩子的一种表达方式，手工是孩子解决问题的方式，儿童阶段需要通过想象、探索、创造性的造型艺术活动去锤炼自己，凭语言培养印象的能力、思考力、判断力。作为家长和老师可以透过画作去了解孩子作品背后所蕴含的价值和意义，从而进行必要的引导和帮助。

3 家庭教育，家长缺乏引导和培养孩子创造力的意识和能力

社会环境和教育体制带给家长各种焦虑和对孩子未来的担忧，使得很多家长在培养孩子时毫无头绪。即使意识到创造力对孩子未来的重要性，也不知道从何培养，孩子在家有一堆玩具，没多久就玩腻了，又要再买新的。在被访者中，上班族家长占大多数，他们平常没有太多时间陪孩子玩，只有每天下班后的1~2小时和周末的时间，所以陪孩子玩的项目也都很固定，最常见的就看书、看电视、玩积木、玩游戏，另外还有一部分家长根本不知道应该陪孩子玩什么。

被访者儿童年龄分布及家长在家陪孩子的项目如图1和图2所示。

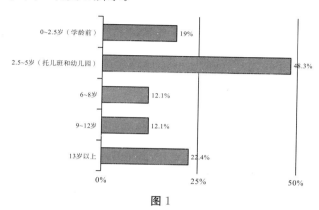

图1

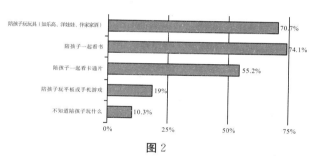

图2

鉴于上述情况，大多数家长都会选择向外寻求帮助，给孩子们报名参加各类创意美术培训、思维训练课程等。还有一些较有意识的家长，会带孩子参观各类博物馆、科普馆、艺术馆、画展等，但是否适合孩子年龄，孩子又是否感兴趣，是看热闹还是看门道，谁也说不清。

还有一些家长为了让孩子多长见识，启发创造力，每年都会安排一两次出国旅游。等旅行结束后，让孩子把旅行的目的地、住过的酒店、吃过的大餐、买了什么东西，记录下来写篇作文，告诉同学老师。而家长呢？又常常会说，带小孩子出去玩，回头他们什么也没记住，那么旅行的意义又在哪里呢？

匈牙利裔心理学家 Mihaly Csikszent-mihalyi，被人们称为"创造力大师"，曾专门写过一篇文章，教家长如何在自己的孩子身上发现创造力，比如一个孩子在恶作剧中表现出幽默感，常常沉浸在某种玩要中，喜欢用一种东西指代另一种东西，喜欢一个人玩，会自己发明新的游戏，表现出强烈的好奇

心，拒绝完成某项指派的任务等。在童年的中期，大概9~10岁，有些孩子会出现关于另一个世界的幻想。孩子一次次地重返那个世界，甚至为那个世界发明语言，这是就是创造力的强烈征兆。Mihaly Csikszent-mihalyi还提出过一个很有趣的理论——创造力产生于焦虑与无聊之间。高创造力的孩子往往出现在这样的家庭里：家长一方面鼓励孩子发展自己的独特性，另一方面又给孩子提供一个安稳的环境。家长既满足孩子的需求，又挑战孩子的能力。

4 亲子业态观察

教育体制规定的升学要求、家长望子成龙的心理需求以及社会环境、隔代教养的家庭结构，使得各种类目的儿童早教机构、培训机构、儿童产品越来越多，各个商区和各大商场，也都顺势发展出了亲子区域及楼层。其中，开设的创意美术培训机构也越来越多。为了想要了解更多业态和机构的状况，本研究通过60人的在线问卷调查，以及40人的用户访谈，走访了30多家儿童创意美术机构、早教机构，锁定了目标用户群。根据观察和访谈结果，发现了很多存在的问题，并了解到很多家长的情况和顾虑（图3）。

图3

研究者观察一些机构的课程设置，发现基本上是一两位老师手把手教孩子做手工，或是播放动画片，或是拿出一幅图，让孩子们照着画。动手类的课程就是给一些废弃的盒子、瓶子上色，用坚果拼搭图形，用泥做塑像，用乐高积木搭建一个造型。但基本上都是参照样本在做。老师也都很亲和，会出手帮忙孩子们完成作品，最后孩子拿出"完美作品"皆大欢喜。

本研究用设计思维重新审视后发现其中存在以下问题：

（1）机构的老师并不专业，只是教，并没有启发，这样只能成为美劳课。

（2）创意不能照本宣科，这样的教法会误导孩子对创意的理解。

（3）把孩子交给培训机构后，孩子在里面上课，家长则坐在教室外，低头玩手机。

整个过程家长对孩子的陪伴是无趣且无意义的。没有参与感、没有互动便是无效的亲子陪伴。如此还要付出昂贵的学费，多数孩子一年的培训费就上万元人民币。

由此，本研究总结出好的创意思维培养需要具备以下要素：

（1）需要有真正专业的团队，比如优秀的设计机构来执行，有受过专门培训的师资。

（2）有专业的课件开发，课程设置必须好玩并能增加孩子和家长之间的互动。

（3）将民俗、文化、传统与设计思维结合，融入课程和活动中。

通过分享对亲子业态的走访记录以及对课程的评测，请行业专家与家长们进行沟通交流，可缓解他们的焦虑，提高他们的认知，帮助他们去判断如何选择专业机构和产品，以及适合孩子年龄段的培养方式和课程。对于儿童设计思维启蒙，首先需要学习的是家长，设计思维不是说要把孩子培养成设计师，而是让他们具备一种创造力。这种创造力可运用于各个方面，包括设计自己的人生。

5 儿童设计思维是什么

本研究通过对设计思维的认知和理解，以及对儿童成长特性、儿童心理学的研究，将儿童设计思维启蒙要素总结如下（图4）。

（1）感知力：感觉和知觉，孩子通过眼睛看、通过耳朵听、通过鼻子闻等了解生活并热爱生活。这是培养感知力最有效的方法。

（2）同理心：学会换位思考、共情，能够体会他人的情绪和想法、理解他人的立场和感受，并站在他人的角度思考和处理问题。

（3）好奇心：是学习的内在动机之一，是寻求知识的动力，是创造性人才的重要特征。对于儿童来说，一旦面临新奇的、神秘的、自相矛盾的事物，就会产生三种形式的探究行为：感官探究、动作探究、言语探究。

（4）专注力：又称注意力，受多方面因素的影响。对无法集中注意力的儿童进行早期专注力训练，是保证孩子以后学习的关键，是大脑进行感知、记忆、思维等的基本条件。

（5）思考力：取决于思考者掌握的与思考对象相关的信息的多少，如果没有相关的知识和信息，就不可能产生相关的思考活动，所以孩子的阅读量、知识结构，决定其思考力的大小。

（6）动手力：词源是"Hands-on"，虽然有动手操作的意思，可实际含义比动手操作宽泛得多，包含实践能力、应用能力、表达能力、表演能力等。

（7）创造力：即产生新思想，发现和创造新事物的能力。孩子天生就具备创造力和发散性思维，即无定向、无约束地由已知探索未知的思维方式。

（8）执行力：是孩子能够有效利用身边的资源，完成预定目标的操作能力，可以和同伴合作的能力。执行力包含完成任务的意愿、能力和程度。

图 4

当孩子试图去解决一个难题时，大脑的第一个反应是聚焦在明显的事实和熟悉的方案上，寻找是否有现成的答案。这时主要是左脑在工作，如果答案没有出现，左、右脑会同时激活。右脑的神经网络开始搜寻可能相关的记忆，为左脑的神经网络提供陌生的模式、不同的意义、更高层次的抽象。在搜寻到一个可能的关联之后，左脑迅速锁定这个念头，注意力系统从闲散状态进入高度集中状态。大脑在瞬间将这些分散的线索组合成一个新的想法，这就是"灵感迸发"的瞬间。

因此，设计思维是一个左右脑协作的过程——它需要大脑在发散性思维与聚合性思维之间不断转化，从新的、旧的、被遗忘的信息中产生一个全新的、最佳的结果。儿童设计思维通过以上8个要素进行发散，最终聚合在以下3个能力上：

（1）发现问题的能力（感知力+同理心+好奇心）。

（2）解决问题的能力（专注力+思考力+动手力）。

（3）创造改变的自信（创造力+行动力）。

这个过程并不容易，但每一次努力与挫折，都将孩子的思维建构往前推进一小步，直到孩子开始以全新的眼光看待周围的世界。

6 发展趋势

6.1 机器人和电脑将会取代更多人类工作

未来，机器人或电脑将会取代很多目前由人类从事的工作，尤其是重复性的，需长时间高度集中注意的，很少涉及情感、价值判断的工作。机器人不但比人类更加擅长以上工作，还可以不吃饭、不睡觉、长时间工作。那么，哪些行业在未来不太可能被取代？

（1）需要原创能力的行业：需要发挥创意，创造性地解决问题。

（2）需要互动能力的行业：需要理解他人，说服或者帮助他人。

（3）需要谈判能力的行业：需要减少分歧，调停或者协商问题。

这些行业的特点是：需要想象力和创造力，需要人际间的细腻沟通，需要人类的情感判断和投入，需要进行复杂的价值判断。

6.2 近年来用设计思维改变世界的案例

Uber 和 Airbnb 改变了人们的消费习惯和意识，把消费者们带入了"协同消费"的新层次，为消费者们创造出了非常实惠的消费解决方案。

在斯坦福大学上学的华裔女孩 Jane Chen 和团队设计发明了一种最适合初生儿的安全材料，可用于制造婴儿保暖袋，并且价格低于传统保暖箱，拯救了全球贫困地区的 20 万早产儿，她感动了世界，也改变了世界。

22 岁的女孩 Angela Luna，就读于纽约的帕森设计学院。她为难民设计出中性均码的特制衣服，这些衣服可以转换为可供生活使用的帐篷和发光救生衣等，用设计传递善意，进而用设计去感染更多的人，为这个世界带来改变。

6.3 世界最棒大脑汇集地——硅谷，从企业到大学再到中、小学都在学习设计思维

2004 年斯坦福大学创办设计研究所，专门为设计思维设置课程。

2007 年设计研究所设立 K-12 Lab Network，将设计思维精神和做法，推广给中小学老师和校长。

2008 年 IDEO 专设《教育工作社》，用设计思维来协助教育界。

英国小学已经取消美术课，转而改成"艺术与设计"和"科技与设计"两门课，让设计思维与艺术和科技更好地结合起来，让孩子们从小就开始实践，以实现创新和改变世界的目的。

台湾大学成立创新设计学院，整合了 11 个学

院的教学资源，教授们亲赴斯坦福大学"取经"，学生跨学科合作，解决真实存在的问题。

台湾南墩小学，导入设计思维课程，带领孩子们发现生活中的问题，其中3个小学生发明了火车站协助义工的友善购票指导操作系统，让孩子们看见了自己的力量。

7 关于儿童设计思维的实践

7.1 老师的定位：从"教导者"变成"引导者"

本研究与一些从事儿童早教、启蒙的机构和企业进行合作，将设计思维融入课程中，协助培训机构的老师透过实践找到方法。设计思维不是技巧也不是特定的课程，而是一种思维模式，一种创新探索的体系。所以，老师的定位要从"教导者"变成"引导者"，前者是单项传递信息，后者则是在目标导向下，以学生为中心，用同理心听懂孩子的语言，回应孩子的需求。

7.2 启蒙阶段：好家长胜过好老师，在家也能学设计思维

7.2.1 培养孩子发现问题的能力（感知力、好奇心、同理心）

每天练习观察力：从日常生活开始，鼓励孩子把观察养成习惯，每天都坚持，从兴趣出发，选择一件特定的事物作为观察对象。譬如，雨天为什么会有蜗牛跑出来（图5）、积水里为什么会看到房子和树（图6）；路上不同街区的井盖有哪些差别等。同时可借用相关绘本和书籍的内容，帮助孩子构筑知识结构。

图5　　　　　　　　　图6

我就是十万个为什么：每一个为什么，都创造了一个重新思考问题的机会，家长应该营造一种安心的气氛，让孩子不用担心自己的问题被拒绝或被视为愚蠢。例如，孩子在吃包子的时候会问："这是怎么做出来的？"对于孩子的发问，家长可以带他去看看包子现场制作的过程（图7），让孩子对"包子"有更加真实、立体、全面的认知。回到家还可以教孩子和面、揉面（也可以用黏土代替），

将自己所看到的转化为实践活动（图8）。

图7　　　　　　　　　图8

我知道你的感受：孩子同理心的启蒙最初都是来自于家庭。作为家长，首先要懂得用同理心与孩子相处，将心比心，仔细去体味，细心去捕捉孩子的一言一行，让孩子感受到被尊重、被理解、被爱。当孩子感知到这种能力后，他们就会去模仿运用同理心。具体表现为对家人的关心、对老师讲解内容的理解、与朋友同学的相处、与小动物的亲近和友善、对生活的热爱。同理心不是天生具备的，是后天不断感受并反复练习才能具备的一种能力。日常可以通过观察体验学会倾听、换位思考、识别情感。

7.2.2 培养孩子解决问题的能力（专注力、思考力、动手力）

把想法画出来、做出来、拼出来：涂鸦是孩子除语言以外的另一种表达方式。他们有时候也会运用一些物品进行呈现，如积木、黏土、树枝树叶等，或用图形图像来表达想法，往往比文字更直观有效，构想的功能和美感也能更好地呈现出来。

建构游戏用手思考：美国斯坦福大学设立了一些设计思维基地，备有大量的制作工具。譬如乐高、各式切割工具、纸板纸盒和各种黏结材料，参与者可以根据创意去堆积玩具、改造物品，在动手创造中探索设计思维。

宁可动手做不成功，也不要什么都不做：家长应鼓励孩子进行尝试，不怕失败，培养其独立性。例如鼓励孩子自己去买东西、乘车、去没去过的地方、尝试新的技能等。

7.2.3 培养孩子的创造力（创造力、行动力）

看到孩子的想象，鼓励孩子去创造：孩子对任何事物都充满着强烈的探索欲望，好奇心是创造力的源泉，好奇心能促使孩子进行更多的思考，激发其对未知事物的兴趣，能够增强并促使孩子展开具有创造力的活动。例如，孩子在玩干树枝，用它们组成了飞机战队（图9）；孩子看似在骑自行车，但他会说我正在画水母（图10）。

图 9　　　　　　　　图 10

懂得分享、求助、协作：有句话"只要你想做这件事，全世界的人都会帮你"。让孩子懂得观察身边的人并去了解他们，发现每个人的特点和优点，在需要帮助的时候，他就会知道该找谁，并学会相互协作完成一件事，懂得分享，共同创造。

7.3　本研究在做的工作

"设计狮妈咪"微信公众号及其他平台专栏：分享妈咪们对儿童设计思维在家庭中的运用和实践，生活中的心得感受，不同年龄段孩子的特征，运用各自的专业背景将真实的经历和经验编辑成文，传递给更多家长和关注亲子业态的朋友（图11）。

图 11

Dismap亲子内容平台：透过日常、活动、商品融入到亲子生活中去，将儿童设计思维的原则和观点，用优质的文章和内容去传播、影响、触动更多的家长，为他们提供一个优质、专业、可互动交流的平台（现阶段已有网站和公众号，文章已全平台运营发布，App待开发）。

玩教具：好玩具不止一个玩法，它适合不同孩子、不同时期、不同场景，它会辅助孩子发散思维，得到启发，也可以让孩子认识传统和文化、科技与创新。孩子们在玩的过程中可培养设计思维和动手解决问题的能力，培养创造力和自信。

8　结语和展望

常说改变孩子之前，要先改变自己。不论是教育体制还是家庭教育，将儿童设计思维的理念和原则融入孩子的日常当中，需要家长有把课本上的知识与实际生活结合起来的能力。更重要的是，这种能力的背后，隐藏着求知兴趣、创作欲望、探索研究、改变创新，而这些因素正是创造力的源泉。通过学习本研究的观点和研究成果，越来越多家长从读者变成了实践者和分享者，从盲目、疑惑变得理性、自信，从不懂孩子变得欣赏孩子，从指导孩子变成引导孩子，从没有交集变为共同创造，同时还吸引了很多不同背景的家长加入，共同为孩子、为生活、为未来一起努力。透过家庭，家长、孩子共同成长，对社会、国家产生微小而有力的改变。同时，孩子们能够在更美好、更开放的环境中成长，具备创造、改变未来的自信和能力。

参考文献

[1] 斯坦福大学 Design School 所倡导设计思维的原则和步骤是什么？[EB/OL]. [2014-11-04]. http://dschool.stanford.edu/.

[2] DAVID K，TOM K. Creative Confidence：Unleashing the Creative Potential Within Us All [J]. Journal of Business & Finance Librarianship，2014，19（2）：168-172.

[3] 佐藤可士和. 佐藤可士和的创意思考术 [M]. 北京：北京科学技术出版社，2011.

[4] 雪宁. 和孩子一起玩创意——启发孩子创造力的四季艺术课堂 [M]. 北京：中国妇女出版社，2016.

[5] 鸟居昭美. 培养孩子从画画开始 [M]. 桂林：漓江出版社，2010.

[6] 阿黛尔·法伯，伊莱恩·玛兹. 如何说孩子才会听怎么听孩子才肯说 [M]. 北京：中央编译出版社，2007.

[7] 潘鸿生. 孩子一生最受用的40种能力 [M]. 长春：吉林科学技术出版社，2009.

用户听歌活跃度影响因素的研究
——行为变量建模推动体验优化的一次尝试

钟欧文

（腾讯科技有限公司，广东深圳，518052）

摘　要： 随着 2015 年数字内容产业的蓬勃发展，数字音乐也正经历新一轮的高速发展期。这一背景下，深入洞察用户需求，明确用户使用行为受哪些因素影响，抓住其中的关键因素，从体验出发推动产品优化对数字音乐同行们都非常重要。本文通过行为变量建模方式，找出影响用户听歌活跃度的关键因素，并由此开展一系列体验研究，最终推动产品优化。期望为业界寻找"行为数据建模推动体验优化"的方向，提供有价值的参考。

关键词： 听歌活跃度；影响因素；行为变量建模；体验优化

1　背景

2015 年，以优质内容为核心的数字内容产业展现出巨大商业价值。影视、游戏、文学纷纷以知识产权（Intellectual Property，IP）的形式进入人们视野，获取大批粉丝用户，内容产业的商业模式也从单纯的购买内容消费模式转化为 IP 及衍生品消费模式。

同时，同为内容产业的数字音乐业务以近 5 亿的庞大用户量（手机端用户量超 4 亿，手机网络音乐网民使用率 67.2%）为基础，成为数字内容产业中主要的细分领域，借由人们对知识产权的关注，开始探索新一轮的音乐生态之路。

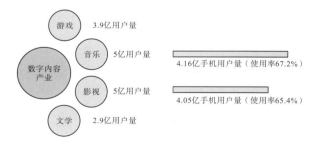

图 1　中国大陆网民应用使用率（CNNIC 第 37 次《中国互联网络发展状况统计报告》）

在移动互联高速发展大背景下，数字音乐作为用户量近 5 亿的成熟业态，正在经历以优质内容生产和商业生态创新为基础的新一轮高速发展期。这一背景下，深入洞察用户，捕抓其真正的关键需求，以优质用户体验推动产品优化，维系用户忠诚，促成更稳定健康的用户使用和活跃，是值得我们共同研究的话题。

本文正是以音乐 App 为例，通过后台行为变量建模方式，探索用户听歌活跃度的影响因素及其影响力（各个因素与听歌活跃度的关系显著性验证），最终从关键影响因素出发，开展一系列用户体验研究，并推动产品持续优化（图 2）。

图 2　整体研究思路

2　数据概况

分四步提取后台数据（图 3），最终得到 31 个可用的行为变量，具体见表 1。

图 3　数据采集流程

表 1　梳理后的有效变量指标（31 个）

音乐 App 手机端听歌行为				手机端社交行为		用户属性
本地听歌行为	在线听歌行为	听歌操作行为	历史听歌行为	基础聊天行为	创新聊天玩法	上网资历
本地听歌曲数	在线听歌曲数	总操作次数	近 2 周听歌首数增减	即时聊天 App 月登录次数	在线视频次数	年龄
本地听歌次数	在线听歌次数	搜索和识曲次数	近 2 周播放次数增减	即时聊天 App 月登录天数	在线视频天数	网龄
本地听歌时长	在线听歌时长	收藏和下载次数	近 2 周播放时长增减	发送消息数	在线视频好友数	号码等级
		分享次数	近 2 周完整播放次数增减			历史在线天数
		成功下载次数	近 2 周完整播放时长增减			好友数
		MV 下载次数				
		MV 观看次数				
		音乐 App 登录次数				
		听歌来源数				

　　鉴于建模效率和运算需要，采用随机抽样方式，在音乐 App 手机端大盘用户范围内，以随机数匹配方式，在周一至周日的听歌时段，提取 2 万个样本，覆盖男女、各年龄段、iOS 和 Android（安卓）两种主流手机系统。具体见图 4。

图 4　样本的性别、年龄、终端分布

3　用户听歌活跃度影响因素的探索

　　探索用户听歌活跃度受什么因素影响，首先需要对 31 个行为变量作降维，明确影响因素及其结构，检验该结构的稳定性和有效性。

3.1　变量纯化

　　基于数据保密需要，对变量做降维处理。

　　在降维前，进行变量纯化工作。纯化标准主要有二：①删除指标后 cronbach's alpha 值会增加者删除；②指标旋转后因子负荷值小于 0.4 或者同时在两个因子上的负荷值都大于 0.4 者删除。

　　采用此标准的变量纯化结果：按标准①，删除年龄、分享次数、MV 下载次数、MV 观看次数四个指标后，cronbach's alpha 值从 0.481 提升至 0.764，故删除上述四个指标；按标准②，听歌来源数旋转后因子负荷值小于 0.4，故删除该项指标。纯化后行为变量为 26 个。具体见表 2。

表 2　纯化后的行为变量（26 个）

音乐 App 听歌行为				手机端社交行为		用户属性
本地听歌行为	在线听歌行为	听歌操作行为	历史听歌行为	基础聊天行为	创新聊天玩法	上网资历
本地听歌曲数	在线听歌曲数	总操作次数	近 2 周听歌首数增减	即时聊天 App 月登录次数	在线视频次数	网龄
本地听歌次数	在线听歌次数	搜索和识曲次数	近 2 周播放次数增减	即时聊天 App 月登录天数	在线视频天数	号码等级
本地听歌时长	在线听歌时长	收藏和下载次数	近 2 周播放时长增减	发送消息数	在线视频好友数	历史在线天数
		成功下载次数	近 2 周完整播放次数增减			好友数
		音乐 App 登录次数	近 2 周完整播放时长增减			

3.2 因子分析适度检验

对 26 个行为变量做因子分析的适度检验，其 KMO 值为 0.678，Bartlett 球形检验显著性水平 $P=0.000<0.01$，表示数据适宜做因子分析。

表3　KMO 和 Bartlett 的检验

取样足够度的 Kaiser—Meyer—Olkin 度量		0.678
Bartlett 的球形度检验	近似卡方	542872.113
	df	325
	Sig.	0.000

从图5、表4来看，前8个因子走势陡峭且特征值大于1，从第9个因子开始趋缓且特征值小于1，前8个因子累积解释了78.709%的信息（近

80%），说明可以取 8 个因子。

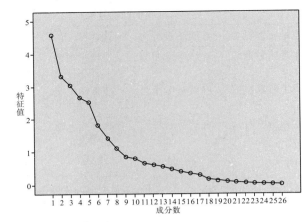

图5　碎石图

表4　解释的总方差

成分	初始特征值			提取平方和载入			旋转平方和载入		
	合计	方差（%）	累积（%）	合计	方差（%）	累积（%）	合计	方差（%）	累积（%）
1	4.576	17.599	17.599	4.576	17.599	17.599	4.284	16.476	16.476
2	3.328	12.800	30.399	3.328	12.800	30.399	2.770	10.654	27.130
3	3.039	11.690	42.089	3.039	11.690	42.089	2.750	10.577	37.707
4	2.675	10.289	52.378	2.675	10.289	52.378	2.572	9.893	47.600
5	2.510	9.655	62.033	2.510	9.655	62.066	2.418	9.299	56.899
6	1.814	6.976	69.009	1.814	6.976	69.009	2.072	7.969	64.868
7	1.416	5.448	74.457	1.416	5.448	74.457	1.832	7.047	71.9615
8	1.106	4.253	78.709	1.106	4.253	78.709	1.767	6.794	78.709
9	0.850	3.270	81.980						
10	0.797	3.066	85.045						
11	0.642	2.469	87.514						
12	0.597	2.298	89.812						
13	0.552	2.125	91.937						
14	0.472	1.817	93.754						
15	0.391	1.502	95.256						
16	0.334	1.284	96.540						
17	0.302	1.160	97.700						
18	0.161	0.618	98.317						
19	0.116	0.445	98.762						
20	0.103	0.396	99.158						
21	0.080	0.307	99.465						
22	0.056	0.217	99.683						
23	0.034	0.131	99.814						
24	0.031	0.120	99.933						
25	0.009	0.036	99.970						
26	0.008	0.030	100.000						

3.3 因子分析结果和命名

由表5可知，通过方差最大正交旋转，26 个行为变量各自归属于 8 个成分因子里的某一个，且绝大多数行为变量的因子负荷值在 0.6 以上，表示因子分析降维效果好。

根据每个因子的行为变量构成，为因子命名如下：

因子 1 包含近 2 周听歌行为的变化情况，反映一个用户近期听歌是遵循习惯，与以往保持一致，还是打破习惯，有所改变，命名为"连续听歌习惯"。

因子 2 包含号码等级、历史在线天数、网龄、好友数，反映一个用户是老网民，还是新网民，命名为"上网资历"。

因子 3 包含本地听歌行为的综合情况，命名为"本地听歌"。

因子 4 包含在线听歌行为的综合情况，命名为"在线听歌"。

因子 5 包含在线视频聊天行为的综合情况，这是一种区别于传统文字加表情聊天的创新聊天玩法，对它的使用反映了一个用户对创新事物的接纳程度，命名为"创新接纳"。

因子 6 包含音乐 App 登录次数、总操作次数、搜索和识曲次数，反映一个用户在线使用音乐 APP 时的操作活跃程度，命名为"在线音乐操作"。

因子 7 包含收藏和下载次数、成功下载次数，反映一个用户在音乐 App 上积累音乐资产的情况，命名为"音乐资产积累"。

因子 8 包含即时聊天 App 登录情况、发送消息数，反映一个用户在网上与人社交聊天的活跃程度，命名为"社交活跃"。

表5 方差正交旋转旋转后的成分矩阵

	成分							
	1	2	3	4	5	6	7	8
近2周播放时长增减	0.970							
近2周完整播放次数增减	0.951							
近2周完整播放时长增减	0.950							
近2周播放次数增减	0.929							
近2周听歌首数增减	0.800							
号码等级		0.955						
历史在线天数		0.928						
网龄		0.825						
好友数		0.489						
本地听歌次数			0.948					
本地听歌时长			0.913					
本地听歌曲数			0.877					
在线听歌次数				0.952				
在线听歌曲数				0.899				
在线听歌时长				0.885				
在线视频天数					0.949			
在线视频次数					0.909			
在线视频好友数					0.785			
音乐App登录次数						0.893		
总操作次数						0.854		
搜索和识曲次数						0.593		
成功下载次数							0.946	
收藏和下载次数							0.943	
即时聊天App月登录次数								0.790
即时聊天App月登录天数								0.726
发送消息数								0.640

3.4 因子分析信度和效度检验

据表6～表8可知，从信度上看，所有因子的cronbach's alpha值均大于0.6，且将样本细分为5组，各组因子分析均得到8个因子，行为变量的因子归属关系相同，8个因子方差解释能力基本一致，即：连续听歌习惯均是最大，社交活跃、音乐资产积累、在线音乐操作都偏小，说明模型的内部一致性和外部一致性是可以接受的。从效度上看，行为变量与反映用户听歌行为的其他变量（如总听歌次数）是否存在相关性，结果Pearson相关系数为0.465，$P=0.000<0.01$，显著相关。

表6 cronbach's alpha 值

	cronbach's alpha 值	被计算 item 数目
全部因子	0.758	26
因子1：连续听歌习惯	0.956	5
因子2：上网资历	0.827	4
因子3：本地听歌	0.920	3
因子4：在线听歌	0.915	3
因子5：创新接纳	0.871	3
因子6：在线音乐操作	0.763	3
因子7：音乐资产积累	0.912	2
因子8：社交活跃	0.603	3

表7 5组样本及全部样本的正交旋转后方差解释贡献率（%）

	男	女	≤18岁	19～29岁	≥30岁	全体
因子1：连续听歌习惯	16.234	16.316	16.688	16.123	16.837	16.476
因子2：上网资历	10.127	10.382	10.784	9.732	11.208	10.654
因子3：本地听歌	11.139	10.205	10.299	11.248	11.231	10.577
因子4：在线听歌	10.243	9.854	9.874	10.160	10.013	9.893
因子5：创新接纳	9.218	9.375	9.553	9.569	10.436	9.299
因子6：在线音乐操作	6.869	7.970	8.182	7.272	6.808	7.969
因子7：音乐资产积累	7.348	7.937	6.854	7.610	7.904	7.047
因子8：社交活跃	6.780	6.794	6.958	6.564	6.026	6.794
所有因子	77.958	78.831	79.191	77.979	80.463	78.709
组内样本数	11305	8695	9274	8694	2032	2000
KMO值	0.685	0.667	0.682	0.664	0.697	0.678
Bartlett检验	$P=0.000$	$P=0.000$	$P=0.000$	$P=0.000$	$P=0.000$	$P=0.000$

表8 收敛效度中的相关分析

		行为变量汇总	总听歌次数
行为变量汇总	Pearson 相关性	1	0.465
	显著性（双侧）		0.000
	N	20000	20000
总听歌次数	Pearson 相关性	0.465	1
	显著性（双侧）	0.000	
	N	20000	20000

4 听歌活跃度与影响因素的关系

分析经典理论和文献，可以发现，已有多种信息系统和互联网产品表明显著影响用户使用行为的关键因素有四个，它们分别是：体验和价值感知、习惯、转换成本、个人因素。

4.1 体验和价值感知

早在1989年，Davis就在理性行为理论和计划行为理论的基础上提出了技术接受模型（Technology Acceptance Model，TAM），解释在信息系统领域用户使用一个IT产品的行为受到哪些因素的影响。他认为，用户感觉一款IT产品越有用，越易用，就会越喜欢这个产品，从而越愿意使用它。

2001年，Bhattacherjee首次将期望确认理论用于研究IT产品持续使用行为，构建了全新的信息系统持续使用模型（Expectation－Confirmation Model of IS Continuance，ECM－ISC）。这一模型明确提出了期望确认度会显著影响用户是否持续使用一款IT产品的意愿。期望确认度是指用户实际使用体验与期望的对比结果。

2002年，Joseph B. Pinell和James H. Gilmore出版《体验经济》，使得顾客体验开始被人们关注。Lasalle和Briton认为体验来自顾客与产品、公司、服务人员之间的互动，借由互动过程产生的积极反应会促使顾客认为产品或服务提供了价值。这种价值包括功能价值、情感价值。功能价值主要体现在个体以个性化方式参与其中，与有形产品和无形服务区别开来，是一种全新的可供回忆的价值；情感价值主要体现为个体自身心智状态与消费过程之间互动的结果，是一种基于幻想和乐趣的感觉和享受。

基于对体验和价值感知的理解，Lin 等引入了趣味性感知，验证趣味性感知正向影响期望确认度和满意度，进而影响持续使用意愿。唐炜东等开发出有用性感知体系，认为有用性感知应当由沟通感知、娱乐感知、个性感知三个维度组成，它们分别是指消费者使用无线音乐过程中所感受到的沟通效果改善程度、娱乐趣味性程度、个性展示程度，并验证了有用性感知（包括娱乐感知、个性感知、沟通感知）显著正向影响顾客感知价值。

总的说来，体验和价值感知显著影响用户是否持续使用一款 IT 产品的意向。普遍认为，影响体验和价值感知的核心变量是有用性感知。

在音乐 App 中，用户对有用性的感知主要来自离线听本地歌曲、在线听乐库音乐两个核心使用场景。我们有理由假设：用户离线听本地歌曲、联网听乐库音乐，会影响用户对一款音乐 App 的有用性感知，并从而影响体验和价值感知，最终对使用行为产生影响。假设如下：

H1－1：本地听歌正向显著影响听歌活跃度（本地听歌程度越深，总听歌次数越多）。

H1－2：在线听歌正向显著影响听歌活跃度（在线听歌程度越深，总听歌次数越多）。

4.2 习惯

习惯这一概念起源于心理学领域，在 IT 产品的相关研究中正在逐步明确其定义和形成因素。

Kim 等认为，习惯是在稳定环境中使用行为重复的频率。2007 年，Limayem 等通过 WWW 持续使用的研究论证了习惯影响用户是否持续使用 WWW 意愿，并提出前期使用频率（用户以往使用该 IT 产品的频繁程度）、使用综合性（用户使用该 IT 产品的深度/多样性）正向影响习惯形成这一论断。也就是说，当以前某段时间对产品使用越频繁，对产品功能使用越全面越深度时，就越容易形成持续使用该产品的习惯。

在音乐 App 中，连续听歌习惯是指最近两周听歌和完整听歌情况变化，它可以反映用户前期使用频率。在线音乐操作包括登录、总操作、搜索和识曲，它可以反映用户使用深度/多样性。假设如下：

H1－3：连续听歌习惯正向显著影响听歌活跃度（连续听歌程度越深，总听歌次数越多）。

H1－4：在线音乐操作正向显著影响听歌活跃度（在线音乐操作越多，总听歌次数越多）。

4.3 转换成本

转换成本最早是 Porter 于 1980 年在其著作《竞争战略》中提出的，他认为转换成本是顾客终止与当前产品或服务的关系，重新选择另一产品或服务所增加的一次性成本。其在 20 世纪 90 年代的多个营销学研究中被论证显著影响用户忠诚。

2003 年，Burnham 等提出转换成本包括时间精力、金钱利益、情感心理三方面，并总结出消费者涉入度（消费者投入的深度广度和定制化程度）、消费者的产品经验（消费者对产品的认知学习评估和转换经验）显著影响转换成本大小。2012 年，Ray 等在对互联网服务商的忠诚度研究中，基于 Burnham 分类细化出互联网行业的转换成本：供应商侧转移成本、用户侧转移成本。供应商侧转移成本包括利益损失（如已有积分或折扣）、服务不确定性（如新供应商产品可能性能更差）、品牌关系（如失去等级或称号，进而失去身份认同感）；用户侧转移成本包括搜索和评估（如花时间和精力比较新旧供应商）、转换操作（如注销和注册操作和设置流程）、学习探索（如新手探索和学习使用新 App）。

在音乐 App 中，音乐资产积累是最能反映用户涉入度和经验度的指标。用户从音乐 App 中下载和收藏的歌曲越多，转换使用另一款产品时需要付出的时间精力成本越多，甚至无法继续听某些歌曲。假设如下：

H1－5：音乐资产积累正向显著影响听歌活跃度（音乐资产积累越多，总听歌次数越多）。

4.4 个人因素

在互联网产品相关领域，个人因素对用户使用行为的影响研究可以追溯到 1983 年 Rogers 在其著作 *Diffusion of Innovations* 中提出的创新扩散理论。该理论认为，影响一项创新（新理念、新技术、新产品）扩散的因素包括采用者因素（如年龄、收入、性格、教育背景、家庭状况等）和用户所在环境因素（如社会结构、经济发展、社会规范、自然资源等）。

进入 2000 年，Venkatesh 和 Davis 提出了扩展的技术接受模型，在以上因素之外加入社会因素（主观规范、自愿性、印象、经验）。他们认为，基于理性行为理论和计划行为理论的主观规范，影响着用户对一款 IT 产品的使用意愿。这里的主观规范是指一个人觉得别人对自己做出某种行为的评价或者想法，它受个人对准则的认识以及遵从准则的动机水平影响，即：对我有重要影响的人认为我该不该做这个行为，以及我是否服从对我有重要影响的人群所认同的准则。到了 2003 年，Venkatesh 和 Morris 在扩展的技术接受模型基础上，整合八个理论模型，提出了技术接受和使用统一模型。该模型更是明确提出了社群影响直接影响用户是否使用一款 IT 产品的意愿这一论断。

另外，Chang 等通过网络购物行为研究，发现消费者个人对创新的接纳程度会显著影响其对网络购物的接纳和使用。2014 年，沈蕾、郑智颖梳理国内外网络消费行为和决策研究脉络时提出，网络消费行为的影响因素除了所在环境、个人差异外，还包括心理因素，比如对该类产品的以往使用和学习经验。

在音乐 App 中，上网资历是区分互联网老手和新手的重要指标，它反映了用户的互联网知识和使用经验。社交活跃是衡量用户多大程度上受圈子影响，它从侧面反映了用户所在社交环境和心理特征。创新接纳是区分用户是否乐于尝试新玩法的指标，它反映了用户对创新的倾向。假设如下：

H1-6：社交活跃正向显著影响听歌活跃度（社交活跃程度越深，总听歌次数越多）。

H1-7：创新接纳正向显著影响听歌活跃度（创新接纳程度越高，总听歌次数越多）。

H1-8：上网资历正向显著影响听歌活跃度（上网资历越深，总听歌次数越多）。

4.5　听歌活跃度与影响因素的关系假设

汇总上述假设，可以得到听歌活跃度和八个影响因素的关系假设（图 6）。

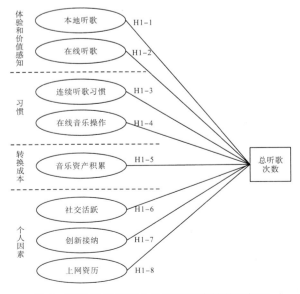

图 6　听歌活跃度和八个影响因素的关系假设

4.6　听歌活跃度与影响因素的关系验证

听歌活跃度是指用户在多大程度上频繁使用音乐 App 听歌，后台对应行为指标是总听歌次数。对右偏态分布的因变量总听歌次数做对数转换后，形成符合正态分布新变量 lg 总听歌次数。将八个因子与 lg 总听歌次数做回归，模型通过 F 检验（$P=0.000<0.01$），说明八个因子与因变量之间的线性关系显著，可以用线性模型表示。判定系数 R Square 为 0.614，说明八个因子构建的回归方程对因变量的解释能力良好，具体见表 9 和表 10。

表 9　ANOVA

Model		Sum of Squares	df	Mean Square	F	Sig
1	Regression	3781.585	8	472.698	3982.952	0.000*
	Residual	2372.539	19991	0.119		
	Total	6154.124	19999			

表 10　回归模型的拟合优度

Model	R	R Square	Adjuster R Square	Std. Error of the Estimate
1	0.784	0.614	0.614	0.34450

最终得到八个因子对听歌活跃度的影响方程如下：

lg 总听歌次数＝1.136＋0.368（本地听歌）＋0.198（在线听歌）＋0.108（在线音乐操作）＋0.037（连续听歌习惯）＋0.036（社交活跃）＋0.015（音乐资产积累）－0.008（上网资历），而创新接纳对总听歌次数的影响不显著（$P=0.848>0.05$），具体见表 11。

表 11　回归模型的影响系数

Model		Unstandardized Coefficients		Standardized Coefficiente	T	Sig.
		B	Std. Error	Beta		
Dependent Variable: lg 总听歌次数	（Constant）	1.136	0.002		466.359	0.000
	连续听歌习惯	0.037	0.002	0.067	15.305	0.000
	上网资历	−0.008	0.002	−0.014	−3.163	0.002
	本地听歌	0.368	0.002	0.663	150.930	0.000
	在线听歌	0.198	0.002	0.357	81.341	0.000
	创新接纳	0.000	0.002	0.001	0.191	0.848
	在线音乐操作	0.108	0.002	0.195	44.369	0.000
	音乐资产积累	0.015	0.002	0.026	5.964	0.000
	社交活跃	0.036	0.002	0.065	14.795	0.000

4.7　结果讨论

从回归分析结果看（图 7，表 12），对用户听歌活跃度影响最大的是本地听歌、在线听歌这两个反映体验和价值感知的变量，其次是在线音乐操作这个反映习惯中使用深度/多样性和易用性的变量，再次是连续听歌习惯、社交活跃程度，最后才是音乐资产积累，说明对用户听歌活跃度影响力从大到小是：本地和在线听歌体验＞登录和搜索等在线音乐操作＞连续听歌习惯＞社交活跃程度＞音乐资产积累。

另外，上网资历对听歌活跃度呈负向关系，即：上网资历越老，听歌活跃度越低。也就是说，在听歌这件事上，新网民比老网民更活跃。

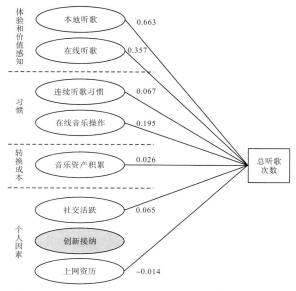

图 7　听歌活跃度和八个影响因素的关系假设结果

表 12　听歌活跃度和八个影响因素的关系假设结果

假设	检验结果
H1−1：本地听歌正向显著影响听歌活跃度（本地听歌程度越深，总听歌次数越多）	成立
H1−2：在线听歌正向显著影响听歌活跃度（在线听歌程度越深，总听歌次数越多）	成立
H1−3：连续听歌习惯正向显著影响听歌活跃度（连续听歌程度越深，总听歌次数越多）	成立
H1−4：在线音乐操作正向显著影响听歌活跃度（在线音乐操作越多，总听歌次数越多）	成立
H1−5：音乐资产积累正向显著影响听歌活跃度（音乐资产积累越多，总听歌次数越多）	成立
H1−6：社交活跃正向显著影响听歌活跃度（社交活跃程度越深，总听歌次数越多）	成立
H1−7：创新接纳正向显著影响听歌活跃度（创新接纳程度越高，总听歌次数越多）	不成立
H1−8：上网资历正向显著影响听歌活跃度（上网资历越深，总听歌次数越多）	负向影响

5　建模结果的实践应用

上述建模结果提示我们，以提升听歌活跃度为目标的业务实践必须关注以下三个要点。

（1）基础听歌体验：在离线和在线两大场景下，了解用户的听歌体验期望和痛点。

（2）音乐社交：在社交场景下，了解社交活跃用户对音乐的需求。

（3）习惯养成：了解用户对搜索等核心操作的习惯，促进用户形成连续听歌习惯。

就上述三个要点，我们继续开展了一系列深入研究，并基于研究结论推动了一系列优化措施落地，落地版本的相关听歌活跃度数据均呈现了令人惊喜的增长。

图8　提升听歌活跃度的三大重点

5.1　基础听歌体验

为了了解离线和在线两大场景下用户对听歌体验的期望和痛点，持续优化基础听歌体验，提升用户听歌活跃度，我们发起名为"体验评估"跟踪研究。具体分为以下两步：

第一步，通过随机抽样向网民投放在线问卷的方式，收集到上千个用户使用音乐 App 的故事，从中归纳提炼出用户使用音乐 App 的四大目的，以及对应体验目标（图9）。

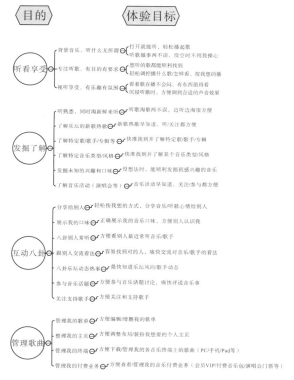

图9　使用目的与体验目标的对应关系

第二步，结合音乐 App 版本节奏进行体验评估，找出痛点。在版本上线一周后，通过终端问卷方式收集用户对体验目标达成水平的评价，计算每个体验目标的口碑净值（赞％－贬％），再与该体验目标在用户心中的重要程度交叉，形成口碑与重要性四分图，如图10所示。

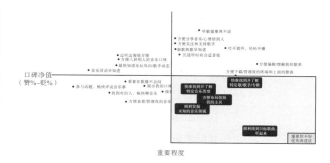

图10　口碑与重要性四分图

从图10可知，急需改进的体验目标是"顺利找到目标歌曲，听起来"。另外还有四个需要优先改进的体验目标：快准找到并了解特定歌、快准找到并了解特定音乐类型、顺利发掘未知的音乐领域、方便布局装扮我的主页。

整理用户具体反馈可以发现，体验目标下具体痛点围绕离线和在线场景展开（图11）。

图11　优先改进体验目标的具体痛点

通过"体验评估"跟踪研究，发现我们可以为持续优化用户基础听歌体验做两件事：一是，跨终端对比体验目标重要性，考察各终端所承担的体验目标有何异同；二是，多版本对比体验目标表现，考察迭代版本的用户体验是否有提升。

5.2　音乐社交

既然一个用户的社交活跃属性对听歌活跃度影响较大，必须进一步了解社交场景下用户对音乐的需求。为此，我们选取了手机 QQ 这一典型社交工具作为应用场景，研究用户在手机 QQ 上的音乐需求。具体分两步：第一，明确手机 QQ 用户是否对音乐有需求，是怎样的需求；第二，激发用户大胆创新，通过设计和开发修正，形成上线版本。

第一步，随机向手机 QQ 用户投放在线问卷，收集 2000 多个样本反馈（数据经过用户画像性别、年龄交叉匹配），发现手机 QQ 用户对音乐的需求很大，甚至不少人认为听歌、唱歌应该在手机 QQ 里做，即：在手机 QQ 这一社交场景中应该提供音乐服务。

那么，他们在社交场景下有什么具体的音乐需求呢？通过随机投放问卷得到的数据可以看到，需求量从大到小为：听歌＞网友互动＞歌手互动。具体见图12。

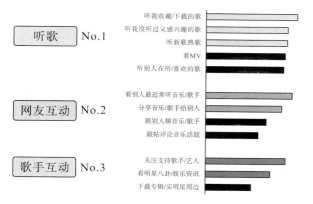

图 12　社交场景下用户的音乐需求

第二步，通过在线问卷收集3200多条用户反馈以及数十个电话回访，激发用户在需求基础上大胆脑暴想法，最终共归纳出8条提及较多的想法（图13）。

图 13　社交场景音乐需求下发散的想法

根据用户需求和发散的想法，设计师快速输出体验草图，并开始迭代流程（图14）。新版本上线后日均用户数显著增长。

图 14　社交场景下的音乐体验草图

5.3　习惯养成

从体验的角度讲，要促进习惯养成，首先要了解用户习惯。在音乐 App 中，搜索是播放以外最

重要的音乐五大操作之一。五大操作包括播放、搜索、下载、收藏、分享。我们以搜索为切入点，尝试通过了解用户搜索习惯，找出体验优化方向。

研究前，我们对搜索问题有着一些固有印象，比如：用户使用搜索是想快速准确定位某一首歌或某个歌手；搜索好不好用要看入口是否外露，搜索方式是否多样（如语音搜索），搜索结果是否清晰展示歌曲相关信息。但固有印象并不能代表用户的真实习惯，于是我们回归原始的用户使用故事，尝试通过故事归纳用户使用习惯，进而洞察真正要做的搜索体验优化方向。

我们收集 50 多个关于音乐搜索的用户故事，并从中归纳了 3 种用户对搜索的使用方法。与固有印象不同，除了目标明确快速精准定位外，用户还会目的模糊地搜范围，甚至没有目的地随意搜。更值得关注的是，用户通过这 3 种方法使用搜索时都存在两种常见习惯：使用自然语言而非机器语言（如影视剧歌曲用片名搜等）、使用谬误措辞而非精准字词（如错别字、缺失部分关键词等）（图15）。

图 15　基于用户故事提炼的搜索用法和习惯

当我们回归原始的用户故事时，可以发现搜索真正要重视的关键体验，不是入口外露、花样搜索、结果清晰展示歌曲信息，而是符合自然语言习惯的语义搜索和顺应谬误措辞习惯的模糊搜索。相关数据也证实了这点，语义搜索和模糊搜索上线后，点击率、播放率、下载率均显著提升。

在促成用户形成连续听歌习惯方面，我们还尝试了每日听歌任务、炫耀累积听歌时间等玩法，以培养用户不退出账号，以登录态听歌的习惯。这些举措都对 App 整体听歌活跃度有积极的促进作用。

研究前从固有印象出发和研究后从用户习惯出发对问题洞察和解决方案的影响见图16。

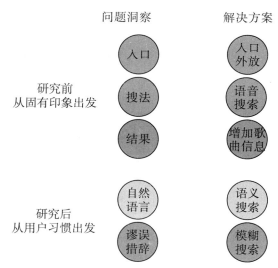

问题洞察　　　　解决方案

研究前
从固有印象出发　入口　　搜法　　结果

解决方案
入口外放　语音搜索　增加歌曲信息

研究后
从用户习惯出发　自然语言　谬误措辞

语义搜索　模糊搜索

图16　研究前从固有印象出发和研究后从用户习惯
出发对问题洞察和解决方案的影响

6　行为变量建模推动体验优化的方法

本研究是行为变量建模推动体验优化的一次尝试。总结起来，分三步（图17）：①基于后台数据埋点和日志流水记录，尽可能全面提取后台记录的画像和行为数据；②通过数据建模、数据挖掘等合适和科学的定量分析方法挖掘用户行为的关键影响因素；③就每个关键因素有的放矢地开展质性研究，以用户故事为基础，提炼用户场景和需求，协同产品设计、开发等团队成员开展创新工作，通过各个影响因素的优化改进，促成整体体验提升，最终促成用户持续使用的忠诚行为。

提取
画像行为数据　→　找出
关键影响因素　→　基于关键因素
优化体验

数据埋点
日志流水记录
……　　数据建模
数据挖掘
……　　用户故事
协同创新
……

图17　行为变量建模推动体验优化的方法

这种体验优化方法的实现有三个必要条件：第一，重视后台数据埋点上报、业务数据库打通、数据提取分析等基础数据库搭建和运维工作；第二，有定量数据分析人才加入体验优化团队，善用合适的科学的定量数据分析方法对数据进行分析和挖掘，找出关键影响因素，为质性研究指明方向；第三，与团队各岗位的同事一起回归真实用户故事，洞察用户场景和需求，进行协同创新。

从研究结论和项目成功落地可以看出，基于后台真实画像和行为变量的建模结果能帮助我们发现未知的用户需求，或是与固有认知不同的新知识，令我们对体验的认识不局限于已知概念或过往经

验。同时，以数据为基础找出的关键影响因素能更科学地为质性研究指明方向，避免简单人为判断可能导致的方向偏差问题。在大数据被广泛重视和应用的今天，这种基于行为变量建模的体验优化方法值得推而广之。

参考文献

［1］第37次中国互联网络发展状况统计报告［EB/OL］.［2016－01－22］. http://www.askci.com/news/chanye/2016/01/22/141430ekou.shtml.

［2］艾瑞咨询：2015年中国在线音乐行业研究报告［EB/OL］.［2015－12－10］. http://wreport.iresearch.cn/uploadfiles/reports/635852737169169297.

［3］易观智库：2016年中国移动音乐市场年度综合报告［EB/OL］.［2016－05－12］. http://cms.admin.analysys.cn/analysyscmscode/uploadcmsimages/20160506/1462503866611%E4%B8%AD%E5%9B%BD%E7%A7%BB%E5%8A%A8%E9%9F%B3%E4%B9%90%E5%B8%82%E5%9C%BA%E5%B9%B4%E5%BA%A6%E7%BB%BC%E5%90%88%E6%8A%A5%E5%91%8A2016－V2.

［4］重构在线音乐生态：移动碎片场景下的在线音乐平台发展［EB/OL］.［2016－01－05］. http://www.dcci.com.cn/dynamic/view/cid/2/id/1302.html.

［5］DAVIS F. Perceived Usefulness，Perceived Ease of Use and User Acceptance of Information Technology［J］. MIS Quarterly，1989，13（3）：319－339.

［6］BHATTACHERJEE A. Understanding Information Systems Continuance：An Expectation－Confirmation Model［J］. MIS Quarterly，2001，25（3）：351－370.

［7］LASALLE D，BRITON T A. Priceless：Turning Ordinary Products into Extraordinary Experience［M］. Boston：HBS Press，2003.

［8］JOSEPH B P，JAMES H G. The Experience Economy［M］. Boston：Harvard Business School Press，1999.

［9］HOLBROOK M B，HIRSCHMAN E C. The Experiential Aspect Consumption：Consumer Fantasies，Feeling and Fun［J］. Journal of Consumer Research，1982，29（2）：132－140.

［10］CATHY S L，SHENG W，RAY J T. Integrating Perceived Playfulness into Expectation－Confirmation Model for Web Portal Context［J］. Information & Management，2005，42（5）：683－693.

［11］唐炜东，汪克夷，柳琳琳. 无线音乐有用性感知体系的构建与测量［J］. 学术交流，2010（2）：123－126.

［12］KIM S S，MALHOTRA N K. A Longitudinal Model of Continued is Use：An Integrative View of Four Mechanisms Underlying Postadoption Phenomena［J］. Management Science，2005，51（5）：741－755.

［13］LIMAYEM M，HIRT S G，CHEUNG C M K. How

Habit Limits the Predictive Power of Intention：The Case of Information Systems Continuance ［J］. MIS Quarterly，2007，31（4）：705－737.

［14］ BURNHAM T A，FRELS J K，MAHAJAN V. Antecedents，Consumer Switching Costs：A Typology，and Consequence ［J］. Journal of the Academy of Marketing Science，2003，31（2）：109－126.

［15］ RAY S，KIM S S，MORRIS J G. Research Note—Online Users Switching Costs：Their Nature and Formation ［J］. Information Systems Research，2012，23（1）：197－213.

［16］ 金兼斌. 技术传播：创新扩散的观点 ［M］. 哈尔滨：黑龙江人民出版社，2000.

［17］ VENKATESH V，DAVIS F. A Theoretical Extension of the Technology Acceptance Model：Four Longitudinal Field Studies ［J］. Management Science，2000，46（2）：186－204.

［18］ 高芙蓉，高雪莲. 国外信息技术接受模型研究述评 ［J］. 研究与发展管理，2011，23（2）：95－105.

［19］ VENKATESH V，MORRIS M G. Why Do Not Men Ever Stop to Ask for Directions Gender Social Influence，and Their Role in Technology Acceptance and Usage Behavior ［J］. MIS Quarterly，2000，24（1）：115－139.

［20］ VENKATESH V，MORRIS M G，DAVIS F D. User Acceptance of Information Technology：Towards a Unified View ［J］. MIS Quarterly，2003，27（2）：425－478.

［21］ CHANG，MAN K. Literature Derived Reference Models for the Adoption of Online Shopping ［J］. Information & Management，2005（42）：543－559.

［22］ 沈蕾，郑智颖. 网络消费行为研究脉络梳理与网络消费决策双规模型构建 ［J］. 外国经济与管理，2014，36（8）：53－72.

断舍离在 UI 设计中的思考及应用

周慧虹

（中兴通讯股份有限公司，上海，201203）

摘　要：断舍离是日本杂物管理咨询师山下英子 16 年前提出的生活理念，一言以蔽之，断舍离就是通过收拾物品来了解自己、整理自己内心的混沌，让人生更舒适的行为技术。设计中的减法法则和断舍离的理念有一定的相似度，设计中做减法，追求设计的简约。这些理念我们都很熟悉了，也一直想在工作中秉承。但是需求来的时候，市场压力来的时候，我们如何能继续冷静地说服自己、说服客户，坚持自己的方向呢？作为用户本身，如何不陷于多功能的迷途之中呢？本文就是试图从断舍离理念和原则中寻找方法。

关键词：断舍离；UI 系统；减法；功能需求

断舍离的理念很多人都不陌生，自从 2000 年以来，日本杂物管理咨询师山下英子在日本各地举办断舍离讲座，掀起了一轮又一轮全民断舍离的热潮。何为断舍离，简单地说：断＝不买、不收取不需要的东西，切断或者说减少对物质的欲望；舍＝处理掉堆放在家里没用的东西，舍弃没有存在价值，或者现阶段没有存在价值的已有物品；离＝舍弃对物质的迷恋，让自己处于宽敞舒适、自由自在的空间。离是更高一个层级的精神境界。断绝不需要的东西，舍弃多余的废物，这只是一个行为，离是一个生活理念，作为物品主人的我们脱离对物品的迷恋和被控制。

在生活中接受断舍离理念并付诸行动后，大部分人都会上瘾：第一重瘾来自重新获得了更多空间，宽裕的空间对于生活在拥挤的大城市的人来说，如同窒息后对新鲜空气的渴望；第二重瘾来自舍弃已经无法与当下自己的品位、购买能力匹配的物品后，提升了生活品质的满足感；第三重瘾来自对剩余物品的审视中重新认识了自己，看清自己对自己未来的期待。

了解了断舍离生活态度带来的价值后，我们把目光转向产品设计，看看运用在设计中可以带来什么样的价值。以手机与人的关系为例，发展历程简单概括可以分成三个阶段：第一个阶段是通信工具，手机功能少而精，最初只有电话，后来发展了短信，本质上还是工具，没有可玩性，除了联络需要，人和手机没有更多的黏性；第二个阶段是在基础通信之上具有查看网页、听音乐、看视频等娱乐功能，渐渐开始更频繁地被使用，手机成为个人娱乐终端，人们使用手机的时间大大增加了，开始了机不离身的初期阶段；第三个阶段也就是现阶段，手机社交属性越来越强，应用市场蓬勃发展后，手机可拥有的功能变得越来越多样。手机不再只是一个设备，而成了个人智能管家，人们开始越来越离不开手机。从这三个阶段我们看到，手机从一个工具发展到多功能的设备，再到一个贴近人的称呼，手机已经成为现代人的一部分，人对手机的依赖性越来越强。

手机依赖症已经成为一个社会问题，如果你是UI设计师，你感受到多功能对你的设计带来冲击和困惑了吗？如果你是一个手机用户，你想继续依赖下去，越来越严重地依赖下去吗？如果你有困惑，或者想摆脱依赖，那么让我们一起乘坐一趟断舍离列车，学会用断舍离的原则和理念来解决吧。

第一站：UI设计和功能需求的矛盾。

对于繁杂的功能在手机屏幕这样一个小小的界面里如何有效呈现，达到好的使用体验，是每个手机UI设计师面临的挑战。手机的UI设计源自PC软件的UI，按键机＋菜单树结构的时代，在原有基础上增加一个功能在设计上是很容易的事，对使用体验也不会有太大影响。这个时代，NOKIA的塞班系统和MTK功能机是其中的典范，UI设计师一直在做简单的加法，以手机主功能界面为例，从3×3的九宫格扩展到可上下滑动的3×N宫格，而后，又扩展到多屏，功能入口翻倍增加。一开始是把用户最常用的单个功能从一个集合中取出来，占据主功能入口的一个位置。随后，为了做出亮点，细化需求后，相似的功能又演变出来了，几个相似的功能又汇聚成一个总入口，周而复始，手机功能越来越多。UI设计师发现，用传统的叠加方式已经无法不影响操作体验的设计前提了。

图1　九宫格主菜单、十二宫格菜单多页的主菜单

2007年iPhone开启了手机UI设计的新里程，这近十年是纯触摸＋内容优先的设计时代。在这个时代，热点需求转变很快，增加一个功能要考虑的事情变多了：功能位置在哪？偏操作还是查看，用什么展现方式合适？现有的控件是否能满足，是否需要引入新的控件？增加一个会不会打破现有的UI规范，是否会影响到现有的界面布局或者功能结构？类似的问题扑面而来，UI设计师变得越来越纠结。加与不加是一个简单的问题，如何加才能不影响老用户的使用习惯，又可吸引新用户，让更多的用户满意增加的设计是一个难以平衡的大问题。

图2　iPhone第1代开创的纯触摸界面

第二站：如何断了多余功能的需求念头。

用户真的需要这么多功能吗？这是一个等同于先有鸡还是先有蛋的悖论，是用户有这么多使用需求使得产品设计不得不去应对，还是产品假设了这么多需求迫使用户去习惯更多功能呢？这也许永远也找不到一个令人满意的答案。

我们试图用断舍离的思考法则，以自我为轴心，把时间轴放在当下，来看待必备功能和多余功能。

以手机桌面的一些功能为例，比如应用程序的隐藏。如果直接访谈一个用户，问他隐藏一个应用是不是一个有用的功能，用户肯定会说是，并且可以列举出一系列使用场景：如果我下载了一个应用，但我不想家里人看到我用这个应用，我会把它隐藏了；怕手机丢失时隐私泄露，银行等金融类应用我会隐藏起来……当换个角度，以操作的方式观察自己：如果手机桌面已经具备这个功能，请开始操作，隐藏自己觉得值得隐藏的应用。这时候用户可能就没那么肯定了：我真的需要这个应用吗？我现在用不到啊，我已经习惯了文件夹方式去管理应用，我能记得什么应用被我隐藏了吗？我能记得怎么去把隐藏的应用重新显示出来吗？最关键的是，我也没有见不得人的应用，也许以后有，可是我现在不需要，也许到时候我有其他更好的方式去解决这个需求呢？也许永远也没有这一天呢？

从这个例子可以看到，有用的东西是因人而异的，与用户当下真要用的东西是不一样的。把场景的描述主语从功能本身变成用户自己，这个场景是真的要用，现在就要用，才有价值。UI中的功能需求和居家物品的"断"不同的一点在于"我"的定义，不是具体的"我"自己，一个独立的个人，而是一个群体，一个通过分析后，刻画出来的具有群体代表性的虚拟人物。

第三站：设计中学会抛弃后创造重新获得的途径。

从第二站的分析，我们把当下不用的功能筛选出来了。那么这些功能是否就像家里的多余物品一样通过扔掉、赠送给他人的方式直接做了断呢？显然设计师这样做的话，这个产品不会得到产品经理的认可，不会有机会面向真正的用户去检验设计师判定的有用功能是否真的有用。如何达到功能需求和 UI 设计的平衡，就需要设计师去创造让用户需要用时重新获得这些功能的途径，把系统模块化到可以灵活拆卸装配。

（1）将这种功能预置在程序中，用户通过手动添加的方式获得。这个途径是比较传统的，大部分用户都能理解和学会使用，也不需要联网等前提条件。例如将其从小部件库里添加到桌面的功能，设计师只把当下用户最需要的一个或两个小部件添加到桌面，不同时期的用户可以通过拖动删除的方式删除已有的小部件，通过从小部件库里拖到桌面的方式添加当下要用的小部件。这个途径的弊端也很明显，设计师没有减少功能，没有减少设计、开发的工作量，也没有使整个软件变得轻盈。

图 3　中兴 MiFavor 系统中添加小部件界面

（2）需要时出现或者下载。这个途径在网络日益发达的今天变得很普遍，前提是需要连接网络，以及令入口出现得巧妙，既不打扰其他软件，也能判断准确，即足够智能。常见的入口有以下几种：一是系统根据用户一段时间的使用结果去计算用户的喜好，根据喜好来决定显示那些内容，如常见的"猜你喜欢""推荐"这样的功能。二是系统根据当前的异常操作来判定用户可能遇到的问题，提供建议或帮助。例如中兴 MiFavor 系统的语音搜索应用程序的功能，只有在用户来回切换桌面几次后、系统判定用户定位应用存在困难时，才会在后台自动打开，此时用户直接说出应用程序的名称，系统就会自动打开这个应用。此外，还有一种可能的情况是，用户只是无聊拨弄手机才切换桌面，系统 2 秒内没有采集到应用名称这样的音频，将自动地关闭此功能，达到不影响此情况下用户的操作体验。三是显示上占用位置，但并不实际存在系统中，用户需要时通过单击这样简单的操作即可下载到。不需要时又可以将其卸载。一些工具类应用使用这种设计方法比较常见，从本质上来说应用商店、主题商店都是这个概念的设计，这也是智能机区别于功能机的一大特征。有了这些商店，手机可以只预置基本的系统功能和默认效果，剩下的都交给用户自己来选择下载。考虑周到一些的应用商店，会给出建议值，不同的应用推荐适合不同的用户。但是，现在 iOS 的预置应用都越来越多了，没有厂家愿意放弃预置应用、预置多套主题这样的做法，来向用户展示自己的产品功能强大和美观的优势。iOS 10 版本在这一点上有了改观，预置的大部分应用支持卸载，如果这可以成为一个风向标，那么更多的系统都会能跟上，这对用户来说会是一个福音。由此，用户花钱买来的内存空间终于可以更完整地属于自己。

图 4　中兴 MiFavor 系统中主题商店、应用商店、
应用商店推荐界面

第四站：脱离对更多功能的执念。

我们不得不承认，上面说的方法是治标不治本的，是设计师出于为五斗米折腰后的结果。只有每一个用户真正脱离对更多功能的执念，才能真正达到断舍离的目的，设计师也就不用过于纠结加与不加，以及如何加的矛盾了。

中国台湾地区作家张德芬曾经说过：想要幸福，我们需要放下对幸福的执念，松开多就是好的念头。同样的，想要 UI 系统符合自我需要，必须舍弃功能越多越强大的错误观点，时刻保持系统中的内容都是用户当下需要用的功能。在第四站，我们继续用断舍离的机制来身体力行，一切从卸载和清理功能开始。断舍离的第一步是减少，如果什么都不能减少，那就没有必要开始第二步了。从一直没怎么用过，怎么看都不知道什么时候会再用一次的功能开始下手，毫不犹豫地删除这些应用。例如一个同学下载的几个帮助背单词的应用程序，下载之后就打开看过一次，已经 3 个月没用了，其本人也不知道什么时候会有动力重新开始背单词。那就立即和应用说一声对不起，然后卸载了吧。安装一个应用不代表可以激励自己去背单词，到真正有需要不得不去做或者真正意识到背单词的重要性时，再去寻找合适自己的应用吧。应用市场日新月异，几个月前排名靠前的应用，当下可能已经被淘汰了。对于那些让自己犹豫的功能，其实到最后会发现，它果然也是没有什么用的。犹豫的过程，表明这个功能曾经或者将来会为自己带来价值，但目前在自己的认知里是无足轻重的。

决定留下的功能，可以利用"一五七"的断舍离总量控制原则，打造充裕的空间。"一"指的是装饰性的给别人看的空间，这样的空间只放置最有价值的功能，其余留白，突出了重点，分清了主次。经常看画展的读者肯定很容易理解这个做法的意义。锁屏、桌面就很像这样的空间，尤其是锁屏，只有时间和壁纸是最重要的，现在已经很少有厂家把一排快捷操作按钮醒目地摆在锁屏上了，在前几年这个做法还很常见。确实有操作需求怎么办？把功能入口隐藏起来，通过滑动等方式再将其调出。"五"指的是看得到的收纳空间，东西太少用起来不方便，太多又影响美观，影响移动换位。一个应用的常用操作主界面就是这样的空间，主界面要简洁，所以常见的主界面会有差不多一半的空间是展示性大于实用性的，剩下一半是重要操作功能的显示。最后一个"七"是指看不见的收纳空间。也许读者会问，既然是看不见，为什么要留出三成呢？只有有足够的空间，被收纳的物品才能流动起来，在自己的空间内流动，不影响其他空间，这个与停车库需要有双车道的行车过道是一样的道理。UI设计里，我们会在次要界面或者选项菜单这样不常进入的空间里放置较多的功能，但不能满，否则没有扩展性，没有用户编辑的自由度，这样的界面会令人窒息。

当UI设计无法满足"一五七"原则时，断舍离总量控制原则中还有一个降级的概念，到降无可降时做减法。从第一个空间降到第二个空间，再把第二个空间里优先级最后的功能降到第三个空间，第三个空间最低优先级的功能，把它们清空了吧，在宝贵的手机空间里，它们的价值太有限了。

图5　中兴 MiFavor 系统中分别符合七五一原则的界面

另一个值得一提的是替换原则。时间轴演进中，技术发展会带来更棒的功能，"我"的需求也会发生变化。这个时候，设计师和使用者需要重复进行彻底的"七五一"归纳。一番新陈代谢后，留下的是精心挑选过的功能，更符合当下的时间轴了。替换原则不是加法，永远只留下最好的，而不是最多的。

简短的断舍离之旅结束了，经过这一段旅程，UI变轻盈了，最关键的是，"我"的欲望减少了，当"我"不再需要那么多功能时，就能更清醒地意识到——"我"现在要什么，这才是最重要的领悟。

参考文献

[1] 山下英子. 断舍离 [M]. 吴倩，译. 南宁：广西科学技术出版社，2013.

[2] 张德芬. 遇见未知的自己 [M]. 北京：华夏出版社，2008.

如何提升重量级电信软件产品的信息易用性

——文档工程师在易用性方面的独特探索

周姗楠

（华为技术有限公司，广东深圳，518100）

摘　要：重量级电信类软件具有用户门槛高、产品规模大、操作影响面广、功能场景复杂的特点。随着通信行业和周边行业发展，用户已经不再满足于产品加文档的产品使用和信息体验形式。技术文档工程师以信息体验视角参与到重量级电信类软件设计中，可以发挥对产品业务和用户场景的理解，并填补设计人员配比的不足。实践中将业界的双钻设计模式（探索、定义、设计和交付）与重量级电信软件的开发流程结合（需求挖掘，概念定义，需求定义和分解，迭代开发）。利用技术指导型文档中的信息元素进行大数据分析发现产品易用性短板，以技术文档写作过程思维挖掘信息体验点，并将易用性设计原则与信息表达原则融合，用技术文档包含的信息点对易用性设计理论进行贯穿和审视。对信息体验带来提升的同时提升电信类软件产品的易用性，满足用户更高的要求。

关键词：信息体验设计易用性；重量级电信类软件

1 背景

1.1 实践方法参考背景

本文所使用的实践方法参考了业界通用的产品易用性设计理论。易用性是产品可用性标准中的一个层级。可用性分为三个层级，即实用、易用和乐用。实用，即产品满足用户目标期望，可以解决问题；易用，即用户可以很容易地完成操作，如合理的交互流程，符合一致性、易学习、预测性等要求的界面等；乐用，即产品使用给用户的感觉是否愉悦，比如更美观的界面、按钮的细节、顺畅的操作过程带来完成任务的轻松感、美感甚至情感共鸣。

如今，易用性在互联网产品、移动终端产品等日常应用领域有很广泛的普及，而对于本文主要探讨的重量级电信软件的使用体验和信息体验，人们以往更关注于是否可用，即产品是否可以帮助用户解决问题。而对于易用性，正因为其自身特点和现状，逐渐产生与用户诉求之间的落差。本文将针对重量级电信软件的特点，以及信息体验现状和演变，描述实践展开的目的和意义。

1.2 重量级电信软件的特点

电信软件主要用于帮助运营商实现计费、电信设备网络管理和客户数据分析等。与互联网类软件产品所针对的日常、社交或娱乐需要不同，电信级软件产品面对的是大量通信设备的监控、维护和管理任务，具有用户门槛高、产品规模大、操作影响面广、功能场景复杂的特点。随着通信行业的发展，电信软件产品逐渐具备了重量级的特征。以作者曾经参与的软件产品为例，一套管理能力为2000等效的电信软件，可以管理约5万人口的小区。承担所管理设备每日几万次的配置数据变更，几十万次的告警和事件管理和统计，以及近百万次的性能测量、监控、数据处理等管理业务。

以一款移动社交应用软件和电信设备网络管理软件对比为例（表1），了解电信软件产品的重量级特点。

表1 两种软件对比

软件	基本功能规模和场景规模
某订餐 App	4个主要功能：查看餐厅列表，选择餐厅及餐点，下单和付款，签收和评价。为了支撑这些基本功能会有扩展功能，如餐厅不同方式的排序，历史订单和付款记录的查询，积分和优惠活动等

软件	基本功能规模和场景规模
某电信软件系统	12个基本通信设备管理功能，包括性能查询，设备运行情况管理，配置数据管理，网络结构浏览，权限和用户管理，许可证管理，网络设备容灾备份管理，升级卸载等软件管理，定时任务管理，服务进程管理等。而这些基本功能又分别分常用功能和专家功能，每种子功能分别完成不同任务。可覆盖多种通信设备管理场景，如升级、调测、运维、扩容改造、网络优化等。其中仅运维场景的子场景就有50余个

1.3 重量级电信软件的信息体验现状和诉求演变

本文所描述的信息体验，即用户产生信息诉求、接受信息、理解信息和使用信息过程中而产生的感受，受到包括信息的呈现时机、形式和内容合理性，获得过程的便利性等因素的影响。

软件产品使用过程中，用户首先需要形成对功能和其所能完成任务的理解，然后需要知道从哪里开始操作，操作的步骤和效果如何，过程中选项的选择标准是什么，以及如果遇到异常情况如何处理等。满足用户这些诉求的信息形式包括：菜单导航、操作向导、按钮图标、冒泡提示、效果展示、指导文档、动画引导、常见问题等。图1是常用的某互联网软件产品的登录页面，所用到的信息形式有明确的任务描述，界面操作提示"请使用手机百度 App 扫描登录"，用户名和密码图标，参数填写说明"手机/邮箱/用户名"，醒目的操作按钮"登录"，异常情况快速求助"登录遇到问题"等。

图1 某互联网软件产品的登录页面

这个例子中，使用过程中的信息体验为：

（1）了解到，当前正在进行账号登录操作。

（2）了解到，有两种主流方式登录，扫描和用户名密码鉴权方式。

（3）手机扫描对 App 有要求，不适合，放弃。

（4）这里需要输入用户名和密码。

（5）用户名和密码忘记了，这里有个短信登录入口，点击试试看？

（6）页面切换，任务描述提示为"短信登录"。

（7）原来短信方式可以直接登录，还顺便把新用户注册了，不错。

（8）只需要输入手机号和动态密码。

（9）按钮这么大，一定就是按它。

（10）页面跳转，提示完成！

可见如上案例的信息体验很流畅，用户可以及时了解功能信息，脱离指导文档完成操作。在作者所参与的电信软件中，产品和技术文档相互独立，信息较为零散，又由于电信类软件的功能庞大复杂，操作路径较长，分支较多，导致信息获取路径长。同时，不断发展的业务量和场景也使得功能和文档规模日渐庞大，产品较低的易用性体验和依靠技术文档弥补信息诉求所提供的信息体验，正在不断受到挑战。

造成当前这种现状的原因，主要有如下几个方面：

第一，行业和用户对电信产品体验性关注不足。

电信类软件的应用随通信行业起步，当时的软件类产品的使用为针对专业技术人员的工作需要，用户对电信类软件产品的要求多停留于实用；电信级软件产品面对的是通信设备的管理任务，操作影响面广，影响力大，对产品的功能稳定性和可靠性的要求更高；电信级软件产品管理设备数量大，影响严重的特点，使用人员分工比较细，同一个操作人员往往对某几个功能长期重复使用，提高了熟悉程度，降低了对产品易用性的依赖。

第二，完备的技术文档及其不断演进掩盖了部分易用性问题。

电信类软件的信息体验方式最初为：产品＋文档。形式为随产品发布的纸件说明书（图2），内容由文字和图形组成，多以功能角度描述产品，较区分用户和场景。近年来，技术文档的演进在一定程度上可以填补产品易用性较低和用户体验诉求较高的缺口。例如，形式上越发灵活，碎片化的多媒体信息为用户提供了有更高趣味性和更容易理解的信息。内容更贴近用户，文档可查找，文档内导航章节设置基于用户场景，并在一些产品尝试了用户根据场景的自定制文档。信息获取途径更多，线上线下可获取性和可搜索性增强，部分基于 Web 化应用的产品实现了随产品功能的获取和界面帮助融合。

图 2　纸件说明书

第三，电信类产品易用性提升困难。

电信类软件当前面临场景多、不同局点情况差异大的现状，功能的复杂程度较高，又因为长期以来重功能轻体验，导致设计人员配比不足，使得业界的很多易用性设计原则在电信产品设计过程中落地效果不足，易用性提升并不容易。

随着通信行业的发展，电信类软件易用性的问题越发凸显，用户的体验诉求也在发生演变。行业和用户已经意识到，流畅的产品使用感受所要求的信息是无形的。以往产品和文档独立演进，各自优化的方式已经无法满足用户的诉求。

第四，产品越发复杂。

用户数和业务量的逐年递增，电信软件的场景越发复杂，功能也越来越强大。复杂的操作流程和大量的操作步骤对易用的产品使用和信息体验提出挑战。

第五，运营商的运维成本缩减诉求。

当前激烈的竞争促使运营商产生了削减营运和维护成本压力，要求电信软件有更高的使用效率以降低营运和维护的时间消耗，更低学历和技术水平的人员要求以削减成本，同时还希望以更少的运维人员来完成更多功能的操作。

第六，用户使用习惯发生改变。

周边行业，如互联网类软件，移动终端应用软件的发展培养了用户对更流畅产品的使用习惯。而电信类软件的用户已经由越来越多的85后、90后组成，这一用户群体的转变，使用用户对参考文档完成操作已经从原有的满意变成可接受，甚至不太接受。

2　方法探索

2.1　探索目的

基于当前重量级电信软件的信息体验现状和信息体验的提升诉求，作者在实践过程中，着力于发挥文档工程师对电信类软件产品业务和用户场景多年的积累，摸索一种可以促使文档工程师参与到产品设计过程中的流程融合方式，并探索了以信息体验的视角使易用性设计原则与技术文档写作思路相融合的设计方法，为产品的易用性加分，并最终提供提升产品信息的体验。

2.2　双钻模式在电信软件开发流程中的融合应用

英国设计协会（THE BRITISH DESIGN COUNCIL）提出的双钻设计模式（DOUBLE DIAMOND DESIGN PROCESS MODEL）分为四个步骤：探索和定义—确定正确问题的发散和聚焦阶段—设计和交付—制订正确方案的发散和聚焦阶段。

作者参与的某电信软件的开发流程为概念、计划、开发、验证、发布、生命周期管理 6 个阶段，其中开发阶段分为需求挖掘、概念定义、需求定义和分解、迭代开发 4 个流程（图 3）。

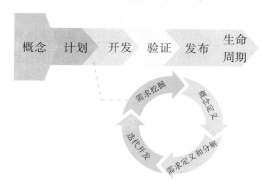

图 3　电信软件的开发流程

实践中将双钻模式融入电信软件产品的开发流程中，以文档工程师的角色和信息体验视角，参与和审视产品设计，保证设计原则的落地。

需求挖掘：通过用户调研，发现用户特点，使用诉求和路径，并描绘出用户使用过程，以信息体验的视角发现信息体验点和产品体验中的痛点，即双钻设计模式中的“发现”，用以明确产品的目标，完成产品战略层设计。

概念定义：通过对相关兄弟产品、产品历史版本，以及当前所掌握资源的分析，明确当前版本产品可以为用户解决的主要问题和解决问题的方式，即双钻设计模式中的“定义”，用以明确产品的定位和功能范围，完成产品战略层设计。

需求定义和分解：以信息设计人员身份和信息体验视角，借助信息体验点的挖掘，发现信息和产品设计的契合点，参与和审视产品设计原型设计，并进行用户试用和原型迭代，即双钻设计模式中的“设计”，用以明确产品功能的框架、交互和视觉设计。

迭代开发：进入版本迭代需求管理管道，跟踪原型落地，用户试用和产品迭代，即双钻设计模式中的“实现”，不断修正产品的实现。同时，结合产品实现情况，输出易传播、令人好接受的信息方案用以支撑产品的宣传、推广和信息求助。

2.3　信息体验视角参与产品设计的方法

2.3.1　大数据分析，发现易用性短板

按照当前电信类软件产品较为普遍的信息体验方式，产品的使用指导由操作型文档按逐步介绍的方式体现。因此，操作型文档中的很多信息要素可以表征产品易用性。

一个典型的电信类软件产品的技术文档包含如下一些部分（图 4）。

前提条件：任务开始前，系统需要具备的条件，操作者需要准备的事务。

背景知识：用户完成任务所需要对系统的理解，包括使用流程、原理、产品结构等。

操作步骤：操作步骤，过程中需要设置的参数、选项、操作结果的反馈解释和效果解释。

警示和限制信息：任务操作的原则和限制，可能遇到的异常说明、后果及相对应的错误处理办法。

窍门：非主要操作流程，简易操作流程等。

调测 方式短消息通知功能

在安装、调测 后，需要在 客户端设置无 方式短消息通知参数并调测设置的正确性。

前提条件

的安装调测已经正常完成。

背景信息

配置GSM 和CDMA 的方式相似。此处以GSM 为例进行介绍。

短信中心号码，输入+、国家编码和短消息中心号码。示例：在中国，国家编码86，假设短消息中心号码为13*********，则输入“+8613*********”。

操作步骤

1. 选择“应用中心”中双击“ 管理”，再选择“告警设置 > 远程通知”（应用风格）。
2. 在“远程通知”窗口左下方单击“设置”，选择“通讯参数设置”。

说明：
- 在“通讯参数设置”对话框中选中一行参数设置，单击“属性”，可在“修改通讯参数设置”对话框中修改该参数设置的名称和通讯参数。
- 在“通讯参数设置”对话框中选中一行参数设置，单击“删除”，可删除该参数设置。

3. 在“通讯参数设置”对话框中，单击“新建”。
4. 在“新建通讯参数设置”对话框中输入设置的名称，设备的类型选择“GSM Modem”，然后单击“下一步”。

说明：
每种设备的通知参数只能设置一次。如果该设备的通知参数已经设置，则在“请选择设备”下拉列表框中不显示该设备。

5. 在图1所示的“新建通讯参数设置”对话框中，选中“由网管服务器发送”复选框，并设置 务器相连的串口号和 支持的波特率。

图1 设置无 方式短消息通知参数

新建通讯参数设置

发送点
☑ 由本客户端发送
串口号 COM1
波特率: 9600
本客户端测试(C)...
启用

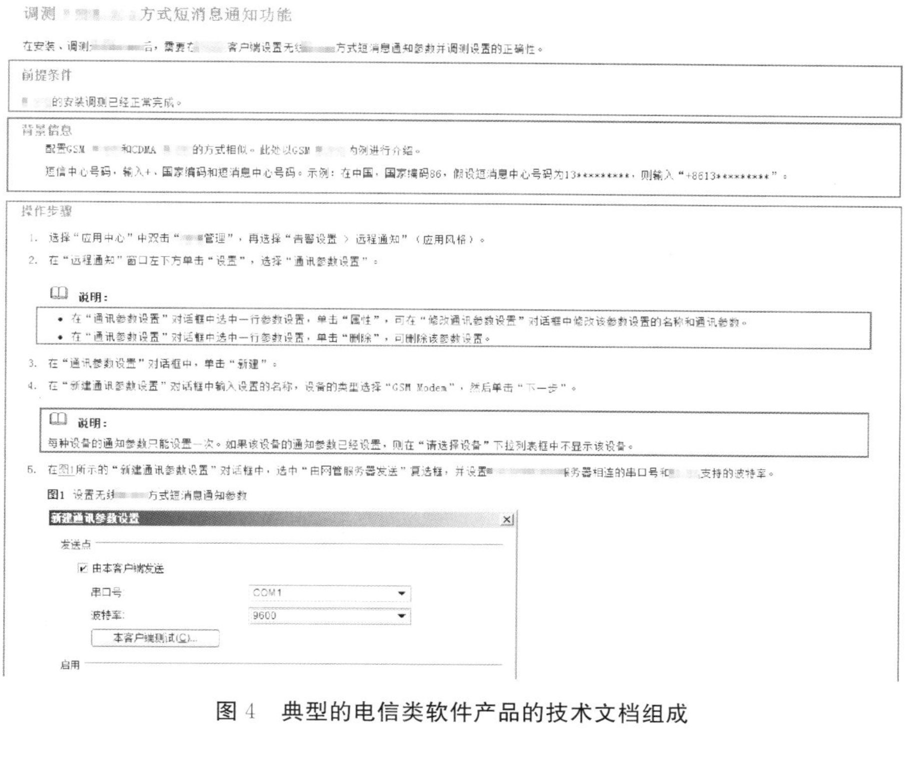

图 4　典型的电信类软件产品的技术文档组成

其中，操作步骤、警示和限制信息、窍门以及报错信息解释直接反映了用户使用产品过程中的复杂度。

任务长度：任务个数，任务步骤数。

任务交互复杂度：鼠标点击数，界面切换次数，操作分支数，过深菜单数，操作警示数。

手工操作数：手工配置参数个数，手工执行命令数。

其他：任务字数，参数选择数。

将操作指导型文档通过多个度量维度进行统计和量化，就可以直观地反映出产品的复杂度和易用性。同时，还可以帮助我们发现产品多个功能中易用性短板和最迫切需要解决的痛点。

比如，在一次现有功能技术文档的大数据分析过程中，发现在文档46个操作指导页面中，某页面所描述的任务场景数据如下（图5）。

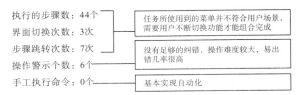

执行的步骤数：44个 —— 任务所使用到的菜单并不符合用户场景，需要用户不断切换功能才能组合完成
界面切换次数：3次
步骤跳转次数：7次 —— 没有足够的纠错，操作难度较大，易出错几率很高
操作警示个数：6个
手工执行命令：0个 —— 基本实现自动化

图5　某实践中大数据分析结果和易用性短板的对应关系

2.3.2　信息体验点挖掘

长期以来，重量级电信软件的用户依赖技术文档的指导完成操作，所以技术文档承载了用户使用过程的大部分信息诉求，技术文档写作过程中的思维充分体现了用户的信息体验过程。

通过用户调研、亲自体验等方式，进行体验点的挖掘，并将这些体验点作为结合信息视角设计的关键点，可以帮助我们从信息体验的视角发现产品使用过程中最需要给予的帮助，也就是使用最困难的地方，从而降低产品文档数量，提高信息体验感受。

典型的电信软件所涉及的几个关键体验点见图6。

使用产品前　　使用过程中/异常情况时　　使用结束后
开始使用产品时

图6　典型的电信软件所涉及的几个关键体验点

使用产品前：
任务的前置场景和任务是什么？
任务的启动对系统有什么规格、状态的要求？
我需要了解哪些概念和原理才能完成任务？
产品的功能构成和这些功能分别完成的任务是什么？

任务的目的是什么？

如果产品不能提供这些信息，则技术文档就必须以背景知识和前提条件的形式介绍：产品功能的原理、流程、结构和任务开始前系统必须具备的状态，以及用户需要准备的状态等。

开始使用产品时：
产品的哪些功能和我的任务有关？
我需要从哪里开始第一步？
我的这个任务需要多长时间，用多少个阶段完成？
我的步骤走向是什么？

如果用户在开始使用产品时无法获取这些信息，就需要技术文档利用文字介绍：请在 A 处的 B 区域选择 C 菜单，打开 D 界面，开始 E 任务。此任务需要 n 步，如果流程的设置不满足用户的心理预期，则还需要大篇幅地介绍每个阶段分别完成什么任务，为什么这样设置等。

使用过程中：
这个选项是什么意思？
我在什么时候选择它？
它的效果是什么？
这个参数是什么意思，干什么用的？
我要填什么呢？
做完这一步，下一步是什么？
还有多久可以完成？
我完成的对吗？是我想要的吗？

为了满足这些信息诉求，技术文档会使用参数参考、图标演示、效果介绍等多种方式帮助用户理解操作过程中需要用户干预的所有内容，如果产品过于复杂，还需要一些典型场景示例来举例说明选项和参数的组合方式及其效果。这些阅读过程会耗费用户很多精力，以至于降低用户对整个使用过程的感受。

使用结束后：
我完成了我想要的任务了吗？
接下来我还可以做什么？
我可以返回一切开始之前吗？
有没有相关的任务需要一并处理？

每当到了这个时候，技术文档即便有再详细的效果解释和相关任务的介绍，也很难引起用户的注意。因为脱离于产品的技术文档只有在必要的时候才会被用户看到，而任务结束时，用户做得更多的是舒一口气，而不是再看看文档。

异常情况时：
发生了什么？
为什么会这样？

出错了会引起什么?

我可以忽略吗?

不忽略的话,我该怎么办?

异常情况总是让人意外和不悦,而技术文档需要提供足够信息满足用户的诉求,这就对产品的设计提出了要求,即每种异常都是可描述和可处理的,而可描述的要求又为防错和纠错提供了良好的思维入口。

2.3.3 信息体验视角的易用性原则

信息体验点帮我们识别关键体验点,并发现信息体验的问题。为了解决上述问题,实践中引入了业界的易用性设计原则,包含匹配、可视化、预防错误、反馈、一致性等。而技术文档中,文档工程师遵循认知的逻辑,提供读者从整体到局部的信息模型,并提供用户逐步深入了解局部信息的途径;通过信息的聚合提供与用户相关的信息,如任务和信息之间以及信息之间的相关性;同时,不断降低阅读难度,以可视化、可感知和可度量的具体化方式表达抽象的信息。将这些易用性设计原则和信息表达原则融合,用技术文档包含的信息点进行贯穿和审视,就形成了适用于重量级电信软件的实践思考框架,以达到"少求助,先提供,快支撑,刚刚好"的信息体验目标。

使用产品前:用户的信息诉求可以由产品合理的功能布局和自动化来满足,体现了匹配和自动化的易用性原则和从整体到局部的信息表现原则。这符合用户习惯的场景划分;符合预期和心理模型的功能划分,以降低理解难度;帮助用户准备好前提,或自动对前提进行检测,而不是简单地要求用户去满足;如果系统不能做到帮用户做到,那么就提供准备前提条件的快捷入口,降低操作难度。

开始使用产品:用户的信息诉求可以由合理的交互过程和清晰的界面布局来满足,体现了可视化和一致性的易用性原则和信息聚合的信息表现原则。

交互流程:

为主要场景和高频度任务设计任务流;

使任务的阶段设置满足用户的预期,以便用户可以自行产生对任务的判断;

场景化,向导化的任务流可以帮助用户更快地理解当前所处的阶段和下一步的预期;

对于重量级电信软件,自由度需要控制,以免将功能复杂化。

界面布局:

不同作用的区域明显分开,如操作区、信息区、操作决策辅助信息区等;

重要的线索足够醒目,如大小、位置、颜色等,窍门等非关键线索需要隐藏,以免造成用户难以识别。

在使用过程中,用户的信息诉求可以由好理解、易设置的参数和选项、及时的反馈信息和可视化的操作线索来满足,体现了可视化、反馈和自解释的易用性原则,以及可感知、可度量的信息表现原则。

选项的设置:

可选项不要超过5个,如果超过5个,需要在任务场景上考虑是否有优化空间;

选项之间的关系应该为互斥,而不是次优和最优;

提供按照场景自动组合的选项,或自动获取用户前置任务信息,并帮助用户自动选择。

参数的设置:

可以自我解释的参数名;

必要的效果演示和界面上及时的设置方法指导;

及时的参数设置错误检测和必要的纠错能力;

一次性让用户做完所有输入,便于用户理解输入之间的关系,和对后果的影响。

可视化的操作线索:

划分不同任务阶段的信息时,做到相关信息聚合,不同任务阶段的信息分开;

进行同一任务内的信息划分时,操作决策辅助信息要在操作线索附近;

一个任务阶段只完成一件明确的事;

操作线索要明确、醒目;

操作引导要及时,不要引入新的词汇、概念和知识,以及使用用户的语言;

不同界面直接风格、按钮名称、布局等需要保持一致。

反馈:

及时提供操作进度,任务阶段性进度;

多任务并行执行时,尽量提供每个任务的进度;

任务执行效果可视化、可感知,如具体的占比、明确的数字化信息、执行前后对比等。

在使用结束后,用户的信息诉求可以由符合预期的交互流程和及时的反馈来满足,体现了自动化、匹配和反馈的易用性原则。

异常流程:

用户的信息诉求可以合理地将错误处理方式来满足,体现了自动化、匹配和反馈的易用性原则。对于重量级电信软件,这点尤为重要,一次操作涉及的通信设备较多，且持续时间可能较长。一个操作失误造成的返工，可能会带来巨大的损失。因此，少犯错，并可以及时地提醒和纠错，要比功能的灵活性和可探索性要更适合重量级电信软件。

清晰的错误警示：

仅包含必要的错误，如果提示过多，会使用户忽略掉所有的信息，而错过重新思考操作正确性的机会；

信息中需要完整地包括发生了什么，为什么会这样，会有什么后果，用户该怎么办等。

如果需要用户进行某些操作来避免错误，则直接提供操作入口，降低操作难度。

3 方法应用案例

举例说明文档工程师是如何参与到重量级电信类软件的设计中，又是如何通过信息设计视角保证了易用性设计原则的有效落地。

3.1 实践背景

某电信软件 A 使用过程中会发生一些故障。软件 A 使用人员认为其功能复杂，且现有的故障定位功能 B 使用困难，遇到故障时难以定位，更多地选择联系技术服务人员处理而非自己解决，从而导致软件 A 的故障处理时间较长，增加了运营和维护成本。

3.2 实践过程

实践中将双钻设计模式（探索、定义、设计、交付）融入电信软件产品的开发流程中，包含需求挖掘、概念定义、需求定义和分解、迭代开发。

3.2.1 需求挖掘

亲自前往现场进行用户调研和访谈，发现现场操作人员对软件 A 了解不深。软件 A 发生故障时影响很大，需要迅速解决，操作人员不愿自己尝试修复。现有的故障定位功能 B 界面复杂，难以快速识别使用路径，用户不愿意花时间对照文档完成操作。由于情况多样，文档难以覆盖所有场景，分析结果不易理解。定位数据获取不全，影响技术人员分析效率。

3.2.2 概念定义

提供一个自动化的故障辅助定位功能 C，且降低操作门槛，提高分析结果的信息可读性，提高现场操作人员的使用意愿和效率。

3.2.3 需求定义和分解

对比现有辅助定位软件 B 的使用痛点，以挖掘信息体验点的方式发现易用性提升点集中在：不同功能间有重复，需要按场景组合功能才能完成全流程操作，界面选项和参数较多，分析结果难以理解。接着再以信息设计思维参与到软件设计中，形成信息和产品融合的体验方案。

3.2.4 迭代开发

通过用户试用和产品迭代，修正产品设计。结合产品实现情况，针对现场操作人员，突出软件 B 和新功能的差别，输出易传播的宣传文案促进新功能的推广使用。

3.3 设计原则应用

对于软件 A 的操作人员，想让其无障碍地使用现有的故障辅助定位工具 B，需要指导书至少包含如下内容（图 7）。

背景信息

- B 可以帮助您快速定位网管故障，共分为重大问题，紧急问题，一般问题，健康检查和故障采集 5 个功能，分别协助您完成不同程度故障的定位。
- 当您遇到网管使用过程中的异常问题时，可以在浏览器的地址栏中输入**地址登录并启动系统，完成故障定位。
- B 的主界面分为左侧导航区，右侧操作区，信息浏览区，任务进度区，结果查询区。

操作指导

Step1，请选择您根据自己所需要定位的故障，在左侧导航区选择一级菜单。

Step2，选择所发生故障的产品信息，其中重大场景需要填写所有信息，紧急问题需要填写 IP 地址，组件配置信息，当前版本，补丁版本，机型，数据库信息，一般问题需要填写 IP 地址，当前版本，补丁版本信息，健康检查和故障采集功能需要填写 IP 地址，当前版本，机型，数据库信息。

Step3，在右侧操作区单击按钮“启动诊断”，并在任务进度区查看诊断进度。当进度为 100%，且任务状态显示“完成”时，表示诊断结束。

Step4，单击按钮“查看结果”，打开结果查询区，查看诊断结果。

后续操作

如果 C 无法定位问题，请使用数据采集功能采集全量数据，并联系技术支持人员处理

图 7 故障辅助定位工具 B 指导书举例

用户对这样的指导书会有两种反应，即跟我无关和来不及看，可见这样的信息体验难以支撑快速诊断和处理故障的诉求。经过信息体验点挖掘，和信息体验视角的易用性原则审视，复杂的产品和大篇幅的描述可以由如下设计方案代替。

任务开始前优化功能布局和及时入口，使其符合一般对故障诊断的顺序思维：

（1）遇到软件 A 故障时，在软件 A 的故障提示窗口中展示功能 C 的入口，直接跳转。

（2）对于软件 A 无法提示用户的故障，简化功能 C 的任务场景，仅区分有特定故障和无特定故障，省去多功能场景的介绍和组合指导。

任务开始时提供易懂的任务流程，仅展示必要的操作线索：

（1）减少功能数，仅提供有/无特定故障两个场景单流程的故障诊断辅助功能。

（2）场景选择后，仅展现此场景下需要操作的选项和需要设置的参数。

任务进行中提供可视化的操作线索，适当限制自由度防错、好理解、易设置的参数和选项，及时地反馈信息：

（1）清晰的界面区域划分，并将主流操作流程需要的按钮放在醒目的位置，避免用户产生对界面布局和操作线索的疑问。

（2）必要的限制，如单线程的操作流程，避免过于灵活的任务流带来的解释说明和出错。

（3）尽量自动化地为用户设置好选项和参数，用户仅需要选择诊断对象、诊断时间并选择故障，使用用户语言和逻辑展示可选故障场景，省去大段的参数描述。

同时，还提供及时地反馈系统状态、任务进展和选项效果，图形化的诊断结果解释，必要的报错提示信息等。

3.4 实践小结

设计方法的应用使得新功能 C 的使用过程步骤仅 3 或 4 步，人工输入的参数控制在 5 个以内，故障诊断过程简单易懂。而传统技术文档仅需要提供一份简单的使用示例和必要的常见问题就可以满足使用求助。相对于未使用信息体验易用性设计方法的其他产品和功能，其手册数量和使用体验都有明显优势，证明了本文所描述方法的可行性。

4 结论和展望

作者以文档工程师角色，经过多个实践探索了

适用于重量级电信软件适用的信息体验设计流程和方法，并通过一些案例的尝试，验证了探索结果的可行性。同时也挖掘和展示了文档工程师在电信类软件设计团队突破的可能性。

本文仍然无法完整地阐述信息体验和产品体验融合的最优方式和最佳方法。例如，本文仅在信息体验的易用性上进行了探索，但是乐用上，信息的作用是显而易见的。因此，在易用性得到保障的前提下，信息体验在重量级电信软件的设计中，还可以发挥更大的作用，以适应体验化的运营趋势和用户更高的诉求。

参考文献

[1] JESSE J G. 用户体验要素：以用户为中心的产品设计［M］. 北京：机械工业出版社，2011.

[2] 唐纳德·诺曼. 设计心理学［M］. 北京：中信出版社，2003.

交互设计中的决策思考

——一组经验公式在创新过程中的决策作用

祝 勇 郁朝阳 杨再军

（中兴通讯股份有限公司，四川成都，610000）

摘 要：交互设计师对设计问题定义完成后，会通过头脑风暴或其他发散思考方式形成若干种解决方案。但如何从多种方案中寻求一种合适解决方案的收敛过程，既是难点，也是衡量专家设计师与新手设计师的关键。本文尝试对收敛过程提供若干思考，对新功能或方案的有用程度、常用程度、自身复杂度以及与现有功能的耦合性之间的关系提出一组经验公式，由此判断新需求和方案的合理性。

关键词：决策；收敛；有用；常用；复杂度；耦合

1 引言

2012 年，国内手机厂商魅族在 Android 4.0 基础上做出一个创新设计——Smartbar（图 1），其尝试将 Android 的传统导航虚拟按键（Back 和 Menu）与应用底部 Actionbar 融合。好处显而易见，节省空间，界面更简洁美观，某种程度上还可节省硬件成本。

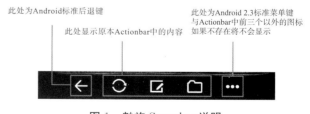

此处为Android标准后退键
此处显示原本Actionbar中的内容
此处为Android 2.3标准菜单键 与Actionbar中前三个以外的图标 如果不存在将不会显示

图 1 魅族 Smartbar 说明

但事实上，用户普遍反馈该设计并不人性化，有较多用户在网上呼吁取消该设计（图 2）。

图 2　百度搜索 Smartbar

作为一个大胆创新的设计，为什么会出现这种叫好不叫座的情况呢？

我们认为，魅族在创新设计的收敛阶段，论证可能并不充分。作为交互设计师，我们经常需要考虑如下问题：功能的引入以及新方案设计应当如何判定其有效性？新功能的规划应如何考虑？作为整个手机平台作考虑应如何分清主次？在引入新需求特性以及思考解决方案时，都需要利用收敛过程判断其有效性。但如何从多种方案中寻求一种合适解决方案的收敛过程，既是难点，也是衡量专家设计师与新手设计师的关键。

2　经验公式

在评审新功能或方案时，我们通常会综合分析并最终采用带来好处是大于坏处的功能或方案。更详细一些，一个功能或方案是否引入是由两点决定：该功能或方案带来的体验提升程度（好处）和复杂度对体验的影响（坏处，简称复杂度影响），经验公式如下：

功能或方案的认可程度＝体验提升程度－复杂度影响

例如，新特性带来的体验提升程度是颠覆性的，那么无论做得多么复杂难用，都可以得到一定程度的认可。而当新特性带来的体验提升程度一般时，功能做得越复杂，其得到认可的程度就越低。

体验提升程度是由两点决定的：功能或方案的有用程度和常用程度。

首先，决定新功能或方案的第一要素是此功能或方案自身的有用程度。重要的功能可能直接关系到产生的成败，项目组也会花更多精力实现。例如对一个网上商城的购物车和结算系统的设计，相比其他功能则更为重要。在信息架构设计和交互设计中，交互设计师也会让此功能更为突出。

在使用 PC、互联网或智能手机时，我们通常都有以下共识：80％的用户只使用 20％的功能，而他们却又在这部分功能上花费绝大多数的时间。例如针对手机而言，打电话和发短信这样的基础功能无疑是使用很频繁的，于是定义功能的第二要素是常用程度。它隐含以下意义：其越常用，我们越应当让其"暴露"出来，让用户尽可能地顺手使用它；反之，越不常用，则可作适当程度的隐藏处理。

同样的，复杂度影响（功能或方案的复杂度对体验的影响程度）也由两个因素决定：第一个是自身的复杂性，例如同一个功能采用两种交互方案，简单易懂的方案对该功能提升明显，而复杂难用的方案则可能导致该功能被弃用；另一个是与已有功能的耦合程度，此功能与其他功能耦合程度越高，其对整个系统会带来的影响越大。前文所述的 Smartbar 就是一个例子，其实它本身并不复杂，但因为它是嵌入第三方应用的 Actionbar 中，会对第三方应用甚至整个方案带来非常大的影响。它既会占用原有 Actionbar 的空间，影响原应用功能使用，而 Back 位置过小也不利于点按（Back 需要经常使用），如果应用升级则更难以维护。

总结起来，我们可以将之前的公式修改为：

功能或方案的认可程度＝体验提升程度－复杂度影响

体验提升程度＝有用程度×常用程度

复杂度影响＝本身复杂度×耦合程度

最终：

功能或方案的认可程度＝有用程度×常用程度－本身复杂度×耦合程度

这个公式并不是一个精准的公式，它只反映这几个因素对整个评审（收敛过程）的影响。在实际项目中，它可能表现为以下几个方面：

（1）当一个功能或方案的有用程度越高，其越常用，而本身又不复杂，而且与其他功能的耦合程度较低时，该方案的认可程度就越高，就越容易获得成功。

（2）当一个功能或方案的有用程度和常用程度都很高时，但设计的方案本身较复杂而且与其他模块耦合程度较高，很可能说明此特性值得一做，但方案有提升空间。

（3）当一个方案的提升便利性和常用程度都很低，但其本身复杂度和耦合程度很高时，此功能并不值得做。

（4）四个因素中，如果某一个因素具有压倒性影响时，则可能对整个特性和解决方案产生影响。

3 在设计流程中的应用

3.1 项目前期评审需求

通过头脑风暴或其他形式获得一大堆新的功能点之后，可以用之前的经验公式加以验证。对功能点先以有用程度和常用程度排优先级，优先级高的会得到更高的人力支持，而优先级低的得到的支持较少或直接裁剪掉。接下来考虑该功能点应如何被纳入系统时，我们也会使用功能本身复杂度以及与其他功能的耦合程度作为评审方案的一个依据。

在之前的某个项目中，我们花了较大精力实现了 Wi-Fi 互传功能（允许两个手机通过建立热点互传文件），也花了一些精力实现了黑屏手势（双击屏幕亮屏和解锁等特性）。但对用户而言，传文件是偶发性的，使用频率不是很高，其建议热点的过程也相当复杂。而解锁屏幕每天会用数十次，而且方案简单。后者比前者更加有用且更常用，其对体验带来的影响更大。如果在之前就使用经验公式判断，我们会把更多的精力投入到更大的体验收益上。

3.2 方案 阶段的收敛过程

在 3.5 版本（内部版本，图 3 和图 4）的几个模块设计时，常采用抽屉式导航。

图 3　3.5 版本中 Music 设计

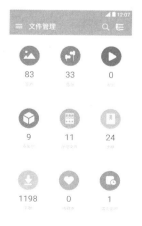

图 4　3.5 版本中 File Manager 设计

例如在 Music 和 File Manager 中，用抽屉分本地和在线，其他一些附属设置也放在此处。对 Music 应用，采用之前提到的经验公式判断：

（1）在线音乐是新增功能，可以极大地扩充用户的曲库，它是项目希望强推的部分，对增强用户体验非常重要。

（2）在线音乐也会经常被使用，对部分用户而言，它的重要程度可能超过本地音乐。

（3）目前方案使用抽屉式导航，每次在切换本地和在线之间切换都要打开—选择—关闭。隐藏的方式导致用户并不能第一眼看到本应用还有在线音乐，而对于经常使用的人，也必须每次进入后划开抽屉并切换到在线音乐部分。

（4）与其他模块的耦合性：将设置放到抽屉中。在播放时，某些配置需要退到最顶层，打开侧划菜单并设置，然而设置又是音乐播放时会经常使用的，层级过深导致用户体验受到影响。

加上其他一些因素，我们有理由判断侧划式导航方案并不适用于这几个模块。在新版设计中抛弃了侧划式导航，使用更直接的形式（图 5）。

图 5　4.0 版本中 Music 和 File Manager 设计

4 业界案例分析

类似的，当业界新推出一些创新方案时，我们也可以用此经验公式初步判断其优劣，并思考其改进空间。下面是几个典型例子。

4.1 通知中心的演变

在功能机时代也存在通知中心的概念，未接电话/未读短信/等都显示在待机页面，使用者需要退出当前应用回到桌面才可以浏览查看（图 6）。

图 6　功能机通知中心和 Android M 通知中心

下拉通知中心最早是在 Android 上提出的，后来 iOS 和 Windows Phone 平台也都加入了类似的设计。我们在此分析其优势如下：

（1）手机上的各种通知是经常使用的，而通知中心恰好可以将其收纳在一起，方便用户处理。

（2）其本身并不复杂，通知的内容和形式基本统一，通过侧划手势删除通知也十分自然，所承载的操作都很简单。

（3）在任意界面，打开需要从顶部边缘下滑，同样通过上滑收起，并不需要退出当前应用。它与整个系统的耦合程度并不高。

从这几点可以判断它相比之前的方案（按键机）更有优势。

在各大厂商拿到 Android 后，都对通知中心进行了改造，比如快捷控制菜单就是各大厂商先加进去的（早于 Android 原生）。下面是小米 MIUI6 和 MIUI8 两代的通知中心对比（图 7）。

图 7　小米 MIUI 6 和 MIUI 8 通知中心

在 MIUI 6 中，通知和控制是分两个 Tab 显示的，用户打开通知中心后向左滑动切换到快捷控制菜单（图中给出的是切换到快捷控制菜单的界面，底部有页面指示器）。通过之前的经验公式判断，通知中心分成两个部分就已显得复杂臃肿，而作为常

用的快捷控制菜单竟然需要两步操作（有通知时），显然是不可接受的。虽然在没有通知时下拉一次也可打开控制中心，但在增加了用户的学习成本时，让用户更困惑。在新版（MIUI 8）的设计中，我们看到小米已将两部分内容融合到一个页面。

另一个例子是 iOS 8 的通知中心与控制中心的设计（图 8）。

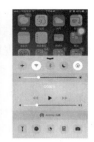

图 8　iOS 8 下拉通知中心（今天）、下拉通知中心（通知）和上拉控制中心

与 Android 不同的是，苹果把通知中心和控制中心完全解耦合，用户在付出一些学习成本后可以很容易地做控制调整。但其仍然把通知分成两部分（今天和通知），与 MIUI 6 相似，实际上让通知中心更加复杂。

4.2　指纹解锁

传统触摸屏的解决方案是苹果提出的，使用者先通过电源键点亮屏幕（锁屏状态），然后在锁屏上滑动解锁，手机恢复到之前工作界面。更安全的方案更是需要用户输入密码（图 9）。

图 9　iOS 的滑动解锁和中兴手机背部指纹按键解锁

而最近流行的指纹解锁只需要按下指纹键即可恢复到之前的工作界面，其替代了点亮屏幕，滑动以及输入密码三步操作（图 9）。

通过之前的经验公式分析，其本身非常常用，而且极大地提升了可用性，因为其单独的按键设计并不与其他功能耦合，一经推出，便被各方采用。

4.3 返回功能的设计

返回功能是一个会经常使用的基础操作，且功能本身并不复杂，各大平台都无法避免。对于 Android 的返回按键，用户点按后可返回之前的界面，持续点按最终会回到桌面。目前还有两种常见解决方案（图 10）。

（1）iOS 通过从左边缘向右滑动可返回之前界面

（2）魅族 mBack 在 Home 硬按键上区分两种操作，触摸返回前一界面，而按下则执行返回 Home 操作。

图 10 Android（返回按键）、iOS（滑动返回）和魅族（mBack）

最初 iOS 只设计了 Home 键，而执行返回操作需要用户点按左上角"<"按钮，但并不利于单手操作（在右手持机的情况下必须左手去点按）。为解决这一问题，在后来的更新中，iOS 加入了横划返回。然而此方案极容易与应用内部的手势耦合在一起（例如应用采用左侧划抽屉导航时），从固定位置发起的滑动操作也不如点按高效，考虑到人类的差异，在目前大屏发展趋势下，右手持机时右拇指滑动可能也并不容易做到。因此，苹果的解决方案并不完善。

魅族最开始也采用与苹果类似的设计，只设计了 Home 键（实体按键），并没有设计返回键。如文章开始所述，它对返回的解决办法是与各应用 Actionbar 融合的 Smartbar。但因为与各应用过度耦合，会占用原本属于应用的空间，而如果应用并没有设计 Actionbar 时（比如游戏），Smartbar 更显得无所适从。而因为按键在模块内部，那么如何理解返回，只在模块内部生效还是可以退出模块（可能涉及模块之间调用和切换等），总是让人困惑。后来魅族去掉了 Smartbar，替代方案是 mBack。相比 iOS 上的左边缘横划返回，mBack 更进一步。

但因为 mBack 的触摸返回则与返回 Home 键功能耦合在一起，可能对于一些老年用户（比较难区分按压力度的人）也存在操作困难。因此 mBack 也并不如原生 Android 方式高效易懂。

4.4 摇一摇手电筒方案

我们在之前的项目中加入了摇一摇手电筒功能，

其用法是在任意界面（非关机状态）通过摇一摇快速开启手电筒功能，以方便用户使用（图 11）。

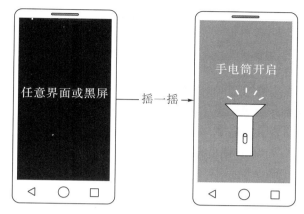

图 11 摇一摇开启手电筒

在后面项目提升的 review 中，我们发现这个方案有较多的问题：

（1）虽然手电筒很常用，但还没有上升到这样重要的程度。

（2）摇一摇与整个系统的耦合程度非常高，用户很容易误操作而打开手电筒。

（3）某些第三方应用也带有摇一摇功能，对于同一个操作两种不同结果，也让用户付出了较高的学习成本。

（4）既然有摇一摇开启，那是否也应添加摇一摇关闭功能？然而在开启后界面上已有明显提示，关闭也同样存在误操作的可能。

在考虑改进方案中，我们把摇一摇限定在锁屏界面（甚至可以尝试其他方式替代）。作为补充，我们在通知中心加入了手电筒的快捷方式。

5 结语

当我们找到了个新功能时，可以用其使用的频繁程度以及提升的体验程度衡量其是否值得一做，而当我们寻求到解决方案时，不妨用解决方案本身的复杂程度以及其与其他功能的耦合程度来衡量是否最合适。

但应注意，在实际项目中不能拘泥于公式，而应根据实际情况判断。它在如下情况下可能并不适合：

（1）某些方案是需要利用到其与系统本身的耦合性，从而提升整体体验的，如系统全局的复制/粘贴。首先，它的耦合给整体系统带来了一定程度的提升，其次才是其本身与系统其他部分的耦合程度对复杂度的影响（如会多出右键菜单、某两个程序支持的粘贴特性不同等）。尽管它是符合此公式，但公式本身并不能帮我们做出判断。

（2）关于常用程度的判断是因人而异的，例如之前的摇一摇手电筒方案，尽管手电筒对大众是那么常用，但对特殊群体（如老年人）却是经常使用。

（3）尽管我们都想降低方案本身的复杂度，但通常在降低到一定程度以后就无法再降低，如果此时我们对复杂度本身并不满意，这并不代表此功能不值得实现。

参考文献

[1] JON K. 交互设计沉思录 [M]. 方舟，译. 北京：机械工业出版社，2012.

[2] MIKE K. 用户体验面面观 [M]. 汤海，译. 北京：清华大学出版社，2010.

[3] JEF R. 人本界面 [M]. 史元春，译. 北京：机械工业出版社，2014.

[4] NIGEL C. 设计师式认知 [M]. 任文永，译. 武汉：华中科技大学出版社，2013.

[5] CLAYTON M C. 创新者的窘境 [M]. 胡建桥，译. 北京：中信出版社，2010.

[6] DAN M B. 高效沟通设计之道 [M]. 田俊静，译. 北京：机械工业出版社，2011.

[7] 前田约翰. 简单法则 [M]. 黄秀媛，译. 北京：中国人民大学出版社，2007.

[8] BILL M. 关键设计报告 [M]. 许玉铃，译. 北京：中信出版社，2011.

[9] DAN S. 交互设计指南 [M]. 陈军亮，译. 北京：机械工业出版社，2012.

四川省教育厅人文社会科学重点研究基地工业设计产业研究中心

2017 年度受理项目申报预告

受四川省教育厅委托，经四川省教育厅人文社会科学重点研究基地工业设计产业研究中心学术委员会审核同意，工业设计产业研究中心每年将向全国发布课题并受理相关项目申报。

一、申报立足四川，面向全国，尤其欢迎具有全局高度、理论深度、可操作性强和具有重大应用价值的选题，比如针对工业设计理论体系、工业设计产业化、工业设计企业发展、工业设计管理、工业设计视觉设计以及服务地方经济建设等相关问题的研究，以推动四川省乃至全国工业设计研究向纵深发展。

二、在基础研究领域，鼓励有较丰富前期研究成果的研究人员申报基地项目。在应用研究领域，鼓励已承揽地方政府、工业设计企业及与国外合作项目等课题组带项目进入"工业设计产业研究中心"（以下简称"中心"）立项，中心给予适当经费补贴。

三、项目类别设置包括重点课题、一般课题、自筹课题。

四、按照四川省教育厅科技处的有关规定，凡申报本中心课题，不占该校计划指标。各高校及相关部门要加强对项目申报工作的组织指导和审核，保证申报质量。本中心项目尚未正式结题者不得申报。

五、重点课题申请者应具有副高及以上职称。

六、受理申报时间从即日起至 2017 年 3 月。（具体截止日期以 2017 年度课题征集公告时间为准，详情请关注中心网站）

七、项目申报书、课题论证设计"活页"、项目负责人信息登记表请先从中心官方网站"下载专区"进行下载。

八、补充说明

1. 鼓励知名企业设计团队和研究团队基于内部课题研究成果进行申报；鼓励地方委托横向项目中兼具学术理论价值的项目，即"横变纵"项目。

2. 选题可参考课题指南，同时欢迎根据工业设计发展前沿研究领域和自身研究优势自拟题目进行申报。

3. 若是地域性研究选题，研究对象仅限四川地区。

4. 自筹项目不作研究方向限制，申报人员可结合自己的专长和兴趣自行选题。

中心地址： 四川省成都市金牛区金周路 999 号西华大学艺术大楼 A 区 108 室工业设计产业研究中心

邮政编码： 610039

电　　话： 028-87726706，13658051091

电子信箱： gysjcy001@126.com

中心网址： http://idrc.xhu.edu.cn

联 系 人： 祁娜、陈文雯

西华大学艺术学院 简介

西华大学艺术学院已经有近30年办学历史。学院学科专业多元，教学设备先进，师资力量雄厚，研究创作业绩突出，人才培养成果丰硕。学院拥有独立教学场地——艺术大楼，有实验室、画室、设计教室、展厅、琴房、舞蹈房、音乐厅、剧场等教学场地约1.5万平方米，教学资产1000多万元，教学研究硬件条件在省内同类高校中处于先进水平。

学院拥有较高水平的教师队伍，现有在职教职工114人，其中有教授、副教授、副研究员、高级实验师等高级职称教师40余人，拥有博、硕士学位师资超过50%。近5年，学院教师已承担国家社科基金艺术学项目、教育部、文化部、四川省社科规划办、省文化厅、省教育厅等各级各类纵向项目60余项，在CSSCI/CSCD/北大核心等高水平学术期刊上发表论文（作品）200余篇（件），参加中国美协、央视、四川省文化厅、省教育厅、省美协、省舞协等国家级、省级展览和演出200余次。

学院设有工业设计系、艺术设计系、

开设产品设计（原艺术类招生的工业设计专业）、视觉传达设计、环境设计、美术学、音乐学、舞蹈学、舞蹈表演、动画8个本科专业。其中产品设计专业（工业设计专业）为"四川省高校省级特色专业"，"舞蹈学"为校级特色专业。拥有四川省精品课程"素描"等各级各类精品课程、重点课程、资源共享课程等课程建设项目50多项。

目前艺术学院设有"设计学"一级学科硕士点，设置了5个研究方向：

①设计历史及理论；
②工业设计研究；
③信息交互与体验设计研究；
④地域文化与创意设计研究；
⑤新媒体与动漫设计研究。

此外，西华大学艺术学院还拥有四川省教育厅人文社会科学重点研究基地"工业设计产业研究中心"、校级重点学科"设计艺术学"等学科平台，以及"工业设计产业研究中心·爱威视眼动交互研究实验室""UXPA用户体验设计联合实践基地"等。

西华大学 XIHUA UNIVERSITY | 西华大学艺术学院

四川·成都

独具慧眼　智联视界
Insight with your eye

工业设计产业研究中心
爱威视眼动交互研究 联合实验室

重庆爱威视科技有限公司与四川省工业设计产业研究中心成立眼动交互研究联合实验室，在用户体验及工业设计等领域开展合作及研究工作。

爱威视科技是一家集技术研发、方案咨询和生产销售于一体的高科技公司，与同济大学、江南大学、重庆大学和工业设计产业研究中心等研究机构深入合作，自主研发出视觉数据分析系统。

该系统客观真实地跟踪和记录人对视觉刺激的本能反应所产生的眼动数据，应用于市场研究及广告设计、界面设计及可用性研究、心理学研究、人机互动研究以及涉及眼动技术应用的相关领域，能够为客户提供完整的眼动跟踪解决方案和多种创新商业模式的应用。

service@eyevision.com.cn
www.eyevision.com.cn